稀土上转换发光材料

杨飘萍　盖世丽　贺　飞　著

科学出版社
北　京

内 容 简 介

目前，稀土上转换发光材料已经成为科学研究热点，并在众多领域处于主导地位。本书在阐述稀土发光材料相关知识的基础上，系统而全面地总结了稀土上转换材料的发光机理、发光强度和颜色调变方法，详细介绍了高温溶剂法、水热/溶剂热法和溶胶-凝胶法等软化学合成法在本领域的研究进展，并概述了稀土上转换纳米材料在生物医学领域的应用前景。本书是针对稀土上转换发光材料的最新进展，结合作者二十年来在此领域研究的积累，归纳总结而成。因此，本书着重强调了近十年出现的新成果，兼具最新综述的功能。

本书可供高等院校材料科学与工程专业学生阅读，也可供从事发光材料与器件研发生产的工程技术人员和科研人员参考。

图书在版编目(CIP)数据

稀土上转换发光材料 / 杨飘萍，盖世丽，贺飞著. —北京：科学出版社，2018.11

ISBN 978-7-03-058948-4

Ⅰ. ①稀… Ⅱ. ①杨… ②盖… ③贺… Ⅲ. ①稀土族-上转换发光-发光材料-研究 Ⅳ. ①TB34

中国版本图书馆 CIP 数据核字（2018）第 221790 号

责任编辑：杨慎欣 韩海童 / 责任校对：韩 杨
责任印制：吴兆东 / 封面设计：无极书装

科学出版社出版
北京东黄城根北街 16 号
邮政编码：100717
http://www.sciencep.com

北京虎彩文化传播有限公司 印刷

科学出版社发行 各地新华书店经销

*

2018 年 11 月第 一 版 开本：720×1000 1/16
2023 年 1 月第五次印刷 印张：18 3/4 插页：3
字数：397 000

定价：148.00 元

前　　言

稀土元素由于其结构的特殊性而具有诸多其他元素不具备的光、电、磁和热等特性，可以制备成许多能用于高新技术的新材料，被誉为新材料的“宝库”。稀土元素拥有的各种性能中，发光性能最为引人注目。只要提到发光，就离不开稀土元素。稀土元素具有大的斯托克斯位移、尖锐的发射峰、长荧光寿命、高化学或光化学稳定性、低毒性和弱光致褪色等优点，在激光、显示器、传感器、太阳能电池、光电器件和生物医学等领域有广阔的应用前景。

20 世纪 50 年代初，稀土的一种独特发光本领——上转换发光成为研究者注目的焦点。所谓上转换发光是指低能量激发产生高能量发射的发光现象。这种激发波长大于发射波长的反斯托克斯现象是发光理论上的一个突破，解决了短波激发的限制问题。上转换发光在红外防伪、反斯托克斯冷光制冷、上转换激光器电子俘获材料、上转换三维立体显示、传感及医学领域的应用引起了研究人员的极大关注。近十年来，相关研究领域的发展非常迅速。新的上转换理论不断被提出和验证，新的发光性能不断涌现，新的制备方法不断更替，新的应用领域不断开发，成功解决了许多传统发光材料难以解决的问题，大大提高了稀土上转换材料的研发价值。

目前，稀土上转换发光材料已经成为高等院校、科研单位和大中型企业研究与开发的热点。虽然关于稀土上转换发光材料的研究很多，有些稀土发光材料相关专著中会进行简要介绍，但也只限于传统理论介绍。研究人员迫切需要一本对稀土上转换发光材料进行全面阐述的书籍，以满足不同范围人群研究和生产的需求。本书融稀土上转换材料的发光机理、发光性能调变、制备方法和生物医学应用于一体，既有一定的理论性，又密切结合最新研究进展。

本书反映稀土上转换发光材料的进展和成果，将尽可能将相关原理表述清楚，展示大量光谱和数据以供参考，并总结一些光谱调变方法和规律，力求深入浅出，通俗易懂。若本书能给读者点滴收获，作者甚感欣慰。

本书引用了大量的文献资料并全部列入章后文献条目供读者查阅，同时这是科研工作者们辛勤劳动的结果，对此，作者深表敬意。本书第 1 章和第 2 章由杨飘萍撰写，第 3 章和第 5 章由盖世丽撰写，第 4 章由贺飞撰写，全书由杨飘萍最终统稿并定稿。

由于作者水平有限，不妥之处在所难免，欢迎广大读者批评指正。

杨飘萍

2018 年 4 月

目　　录

第 1 章
稀土发光材料基础知识

1.1 发光的定义

光是能量的一种形态，在光从一个物体传播到另一个物体的过程中，无需任何物质作媒介。这种能量的传递方式被称为辐射。辐射的含义是指能量从能源出发沿直线向不同方向传播，但实际上能量不总沿直线传播，在通过物质时传播方向会发生改变。辐射的形式有很多种，经后期证明，用波动来描述光的特性相较于粒子束更为恰当，光线的方向也就是波传播的方向。约 19 世纪末，人们认为电磁波是光的本质，实际上光波在波长范围极其宽广的电磁波中仅占很小的部分（图 1.1）[1]。

电磁波在 390～770nm 波长范围内是可见的，且各种波长都可凭人眼观察到的颜色来加以区分，红色（620～770nm）、橙色（592～620nm）、黄色（578～592nm），绿色（492～578nm）、蓝色（446～492nm）及紫色（390～446nm）。由单一波长组成的光称为单色光。实际上，所有光源所产生的光均占据一段波带，有的光占据的波段可能很窄，但几乎不存在严格的单色光。例如，激光可认为是最接近理想单色光的光源。

波长超过可见光的紫色和红色两端的电磁辐射分别称为紫外辐射和红外辐射。紫外辐射的波长可向短波段延伸到 10nm，红外辐射的波长可向长波段人为地规定到 1mm 左右，大于 1mm 的波段则属于无线电波的范围。紫外辐射和红外辐射虽然不能被人眼观察到，却可被人体在生理上感知，若辐射强度足够强，人体会感到皮肤发热。这一现象表明所有辐射若被吸收都可产生热，并非只有红外辐射才伴有发热效应。此外，小于 320nm 波长的紫外辐射照射皮肤过久，会使皮肤发红甚至起疱，对生物组织有一定程度的损害。

发光（luminescence）是一个专业技术名词，有特殊的涵义，是专指一种特殊的光发射现象，并不是只要有光的发射就是发光。物体将吸收的能量转化为光辐射的过程称为发光。根据物质发光的原因将发光分为两类[2]：一类是物质受热产生热辐射而发光；另一类是我们通常研究的发光现象，即由于物质受到外界激发，吸收能量跃迁至激发态（非稳定态），从激发态再返回到基态的过程中，能量以光的形式释放。

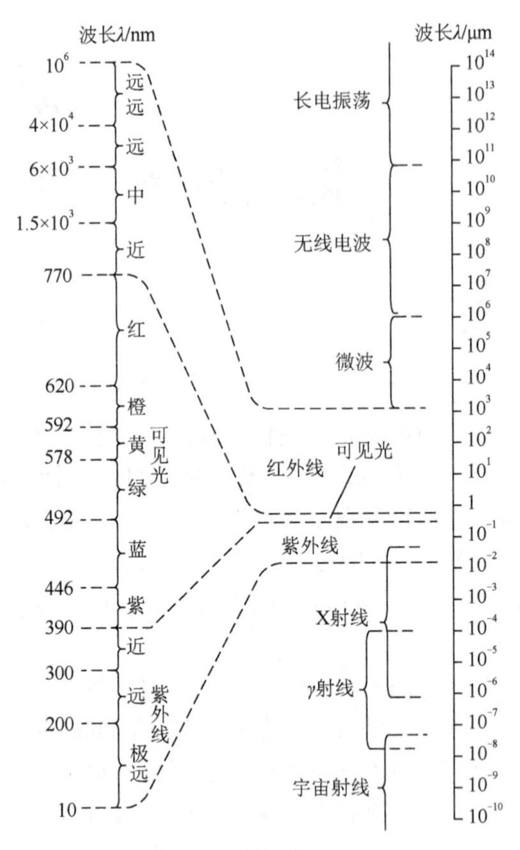

图 1.1　电磁波频谱[1]

徐叙瑢和苏勉曾在《发光学与发光材料》一书中对“发光”作了如下确切定义[3]：

“当某种物质受到诸如光的照射、外加电场或电子束轰击等的激发后，只要该物质不会因此而发生化学变化，它总要回复到原来的平衡状态。在这个过程中，一部分多余的能量会通过光或热的形式释放出来。如果这部分能量是以可见光或近可见光的电磁波形式发射出来的，这种现象为发光。概括的说，发光就是物质在热辐射之外以光的形式发射出多余能量的过程，而这种多余能量的发射过程具有一定的持续时间。”

通常的发光材料都是固态发光材料，因此也叫做固体发光。光子辐射波长与对应射线，如图 1.1 所示。

发光现象有以下两个主要特征：①在一定温度下，任何物体都有热辐射，物体吸收外来能量后发出总辐射，其中超出热辐射的部分称为发光；②当外界激发源停止对物体作用后，发光现象仍会持续一段时间，这种现象称为余辉。

1.2 光与颜色

1.2.1 颜色的产生

照射在物质上的白光，若被完全吸收，则呈现黑色，若所有波长的光被吸收的程度相差不大，则呈现灰色，若某些波长的光被吸收，同时另一些波长的光被强烈散射，则呈现相应的颜色。例如，CeO_2 吸收紫光，散射黄光；Nd_2O_3 吸收绿光，却呈现玫瑰红色。物质吸收光的波长与呈现的颜色的关系，如表 1.1 所示。

从表 1.1 中可见，物质呈现出颜色，因为其能吸收可见光，吸收越短波长的光，物质呈现的颜色越浅；吸收越长波长的光，物质呈现的颜色越深。当物质吸收光后，从基态跃迁到激发态的能量差等于可见光的能量（以频率表示即 13800～25000cm^{-1}）时，它就呈现颜色。基态与激发态之间的能级差越小，呈现的颜色就越深，能级差大于 25000cm^{-1}，就没有颜色。

表 1.1 吸收光的颜色和观察到的颜色[1]

吸 收 光			观察到的颜色
波长/Å	频率/cm^{-1}	颜色	
4000	25000	紫	绿黄
4250	23500	深蓝	黄
4500	22200	蓝	橙
4900	20400	蓝绿	红
5100	19600	绿	玫瑰红
5300	18900	黄绿	紫
5500	18500	橙黄	深蓝
5900	16900	橙	蓝
6400	15600	红	蓝绿
7300	13800	玫瑰红	绿

通过量子力学可以证明，离子若含有自旋平行的电子，如具有 d^n 和 f^n 结构，可见光能使激发态和基态的能量接近的离子激发，因此这类离子一般有颜色，例如 Ti^{2+}、Cr^{2+}、Fe^{2+}、Cu^{2+}、Ti^{3+}、Cr^{3+}、Mn^{3+}、Fe^{3+}、V^{4+}、Cr^{6+}和 Mn^{7+}等。具有

f^1 至 f^{13} 结构的离子一般有颜色，但 f^7 结构的离子特别稳定，不易激发，因此 Gd^{3+}（f^7）也是无色的。此外，f^n 和 f^{14-n} 的离子颜色大致相似（表 1.2）。

表 1.2 镧系元素离子在晶体或水溶液中的颜色[1]

原子序数	离子	4f 电子数	颜色	原子序数	离子	4f 电子数	颜色
57	La^{3+}	0	无	65	Tb^{3+}	8	微淡粉红
58	Ce^{3+}	1	无	66	Dy^{3+}	9	淡黄绿
59	Pr^{3+}	2	黄绿	67	Ho^{3+}	10	淡黄
60	Nd^{3+}	3	红紫	68	Er^{3+}	11	淡红
61	Pm^{3+}	4	粉红	69	Tm^{3+}	12	淡绿
62	Sm^{3+}	5	淡黄	70	Yb^{3+}	13	无
63	Eu^{3+}	6	淡粉红	71	Lu^{3+}	14	无
64	Gd^{3+}	7	无	—	—	—	—

离子若有颜色，它的化合物就有颜色。例如，黄绿色的 Pr^{3+}，它的化合物 $PrCl_3$ 和 $Pr(NO_3)_3$ 也都是黄绿色的。由于离子极化的作用，有色的化合物也能由无色的离子形成。离子极化作用后，电子能级发生变化，激发态和基态的能量差变小，化合物吸收可见光而变为有色。通常而言，相比阳离子，阴离子容易极化，相比小的阴离子，大的阴离子容易极化。通常硫化物的颜色比氧化物深，而除金属离子本身有颜色外，氢氧化物都是白色的，这是因为 S^-比 O^-易于极化，而 O^-又比 OH^-易于极化。

阳离子电荷越大，使阴离子极化的能力越大，因此价态越高的金属离子的氧化物的颜色越深。例如，K^+、Ca^{2+}、Sc^{3+}、Ti^{4+}、V^{5+}、Cr^{6+}和 Mn^{7+}具有相同电子结构，它们的氧化物的颜色随电荷数的增加而加深，即 K_2O、CaO、Sc_2O_3、TiO_2、V_2O_5、CrO_3 和 Mn_2O_7 的颜色分别为白色、白色、白色、白色、橙色、暗红色和绿紫色。

络离子由金属离子和配位体形成，此时金属离子的激发态和基态的能级差会发生变化，因此颜色也发生变化，例如硫酸铜溶于水后，Cu^{2+}络合成蓝色的 $[Cu(H_2O)_4{}^{2+}]$，加入盐酸后生成绿色的 $CuCl_4{}^{2-}$，加入氨水后又生成深蓝色的 $[Cu(NH_3)_4{}^{2+}]$。各种配位体对中心离子的影响大小大致如下：$CN^- > NO_2^- > RNH_2 > NH_3 >$吡啶$> C_2O_4{}^{2-} > H_2O > F^- > Cl^- > Br^- > I^-$。对中心离子影响越大的配位体形成的络合物的颜色就越深。

1.2.2 三基色原理

光会使人眼产生亮度和颜色的感觉，牛顿确认颜色是人的主观感觉，而不是客观世界的属性。“在人的视网膜中可能存在 3 种分别对红、绿、蓝色光敏感的感光细胞，由它们感受的混合光刺激产生各种颜色的感觉”的观点由英国物理学家杨格在 1802 年提出。其后，亥姆霍兹在此基础上创立了三基色理论。

三基色原理的基本内容是：①适当选择的三种基色（如红、绿、蓝），并按不同比例合成，可以引起不同的彩色感觉；②三基色亮度之和决定了合成的彩色光的亮度，三基色成分的比例决定了色度；③任一种基色不能由其他两种基色配出，三种基色彼此独立[1]。

通过色觉实验证明，三基色几乎可组成自然界中的所有彩色。

三基色原理可以应用到多个方面，可用来制造各种颜色的荧光灯，对制造彩色电视也尤为重要，大为简化了彩色图像的传播，只需传送三种基色信号，便可得到变化万千、色彩绚丽的图像。原理简述如下：摄得的图像的彩色光可分解成红、绿、蓝三种单色光信号，对单色光信号进行光电转换，处理后成为电视信号发送出去，全电视信号在接收端恢复为三基色，从而重现发送端的彩色图像。

国际照明委员会［International Commission on Illumination（英语），Commission Internationale de l'Eclairage（法语），CIE］规定三基色红、绿、蓝的标称波长分别为 700nm、546.1nm 和 435.8nm。700nm 是可见光区红色的末端，546.1nm 和 435.8nm 是汞蒸气放电的两条谱线。

1.2.3 色度图

由于在照明与显示技术中对颜色效果的要求越来越高，无法只用语言准确地描述颜色，更无法描述相近颜色之间的细微差别。例如，红色就有很多种，大红、酒红色、西瓜红、玫瑰红等。基于以上考虑，通常利用色坐标来对颜色进行定量的描述。色度学已初步解决了对颜色定量描述的问题，可以根据人的视觉特性用数字定量地表示颜色，并能用物理方法代替人眼来测量颜色，这就是 CIE 色度图。为了能精确地表征颜色，人们曾建立了各种色度系统的模型，其中 CIE 标准色度系统是比较完善和精确的系统，在其逐步完善的过程中，派生出多种不同用途的色度系统，1931-CIE 标准色度系统应用最为广泛[1]。图 1.2 为 1931-CIE 标准色度图。

单色光谱的轨迹由图中的舌形曲线表示，曲线上每一点都可代表某一波长的单色光。曲线所包围的区域内的每一点都可代表一种特定颜色的复合光。自然界中所有颜色都可用色度图中的点（x, y）来表示。越靠近光谱轨迹（即曲线边缘）的点，颜色越纯，即颜色越正，越鲜艳，色饱和度越好。中心部分接近白色。

红、绿、蓝 3 种彼此独立的基色可匹配人眼所见的所有颜色。但在匹配某种颜色时，是从 2 种颜色叠加的结果中减去第 3 种颜色，而不是将 3 种颜色叠加起

来。所以，国际照明委员会选取一组三基色参数 x、y 和 z，任何一种颜色 Q 在这种系统中表示为[4]

$$Q = ax + by + cz$$

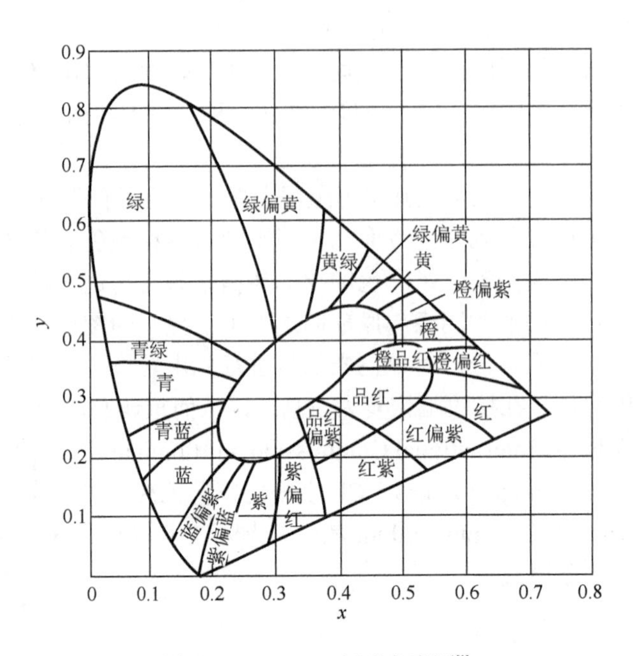

图 1.2　1931-CIE 标准色度图[1]

这 3 个系数的相对值为

$$x = \frac{a}{a+b+c} \quad y = \frac{b}{a+b+c} \quad z = \frac{c}{a+b+c}$$

上面三式被称作色坐标，因为 $x+y+z=1$，所以如果 x 和 y 确定了，z 也就确定了。

1.3　发光材料及其技术参数

1.3.1　发光材料及化学组成

发光材料，是一种能把从外界吸收的各种形式的能量转换为非平衡光辐射的功能材料，又称发光体[5]。光辐射可分为平衡辐射和非平衡辐射，即温度辐射和发光。发光材料有天然的矿物，但更多的是人工合成的化合物。一般来说，发光材料是由基质和激活剂所组成，在一些材料中还掺入敏化剂来改善发光性能。

三种化学组分的主要作用如下。

（1）基质（host）。也称为宿主，是材料的主要成分，发光材料的主体化合物。

基质是用于承载或固定发光中心的物质，提供可被掺杂离子取代或占据的格位，通常由具有稳定晶体结构的晶体材料充当。

（2）激活剂（activator）。在基质晶格中激发和发光如果发生在同一离子上，则称此离子为激活剂或发光中心[5]。通常，激活剂是少量掺杂到基质晶格中的另类杂质离子，能够影响甚至决定发光的亮度、颜色及其他性能。

（3）敏化剂（sensitizer）。基质晶格中可能还存在另一种杂质离子，本身能吸收激发能，电子从基态跃迁到激发态，但是随后并不发生电子返回基态的发光，而是将部分或全部能量传递给激活剂离子，本身跃迁到较低的激发态甚至返回基态[5]。可见，敏化剂可吸收能量并转移至发光中心，是一种能够明显增强发光强度的另类杂质。

其中，激活剂和敏化剂掺入量较少，在材料中部分取代基质晶体中原有格位上的离子（图 1.3），形成杂质缺陷。在科学研究中，为了表示方便，通常将发光材料的化学成分表示为：MR:*A* 或 MR:*S*,*A*。其中，MR 为发光材料的基质，*A* 为激活剂，*S* 为敏化剂，冒号（:）代表掺杂。所谓“掺杂”，代表敏化剂离子（如 Yb^{3+}）和激活剂离子（如 Er^{3+}）以固溶形式进入基质晶格（如在 $NaYF_4$ 中占据 Y^{3+}位置），并在其中发生光的吸收和发射过程，如图 1.3 所示。

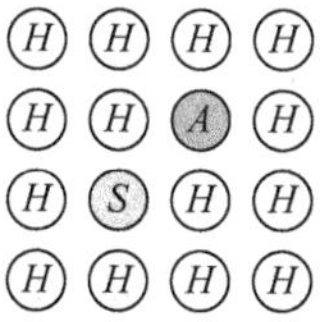

图 1.3　发光材料的组分构成示意图

H：基质离子；*A*：激活剂离子；*S*：敏化剂离子

例如，激活剂 Eu^{3+}掺杂的 Y_2O_2S 材料，可以表示为 $Y_2O_2S:Eu^{3+}$；激活剂 Er^{3+} 和敏化剂 Yb^{3+}共同掺杂的 $NaYF_4$ 材料，可以表示为 $NaYF_4:Yb^{3+},Er^{3+}$，也可表示为 $NaYF_4:Yb^{3+}/Er^{3+}$，用“/”隔开两种掺杂离子，本书选取第一种表示方法。有时为了进一步简化，也可将掺杂离子的化学价省略，表示为 $Y_2O_2S:Eu$ 和 $NaYF_4:Yb,Er$。

1.3.2　发光的物理过程

为了解释发光物质的定义及各组分的功能，图 1.4、图 1.5 和图 1.6 分别从组成和能级的角度说明了发光的物理过程。从组成的角度，图 1.4 为固体发光的物理过程[2]。其中 MR 表示基质晶格，两种外来离子 *A* 和 *S* 掺杂在 MR 中，假设 MR 的吸收不产生辐射。MR 吸收激发能传递给掺杂离子，使其上升到激发态，掺杂离子可能有三种途径返回基态：① 激发能量以热的形式被释放给邻近的晶格，称为“无辐射弛豫”，也叫荧光猝灭；② 激发能量以辐射形式释放，称为“发光”；③ *S*

将激发能传递给 A，即全部或部分由 S 吸收的激发能传递给 A，由 A 产生发射而释放出来，这种现象称为“敏化发光”，则 A 称为激活剂，S 称为 A 的敏化剂。

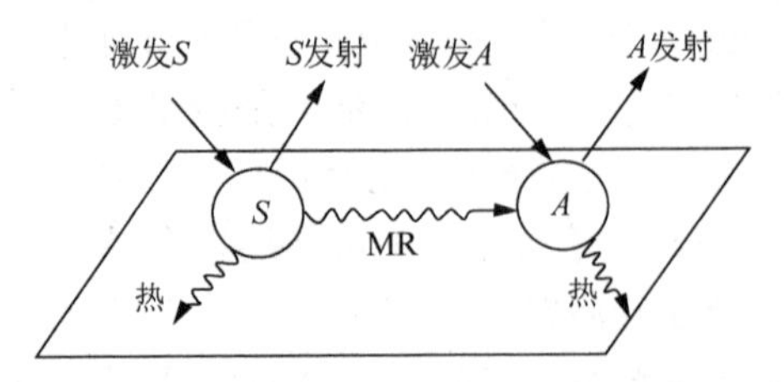

图 1.4　固体发光的物理过程（组成角度）[2]

从能级的角度来描述发光过程，如图 1.5 和图 1.6 所示。在基质材料中，原子中的电子吸收光后，从低能级跃迁到高能级，处于高能级的电子回到低能级时放出能量。其中，辐射跃迁是指能量以光能的形式放出的跃迁；无辐射跃迁是指能量转变为晶格或分子振动能量以及其他形式能量的跃迁[3]。在图 1.5 中，基质中的激活剂 A 吸收能量，跃迁到一个激发态 A^*。通过辐射（radiation，R）跃迁，激发态能量发出光辐射回到基态。有时激发态的能量会变为基质的振动，形成无辐射（non radiation，NR）跃迁回到基态，因此抑制无辐射跃迁是获得高效发光的重要手段[1]。

许多状况下材料发光比图 1.5 更为复杂，由于激发能量不被激活剂吸收或吸收较弱，有时必须加入敏化离子（也称敏化剂）到基质中，敏化离子吸收激发能量转移给激活剂，再由激活剂发光，如图 1.6 所示，图中水平箭头代表能量传递（energy transfer，ET）。

例如，灯用荧光粉 $Ca_5(PO_4)_3F:Sb^{3+},Mn^{2+}$ 中存在着：

$$Sb^{3+}+h\nu \longrightarrow (Sb^{3+})^*$$

$$(Sb^{3+})^*+Mn^{2+} \longrightarrow Sb^{3+}+(Mn^{2+})^*$$

$$(Mn^{2+})^* \longrightarrow Mn^{2+}+h\nu$$

某些情况下，基质也能起敏化作用，将激发能量传递给激活剂。例如，在 $YVO_4:Eu^{3+}$ 中，钒酸根（VO_4^{3-}）起到敏化作用，有效地吸收紫外光并传递给激活剂 Eu^{3+}，使 Eu^{3+} 发射红光[1]。

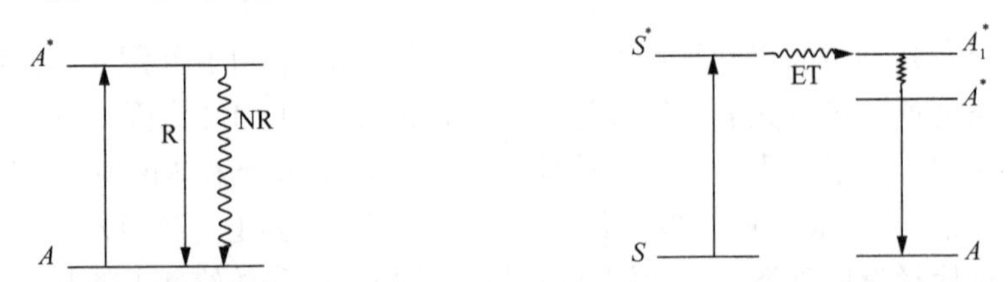

图 1.5　发光过程示意图（能级角度）[1]　　图 1.6　含有敏化剂 S 的发光过程示意图（能级角度）[1]

1.3.3 发光材料的发光性能

在发光材料的研究过程中，对于发光材料的性能指标通常采用一些特有的物理量进行表征，本节将对常用的性能指标及其表征方法逐一进行介绍。

1. 发光性能参数[1, 5]

（1）光通量。光源在单位时间向周围空间辐射并引起视觉的能量，即光源所放射出光能量的速率或光流动速率，用符号 Φ 表示，单位为流明（lm）。光通量不仅与光源的辐射强度有关，还与波长有关。

（2）发光强度。光源某方向单位立体角内发出的光通量定义为光源在该方向上的发光强度，用符号 I 表示，单位为坎德拉（cd）。

（3）亮度。是光度学量，表示颜色的明暗程度，单位为尼特或坎德拉每平方米（$1nt=1cd/m^2$）。光度学量是生理物理量，不仅与客观物理量有关，还与人的视觉有关。

（4）发光效率。反映了材料吸收激发能量后转变为光能的比例，用符号 η 表示。通常有以下三种表示方式。

量子效率（quantum efficiency，η_q），是发光材料发射的光子数与激发时吸收的光子数之比，仅能反映被发光材料所吸收的激活能或光子的转换效率，取决于发光材料的特性，而不能反映能量的损失。

能量效率（energy efficiency，η_p），是发光材料的发光能量与吸收能量之比，又称为功率效率。能量由发光中心自身直接吸收，发光效率最高。如果能量被基质吸收，会使能量效率下降。例如，日光灯中，在波长 254nm（汞线）激发下，发射光的平均波长在 550nm，因此即使量子效率为 100%，能量损失也超过 1/2，所以功率效率不到 50%。

流明效率或光度效率（luminous efficiency，η_Φ），表征人眼衡量一发光器件的功能性，是发光材料发射的光通量与吸收的能量之比，单位为流明每瓦（lm/W）。

（5）发光寿命。发光有一个持续时间，这个持续时间来自于电子在各种高能量状态的寿命（停留时间的长短）。发光过程的持续时间有时相当复杂，一般将荧光寿命描述为：当光或其他外界激发能量被发光物质吸收时，它的某些原子和分子就跃迁到激发态；处于激发态的原子或分子有一定的概率恢复到基态，并发出荧光；当外界激发停止后，随着处于激发态的原子或分子的数目减少，发光强度随时间按指数规律递减，即

$$I_t = I_0 \cdot e^{-t/\tau}$$

式中，I_t为 t 时刻的瞬时发光强度；I_0为激发停止时的初始发光强度；t 为从激发停止时算起的时间；τ为原子或分子处于激发态的平均时间，即荧光寿命，等于跃迁概率的倒数。上式表明，荧光寿命也等于外界激发停止后荧光强度减少到初始强度的 1/e 的时间。

需要注意的是衰减不同于荧光寿命，衰减表示激发停止后，发光强度随时间而降低的现象。此时的发光也称为余辉。其规律很复杂，最简单、最基本的是指数式衰减和双曲线衰减。

余辉是余辉时间的简称，对各种发光材料的规定不同，如对于阴极射线发光材料来说，常作如下规定：当激发停止时，其发光亮度衰减到初始亮度的 10%时所经历的时间为余辉时间。

2. 发光性能检测

（1）吸收光谱。吸收光谱反映了光照射到发光材料上，其激发光波长和材料所吸收能量值的关系。激发光照射发光材料时，一部分光直接透过，一部分光被反射和散射，剩余的光被材料吸收。材料发光是因为被吸收的光起作用，然而在被吸收的光波中，不是所有波长的光都能起到激发作用。通过对吸收光谱的研究，可以知道被吸收的激发光的波长和吸收率，对研究材料的发光过程具有重要意义。发光材料对光的吸收公式可表达为

$$I_{(\lambda)} = I_{0(\lambda)} \cdot \mathrm{e}^{-K_\lambda \cdot x}$$

式中，$I_{0(\lambda)}$为波长为 λ 的光照射到材料时的发光强度；$I_{(\lambda)}$为光通过厚度为 x 的材料层后的发光强度；K_λ 为吸收系数。K_λ 随照射光波长或频率的变化曲线叫做吸收光谱[2]。

光既可被基质“晶格”所吸收，这时吸收带称为基本吸收带或本征吸收带，也可被激活剂和其他杂质所吸收，即杂质吸收。晶格和掺杂离子性质决定了吸收和产生吸收的光谱区域，紫外光谱区是大多数发光材料的主吸收带。如图 1.7 所示，ZnS:Cu 的主吸收带边缘在 $\lambda \approx$ 334nm。发光中心（铜离子）的吸收引起了峰值在 $\lambda \approx$ 360nm 处的谱带。我们检测了高温溶剂法制备的 $NaGdF_4$:Yb,Er@$NaGdF_4$:Nd, Yb 核壳结构样品的吸收光谱，式中“@”表示包覆（图 1.8）。从图中可以看出，在波长约为 980nm 处有一个明显的吸收峰，是敏化剂 Yb^{3+}的 $^2F_{7/2} \rightarrow {}^2F_{5/2}$ 跃迁对应的吸收所致。在峰值为 740nm、800nm 和 860nm 左右，各有一个尖锐的吸收峰，是敏化剂 Nd^{3+}的基态到 $^4S_{3/2}/^4S_{7/2}$、$^4F_{5/2}/^2H_{9/2}$ 和 $^4F_{3/2}$ 跃迁的吸收所致。各吸收峰位置与跃迁对应关系如图 1.8 所示。

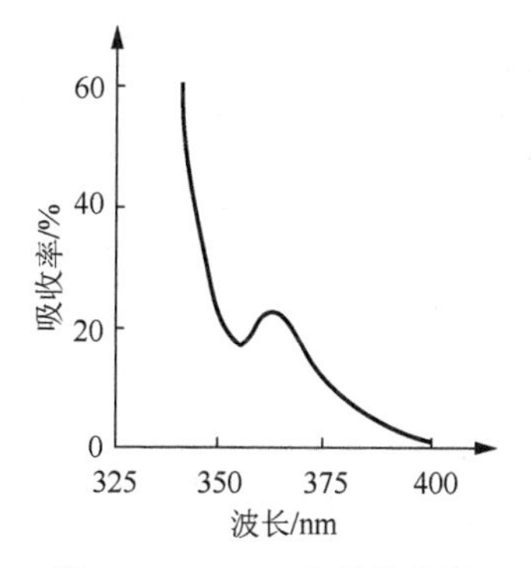

图 1.7 ZnS:Cu 的吸收光谱

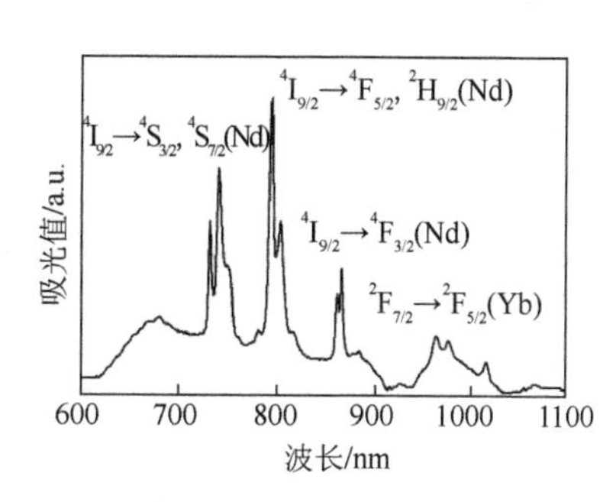

图 1.8 高温溶剂法制备的 $NaGdF_4$:Yb, Er@$NaGdF_4$:Nd,Yb 核壳结构样品的吸收光谱[7]

发光材料大多是粉末晶体，其吸光光谱难以测出，因此通常测量反射光谱来确定其吸收光谱。可以认为散射和透射很小，根据公式 $K_{\lambda（吸收）}=1-K_{\lambda（反射）}$ 得出材料的吸收光谱，$K_{\lambda（反射）}$ 表示被测材料的反射系数。

（2）激发光谱。激发光谱是指发光材料在不同波长的激发下，该材料的某一发光谱线的发光强度与激发波长的关系。不同波长的光激发材料的效果可以通过激发光谱来反映。发光材料被激发并发光所需的激发光波长范围可以根据激发光谱确定，某发射谱线强度最大时的最佳激发光波长也可以确定。在对发光的激发过程进行分析时，激发光谱具有重要意义。

通过发光材料的激发光谱，可以确定对发光有贡献的激发光的波长范围。而吸收光谱只能表示材料的吸收特性，但吸收并不意味着一定发光。因此，对发光起作用的激发光的波长范围可用激发光谱表示，而吸收光谱只说明材料对光的吸收，无法确定吸收后是否发光。

对于上转换发光材料而言，很少研究其激发光谱，为了提高上转换发光效率，一般上转换激活剂都是与敏化剂共同掺杂到基质材料中，利用敏化剂对激发光的高效吸收及传递能力提高激活剂的上转换发光效率。而敏化剂的种类有限，其激发波长已经众所周知。目前，最广为报道的敏化剂只有 Yb^{3+}和 Nd^{3+}两种，它们的激发光波长分别约为 980nm 和 808nm。

图 1.9 为 YVO_4:Eu^{3+}无机发光材料的激发和发射光谱图。在 278nm 处观察到由 VO_4^{3-} 产生的很强的激发吸收，源于 VO_4^{3-} 中配位氧原子和中心钒原子之间的电荷转移；从分子轨道理论的角度上看，它属于基态 $^1A_2$（$^1T_1$）向 VO_4^{3-} 的激发态 $^1A_1$（^1E）和 ^1E（$^1T_2$）的跃迁。与 VO_4^{3-} 产生的激发峰相比，Eu^{3+}产生的 f→f 跃迁强度很低，所以观察不到 Eu^{3+}激发峰的存在。由此可以推断 Eu^{3+}的激发是由 VO_4^{3-} 将激发能传递给 Eu^{3+}而产生的。因此，以 278nm 为激发波长激发样品时，在发射光谱上可以观察到 Eu^{3+}从激发态 $^5D_0$ 产生跃迁的特征谱线。两个主要的特征峰分别为

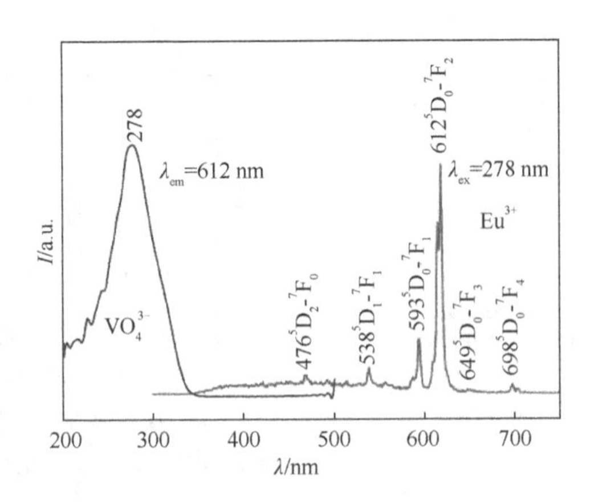

图 1.9　$YVO_4:Eu^{3+}$微米球的激发（左）和发射（右）光谱图[8]

$^5D_0\rightarrow{}^7F_1$（593nm）和 $^5D_0\rightarrow{}^7F_2$（612nm）跃迁。此外没有发现任何来自于 VO_4^{3-}的发射峰，说明由 VO_4^{3-} 到 Eu^{3+}的能量传递效率很高。需要指出的是，Eu^{3+}的 $^5D_0\rightarrow{}^7F_2$ 跃迁属于超灵敏跃迁，受周围环境的影响比较大。当 Eu^{3+}占据低对称性格位时（没有反演中心），则以这种跃迁为主。在 YVO_4 基质中，YVO_4 晶体属于四方晶系的 I_1/amd 空间点群，每个 V 原子处在四个氧原子形成的 VO_4 四面体中心，在 YO_8 十二面体中的 Y 属于 D_{2d} 对称，不存在反演中心，因此 $YVO_4:Eu^{3+}$微米粒子的发射光谱以 $^5D_0\rightarrow{}^7F_2$ 跃迁为主。

（3）发射光谱。也称其为发光光谱，是指在某一特定波长的激发下，所发射的不同波长光的强度或能量分布，它是发光材料独具的特征。发射光谱的峰位和强度与激发波长有关系，因此选择适合的激发光波长，对发光材料发挥作用非常重要。通常，按发光光谱的宽度将其分为线状谱、窄带谱和宽带谱。许多发光材料的发射光谱是连续谱带，发射光谱分布在很宽的波长范围内，如 ZnS:Cu 的发射光谱可分布在 150nm 的波长范围内。有一些材料的发光谱带比较窄，并且在低温下（液氮或液氦温度下）显现出结构，即分解成许多谱线。还有一些材料在室温下的发射光谱就是谱线，例如，稀土激活的发光材料的发射光谱是一些特征的窄带谱（线谱）[6]，如图 1.10 所示。

图 1.11 为 $NaLuF_4$:Tb 和 $NaLuF_4$:Ce,Tb 微米粒子的激发和发射光谱图。两种样品在紫外光的激发下均会发射绿色下转换可见光。$NaLuF_4$:Tb 样品的激发光谱是由一系列的吸收峰所组成。这些谱线来源于 Tb^{3+}的基态能级 $^7F_6$ 跃迁至激发态能级时所吸收的能量。以其中最强的吸收峰所对应的激发光 380nm 来激发该样品，会得到一组分别位于 491、544 和 586nm 的发射峰，分别来源于 Tb^{3+}中电子由激发态能级 $^5D_4$ 向 ^7F_J(J=6，5，4)能级跃迁时所发射的光子能量。值得关注的是，当 Ce^{3+}-Tb^{3+} 离子对共同掺杂到样品中时，样品的激发和发射光谱均发生了很大的变化。首先，

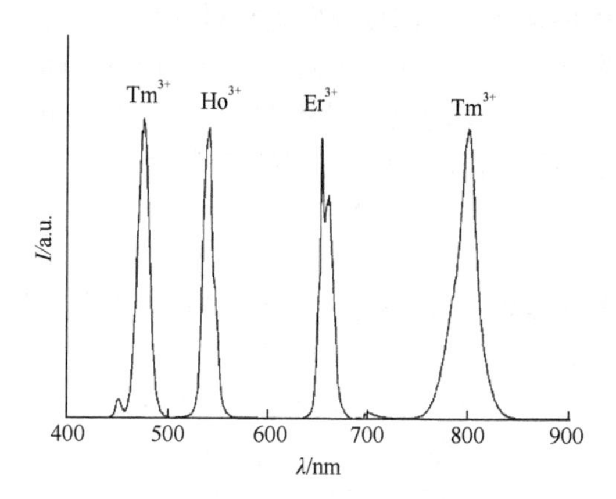

图 1.10 代表性 Yb^{3+}-Tm^{3+}、Yb^{3+}-Ho^{3+}和 Yb^{3+}-Er^{3+}共掺杂纳米晶的归一化上转换发射光谱

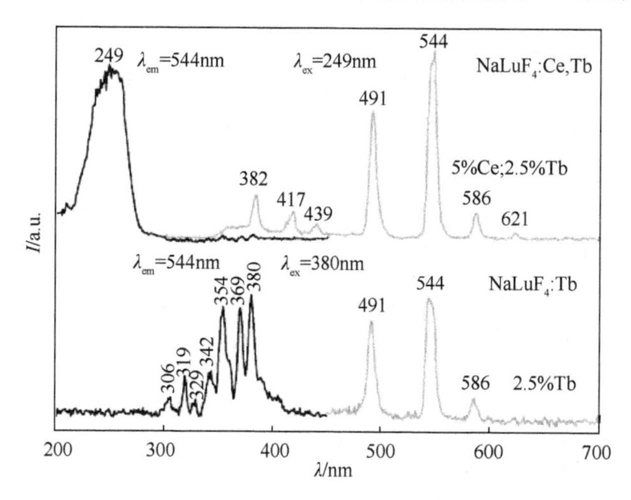

图 1.11 $NaLuF_4$:Tb 和 $NaLuF_4$:Ce,Tb 微米粒子的激发（左）和发射（右）光谱图[9]

其激发光谱中出现了一个位于 249nm 处的很宽的吸收峰，而在单独掺杂 Tb^{3+}时出现的一系列吸收峰则不再出现。这种现象表明当加入 Ce^{3+}时，样品对入射光子的吸收方式完全转变为 Ce^{3+}的 4f-5d 跃迁。同时，此样品的发射光谱也表现出明显的增强。此外，在其发射光谱中出现了一系列位于 382nm、417nm、439nm 和 621nm 处的发射峰，分别来源于 Tb^{3+}中 $^5D_3→^7F_6$、$^5D_3→^7F_5$、$^5D_3→^7F_4$ 和 $^5D_4→^7F_3$ 能级间的能量跃迁。

发光材料的发射光谱和许多因素有关，包括激活剂与基质的化学性质，以及两者的相互作用。若发光材料被掺杂多种激活剂，其发射光谱还和激活剂间的相互作用有关。发射光谱的形成由发光中心的结构决定。有时，同一种激活剂，在同一种基质中的发射光谱却不同。例如 $NaYF_4$:Yb^{3+},Er^{3+}发光材料能发射红光、绿光和黄光，这与两种掺杂离子的浓度及发光材料的制备条件有关。不同的发光谱带，来源于不同的发光中心，因而有不同的性能。而且，随着基质的改变，发射光谱也可改变。基质晶格离子对激活剂离子能量状态的作用决定谱带的位置和宽度，这对研究发光中心及其在晶格中的位置很有帮助。

3. 发光和猝灭

激发能量并不是全部都要经过传输，能量传输也不会无限地延续。处于高能态的激发离子是不稳定的，随时有可能回到基态。在离子回到基态的过程中，发射出光子就是发光，这个过程叫做发光跃迁或辐射跃迁。如果离子在回到基态时不发射光子，而是将激发能散发为热（晶格振动），这就称为无辐射跃迁或猝灭。离子在从激发态回到基态的过程中，可能发射光子，也可能无辐射跃迁，或者将激发能量传递给别的离子，三种情况发生的概率取决于离子周围的情况，如近邻离子的种类、位置等。以上指的是离子被激发的情况。对于由激发而产生的电子和空穴，也是不稳定的，经历复杂的过程后最终将会复合。电子和空穴可能分别被杂质离子或晶格缺陷所捕获，热振动又可能使它们获得自由，反复多次，最后复合并放出能量。通常，电子和空穴总是通过某种特定的中心实现复合。如果复合后发射出光子，这种中心就是发光中心。发光中心可以是组成基质的离子、离子团或有意掺入的激活剂。有些复合中心的电子和空穴复合后不发射光子，而是将能量转变为热，这样的中心称为猝灭中心。在发光材料中，发光和猝灭两个过程相互对立相互竞争。当猝灭占优势时，发光弱，发光效率低；反之，发光强，发光效率高[2]。

1.4 发光材料内部的能量传输

研究固体发光的时候，通常把发光分成激发、能量传输和发射光三个过程。其中，能量传输就是指从发光材料受到外界激发后到产生发射光以前这样一段过程中，激发能在晶体中传输的现象。

一个极为普遍的物理现象是：晶体的某个中心受到外界的激发，从而吸收能量，被吸收的能量往往以某种形式传递到晶体的另一个中心。我们观察发光现象时，不难发现，发光材料中吸收激发能的是一个中心，形成发射光的是另一个中心，这两个中心之间必然存在着能量的传递和输运过程。而能量传送的概率、效率及对于环境的依赖等，都是发光研究中至为关切的问题。下面举个例子说明这种现象。

用阴极射线激发锰激活的磷酸钙 $Ca_3(PO_4)_2$:Mn 时，得到橙红色的 Mn^{2+}中心发光。用波长 250nm 的紫外光激发时，却看不到 Mn^{2+}中心发光。然而铈激活的磷酸

钙 $Ca_3(PO_4)_2$:Ce 却能在波长为 250nm 的紫外光激发时发光。若用铈和锰同时激活磷酸钙，获得 $Ca_3(PO_4)_2$:Ce,Mn，可以看到材料在 250nm 的紫外光激发下，既有 Ce^{3+}中心发光，也得到了橙红色的 Mn^{2+}中心发光。显然，此时 Mn^{2+}中心发光的能量一定来自 Ce^{3+}中心。也就是说，Ce^{3+}和 Mn^{2+}中心之间一定存在能量的传输过程。从以上实例，我们看到晶体吸收外界的激发能后，随之发生将这部分能量重新调整、分布的运动，也就是能量的传递、输运过程[1]。

事实上，几乎所有的发光材料都存在能量的传递与输运现象，例如，敏化剂的敏化、猝灭中心的猝灭、上转换发光、下转换发光、复合发光、电致发光中的载流子运动等都和能量的传递与输运密切相关[10]。由是，为有效地将激发能转变成我们希望看到的发光，深入地研究能量的传递与输运过程就显得十分必要。本节主要介绍稀土掺杂的晶体材料中存在的能量传递方式。

1.4.1 能量传输方式

发光材料内部的能量传输可分为能量传递和能量输运两大类过程。避免措词混淆，本书对“能量传递”和“能量输运”做了较严格的定义和区分。“能量传递”是指某激发中心把激发能的全部或一部分转交给另一个中心的过程；而“能量输运”则是指借助电子和（或）空穴的运动把激发能从基质晶格的一个中心带到另一个中心的过程。“能量传输”则是上述两种过程的统称。

固体基质中能量传输的途径主要分为四种。

（1）再吸收。

再吸收现象也称为自吸收或级联激发（cascade excitation）。它是指基质中的某一发光中心发光后，发射光波在晶体中行进时，又被晶体本身吸收的现象。输运能量靠光子完成，输运距离可近可远。发生再吸收的先决条件是必须有吸收光谱和发射光谱的重叠。输运过程一般不会受到温度的影响[6]。

（2）共振传递。

共振能量传递是指激发态中心通过电偶极子、磁偶极子、交换作用等近场力作用，把激发能传递给另一个中心的过程。即两个中心之间如果有近场力的相互作用，那么一个激发态的中心可能把能量传给另一个中心，从而使前者由激发态回到基态，后者则从基态变为激发态。两个中心能量的变化值理论上相等。

在绝缘材料中，尤其是稀土或过渡元素激活的材料和有机晶体中，共振传递是极为重要的能量传递方式。在不借助其他近邻原子的情况下，这种方式传递能量的距离可以从一个原子线度到 10nm 尺度不等。也有人指出从敏化中心到激活中心的共振传递，可越过 25～50 个阳离子格点；而从一个敏化中心到另一个敏化中心的共振传递，可以越过 150～600 个阳离子格点。这种传递能量的方式也被认为对温度的依赖并不强烈[1]。

由于共振能量传递在稀土发光过程中的重要作用，本节将着重讨论有关共振能量传递的概率问题。假定有两个中心 S 和 A，若第一个状态为 S^*+A，即 S 中心处于激发态，A 中心处于基态；若第二个状态为 $S+A^*$，即 S 中心回到基态，A 中心被激发到激发态。那么从状态 S^*+A 到 $S+A^*$ 的发生概率，也就是 S 中心将其激发能 $E=h\nu$ 通过共振传递传给 A 中心的概率。根据量子力学，当中心 A 和 S 作为电偶极子近似时，敏化中心（S）和激活中心（A）的共振能量传递概率 P_{SA} 如下[1]：

$$P_{\mathrm{SA}}(R)=\left(\frac{R_0}{R}\right)^6\cdot\frac{1}{\tau_S^*}$$

$$R_0^6=\frac{3}{64\pi^5}\frac{c^4h^4}{K^2}\sigma_A\eta_S\int\frac{\varepsilon_S(E)\alpha_A(E)}{E^4}\mathrm{d}E$$

式中，R 为两中心的空间距离；K 为介电常数；E 为激发能；τ_S^* 为激发态 S^* 的实测寿命；η_S 为激发态 S^* 的发射效率；$\varepsilon_S(E)$为基态 S 中心的发射光谱；σ_A 为 A 中心的总吸收截面；$\alpha_A(E)$为基态 A 中心的吸收光谱。

根据上述能量传递概率公式，可以得出下面结论：

第一，对于两个可视为偶极子的中心 S 和 A，S^*激发态将能量传递给 A 中心，其自身回到基态，而 A 中心变为激发态 A^*的过程，共振能量传递概率 P_{SA} 与两个中心之间的距离 R 的 6 次方成反比。也就是两个中心的空间距离越近，传递概率就越大。

第二，P_{SA} 与敏化剂激发态的寿命 τ_S^* 成反比，即敏化剂激发态的寿命越长，越不易将能量传递给激活中心。

第三，P_{SA} 与敏化剂中心的发射效率 η_S 及激活剂中心的总吸收截面 σ_A 的乘积成正比。也就是敏化中心的发射效率越高，激活中心的吸收截面越大，P_{SA} 越大。

第四，只有敏化中心的发射谱 $\varepsilon_S(E)$与激活中心的吸收谱 $\alpha_A(E)$有重叠才有可能发生能量传递，而且重叠越大，传递概率越大。

第五，R_0 可以理解为 S 和 A 间发生能量传递的临界距离。若 $R=R_0$，则 $P_{\mathrm{SA}}=1/\tau_S^*$，此时敏化中心在激发态停留时间之内，恰好完成能量传递；若 $R>R_0$，则 $P_{\mathrm{SA}}<1/\tau_S^*$，能量传递所需时间比敏化中心激发态寿命还要长，不能发生能量传递；若 $R<R_0$，则 $P_{\mathrm{SA}}>1/\tau_S^*$，能量传递所需时间比敏化中心激发态寿命短，极易发生能量传递。

（3）借助于载流子的能量输运。

在大多数Ⅱ-Ⅵ、Ⅲ-Ⅴ和Ⅳ-Ⅳ族光导体、半导体和半绝缘体材料中，载流子的扩散、漂流现象是主要的能量输运机理。很明显，电流和光电导是此种输运机理的特点，且温度对输运过程影响显著[1]。

（4）激子的能量传输。

随着对激子现象广泛而深入的研究，它在能量传输中的作用也显得越发重要。一方面，激子可以看作是一个激发中心与其他中心之间通过再吸收、共振传递的机理交出它的激发能；另一方面激子的运动本身也直接把它的激发能从晶体的一部分输运到晶体的另一部分。

激子的出现，往往可以看到其特征光谱，激子传输能量可达到极大的距离。譬如，CdS 中激子扩散长度可达 0.23cm。离子晶体中激子现象较为普遍，在低温和高密度激发下，激子的能量交换有更新现象[1]。

1.4.2 能量迁移和浓度猝灭

如果能量传递发生在两同核离子 S 之间，根据之前共振能量传递的讨论，若两个 S 离子间的能量传递效率很高，这种能量传递将一步接一步、连续不断地发生下去，将激发能从吸收能量的格位带到很远，发生能量迁移（energy migration）[6]。能量迁移是一种以随机方式发生的多步过程，涉及同种稀土离子之间共振能量传递。同种稀土离子浓度越高，能量迁移速度也越快[11, 12]。若按能量迁移的方式进行，当激发能到达一个能量无辐射损失的格位（消光杂质或猝灭格位）时，系统的发光效率将被降低。由于发生能量传递的概率与 R 的 6 次方成反比，S 的浓度越高，R 就越小，因此当激活剂的浓度越高时，就会使材料的发光效率反而降低，这种现象称为浓度猝灭（concentration quenching）。当 S 浓度很低时，将不会发生这种浓度猝灭，因为 S 离子间的平均距离太大，以至于能量迁移受到阻碍，无法到达消光杂质或猝灭格位[6]。目前，研究发现能有效发生能量迁移的稀土离子主要有 Gd^{3+}、Yb^{3+}和 Tb^{3+}。

科研工作者率先在 Gd^{3+}化合物中发现了关于高浓度体系中的能量迁移的许多有趣现象，这些发现促使人们合成出多种新型发光物质，例如，Liu 课题组设计合成了一系列核壳结构 $NaGdF_4$:Yb,Tm@$NaGdF_4$:X（X = Eu、Tb、Dy、Sm、Mn）纳米粒子[13, 14]，实现了 980nm 光泵浦条件下 X 的上转换发射，详见后续章节。该过程中，Gd^{3+}次晶格被敏化和激活。敏化剂有效地吸收泵浦能量并将其传递给 Gd^{3+}次晶格。通过在次晶格中的能量传递，激活剂 X 得到能量，产生发射。吸收效率和量子效率均超过 90%[10]。其物理过程描述如下：

$$\text{激发} \rightarrow S \rightarrow Gd^{3+} \xrightarrow{\text{nx}} Gd^{3+} \rightarrow X \rightarrow \text{发射}$$

式中，nx 表示发生许多步 Gd^{3+}–Gd^{3+}迁移；S 可以是 Yb^{3+}、Ce^{3+}、Bi^{3+}、Pr^{3+}或 Pb^{2+}；X 可以是 Eu^{3+}、Tb^{3+}、Dy^{3+}、Sm^{3+}、Mn^{2+}或 UO_6^{6-}，或许还有更多。既然激发能在 Gd^{3+}次晶格中可以发生多步能量迁移，那么迁移过程中激发能的损失情况如何？Liu 课题组对此进行了分析研究。他们在 $NaGdF_4$:Yb,Tm@$NaGdF_4$:X 核壳结构中间插

入了一层无掺杂 $NaGdF_4$ 中间层，制备了 $NaGdF_4$:Yb,Tm@$NaGdF_4$@$NaGdF_4$:X 纳米粒子，中间层的厚度分别为 3nm 和 5nm，增加了 Gd^{3+}-Gd^{3+}能量迁移步数，延长了 X 和 Yb^{3+}-Tm^{3+}离子对之间的距离。上转换发射光谱检测结果表明，3nm 厚的中间层插入与否对 X 和 Tm^{3+}发射峰强度影响可以忽略不计，而 5nm 厚的中间层也只是稍微降低了 X 的发射峰强度。可见，Gd^{3+}之间的能量迁移过程可将激发能传送相当长的距离，且能保持大部分激发能不损失。

近几年，诸多研究发现核壳包覆材料中的 Yb^{3+}之间也发生了这种能量迁移现象，例如 $NaYF_4$:Yb,Tm@$NaYF_4$:Yb,Nd、$NaGdF_4$:Yb,Ho,Ce@$NaGdF_4$:Yb,Nd 和 $NaGdF_4$:Yb,Er@$NaGdF_4$:Yb 等核壳结构纳米晶[15-21]。壳层中掺杂的 Yb^{3+}通过“$Yb^{3+}\rightarrow Yb^{3+}\rightarrow\cdots\rightarrow Yb^{3+}$”的能量迁移过程将获得的能量传递给核材料内的 Yb^{3+}，核材料内的 Yb^{3+}获得能量后传递给邻近的激活剂离子产生上转换发光。戴宏杰课题组利用 $NaYF_4$:Er,αYb@$NaYF_4$:βYb@$NaNdF_4$:γYb（α∶β∶γ 代表不同壳层内掺杂的 Yb^{3+}摩尔浓度比）核壳结构纳米晶对能量迁移过程进行了细致深入的分析[11]。对比研究 740nm 发光二极管（light-emitting diode，LED）、800nm 和 980nm 近红外光三种激发光源对纳米晶发光强度和寿命的影响验证了如下结论：① 与激发光源直接作用相比，Yb^{3+}之间的能量迁移作用可以忽略不计；② 能量迁移作用发生的概率远大于供体和受体之间的相互作用，例如，激发态 Yb^{3+}跃迁回到基态的辐射过程，以及反向能量传递过程 $Yb^{3+}\rightarrow Nd^{3+}$；③ 两壳层交界面处的能量迁移优先走向 Yb^{3+}浓度较高的一侧。因此，α∶β∶γ 为 30∶20∶10 时，740nm 光激发下核壳结构纳米晶的发光强度最高，因为此时能量迁移效率最高；同时，在功率密度为 $2W/cm^2$ 的 800nm 光激发下获得的量子产率 0.22%±0.02%最高，该量子产率也是目前 Nd^{3+}敏化的上转换纳米材料中的最大值。上述结论已经成为设计制备 800nm 左右光激发的 Yb^{3+}-Nd^{3+}共掺杂核壳结构的指导准则，即如果发光中心掺杂于核材料内部，那么不同壳层内 Yb^{3+}浓度遵循由内层到外层逐渐降低的规律。

2015 年，Liu 课题组发现 Tb^{3+}-Tb^{3+}之间也存在能量迁移现象，并结合这种能量迁移作用、合作敏化及能量迁移辅助上转换机制与核壳结构设计制备了一种新的稀土发光材料 $NaYbF_4$:Tb@$NaYF_4$:Eu 核壳结构纳米晶，实现了 Tb^{3+}和 Eu^{3+}在 980nm 光激发下同时发光的上转换性能[22]。

1.4.3 敏化发光

敏化发光是稀土离子间相互作用的一种形式。敏化发光指可利用再吸收、共振传递、载流子输运和激子输运几种能量传递方式把敏化离子吸收的能量转移至发光离子导致发光的过程。为了提高激光晶体的激光效率，增加激活离子对泵浦能量的利用率就成为先决条件。现今提出的几种提高激光效率的方法中，敏化的地位举足轻重。有些材料在无敏化离子存在时，几乎不发光；而少量敏化离子就足以使发光强度增加10倍，甚至更多。敏化已经成为提高晶体激光效率的经典方法。敏化发光同样是提高上转换发光强度的有效途径之一。如氧化物双掺 Yb^{3+}和Tm^{3+}后，可使Tm^{3+}的上转换发光强度提高3个数量级以上[23]。

1. 敏化发光的现象和种类

敏化发光是晶体中能量传输的表现之一。通常把一种杂质中心吸收的能量转移到另一种中心，而使后者发光的现象称为杂质敏化。吸收能量的中心，称为敏化中心；发光的中心被称为激活中心。如果基质起到敏化剂作用，此现象称为基质敏化。

无论是杂质敏化还是基质敏化，它们传输能量的过程仍然是再吸收、共振传递、载流子输运和激子输运几种方式。但实际晶体中能量的传输情况较为复杂，可以是几种不同方式的组合。有时要区别究竟属于哪一种方式，也存在一定困难，不但需要从激活剂的浓度、光谱、发光强度、弛豫时间、温度依赖关系、电导等方面观察，更需要通过外加电场、磁场等多种条件综合地分析、判断。

（1）杂质敏化。

Mn^{2+}激活的发光材料是杂质敏化很常见的例子，这类材料的敏化剂可以有很多种，例如，Ce^{3+}、Bi^{3+}、Sb^{3+}、Sn^{2+}、Pb^{2+}、Tl^{2+}和 Ti^{4+}等都可以作为敏化剂。前面1.4节介绍的$Ca_3(PO_4)_2$:Ce,Mn就是一个典型实例。

近些年来，发现很多稀土元素间具有典型的敏化发光现象。由于这类发光材料不伴随电导，而且这类元素通常发出对应离子的特征谱线，与稀土原子的光谱能级相对照后，认为这类敏化是由能量的共振传递所引起的。使用这类元素作为基质、激活剂或敏化剂，发现了很多性能优越的发光材料。如灯用材料、显示材料、上转换材料以及多光子现象材料。稀土互相敏化的现象也很普遍（表1.3）。

表1.3 稀土等元素相互敏化实例[1]

敏化剂 激活剂	基质	敏化剂 激活剂	基质
Yb → Er	硅玻璃，$NaYF_4$	Er → Tm	$CaMoO_4$，$Y_3Al_5O_{12}$
Yb → Tm	$Y_3Al_5O_{12}$，$NaYF_4$	Er → Ho	$CaMoO_4$，$Y_3Al_5O_{12}$
Yb → Ho	硅玻璃，$NaYF_4$	Cr → Ho	$Y_3Al_5O_{12}$
Nd → Yb	$Na_{0.5}Gd_{0.5}WO_4$，$NaYF_4$	Cr → Eu	$CaAlO_3$
Ce → Tb	YPO_4，$NaGdF_4$	Cr → Nd	$Y_3Al_5O_{12}$
Ce → Nd	CeF_3	Cr → Tm	$Y_3Al_5O_{12}$
Gd → Eu	Gd_2O_3	Mn → Nd	磷玻璃
Gd → Tb	硅玻璃	Ag → Nd	硅玻璃
Dy → Tb	硅酸盐玻璃	UO_2^{2+} → Nd	硅玻璃

（2）基质敏化。

基质敏化现象不但多，而且实际意义重大，因为基质的原子数远超激活剂的原子数，所以吸收外界能量的概率也比较大。若再选取适合的激活剂得到所需发光，是很科学的设计方案。

基质的敏化机理正在进一步研究中，一般有以下三种可能性：①激发时基质产生自由的电子和空穴，这些自由的电子和空穴运动到激活剂附近时，即被俘获。②产生激子，通过扩散被激活中心俘获。③产生俘获激子，通过和激活中心之间的共振传递或再吸收现象而传递能量。

例如，未掺杂的 KI 发光材料有一个 430nm 的发光峰，这是基质的本征发射。掺入 Tl^{+}以后，此发光峰削弱，同时出现另一个与 Tl^{+}有关的光谱峰[1]。而且伴随着 Tl^{+}浓度的增加，基质发光的削弱现象愈加严重，而 Tl^{+}的发光显著增强。

2. 敏化发光能量传输过程分析

想要明确发光材料中能量输运的具体路线并不容易，需做多方面的实验，再综合分析实验结果，才能做出正确判断。现以 $Ca_3(PO_4)_2$:Ce,Mn 为例，简要介绍分析过程。

（1）清楚发光材料中传输能量的方式。

从现象看，激发的 Ce^{3+}中心一定有能量转移到 Mn^{2+}中心。之前我们介绍过传输能量有四种方式，那么在 $Ca_3(PO_4)_2$:Ce,Mn 中以哪一种或哪几种方式为主呢？

首先，在 250nm 紫外线激发时，材料没有光电导，也没有激子的发光和吸收，因此与载流子或激子有关的能量传输机理就应该排除了。

再把 $Ca_3(PO_4)_2$:Ce 和 $Ca_3(PO_4)_2$:Mn 两种发光材料经机械混合，用 250nm 紫外线激发，仅观察到 Ce^{3+}中心发光，并未观察到 Mn^{2+}中心发光，说明再吸收的传输机理在这种材料中也不占主导。

通过以上实验，可以推断 Ce^{3+}中心到 Mn^{2+}中心的能量传递，应该主要是通过共振传递机理完成的。

（2）明确中心之间传递能量的具体路线。

由于材料中同时分布着许多 Ce^{3+}中心和 Mn^{2+}中心，Ce^{3+}中心有的被激发，有的未被激发。如果不能充分证明 Ce^{3+}和 Mn^{2+}两种中心一定在空间位置上存在相关性的话，只能认为它们各自无规律地均匀分布在材料中。

如果离子半径比基质离子半径小的杂质，和离子半径比基质离子半径大的杂质同时进入基质，通常它们会成为近邻，形成体积补偿，这样系统的总能量会降低，成为稳定状态。在 $Ca_3(PO_4)_2$ 中，Ce^{3+}和 Mn^{2+}也符合这种原理，那么 Ce^{3+}和 Mn^{2+}应当成对出现，A 的发光也在 $S \rightarrow A$ 的能量传递后形成。

通常对于能量传递路线的分析是从 $S \rightarrow A$ 这种途径出发考虑的；事实上，还存在未被激发的 S 中心，因此应考虑以下各种传递路线：① $S \rightarrow A$；② $S \rightarrow S \rightarrow A$；③ $S \rightarrow X \rightarrow \cdots \rightarrow A$。实际上 A 的发光为①、②和③的总效果。

3. 共振传递时中心和周围的热交换

在共振传递中，若两个能级完全相同，那么能量可能由前者传递给后者，后者获得能量后又可能返还前者，这种来回传递的能量是不可能起到敏化作用的。通常认为实际的共振传递中，往往也伴随中心与周围环境的能量交换，结果使激发能量变成晶格热振动，使传递过程向单一方向产生。利用位形坐标模型，就能把这种热交换直观地表示出来。

从图 1.12，可以看到中心之间能量传递过程可以分为五步来描述：

（1）S 中心（如敏化中心）吸收能量 $h\nu_0$，从它的基态 S 到达激发态 S^*。

（2）S 中心与围绕着它的晶格发生能量交换，就是声子过程，一部分激发能变成晶格的热运动能。

（3）S 中心通过共振传递把能量转移给 A 中心，S 中心则由激发态 S^* 回归到基态 S。而 A 中心从基态 A 变成激发态 A^*，它们能量的变化值为 $h\nu_1$。

（4）A 中心与围绕着它的晶格发生声子过程；S 中心也与周围的晶格发生声子过程；前者到达较稳定的激发态能级，后者回到类似于未激发以前的状态。

（5）A 中心的激发态 A^* 释放能量 $h\nu_2$，产生发光。

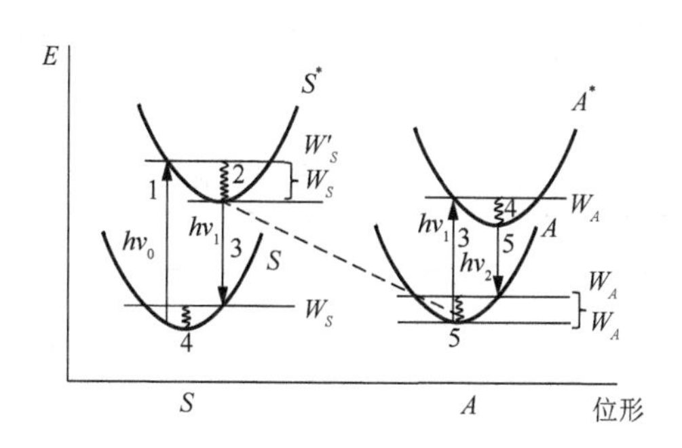

图 1.12 由 S^*+A 状态通过共振传递变为 $S+A^*$ 的过程[1]

当然，以上描述比较简单粗糙，事实上杂质中心的激发态有很多状态，各种状态的能量变化途径、概率也不尽相同，而且都与杂质原子本身的结构、进入晶格以后与晶格的相互联系、杂质离子间的相互联系和组合的情况有关。故而这些联系对能量传递过程都将产生重大影响，并表现在发光材料的特征方面上。而相关研究工作，尚待深入。

1.5 稀土元素概述

稀土元素（rare earth element）是指元素周期表中原子序数 57～71 的 15 种镧系元素（lanthanide element）加上物理化学性质与其相似的 21 号元素钪和 39 号元素钇共 17 种元素。稀土元素可简称稀土，常用符号“RE”或“Re”表示；镧系元素可用符号“Ln”表示。在 17 种稀土元素中，钪的化学性质与其他 16 种元素有较大差别，而钷是一种放射性元素，这两种稀土元素一般单独进行研究，所以通常研究稀土时只包含其余 15 种元素。

稀土元素最早发现于 1794 年，芬兰著名科学家从硅铍钇矿中发现“钇土”（yttria）即氧化钇。由于各种稀土元素性质极其相似，又在复杂的矿物中紧密共生，因此分离工作异常困难。从 1794 年发现钇土开始，直至 1947 年采用人工方法从核反应堆的分裂碎片里分离出最后一个稀土元素钷，前后历时 150 多年。稀土之所以如此命名，是因为 18 世纪发现的稀土矿物很少，当时的技术水平很难把它们分离成单独的元素，只能作为混合氧化物分离出来。那时习惯上将不溶于水的固体氧化物称为“土”，因而得名稀土。其实，在自然界稀土矿物并不稀少，稀土也不是土，而是典型的金属元素，其活泼性仅次于碱金属和碱土金属。

除钪以外的 16 种稀土元素可以根据电子层结构以及由此反映的物理化学性质差别分为两类[4]。一般以钆为界，把从镧到钆的一组元素叫做轻稀土或铈组元素（也有人把钆划为重稀土）；因为钇的原子半径在重稀土元素范围内，且化学性质与重稀土更相似，所以把从铽到镥包括钇在内的一组元素叫做重稀土或钇组元素（表 1.4）。

表 1.4 稀土元素的分组[4]

参数	稀土元素															
	轻稀土（铈组元素）								重稀土（钇组元素）							
原子序数	57	58	59	60	61	62	63	64	65	66	67	39	68	69	70	71
元素名称	镧	铈	镨	钕	钷	钐	铕	钆	铽	镝	钬	钇	铒	铥	镱	镥
元素符号	La	Ce	Pr	Nd	Pm	Sm	Eu	Gd	Tb	Dy	Ho	Y	Er	Tm	Yb	Lu

1.5.1 稀土元素的电子层结构特点

稀土元素之间独特且相似的物理化学性质，尤其是光谱特性，主要取决于稀土元素的电子组态。另外，能量转换是发光的本质，稀土具有优异的发光性能，就是因为它们具备卓越的能量转换性能，而这些性能又源于稀土元素特殊的电子层结构。稀土元素的电子层结构和半径数据如表 1.5 所示。

表 1.5　稀土元素的电子层结构和半径[4]

原子序数	元素名称	元素符号	原子的电子层结构						原子半径/nm	RE^{3+}的电子层结构	RE^{3+}半径/nm
—	—	—	内部各层已填满，共 46 个电子	4f	5s	5p	5d	6s	—	—	—
57	镧	La		0	2	6	1	2	0.1879	[Xe]$4f^0$	0.1061
58	铈	Ce		1	2	6	1	2	0.1824	[Xe]$4f^1$	0.1034
59	镨	Pr		3	2	6	—	2	0.1828	[Xe]$4f^2$	0.1013
60	钕	Nd		4	2	6	—	2	0.1821	[Xe]$4f^3$	0.0995
61	钷	Pm		5	2	6	—	2	(0.1810)	[Xe]$4f^4$	(0.098)
62	钐	Sm		6	2	6	—	2	0.1802	[Xe]$4f^5$	0.0964
63	铕	Eu		7	2	6	—	2	0.2042	[Xe]$4f^6$	0.0950
64	钆	Gd		7	2	6	1	2	0.1802	[Xe]$4f^7$	0.0938
65	铽	Tb		9	2	6	—	2	0.1782	[Xe]$4f^8$	0.0923
66	镝	Dy		10	2	6	—	2	0.1773	[Xe]$4f^9$	0.0908
67	钬	Ho		11	2	6	—	2	0.1766	[Xe]$4f^{10}$	0.0894
68	铒	Er		12	2	6	—	2	0.1757	[Xe]$4f^{11}$	0.0881
69	铥	Tm		13	2	6	—	2	0.1746	[Xe]$4f^{12}$	0.0869
70	镱	Yb		14	2	6	—	2	0.1940	[Xe]$4f^{13}$	0.0858
71	镥	Lu		14	2	6	1	2	0.1734	[Xe]$4f^{14}$	0.0848
—	—	—	内部填满 18 个电子	3d	4s	4p	4d	5s	—	—	—
21	钪	Sc		1	2	—	—	—	0.1641	[Ar]	0.0680
39	钇	Y		10	2	6	1	2	0.1801	[Kr]	0.0880

注：[Ar]、[Kr]和[Xe]分别为稀有元素氩、氪和氙的电子层构型。[Ar]=$1s^22s^22p^63s^23p^6$；[Kr]=$1s^22s^22p^63s^23p^63d^{10}4s^24p^6$；[Xe]= $1s^22s^22p^63s^23p^63d^{10}4s^24p^64d^{10}5s^25p^6$

从表 1.5 可以看出，15 个镧系元素的电子结构特点是都含有 4f 电子壳层，各个元素之间的主要差别只是 4f 电子的数目不同。镧系元素电子层结构为[Xe]$4f^{0\sim14}5d^{0\sim1}6s^2$。钪和钇原子的外层电子结构类似，虽然没有 4f 电子，但其外层有$(n-1)d^1ns^2$的电子层构型，化学性质与镧系元素相似，也将它们划为稀土元素。

镧系元素原子的电子层结构特点如下：原子的最外层电子结构相同；次外层电子结构相近；4f 轨道上的电子数从 0→14 不等，且随着原子序数增大，新增电子并不填充到最外层或次外层，而是填充到 4f 层，又因为 4f 电子云的弥散，使它不完全地分布在 5s 和 5p 壳层内部。所以，每当原子序数增加 1，核电荷也增加 1，尽管 4f 电子也增加 1，但 4f 电子只屏蔽所增加核电荷中的一部分（约 85%），而原子中 4f 电子云的弥散没有在离子中大，故而屏蔽系数稍大一些。因此，当原子序数增大时，外层电子受到有效核电荷的引力实际增加了，这种由引力增加而引起原子半径或离子半径缩小的现象称为“镧系收缩”[2]。

1.5.2 稀土元素的价态

稀土元素最外层 5d 和 6s 电子构型大致相同，化学反应过程中，易在 5d、6s 和 4f 亚层失去 3 个电子成为+3 价离子，表现出典型的金属性质。其金属性仅次于碱金属和碱土金属，化学性质比其他金属元素更为活泼。

镧系离子的特征价态为+3，当形成+3 价离子时，其电子组态为

$$1s^22s^22p^63s^23p^63d^{10}4s^24p^64d^{10}4f^n5s^25p^6\ (n=0\sim14)$$

可见，镧系离子的 4f 电子位于 $5s^25p^6$ 壳层之内，即 4f 电子受到 $5s^25p^6$ 壳层的屏蔽作用，故而受到外界磁场、电场和配位场等因素的影响不大；即使处于晶体中时，也只是受到晶体场的微弱作用，故其光谱性质受外界影响较小，形成特有的类原子性质。但 4f 壳层内，电子之间的屏蔽作用并不完全，故随着原子序数增大，原子核的有效电荷增加，增强了对离子外层电子的引力，导致离子半径缩小，出现了镧系离子的半径收缩现象[1]。由于镧系收缩，镧系元素的离子半径递减，从而导致镧系元素的性质随原子序数的增大而有规律的递变。

根据洪特（Hund）规则，在原子或离子的电子结构中，对于同一亚层，当电子数为全充满、半充满或全空时，电子云的分布呈球形，原子或离子体系比较稳定。因此，La^{3+}（$4f^0$）、Gd^{3+}（$4f^7$）和 Lu^{3+}（$4f^{14}$）三个离子比较稳定。在 La^{3+}之后的 Ce^{3+}比 $4f^0$ 多一个电子，Gd^{3+}之后的 Tb^{3+}比 $4f^7$ 多一个电子，它们有进一步氧化成+4 价的倾向；而在 Gd^{3+}之前的 Eu^{3+}比 $4f^7$ 少一个电子，Lu^{3+}之前的 Yb^{3+}比 $4f^{14}$ 少一个电子，它们有俘获一个电子，自身还原为+2 价的趋势。图 1.13 为镧系元素价态变化示意图，其横坐标为原子序数，纵坐标的长短表示价态变化倾向的相对大小[2]。此外，在三价稀土离子中，没有 4f 电子的 Sc^{3+}、Y^{3+}和 La^{3+}（$4f^0$）及 4f 电子全充满的 Lu^{3+}（$4f^{14}$）都具有密闭的壳层，因此它们都是无色离子，具有光学惰性，很适合做发光基质。而从 Ce^{3+}的 $4f^1$ 开始逐一填充电子，依次递增至 Yb^{3+}的 $4f^{13}$，其电子组态中都有未成对的 4f 电子，当这些 4f 电子跃迁时，能产生发光或激光。因此，它们很适合作为发光材料的激活离子。

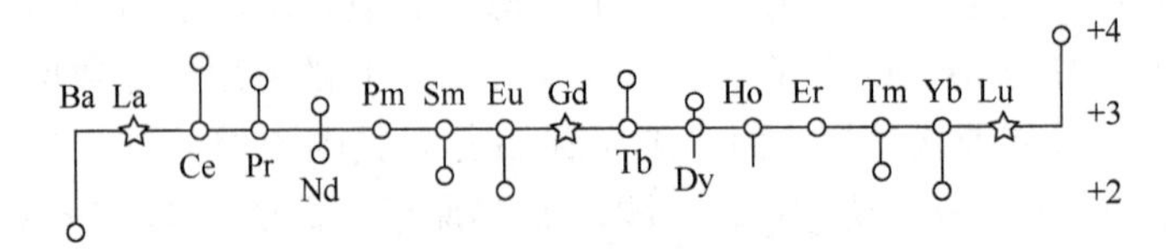

图 1.13 镧系元素价态变化示意图[2]

稀土元素一般都能生成反映ⅢB 族元素特征的+3 价态。但在某些因素影响下，它们还能生成+2 和+4 价态。由于稀土元素的电子结构和热力学及动力学因素影响，Sm、Eu、Tm 和 Yb 等较其他稀土元素更易呈现+2 价态，而 Ce、Pr、Tb 和 Dy 等可呈现+4 价态。

1.6 稀土元素的光学性质

作为一种优质的功能材料，稀土材料具有独特的光、电和磁学性能。其中，最引人注目的是其光学性能。稀土发光是由于稀土离子的 4f 电子在不同的能级之间跃迁产生的。即稀土离子位于内层的 4f 电子在不同能级之间跃迁，产生了大量的吸收和荧光发射光谱信息，这些光谱信息是化合物的组成、价态和结构的反映，这为设计和合成具有特定性质的发光材料提供了有力依据。

1.6.1 镧系元素的光谱项与能级

稀土化合物的发光性质与稀土离子 4f 轨道上电子的运动状态和能级特征紧密相关。由于稀土离子具有未充满的 4f 电子层，它们的不同排布将会产生不同的能级，使得 4f 电子在不同能级之间产生跃迁，从而会产生大量的吸收和荧光光谱信息。对于不同的镧系离子而言，当 4f 电子依次填入不同磁量子数的轨道时，除了要了解它的电子层构型，还需要了解它的基态光谱项 $^{2S+1}L_J$。光谱项是通过角量子数 l，磁量子数 m，以及它们之间的不同组态，来表示与电子排布相联系的能级关系的一种符号[23]。当电子依次填入 4f 亚层具有不同 m 值的轨道时，组成了镧系基态原子或离子的总角动量量子数 J、总自旋量子数 S、总轨道量子数 L 和基态光谱项 $^{2S+1}L_J$。其中，$L=\Sigma m$，是原子或离子的总磁量子数的最大值。$S=\Sigma m_S$，是原子或离子的总自旋量子数沿 Z 轴磁场方向分量的最大值。$J=L \pm S$，称为光谱支项，表示轨道和自旋角动量总和的大小；若 4f 电子数 < 7（从 La^{3+}到 Eu^{3+}），$J=L-S$；若 4f 电子数≥7（从 Gd^{3+}到 Lu^{3+}），$J=L+S$；J 的取值分别为（$L+S$）、（$L+S-1$）、（$L+S-2$）、…、（$L-S$），写在字母的右下角，每一支项相当于一定的状态或能级。L 的数值以大写英文字母表示，其对应关系如表 1.6 所示。

表 1.6 *L* 数值与字母的对应关系表

L 数值	字母
0	S
1	P
2	D

续表

L 数值	字母
3	F
4	G
5	H
6	I
7	K
8	L

$2S+1$ 的数值表示光谱项的多重性，^{2S+1}L 称作光谱项。

以 Tb^{3+}为例说明光谱相的求导方法。如表 1.7 所示，Tb^{3+}有 8 个 4f 电子，2 个自旋相反，6 个为自旋平行的未成对电子。

$$L=\Sigma m=2\times3+2+1+0-1-2-3=3 \quad （将所有电子的磁量子数相加）$$

$$S=\Sigma m_S=(+1/2-1/2)+6\times1/2=3 \quad （将所有电子的自旋量子数相加）$$

$$2S+1=7$$

$$J=L+S=3+3=6$$

所以，Tb^{3+}的基态光谱项 $^{2S+1}L_J$ 可以写为 $^7F_6$，即 Tb^{3+}共有 7 个光谱支项，按能级由低到高依次为 $^7F_6$、$^7F_5$、$^7F_4$、$^7F_3$、$^7F_2$、$^7F_1$ 和 $^7F_0$。

表 1.7　三价镧系离子基态电子排布与光谱项[23]

离子	4f 电子数	4f 轨道的磁量子数							L	S	J	$^{2S+1}L_J$	Δ /cm^{-1}	ζ_{4f} /cm^{-1}
		3	2	1	0	−1	−2	−3						
	J=L−S													
La^{3+}	0	—	—	—	—	—	—	—	0	0	0	$^1S_0$	2200	640
Ce^{3+}	1	↑	—	—	—	—	—	—	3	1/2	5/2	$^2F_{5/2}$	2150	750
Pr^{3+}	2	↑	↑	—	—	—	—	—	5	1	4	$^3H_4$	1900	900
Nd^{3+}	3	↑	↑	↑	—	—	—	—	6	3/2	9/2	$^4I_{9/2}$	1600	1070
Pm^{3+}	4	↑	↑	↑	↑	—	—	—	6	2	4	$^5I_4$	1000	1200
Sm^{3+}	5	↑	↑	↑	↑	↑	—	—	5	5/2	5/2	$^6H_{5/2}$	350	1320
Eu^{3+}	6	↑	↑	↑	↑	↑	↑	—	3	3	0	$^7F_0$	—	—
	J=L+S													
Gd^{3+}	7	↑	↑	↑	↑	↑	↑	↑	0	7/2	7/2	$^8S_{7/2}$	—	1620

续表

离子	4f 电子数	4f 轨道的磁量子数							L	S	J	$^{2S+1}L_J$	Δ /cm^{-1}	ζ_{4f} /cm^{-1}
		3	2	1	0	−1	−2	−3						
Tb^{3+}	8	↑↓	↑	↑	↑	↑	↑	↑	3	3	6	$^7F_6$	2000	1700
Dy^{3+}	9	↑↓	↑↓	↑	↑	↑	↑	↑	5	5/2	15/2	$^6H_{15/2}$	3300	1900
Ho^{3+}	10	↑↓	↑↓	↑↓	↑	↑	↑	↑	6	2	8	$^4I_8$	5200	2160
Er^{3+}	11	↑↓	↑↓	↑↓	↑↓	↑	↑	↑	6	3/2	15/2	$^4I_{15/2}$	6500	2440
Tm^{3+}	12	↑↓	↑↓	↑↓	↑↓	↑↓	↑	↑	5	1	6	$^3H_6$	8300	2640
Yb^{3+}	13	↑↓	↑↓	↑↓	↑↓	↑↓	↑↓	↑	3	1/2	7/2	$^2F_{7/2}$	10300	2880
Lu^{3+}	14	↑↓	↑↓	↑↓	↑↓	↑↓	↑↓	↑↓	0	0	0	$^1S_0$	—	—

注：Δ 为能级差，ζ_{4f} 为自旋-轨道耦合系数

由表 1.7 可知，+3 价镧系离子的光谱项有如下特点：以 Gd^{3+}为中心，Gd^{3+}以前的 f^n（n=0～6）和 Gd^{3+}以后的 f^{14-n} 具有类似的光谱项，是一对共轭元素。Gd^{3+}两侧离子的 4f 轨道上具有相等数目的未成对电子，故能级结构相似，且 L 和 S 的取值相同，基态光谱项呈对称分布。另外，可以发现，Gd^{3+}以前的+3 价镧系离子的总自旋量子数 S 随原子序数的增加而增加，在 Gd^{3+}以后的+3 价镧系离子的总自旋量子数 S 随原子序数的增加而减少；而总轨道量子数 L 和总角动量量子数 J 随原子序数的增加呈现出双峰的周期变化。

镧系元素的 4f 电子在 7 个 4f 轨道上任意排布(La^{3+}和 Lu^{3+}为 $4f^0$ 和 $4f^{14}$ 除外)，从而产生多种光谱项和能级，+3 价镧系离子 $4f^n$ 的组态上共有 1639 个能级，能级之间可能的跃迁数目更是高达 199177 个。再如，Gd 原子的 $4f^75d^16s^2$ 构型有 3106 个能级，其激发态 $4f^75d^16p^1$ 有 36000 个能级。Pr 原子的 $4f^36s^2$ 构型有 41 个能级，在 $4f^36s^16p^1$ 构型有 500 个能级，$4f^35d^16s^2$ 构型有 100 个能级，$4f^35d^16s^1$ 构型有 750 个能级，$4f^35d^2$ 构型有 1700 个能级。稀土离子的几个最低激发态的组态 $4f^{n-1}5d$、$4f^{n-1}6s$ 和 $4f^{n-1}6p$ 的能级数目列于表 1.8 中。当然，能级之间的跃迁会受到光谱选律的制约，所以使得实际观察到的谱线不会达到难以估计的程度。通常，具有未充满的 4f 电子亚层的原子或离子的光谱大约有 30000 条可被观察到的谱线；具有未充满的 d 电子亚层的过渡元素的谱线约有 7000 条；而具有未充满的 p 电子亚层主族元素的光谱线仅有 1000 条。由于稀土元素的电子能级和谱线要比普通元素丰富得多，可以吸收或发射多种波长的电磁辐射（从紫外光、可见光到红外光区皆可实现），故稀土元素可以为人们提供多种多样的发光材料[23]。

表 1.8　稀土离子各组态的能级数目[1]

RE^{2+}	RE^{3+}	4f 电子数	基态	能级数目				总和
				$4f^n$	$4f^{n-1}5d$	$4f^{n-1}6s$	$4f^{n-1}6p$	
—	La	0	$^1S_0$	1	—	—	—	1
La	Ce	1	$^2F_{5/2}$	2	2	1	2	7
Ce	Pr	2	$^3H_4$	13	20	4	12	49
Pr	Nd	3	$^4I_{9/2}$	41	107	24	69	241
Nd	Pm	4	$^5I_4$	107	386	82	242	817
Pm	Sm	5	$^6H_{5/2}$	198	977	208	611	1994
Sm	Eu	6	$^7F_0$	295	1878	396	1168	3737
Eu	Gd	7	$^8S_{7/2}$	327	2725	576	1095	4723
Gd	Tb	8	$^7F_6$	295	3006	654	1928	5883
Tb	Dy	9	$^6H_{15/2}$	198	2725	576	1095	4594
Dy	Ho	10	$^5I_8$	107	1878	396	1168	3549
Ho	Er	11	$^4I_{15/2}$	41	977	208	611	1837
Er	Tm	12	$^3H_6$	13	386	82	242	723
Tm	Yb	13	$^2F_{7/2}$	2	107	24	69	202
Yb	Lu	14	$^1S_0$	1	20	4	12	37

图 1.14 为+3 价镧系元素离子的能级图。Gd^{3+}以前的轻镧系离子的光谱项的 J 值从小到大向上排列，而其后的重镧系离子的 J 值则是从大到小反序向上排列。以 Gd^{3+}为中心，对应的一对共轭的重镧系和轻镧系元素的离子具有相似的光谱项，但由于重镧系的自旋-轨道耦合系数 ζ_{4f} 大于轻镧系（见表 1.7），导致 Gd^{3+}以后的 f^{14-n} 元素离子的 J 多重态能级之间的差距大于 Gd^{3+}以前的 f^n 元素离子，这体现在离子的基态与其上最邻近另一多重态之间的能级差Δ值随原子序数呈转折变化（表 1.7）。在重镧系方面，由于 Yb^{3+}的Δ值大于 Er^{3+}、Tm^{3+}和 Ho^{3+}，故可利用 Yb^{3+}作为敏化离子，Er^{3+}、Tm^{3+}和 Ho^{3+}作为激活离子，敏化离子将能量传递给激活离子，这是研究上转换发光材料的能级依据[24]。

影响镧系自由离子能级的位置和劈裂的因素较多，如电子互斥、自旋-轨道耦合、晶场和磁场等微扰作用。各种微扰作用对 $4f^n$ 组态劈裂程度的影响顺序如下：电子互斥＞自旋-轨道耦合＞晶场作用＞磁场作用。$4f^n$ 电子会受到外层 $5s^25p^6$ 电子的屏蔽，故晶场作用对镧系离子 $4f^n$ 电子的影响要比对 d 电子处于外层的过渡元素小，所引起的能级劈裂也仅仅几百个波数而已。

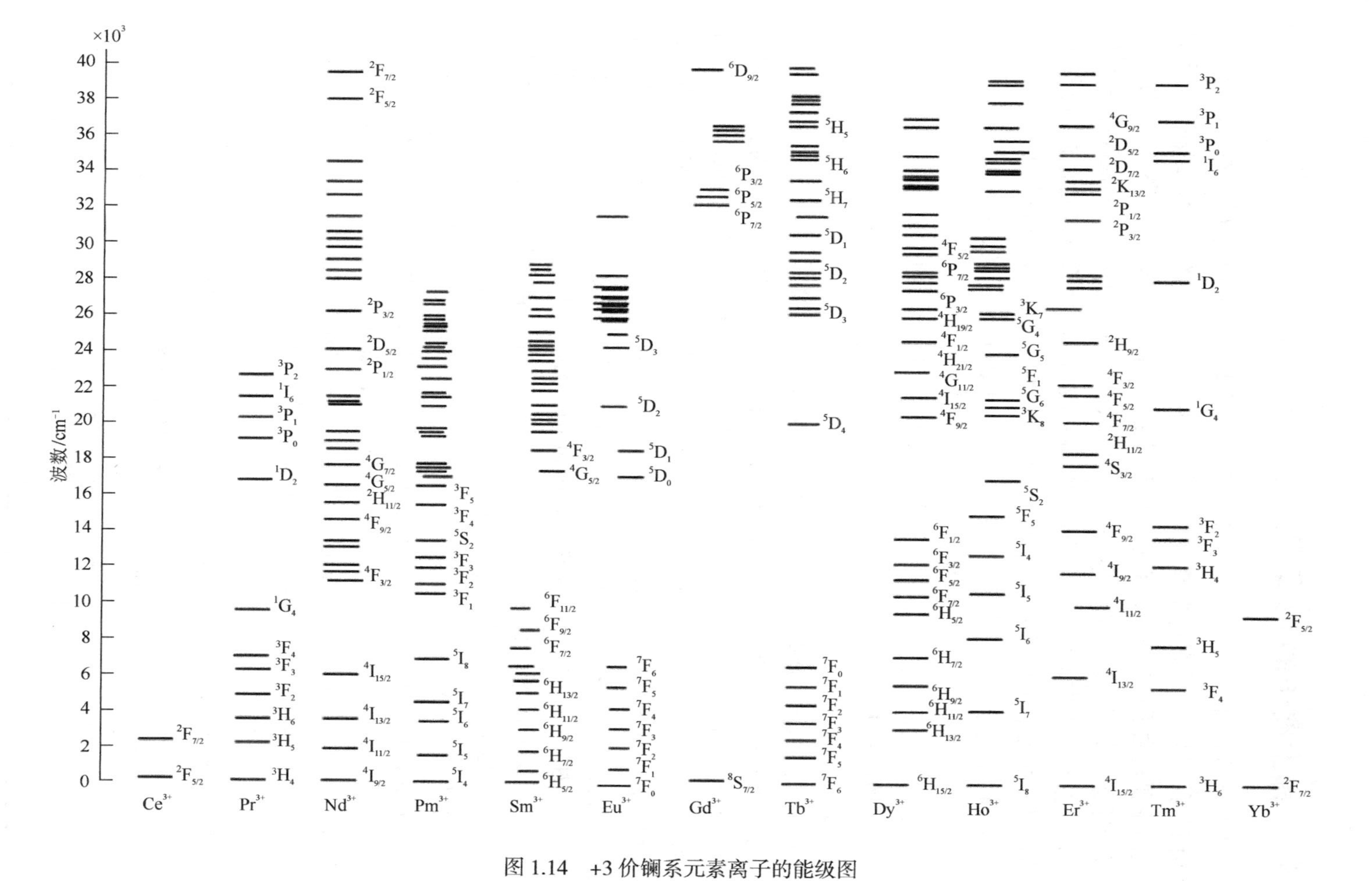

图 1.14　+3 价镧系元素离子的能级图

稀土离子在有些区域的能级分布很密集，因图幅所限，不能全部标出

1.6.2 稀土离子的 f-f 跃迁

通常见到的稀土离子发光可分为两类：一类是线状光谱的 f^n 组态内跃迁，称为 f-f 跃迁；另一类是宽带光谱的 f-d 跃迁。实际上，大部分三价稀土离子的吸收和发射主要是由于内层的 4f-4f 能级跃迁引起的。根据选择定则，这种 $\Delta l=0$ 的电偶极跃迁原本是属于禁戒的，但事实上却可以观察到这种跃迁，其原因在于 4f 组态与相反宇称的组态发生混合，或对称性偏高反演中心使原属禁戒的 f-f 跃迁变为允许跃迁，导致镧系离子 f-f 跃迁的光谱呈现窄线状、谱线强度较弱（振子强度约 10^{-6}cm）和荧光寿命较长的特点。稀土离子 f-f 跃迁的发光特征归纳如下[1]：

（1）发射光谱呈窄线状，受温度的影响很小；

（2）f 电子处于内壳层，会被 $5s^2 5p^6$ 屏蔽，故基质对发射波长的影响不大；

（3）浓度猝灭小；

（4）温度猝灭小，即使在 400～500°C 仍然发光；

（5）谱线丰富，从紫外光、可见光到红外光区皆有谱线。

大多数稀土离子的 f-f 跃迁由于受到 $5s^2$ 和 $5p^6$ 壳层的屏蔽作用而受周围环境的影响很小，因此，其光谱呈现线状的类原子光谱类型，在不同的基质中各个光谱线的强度之间比例几乎不改变。然而在大量的实验中发现“超敏跃迁”现象，即某些跃迁对周围环境十分敏感，可以产生很强的跃迁，并且跃迁强度在不同的晶体中相差很大。1964 年 Judd 等[25]总结实验规律发现，这种跃迁的选择规则遵循 $|\Delta J|=2$，$|\Delta L|\leqslant 2$，$\Delta S=0$，这种选择定则和电四极跃迁的选择定则相同。这些跃迁的谱线强度随着环境的不同可以改变 2～4 倍。同时，由电偶极的 Judd-Ofelt 公式可知，上述规律与 Ω_2 参数有关，说明 Ω_2 参数对周围环境具有特殊的敏感性。后来，人们对这类特殊的跃迁进行仔细研究发现，这类跃迁与稀土离子所处的局部对称性有关，当稀土离子处于对称中心位置时，这类跃迁不存在，如在 Y_2O_3:Eu 中的 S_6 格位和 $Cs_2NaEuCl_6$ 中处于 O_h 格位的 Eu^{3+}都观察不到 $^7F_0\rightarrow{}^5D_2$ 跃迁。研究结果表明，只有当稀土离子所处的局部对称性的晶场具有线性晶场项时，才能发生这种跃迁。具有线性晶场项的对称性共有 10 个点群，它们是 C_1、C_2、C_3、C_4、C_6、C_{2v}、C_{3v}、C_{4v}、C_{6v} 和 C_s [1]。

根据超敏跃迁的选择规则$\Delta J=2$，镧系离子中的超敏跃迁如表 1.9 所示。

表 1.9 镧系离子的超敏跃迁[1]

镧系离子	跃 迁	能量/cm^{-1}
Pr^{3+}	$^3H_4\rightarrow{}^3P_2$	22500
	$^3H_4\rightarrow{}^1D_2$	17000

续表

镧系离子	跃 迁	能量/cm^{-1}
Nd^{3+}	$^4I_{9/2}\rightarrow{}^4G_{7/2}$，$^2K_{13/2}$	19200
	$^4I_{9/2}\rightarrow{}^4G_{5/2}$，$^2G_{7/2}$	17300
Sm^{3+}	$^6H_{5/2}\rightarrow{}^6P_{7/2}$，$^4D_{1/2}$，$^4F_{9/2}$	26600
	$^6H_{5/2}\rightarrow{}^6F_{1/2}$	6200
Eu^{3+}	$^7F_0\rightarrow{}^5D_2$	21500
Dy^{3+}	$^6H_{15/2}\rightarrow{}^6F_{11/2}$	7700
	$^6H_{15/2}\rightarrow{}^4G_{11/2}$，$^4I_{15/2}$	23400
Ho^{3+}	$^5I_8\rightarrow{}^3H_6$	28000
	$^5I_8\rightarrow{}^5G_6$	22200
Er^{3+}	$^4I_{15/2}\rightarrow{}^4G_{11/2}$	26500
	$^4I_{15/2}\rightarrow{}^2H_{11/2}$	19200
Tm^{3+}	$^3H_6\rightarrow{}^3H_4$	12600

作为一种比较特殊的跃迁形式，超敏跃迁引起了研究者的注意和深入研究。因为在某些情况下，晶体中的超敏跃迁强度甚至可以比溶液中相应跃迁的强度高200倍以上，而其他的非超敏跃迁强度则相差不多。比如，Dy^{3+}主要有两个发射带，即 $^4F_{9/2}\rightarrow{}^6H_{13/2}$（567nm 黄色）和 $^4F_{9/2}\rightarrow{}^6H_{15/2}$（480nm 蓝色）。其中，$^4F_{9/2}\rightarrow{}^6H_{13/2}$跃迁是超敏跃迁，在不同的基质晶格中，发射强度有较大幅度的变化；而$^4F_{9/2}\rightarrow{}^6H_{15/2}$ 为一般跃迁，在不同的基质晶格中，其强度基本不变。因此，在不同基质中，这两个发光带的强度比大为不同。可以通过改变基质的方法，调整黄光和蓝光的强度比，从而实现在一种基质中直接获得白光的目的[26]。

超敏跃迁与稀土离子配位体的种类有关，定量研究光谱强度的数据表明，不同配位体的跃迁强度不同，实验总结的次序是 I >Br >Cl >H_2O >F。产生这样次序的原因是配位体的极化效应[1]。

1.6.3 稀土离子的 f-d 跃迁

稀土离子除了上述 f-f 跃迁，还有一类 f-d 跃迁。多数三价稀土离子的 5d 态能量较高，难以在可见区观察到 4f-5d 的跃迁。而某些三价稀土离子，如 Ce^{3+}、Pr^{3+}和 Tb^{3+}的 $4f^{n-1}5d$ 能量较低（$<50\times10^3cm^{-1}$），故可以在可见区观察到它们的 4f-5d 的跃迁。其中最有价值的是 Ce^{3+}，它的吸收和发射在紫外和可见区均可观察到。

有些稳定存在的二价稀土离子，如 Eu^{2+}、Sm^{2+}、Yb^{2+}、Tm^{2+}、Dy^{2+}和 Nd^{2+}等也可以观察到 4f-5d 的跃迁。二价稀土离子的电子结构与原子序数比它大 1 的三价稀土离子的电子结构相同。例如，二价钐离子的组态和三价铕离子的组态都是 $4f^6$，因此，其光谱项的情况可以从相同组态的三价离子得出，但是由于电子数相同、中心核电荷不同，造成二价稀土离子相应光谱项的能量都比三价离子低，约降低20%，同样 $4f^{n-1}5d$ 的组态能级也相应大幅度下降，导致一些二价离子的 5d 组态的能级位置比三价状态时 5d 能级位置低得多。因此，在光谱中能够观察到 4f-5d 的跃迁[1]。最有价值的是 Eu^{2+}。

$4f^n$-$4f^{n-1}5d$（或 $4f^n$-$4f^{n-1}n'l'$）的组态间的跃迁是允许跃迁，所以具有相当高的跃迁强度，通常比 f-f 跃迁要强 10^6 倍。其跃迁概率也比 f-f 跃迁大得多，一般跃迁概率为 10^7 数量级，并且是宽峰发射。

$4f^{n-1}5d$ 组态的能级是二价稀土离子最低激发组态，在发光光谱中十分重要，所涉及这个组态的相互作用比单纯的 $4f^n$ 组态要复杂得多，因为它包含 2 种轨道，对它们能级的计算只能采用近似方法。

总之，稀土离子 f-d 跃迁的发光特征归纳如下：

（1）通常发射光谱为宽带；

（2）因为 5d 轨道裸露在外，晶场环境对光谱影响很大，其发射波长可以从紫外到红外区；

（3）温度对光谱的影响较大；

（4）属于允许跃迁，荧光寿命短；

（5）总的发射强度比稀土离子的 f-f 跃迁强。

1.7　稀土发光材料的优点

稀土元素特殊的电子结构决定了它具有独特的发光特性，稀土化合物之所以广泛地被应用于制作发光材料，在于它具有如下特点[24]。

（1）与一般元素相比，稀土元素 4f 电子层构型的特点，使其化合物具有多种荧光特性。除 Sc^{3+}和 Y^{3+}无 4f 亚层，La^{3+}和 Lu^{3+}的 4f 亚层构型分别为 $4f^0$ 和 $4f^{14}$ 外，其余稀土元素的 4f 电子可在 7 个 4f 轨道之间任意排布，从而产生丰富的光谱项和能级，从紫外、可见到红外光区皆有吸收或发射谱线，使稀土发光材料呈现丰富多变的荧光特性。

（2）由于稀土元素的 4f 电子处于内层轨道，受外层 s 和 p 轨道的有效屏蔽，很难受到外部环境的干扰，而 4f 能级差极小，因此 f-f 跃迁呈现尖锐的线状光谱，发光的色纯度高。

（3）荧光寿命跨越从纳秒到毫秒 6 个数量级。长寿命激发态是其重要特性之一，一般原子或离子的激发态平均寿命为 10^{-10}～10^{-8}s，而稀土元素电子能级中有些激发态平均寿命长达 10^{-6}～10^{-2}s，这主要是 4f 电子能级之间的自发跃迁概率小所造成的。

（4）吸收激发能量的能力强，转换效率高。

（5）物理化学性质稳定，可承受大功率的电子束、高能辐射和强紫外光的作用。

参 考 文 献

[1] 洪广言. 稀土发光材料：基础与应用[M]. 北京：科学出版社, 2011.

[2] 刘光华. 稀土材料学[M]. 北京：化学工业出版社, 2007.

[3] 徐叙瑢, 苏勉曾. 发光学与发光材料[M]. 北京：化学工业出版社, 2004.

[4] 张胤, 李霞, 许剑轶, 等. 稀土功能材料[M]. 北京：化学工业出版社, 2015.

[5] 张中太, 张俊英. 无机光致发光材料及应用[M]. 北京：化学工业出版社, 2011.

[6] 祁康成. 发光原理与发光材料[M]. 成都：电子科技大学出版社, 2012.

[7] XU J T, YAN P P, SUN M D, et al. Highly emissive dye-sensitized upconversion nanostructure for dual-photosensitizer photodynamic therapy and bioimaging[J]. ACS Nano, 2017, 11 (4): 4133-4144.

[8] HE F, YANG P P, NIU N, et al. Hydrothermal synthesis and luminescent properties of YVO_4:Ln^{3+} (Ln = Eu, Dy, and Sm) microspheres[J]. Journal of Colloid and Interface Science, 2010, 343 (1): 71-78.

[9] HE F, NIU N, ZHANG Z G, et al. Morphology-controllable synthesis and enhanced luminescence properties of β-$NaLuF_4$:Ln (Ln = Eu, Tb and Ce/Tb) microcrystals by solvothermal process[J]. RSC Advances, 2012, 2 (19): 7569-7577.

[10] 孙家跃, 杜海燕, 胡文祥. 固体发光材料[M]. 北京：化学工业出版社, 2003.

[11] ZHONG Y T, ROSTAMI I, WANG Z H, et al. Energy migration engineering of bright rare-earth upconversion nanoparticles for excitation by light-emitting diodes[J]. Advanced Materials, 2015, 27 (41): 6418-6422.

[12] PETERMANN K, FAGUNDES-PETERS D, JOHANNSEN J, et al. Highly Yb-doped oxides for thin-disc lasers[J]. Journal of Crystal Growth, 2005, 275 (1-2): 135-140.

[13] WANG F, DENG R R, WANG J, et al. Tuning upconversion through energy migration in core-shell nanoparticles[J]. Nature Materials, 2011, 10(12): 968-973.

[14] LI X Y, LIU X W, CHEVRIER D M, et al. Energy migration upconversion in manganese(II)-doped nanoparticles[J]. Angewandte Chemie International Edition, 2015, 54 (45): 13312-13317.

[15] LIU B, CHEN Y, LI C, et al. Poly(acrylic acid) modification of Nd^{3+}-sensitized upconversion nanophosphors for highly efficient UCL imaging and pH-responsive drug delivery[J]. Advanced Functional Materials, 2015, 25 (29): 4717-4729.

[16] CHEN X, JIN L M, KONG W, et al. Confining energy migration in upconversion nanoparticles towards deep ultraviolet lasing[J]. Nature Communications, 2015, 7: 10304.

[17] VETRONE F, NACCACHE R, MAHALINGAM V, et al. The active-core/active-shell approach: a strategy to enhance the upconversion luminescence in lanthanide- doped nanoparticles[J]. Advanced Functional Materials, 2009, 19 (18): 2924- 2929.

[18] QUINTANILLA M, REN F, MA D, et al. Light management in upconverting nanoparticles: ultrasmall core/shell architectures to tune the emission color[J]. ACS Photonics, 2014, 1 (8): 662-669.

[19] JAYAKUMAR M K G, HUANG K, ZHANG Y. Tuning the energy migration and new insights into the mechanism of upconversion[J]. Nanoscale, 2014, 6 (15): 8439-8440.

[20] XU W, SONG H W, CHEN X, et al. Upconversion luminescence enhancement of Yb^{3+}, Nd^{3+} sensitized $NaYF_4$ core-shell nanocrystals on ag grating films[J]. Chemical Communications, 2015, 51 (8): 1502-1505.

[21] CHEN D Q, LIU L, HUANG P, et al. Nd^{3+}-sensitized Ho^{3+} single-band red upconversion luminescence in core-shell nanoarchitecture[J]. Journal of Physical Chemistry Letters, 2015, 6 (14): 2833-2840.

[22] ZHOU B, YANG W F, HAN S Y, et al. Photon upconversion through Tb^{3+}-mediated interfacial energy transfer[J]. Advanced Materials, 2015, 27 (40): 6208-6212.

[23] 张希艳，卢利平，柏朝晖，等. 稀土发光材料[M]. 北京：国防工业出版社, 2005.

[24] 李建宇. 稀土发光材料及其应用[M]. 北京：化学工业出版社, 2003.

[25] JUDD B R, JOEGENSEN C K. Hypersensitive pseudoquadrupole transitions in lanthanides[J]. Molecular Physics, 1964, 8 (3): 281-290.

[26] 张思远. 稀土离子的光谱学：光谱性质和光谱理论[M]. 北京：科学出版社, 2008.

第 2 章 上转换发光材料及其发光机理

一般的发光现象都是吸收光子的能量高于发射光子的能量，即发光材料吸收高能量的短波辐射，发射出低能量的长波辐射，服从斯托克斯规则[1]。这种先吸收短波然后辐射出长波的材料称为下转换材料。下转换材料通常是由无机基质和激活剂组成的。稀土氧化物、硫氧化物、氟化物、钒酸盐和磷酸盐都是常见的下转换荧光宿主材料。尽管下转换荧光理论上对于大多数镧系离子都是成立的，实际上常用的下转换激活剂只包括 Eu^{3+}、Tb^{3+}、Sm^{3+}和 Dy^{3+}。这四种离子拥有丰富的发射峰，在紫外光激发下发射光颜色能够覆盖整个可见光区（表 2.1）。一般而言，无机基质不但作为宿主晶体容纳稀土掺杂离子，还具有敏化掺杂离子促使其发光的功能。例如，在 $YVO_4:Eu^{3+}$晶体中，Eu^{3+}较强的红色荧光主要是由 VO_4^{3-}基团到 Eu^{3+}的高效能量转换产生的。

表 2.1　典型下转换发光材料举例[2]

激活剂	敏化剂	宿主	主要的转换和发射峰位置/nm			发光颜色
			$^5D_0\to{}^7F_1$	$^5D_0\to{}^7F_2$	$^5D_0\to{}^7F_3$	
Eu^{3+}	—	YVO_4	596 (*w*)	619 (*s*)	—	红光
	—	LaF_3	590 (*m*)	614 (*s*)	—	红光
	—	$NaYF_4$	590 (*s*)	614 (*s*)	—	红光
	—	Y_2O_3	596 (*w*)	610 (*s*)	625 (*w,s*)	红光
	—	Gd_2O_2S	594 (*w*)	615 (*m*)	625 (*s*)	红光
			$^5D_4\to{}^7F_6$	$^5D_4\to{}^7F_5$	$^5D_4\to{}^7F_4$	
Tb^{3+}	—	CeF_3	489 (*m*)	542 (*s*)	582 (*w*)	绿光
	—	Y_2O_3	490 (*m*)	545 (*s*)	585 (*w*)	绿光
	Ce^{3+}	LaF_3	486 (*m*)	543 (*s*)	587 (*w*)	绿光
	Ce^{3+}	$NaGdF_4$	487 (*m*)	544 (*s*)	583 (*w*)	绿光
	Ce^{3+}	YPO_4	488 (*m*)	545 (*s*)	584 (*w*)	绿光

续表

激活剂	敏化剂	宿主	主要的转换和发射峰位置/nm			发光颜色
			$^5D_3\rightarrow^7F_6$	$^5D_3\rightarrow^7F_5$	$^5D_4\rightarrow^7F_5$	
	—	$CaYAlO_4$	382 (*s*)	414 (*m*)	548 (*m*,*w*)	蓝光
			$^4F_{9/2}\rightarrow^6H_{15/2}$	$^4F_{9/2}\rightarrow^6H_{13/2}$	—	
Dy^{3+}	—	YVO_4	485 (*s*)	575 (*s*)	—	绿光
	—	Lu_2O_3	486 (*m*)	572 (*s*)	—	黄光
	—	$BaGdF_5$	485 (*s*)	573 (*s*)	—	蓝光
	—	GdF_3	477 (*s*)	573 (*s*)	—	蓝光
			$^4G_{5/2}\rightarrow^6H_{5/2}$	$^4G_{5/2}\rightarrow^6H_{7/2}$	$^4G_{5/2}\rightarrow^6H_{9/2}$	
Sm^{3+}	—	YVO_4	565 (*s*)	604 (*s*)	649 (*w*)	橙红光
	—	Lu_2O_3	569 (*m*)	606 (*s*)	655 (*w*)	橙光
	—	$LaVO_4$	567 (*m*)	605 (*s*)	648 (*w*)	红橙光
	—	Gd_2O_3	565 (*s*)	608 (*s*)	651 (*w*)	橙光

注：*s*、*m* 和 *w* 表示荧光发射的相对强度：*s* 代表强峰，*m* 代表较强峰，*w* 代表弱峰

然而，还有一种发光现象恰恰相反，激发波长大于发射波长，称为反斯托克斯效应或上转换现象。这种先吸收低能量长波然后辐射出高能量短波的材料称为上转换材料。上转换现象最初发现于 20 世纪 40 年代，关于稀土离子上转换的研究开始于 50 年代初。至今，上转换发光材料绝大多数都是掺杂稀土离子的化合物，这是稀土的另一种发光性能，利用它们独特的能级结构，可以吸收多个低能量的长波辐射，经多光子加和后发出高能量的短波辐射[1]，实现了用小能量光子激发而得到大能量光子的发射现象[3]。上转换发光材料属于光致发光范畴的多光子材料，这种材料的发现，在发光理论上是一个新的突破。

2.1 上转换材料的发展历史

上转换材料的发展大致可分为三个阶段。第一个阶段是从发现上转换现象到上转换产生机制的研究，成功建立了三种最基本的上转换机制，包括基态吸收/激发态吸收、基态吸收/交叉弛豫和雪崩交叉弛豫。第二个阶段是各种上转换材料的产生阶段，对上转换材料的组成及基本特性作了系统的总结和研究，得到了各种性能优异的上转换材料。第三个阶段是新的上转换机制和上转换性能与材料的组成、结构和形成工艺条件对应关系的研究，这一阶段就是当前的发展时期，包括过渡金属离子掺杂上转换、室温宽波长上转换、低环境条件下上转换材料制备工艺及材料与上转换性能的对应理论等的研究和开发[4]。

早在 20 世纪 40 年代以前，人们就发现有一类磷光体能在红外光的激励下发射可见光，并将此定义为上转换发光。然而随后发现，这类磷光体在红外光的激励下发射可见光不是真正意义上的上转换发光，而是红外释光。在 20 世纪 50 年代末，出现了上转换发光的报道，即采用 960nm 红外光激发多晶 ZnS 时，观察到了波长为 525nm 的绿色发光。1962 年，研究者又在硒化物中对此种现象进行了进一步的证实，此时红外辐射转换成可见光的效率已达到非常高的水平。

稀土离子的上转换发光现象的研究起始于 20 世纪 50 年代初[3,4]。1966 年，有报道研究钨酸镱钠玻璃时意外发现，当基质材料掺入 Er^{3+}、Ho^{3+}和 Tm^{3+}时，在红外光激发下，可见光的发射提高了接近两个数量级，据此提出了稀土离子的反斯托克斯效应，不久正式提出“上转换发光”的概念，引起了人们对上转换发光的热切关注，并开始了相关研究。20 世纪 60～70 年代，Auzel 课题组和 Wright 课题组系统地研究了稀土离子掺杂的上转换特性和机制，提出由激发态吸收、能量传递以及合作敏化引起的上转换发光，而亚稳激发态是产生上转换现象的前提[5, 6]。在此期间，上转换材料被发展成为一种可有效把红外光转变为可见光的材料，并且达到了可使用的水平。例如，上转换材料与红外光发射的 Si-GaAs 发光二极管配合能够得到绿光，效率可与 GaP 发光二极管相媲美，是极大的突破。1968 年，国外研究者利用 LaF_3:Yb,Er 上转换效应制成了能够发绿光的固体灯，引起了一段时间的广泛研究，这是上转换材料的第一次发展高峰。然而，随着其他发光材料研究的不断开展，上转换材料面临着一个问题，就是如何进一步提高其发光效率。当时最好的上转换材料的发光效率不足 1‰，并且由于发光二极管发射峰的波长与上转换材料的激发峰波长不是非常匹配，因此在当时的条件下进一步提高上转换发光材料的发光效率变得十分艰难，导致上转换材料的发展基本陷入了停滞局面。

20 世纪 80 年代末，红外激光二极管效率的提高为上转换提供了有效的泵浦源，同时材料新基质的发现也大幅提高了上转换效率，利用稀土离子的上转换效应，已获得了可见光范围内较高效率和连续室温运转的上转换激光输出。利用激光二极管等发近红外光或红光的光源激发，上转换材料可以得到蓝和绿，甚至紫色荧光发射，有希望可以取代非线性光学晶体。发光二极管的发展同时也促进了上转换材料的研究和应用方面的发展[3]。另外，利用稀土离子的上转换效应，已经可获得覆盖蓝、绿和红等所有可见光波长的上转换发射光。

20 世纪 90 年代初为上转换材料的第二次发展高峰，这与大功率激光器二极管（laser diode，LD）的出现以及日益成熟有关，且与前一次目的不同，此次的最终目的是为了实现室温下的激光输出。经过不懈地努力，利用上转换材料实现的激光输出获得令人振奋的效果，不仅在液氮温度的低温下于光纤中实现了激光运转，而且在室温下，在氟化物晶体中也成功地获得了激光运转，光−光转换效率高达

1.4%。20 世纪 90 年代中期，在 Pr^{3+}掺杂的重金属氟化物玻璃光纤中实现了室温下的上转换连续波激光输出，用 835nm（$^1G_4 \rightarrow {}^3P_0$，$^3P_1$，$^1I_6$）和 1010nm（$^3H_4 \rightarrow {}^1G_4$）两束激光泵浦，获得了 491nm（$^3P_0 \rightarrow {}^3H_4$）、520nm（$^3P_1$，$^1I_6 \rightarrow {}^3H_5$）、605nm（$^3P_0 \rightarrow {}^3H_6$）和 635nm（$^3P_0 \rightarrow {}^3F_2$）激光，其中 635nm 激光的输出功率超过 100mW，效率达到 16.3%[7]。此外，用 860nm 激光泵浦 Pr-Yb 共掺杂的光纤，输出功率达到 300mW，斜率效率高达 52%[8]。1994 年，斯坦福大学与 IBM 公司合作研究了上转换应用的新生长点，即双频上转换立体三维显示技术，该技术被评为 1996 年物理学最新成就之一。2000 年，有报道研究了 Yb-Er 共掺杂的钒盐陶瓷和 Yb-Er 共掺杂的氟氧玻璃的上转换特性，发现前者的上转换发光强度比后者低 9 倍，且后者发光存在特征饱和现象，并由此提出了上转换发光机制为扩散 R 转移的新观点。此外，国内外众多课题组将软化学法用于稀土上转换材料（尤其是微/纳米级材料）的设计合成，获得了种类繁多、粒径可控、形貌各异且性能优越的颗粒材料，例如，水热法制备的 $NaYF_4$:Yb,Er 纳米棒，高温溶剂法制备的核壳结构 $NaGdF_4$:Yb,Tm@$NaGdF_4$:Yb 纳米晶，以及共沉淀法制备的 Y_2O_3:Yb,Er 纳米球等，并研究了其在生物医学领域应用的潜能，开辟了上转换材料应用新领域。

随着稀土上转换材料第三阶段的研究不断推进，研究人员在上转换材料形貌、尺寸、分散性、基本性能和功能复合等方面的研究获得重大进展，尤其是在微/纳米级稀土上转换材料形貌及发光性能方面的精确控制，促使其在红外防伪、反斯托克斯冷光制冷、上转换激光器电子俘获材料、上转换三维立体显示、传感以及医学领域的应用潜力越发明显。2000 年以来，稀土上转换纳米材料在医学诊断及治疗应用领域展现了独特的性能，成为目前的一个研究热点。严纯华、Prasad、赵东元、Capobianco、Liu、施剑林、陈小元、李富友等课题组对此开展了深入的研究，验证了稀土上转换纳米材料在计算机断层扫描（computed tomography，CT）、磁共振成像（magnetic resonance imagine，MRI）、上转换荧光成像以及化学治疗、光学治疗和辐射治疗领域应用的巨大前景，开辟了稀土上转换纳米材料在抗癌诊疗领域研究的新篇章。本书将着重介绍近十年来，稀土上转换纳米晶在光学性能调控、设计合成、表面修饰、生物成像和抗癌治疗领域的研究现状和最新进展。

2.2 上转换过程及机理

上转换材料发光不同于一般材料，其发出光子的能量大于而不是小于激发光光子的能量。它的发光机理是基于双光子过程或多光子过程。发光中心相继吸收两个或多个较低能量的光子，再经过无辐射弛豫到达发光能级，由此跃迁到基态并放出 1 个高能量光子。为了实现有效的双光子效应或多光子效应，亚稳态的发光中心需要有较长的能级寿命[3]。由于稀土离子能级之间的跃迁属于禁戒的 f-f 跃迁，因此具有较长的寿命，符合此条件。因此，上转换发光材料绝大多数都是掺杂稀土离子的化合物。

上转换发光机理的研究主要集中于稀土离子的能级跃迁。跃迁机理随着基质材料和激活离子不同也有所不同，因此上转换发光机理的解释是伴随着新材料的出现而不断发展的[1]。通常，按发光过程和机理主要可以分为激发态吸收上转换、能量传递上转换和光子雪崩上转换。其中，光子雪崩依赖于泵浦光能量，且对激发响应迟缓；激发态吸收上转换的效率最低；能量传递上转换避免了上述缺点，得到了广泛应用。

2.2.1 激发态吸收上转换

激发态吸收（excited state absorption, ESA）是上转换发光的最基本过程。其原理是同一个激活剂离子从基态能级通过连续的双光子或多光子吸收到达能量较高的激发态能级，再发生辐射跃迁而返回基态产生上转换发光的过程，如图 2.1 所示。上转换发光是由激发态吸收引起的[9]。首先，在泵浦光的作用下发生基态吸收（ground state absorption，GSA），即发光中心处于基态能级 G 上的离子吸收一个能量为 φ_1 的光子跃迁至中间亚稳激发态能级 E_1 上；能级 E_1 上的离子如果再吸收一个能量为 φ_2 的光子跃迁到高能级 E_2;当 E_2 能级上的电子跃迁返回基态时，就发射出一个高能量光子为 φ（$\varphi > \varphi_1,\varphi_2$），从而发射波长短于激发波长，出现上转换发光。这些吸收一般是电子跃迁过程，也可能是声子辅助的电子跃迁过程[3, 10]。

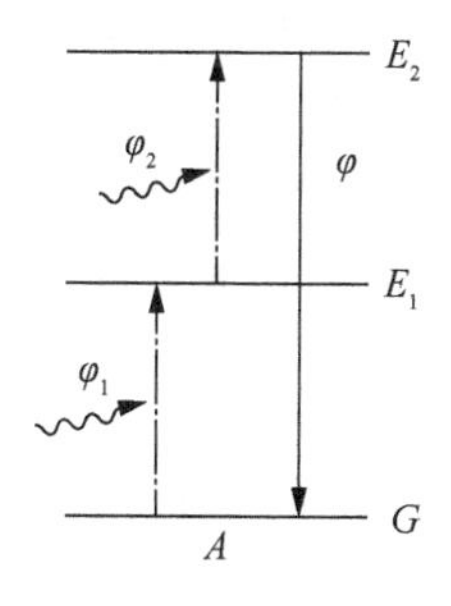

图 2.1 激发态吸收上转换过程示意图

如果在同一泵浦光的作用下发生激发态吸收上转换，即 $\varphi_1 = \varphi_2$，那么需要相邻能级之间的能量间距与泵浦光子的能量接近，即 $E_1–G \approx E_2–E_1 \approx \varphi_1$，才能实现光子的连续吸收产生上转换荧光。

2.2.2 能量传递上转换

在上转换过程中能量传递（energy transfer，ET）在增加发射光子能量方面起到重要作用。固体发光学中，从敏化剂到激活剂的能量传递，减少了敏化剂激发态上的电子数，降低了其寿命，使敏化剂的发光变得微弱或者消失。当敏化剂的电子从激发态跃迁到较低能量的激发态时，把能量传递给激活剂离子使其被激发到高能态上，同激活剂（如稀土离子）的直接吸收相比，能量传递能使激活剂离子激发态上的电子数增加两到三个数量级，从而提高了上转换效率[4]。

晶体中，稀土离子间的能量传递方式一般可分为辐射传递和无辐射传递。辐射传递过程是指一种离子发出的辐射光谱的能量如果与另一种离子吸收光谱的能量相重合，那么这种辐射光将被另一种离子所吸收，发生离子间的能量传递，即辐射再吸收传递过程。发生辐射传递的两种离子可看成是相互独立的，它们之间没有直接的相互作用，只是要求两者的发射光谱和吸收光谱相互有重叠，就是说，一种离子发出的能量接近另一种离子的吸收能量。无辐射传递过程是通过体系中的多极矩作用使一种离子的某组能级对的能量无辐射地转移到另一种离子能量相等的能级对上，在这种过程中，敏化剂不产生辐射，能量传递效率较高，是能量传递的主要方式。无辐射传递过程又可分为三种形式，即共振传递、交叉弛豫传递和声子辅助传递[11]。

根据无辐射能量传递方式的不同，上转换过程可以分为以下几种形式。

（1）连续能量传递上转换。

连续能量传递（successive energy transfer，SET）一般发生在不同类型的离子之间，其原理如图 2.2 所示，当敏化中心（*S*）的激发态和基态之间的能量差与激活中心（*A*）的激发态和基态之间的能量差相同，且两者之间空间距离足够近时，通过两个中心的电磁相互作用，两者之间就可发生共振能量传递。处于激发态的敏化剂 *S* 离子通过共振能量传递把吸收的能量传递给激活剂 *A* 离子，*A* 离子跃迁到激发态，*S* 离子本身则通过无辐射弛豫的方式返回基态；另一个受激的 *S* 离子又把能量无辐射传递给已处于激发态的 *A* 离子，*A* 离子跃迁至更高的激发态；激活剂离子以这种方式连续跃迁两次（或多次）后，以一个能量几乎是激发光能量两倍（或多倍）的光子辐射跃迁回到基态[3, 10]。

（2）交叉弛豫上转换。

交叉弛豫（cross relaxation，CR）上转换发光也称为多个激发态离子的共协上转换，可以发生在相同类型离子或性质相近的不同类型离子之间。当足够多的离子被激发到中间态时，两个物理上相当接近的激发态离子可能通过无辐射跃迁而耦合，一个返回基态或能级较低的中间能态，另一个则跃迁至上激发能级，而后产生辐射跃迁[3]，如图 2.3 所示。

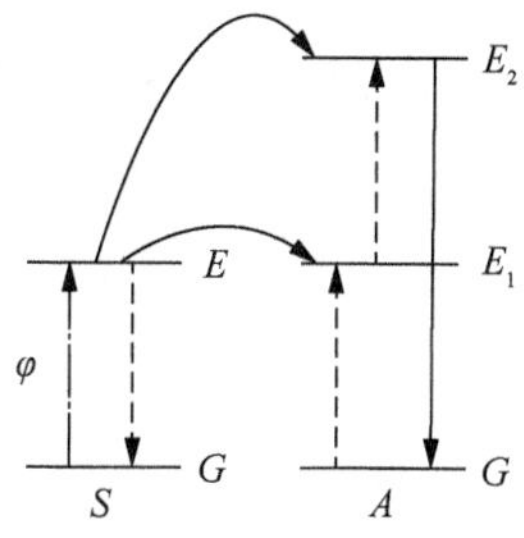

图 2.2　连续能量传递上转换过程示意图

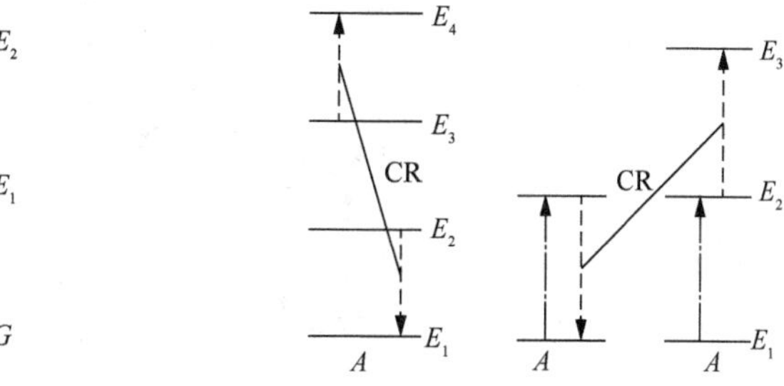

图 2.3　交叉弛豫上转换过程示意图

实际研究中，交叉弛豫多指发生在同种激发态离子之间的，部分激发能参与的能量传递过程。交叉弛豫能够为上转换提供一种发光机理，但有时候这种现象本身将导致荧光的猝灭。另外，应当着重认识到，交叉弛豫是猝灭高能级发射的重要过程。例如，当 Tb^{3+}和 Tm^{3+}的掺杂浓度过高时，它们的高能级发射就会被猝灭，因为发生了如图 2.4 所示的交叉弛豫过程。高能级发射的猝灭，将有利于低能级的发射。交叉弛豫过程仅取决于两个中心间的相互作用，故只有发光中心的浓度超过一定值后，交叉弛豫才发挥作用[12]。

$$Tb^{3+}\,(^5D_3) + Tb^{3+}\,(^7F_6) \rightarrow Tb^{3+}\,(^5D_4) + Tb^{3+}\,(^7F_0)$$

$$Tm^{3+}\,(^1G_4) + Tm^{3+}\,(^3F_4) \rightarrow Tm^{3+}\,(^3H_4) + Tm^{3+}\,(^3F_3)$$

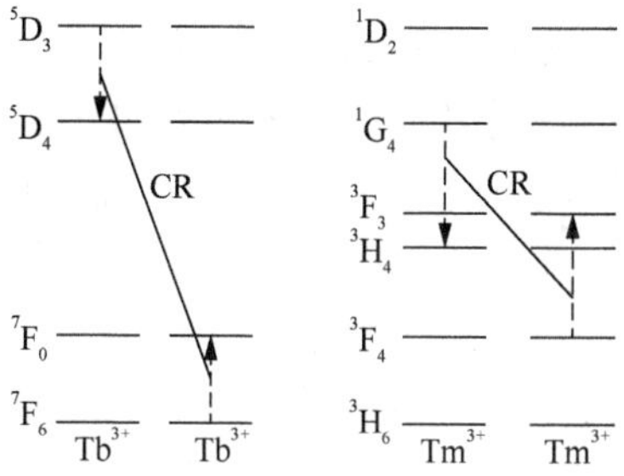

图 2.4　高浓度 Tb^{3+}和 Tm^{3+}的交叉弛豫过程示意图

（3）声子辅助能量传递上转换。

当敏化剂 S 和激活剂 A 的激发态与基态之间的能量差不同时，即存在能量失配但失配不严重时，两种中心的激发态间就不能发生共振能量传递，但 S 和 A 可以通过基质产生声子或吸收声子来协助完成能量传递（图 2.5），即声子辅助无辐射能量传递。S 和 A 发生共振传递的前提是 S 与 A 之间有一定的能级匹配。实际应用中，如果敏化剂和激活剂能级不匹配，但差别在一或两个声子能量范围内，则能量差可由基质放出或吸收声子来平衡，但传递概率要小一些；若敏化剂和激活剂能级之间的能量失配达每厘米几千波数，必须考虑多声子辅助能量传递[10, 13]。

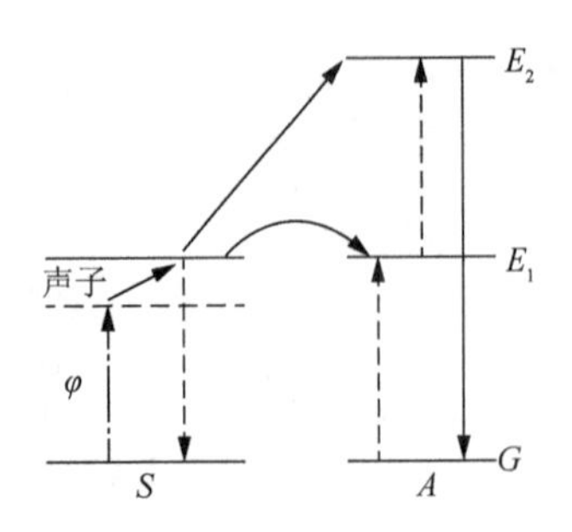

图 2.5 声子辅助能量传递上转换过程示意图[14]

例如，采用 970nm 红外光激发时，Yb^{3+}-Ho^{3+}共掺杂体系上转换现象就是声子辅助能量传递上转换。基态吸收是由 Yb^{3+}产生的，激发到 $^2F_{5/2}$ 能级的 Yb^{3+}必须通过声子参与的非共振能量转移过程才能把能量转移到 Ho^{3+}的 $^5I_6$ 能级上去，因为敏化剂 Yb^{3+}的能级 $^2F_{5/2}$ 与激活剂 Ho^{3+}的能级 $^5I_6$ 之间能量差近似 $1580cm^{-1}$，能量不相匹配。

（4）合作敏化上转换。

激发态吸收上转换和连续能量传递上转换两种机理都需要激活剂具有中间态能级，且中间态能级的寿命较长，在其辅助下实现激活剂的连续能级跃迁。然而，对于不存在这种中间态能级的激活剂，上转换发光可遵循合作敏化机理或者能量迁移辅助的上转换过程。

合作敏化（cooperative sensitization）上转换过程发生在同时位于激发态的同一类型的离子之间，可以理解为多个离子之间的相互作用。首先同时处于激发态的两个或多个 *S* 离子将能量同时传递给 1 个位于基态能级的 *A* 离子使其跃迁至更高的激发态能级，然后产生辐射跃迁而返回基态产生上转换发光，而两个或多个 *S* 离子则同时返回基态。每一个吸收的光子的能量都小于最后发射出的光子的能量[3]。简单来说，合作敏化上转换就是两个或多个离子将能量传递给另一个离子，而使该离子从基态跃迁到激发态的过程[10, 13]。合作敏化上转换过程，如图 2.6 所示。

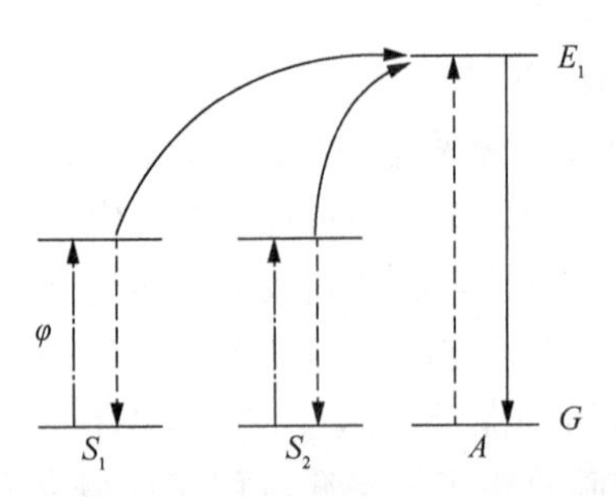

图 2.6 合作敏化上转换过程示意图

合作敏化上转换与连续能量传递上转换的明显区别就在于 *A* 离子不存在可以和 *S* 离子相互匹配的中间亚稳态能级。

（5）能量迁移辅助上转换。

在 1.4.2 节中介绍了一种有趣的能量传递方式，即能量迁移。目前，在 Gd^{3+}-Gd^{3+}、Yb^{3+}-Yb^{3+}和 Tb^{3+}-Tb^{3+}间均发现了能量迁移现象的存在，并促使新的能量转换上转换发光机制得以提出。例如，Gd^{3+}最低的激发态能级 $^6P_{7/2}$ 位于紫外光谱区，而多数镧系离子在该紫外光谱区都拥有重叠吸收带。因此，Gd^{3+}在上转换过程中主要被用作能量迁移剂（migrator），将吸收的能量转移给其他离子产生上转换发光，这些获得能量的离子因缺少长寿命中间态能级而需要 Gd^{3+}的辅助。Gd^{3+}作为迁移剂的另一个优势是 $^6P_{7/2}$ 激发态能级与基态能级被一个较大的能隙（3.2×10^4 cm^{-1}）分隔开，致使多声子发射和交叉弛豫过程导致的能量损失很低。

据此，Liu 课题组对 Gd^{3+}点格辅助的能量迁移过程导致的上转换发光进行了系统研究[15]，并提出了一种新的能量转换上转换发光机制——能量迁移辅助上转换（energy migration-mediated upconversion, EMU）。该机制需要四种不同类型的稀土离子同时参与才能获得上转换发光，即敏化剂（*S*）、累积剂（Acc）、迁移剂（*M*）和激活剂（*A*）。产生上转换发光的 EMU 机制（图 2.7）及各组分的作用简述如下：敏化剂离子首先将吸收的激发能传递给邻近的累积剂离子；累积剂连续多次吸收能量后跃迁到高能激发态，再把能量传递给迁移剂离子；终于获得了激发能的迁移剂将利用自身对能量的迁移能力将其逐次转移给其他迁移剂；最终，在迁移剂间逐次转移的能量被激活剂离子捕获，产生上转换发光。值得注意的是，累积剂想要实现连续多次的能量吸收，需要本身具有阶梯状能级结构，然而，该能级结构导致累积剂吸收能量后只有一部分传递给迁移剂离子，而另一部分直接以辐射跃迁的形式释放出来，产生上转换发光。因此，利用能量迁移辅助上转换机制获得的上转换发射光谱将由累积剂和激活剂两种组分的上转换发射共同组成。

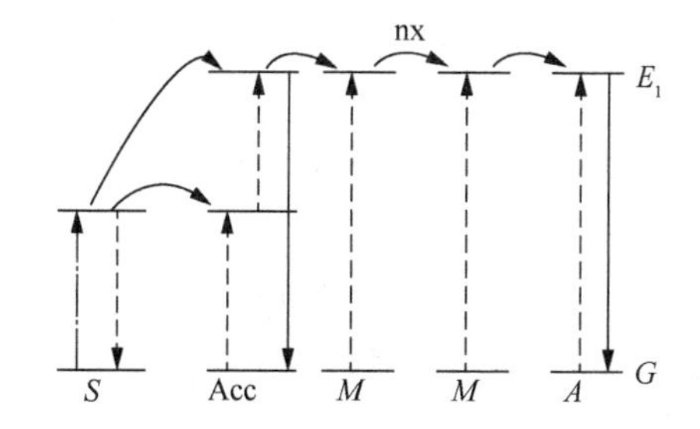

图 2.7　能量迁移辅助上转换过程示意图

S-敏化剂（sensitizer）；Acc-累积剂（accumulator）；
M-迁移剂（migrator）；*A*-激活剂（activator）

因为该机制的实验证实较晚，所以对此的研究主要集中在现有几种固定的稀土离子之间，即敏化剂为 Yb^{3+}，累积剂为 Tm^{3+}，迁移剂为 Gd^{3+}，激活剂主要是 Eu^{3+}、Tb^{3+}、Dy^{3+}和 Sm^{3+}等缺少长寿命中间态能级的稀土离子。另外，因为 Yb^{3+}-Tm^{3+} 构成的敏化剂和累积剂离子对负责累积近红外激发光子，因此只有累积的光子数多于 5 个时才能促使 Gd^{3+}布居最低的激发态能级 $^6P_{7/2}$。

2.2.3 光子雪崩上转换

1979 年，Chivian 课题组报道了上转换发光的光子雪崩（photon avalanche）现象[16]。光子雪崩是激发态吸收和能量转移相结合的过程。光子雪崩过程原理如图 2.8 所示。泵浦光能量对应离子的 E_2 和 E_3 能量，E_2 能级上的一个离子吸收该能量后被激发到 E_3 能级，E_3 能级与 E_1 能级发生交叉弛豫过程，离子都被累积到 E_2 能级上，使得 E_2 能级上的粒子雪崩式增加，因此称为光子雪崩过程。光子雪崩过程取决于激发态上粒子数的积累，因此只有在稀土离子掺杂浓度足够高时，才会发生明显的光子雪崩过程[3]。

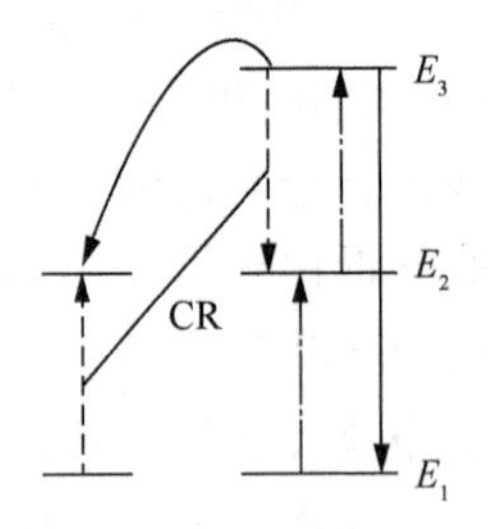

图 2.8　光子雪崩的过程图解

这个机理的基础是一个能级上的粒子通过交叉弛豫在另一个能级上产生量子效率大于 1 的抽运效果，激发光强度的增大将导致建立平衡的时间缩短，平衡吸收的强度变大，有可能形成非常有效的上转换。

早在 1994 年，Colling 和 Silversmith 在 $LaF_3:Tm^{3+}$中就观察到了光子雪崩现象[17]。他们采用 635.2nm 激光激发 $LaF_3:Tm^{3+}$材料，一方面，激发光子的能量高于 $^3H_6 \rightarrow {}^3F_2$ 跃迁的零声子吸收；另一方面，与 $^3F_4 \rightarrow {}^1G_4$ Stark 能级间的跃迁波长一致。在激发态吸收使 $^1G_4$ 能级上具有初始的粒子数后，交叉弛豫过程 $^1G_4 + {}^3H_6 \rightarrow {}^3F_2 + {}^3F_4$ 和 $^3H_4 + {}^3H_6 \rightarrow {}^3F_4 + {}^3F_4$ 使 $^3F_4$ 上的粒子数增加到 3 倍，从而引起了光子雪崩（图 2.9）。

Güdel 课题组利用 Bridgman 技术制备了 $Cs_2ZrBr_6:Os^{4+}$晶体，该晶体在波数约为 11400cm^{-1} 和 13400cm^{-1} 的近红外光激发下能够获得波数约为 16000cm^{-1} 的可见光上转换发射。因为最大振动能较低，只有 220cm^{-1}，所以有四个激发态参与到上转换过程中。高分辨上转换激发光谱、功率依赖性和时间分辨率测量结果共同表明，上转换发射机制为光子雪崩和基态/激发态吸收[18]。

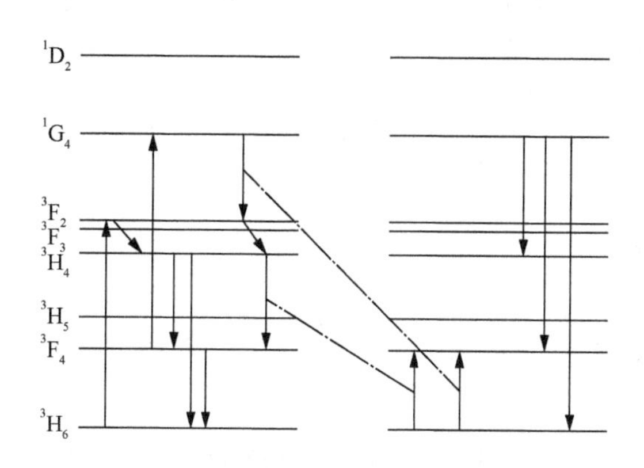

图 2.9 LaF_3 中 Tm^{3+} 上转换发光中的光子雪崩过程[3]

需要指出的是，在块状材料中广泛研究的光子雪崩效应在上转换纳米晶材料中很难发生，Liu 课题组指出，产生这种现象的原因可能是建立雪崩体系的条件非常严格[13]。

综上，值得注意的是不同的稀土离子一般具有不同的上转换发光方式，同一离子在不同的泵浦方式下也具有不同的发光机理。

2.2.4 其他上转换机制

除了上述常见的上转换过程外，还存在某些非常罕见的上转换发光机制，例如 $YbPO_4$ 晶体的合作发光上转换机制、KH_2PO_4 晶体的倍频上转换机制和 CaF_2:Eu^{2+} 晶体的双光子吸收上转换机制，这些上转换发光机制的效率极低，一般仅为连续能量传递上转换效率的 10^{-10}～10^{-5} 倍[12, 19]。

（1）合作发光上转换。

合作发光（cooperative luminescence）上转换是一种很特殊的情况，是指激活剂 A 离子的跃迁能级与发射光子的能量并不相匹配，而只是通过虚拟能级来发射光子。这种情况下，两个都处在激发状态的激活剂离子由于相互作用，发生类似于能量相加而互相结合在一起，从而产生一个更高能量的发射光子，上转换过程如图 2.10 所示[20-22]。

（2）倍频上转换。

倍频上转换，也称为二阶谐波机理，是指激活离子不存在任何形式的真实能级吸收过程，发射光的频率是激发光的倍频，如图 2.11 所示。

（3）双光子吸收上转换。

双光子吸收上转换，指激活离子不存在中间亚稳态能级，当存在和激发光倍频相匹配的能级时，激活离子能够同时吸收两个光子，发射出一个更高能量的光子，如图 2.12 所示。

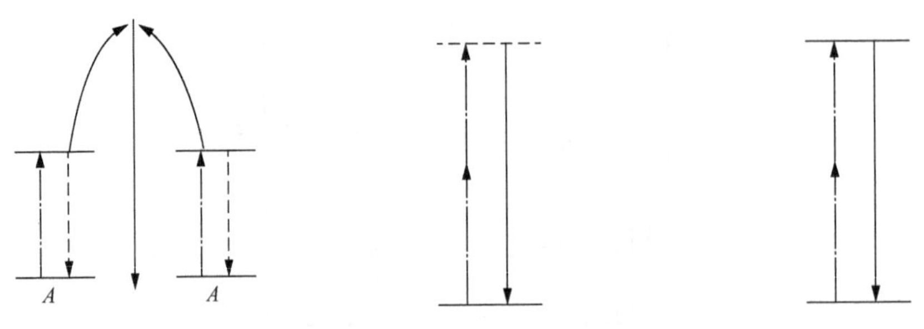

图 2.10　合作发光上转换过程　　图 2.11　倍频上转换过程　　图 2.12　双光子吸收上转换过程

2.3　上转换发光的非线性本质和效率评估

2.3.1　发光强度与泵浦光强的关系

如前所述，上转换发光源于稀土离子的 4f-4f 电子跃迁，然而根据选择定则，这种$\Delta l=0$ 的电偶极跃迁原属禁戒的。然而，原属禁戒的 f-f 跃迁因为局部晶体场诱发的 4f 组态与高能电子组态的混合转变为允许跃迁。另外，这种禁戒的 f-f 跃迁促使镧系离子具有长达几十毫秒的能级寿命，因此利于激发状态的单个镧系离子进一步的连续激发，同时允许两个或多个镧系离子间的能量传递。上述特征决定了稀土上转换的发光机制[23]。

另外，根据上转换发光机制，产生一个上转换发射光子需要 n（$n\geqslant 2$）个激发光光子，可以预见，上转换发射强度将随着激发光密度的 n 次方呈线性递增关系。在光谱检测中确实观察到了这种能量关系，并且也作为激发的双光子或多光子机制的一个证明。综上，上转换发光强度与泵浦激光功率之间呈非线性依赖关系，可近似表示如下：

$$I \propto KP^n \tag{2.1}$$

式中，I 为上转换发光强度；P 为泵浦功率，即输入激光的强度；n 为产生上转换发光需要的光子数；K 为材料相关系数。从 n 的数值可判断出发光为几光子过程。需要注意的是 n 的数值受到中间态离子的“衰减速率”（decay rate）和“上转换速率”（upconverted rate）之间的竞争关系影响，导致高激发强度条件下 n 的计算值小于实际值，因此计算值通常是分数而不是整数。这种现象被称为“饱和效应”

(saturation effect)，在计算过程中要小心避免。我们在检测高温溶剂法制备的 $NaGdF_4$:Yb,Er 纳米晶时，发现在激发功率高于 1200mW 时，会发生“饱和效应”，导致 I 与 P^n 不再遵循简单的线性关系，n 的数值随着功率的增加逐渐减小。而田东平课题组研究表明，对于水热法制备的 $NaYF_4$:Yb,Er 微米管，泵浦功率密度高于 120mW/cm^2 时，“饱和效应”就会发生[24]。因此，在利用式（2.1）计算产生上转换发光需要的光子数时，不宜采用高功率泵浦。另外，由于不同研究中，上转换发光材料的制备方法不同、产物形态和组成各异、发光性能差别明显，而且测试条件也不尽相同，导致“饱和效应”发生的临界功率各不相同。因此，实验过程中，只能从小到大逐渐增加激发功率，据此绘制出曲线，然后挑选线性范围拟合，获得对应光子数。实际上，为了尽可能准确的获得发光对应的光子数，一般绘制上转换发光强度与泵浦激光功率关系曲线时选取的功率点比较多，而且能够观察到“饱和效应”的数据，可以排除非线性关系对应数据的干扰，结果更为准确。

如式（2.1）所示，对数关系对于研究低功率条件下上转换发光过程涉及的光子数及发光机理非常重要。例如，我们采用高温溶剂法制备了 $NaGdF_4$:Yb,Er 纳米晶，Yb^{3+}和 Er^{3+}的掺杂浓度（摩尔分数）分别为 20%和 2%。为了研究纳米晶发光过程对应的能级跃迁机制，图 2.13 给出了该样品在不同激发电压下的发射光谱，可见激发电压越高，发光强度越大。另外，当激发电压增加到一定值后，发光强度随着电压增加的幅度变缓。我们以 $NaGdF_4$:Yb,Er 纳米晶样品的光谱图（图 2.13）为基础，计算样品中绿光和红光发射峰的积分面积。据此，利用上转换发光强度与泵浦激光功率之间的关系，可以判定产生某一波长上转换发光需要的光子数。再结合上转换发射光谱和 Er^{3+}的能级图，可更为准确的给出 Er^{3+}的上转换发光机制。

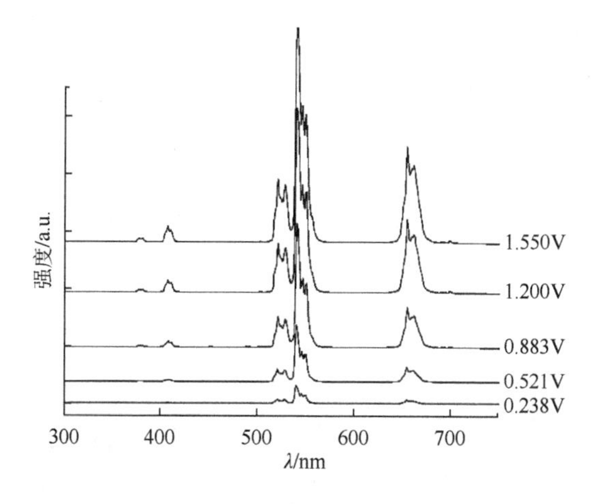

图 2.13　不同激发电压下 $NaGdF_4$:Yb,Er 纳米晶的上转换发射光谱

首先，用 Origin 软件计算该样品在不同功率激发下的各发射峰的积分面积，结果如表 2.2 所示。其中，绿光发射峰的积分面积区间为 500～600nm，红光发射峰的积分面积区间为 600～700nm。再分别对激发功率和发射峰的积分面积取自然对数值。例如，激发功率 238 的自然对数值为 5.4723，对应绿光积分截面积 3619729.09 的自然对数值为 15.1019，依此类推，所有数据均列于表中。然后将激发功率的自然对数值作为横坐标，发光积分截面积的对数值作为纵坐标，绘制如图 2.14 所示关系。明显可见，激发功率较低时，横纵坐标呈直线关系；当激发功率高于 1200mW（自然对数值为 7.0901）时，发生"饱和效应"，I 与 P^n 不再遵循简单的线性关系。据此，对直线部分数据进行线性拟合，拟合直线斜率值分别为 1.46（绿光）和 1.75（红光），即样品的绿光发射和红光发射均为双光子过程。绘制图 2.14 时，也可不计算激发功率和发光积分截面积的自然对数值，而在对数坐标中直接绘制。

表 2.2　不同泵浦功率下的红光和绿光积分截面积统计表

功率/mW	自然对数值	绿光积分截面积	自然对数值	红光积分截面积	自然对数值
238	5.4723	3619729.09	15.1019	926445.62	13.7391
378	5.9349	8645127.10	15.9725	2640642.01	14.7865
521	6.2558	11718514.08	16.2767	3716046.61	15.1282
650	6.4770	17406345.64	16.6723	6015604.80	15.6099
770	6.6464	21608675.40	16.8886	7605472.40	15.8444
883	6.7833	26578198.00	17.0956	9770538.90	16.0949
994	6.9017	29520051.91	17.2006	11087192.08	16.2213
1200	7.0901	42126341.44	17.5562	18200403.53	16.7170
1380	7.2298	47996244.42	17.6866	21140379.19	16.8667
1550	7.346	52889570.87	17.7837	23865136.10	16.9879
1700	7.4501	58947066.88	17.8922	27706551.96	17.1372
2000	7.6009	63099298.31	17.9602	30456724.07	17.2318

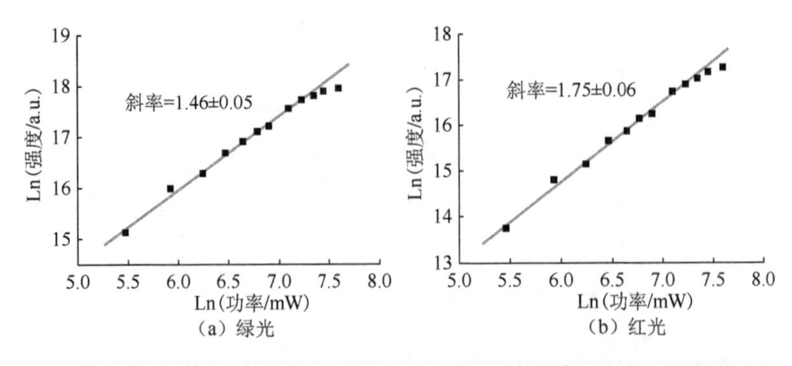

图 2.14　$NaGdF_4$:Yb,Er 纳米晶样品的绿光和红光发射谱的发光强度与泵浦功率的关系

另外，泵浦强度对上转换纳米粒子的发光颜色存在一定影响。因为高功率的泵浦光不但能够同时增加各能级发光中心的数量，提高发光强度，也能够对各能级发光中心数量的增加速度存在一定影响，进而影响上转换发光颜色。例如，金大勇课题组发表在杂志 *Nature Nanotechnology* 的研究发现，泵浦功率对 $NaYF_4$:Yb,Tm 纳米晶或块体材料上转换发射峰相对强度影响显著，即在激发光强度从 1.7×10^5 W/cm^2 逐渐增加到 3.0×10^6 W/cm^2 的过程中，$NaYF_4$:Yb,Tm 材料发光中心位于 450nm 处的蓝光发射峰与发光中心位于 800nm 处的近红外光发射峰强度比逐渐增大[25]。Branda 课题组、田东平课题组和张凡课题组也均在各自的研究中获得高功率泵浦对 Yb^{3+}-Tm^{3+}共掺杂体系蓝紫光和 Yb^{3+}-Er^{3+}共掺杂体系红光发射的提高速率更快的结论[24, 26, 27]。因此，研究上转换发光体系的荧光性能调变过程中，要准确控制激发光的强度、与样品之间的距离和激发时间，避免泵浦条件不同对发光性能的影响。

2.3.2 发射光谱与上转换机制

发射光谱是研究上转换发光最基本的一个性能指标，能够清楚呈现各发射峰的波长和相对强度。实际研究中，为了从能级跃迁的角度深入探索上转换发光性能的影响因素、机理和基本规律，研究者普遍将上转换发射光谱与发光能级图相结合。一方面，通过能级图解释发射光谱的变化趋势和机理；另一方面，利用发射光谱验证能级跃迁机理的正确性。

对于图 2.13 和图 2.14 选用的 $NaGdF_4$:Yb,Er 纳米晶，已经利用上转换发光强度与泵浦激光功率之间的非线性依赖关系 $I\propto KP^n$ 计算获得绿光和红光发射均为双光子过程。据此，结合 Yb^{3+}和 Er^{3+}的能级结构，可详细分析 $NaGdF_4$:Yb,Er 纳米晶的上转换发射机制。在图 2.13 中可以看到，样品在 980nm 半导体激光器泵浦下的发射光谱主要存在三个发光峰，峰值分别位于 520nm、545nm 和 650nm 左右，前两者为绿光发射，后者为红光发射。结合 Er^{3+}的上转换发光能级图（图 2.15），三个发光峰分别对应于 $^2H_{11/2}\rightarrow{}^4I_{15/2}$、$^4S_{3/2}\rightarrow{}^4I_{15/2}$ 和 $^4F_{9/2}\rightarrow{}^4I_{15/2}$ 的跃迁。而光子的具体跃迁过程可结合三种发光对应的光子数目进行分析。980nm 激发光辐射样品时，因为 Yb^{3+}对 980nm 红外光有较大的吸收截面，而 Yb^{3+}的 $^2F_{5/2}$ 能级又和 Er^{3+}的 $^4I_{11/2}$ 能级非常接近，所以存在 Yb^{3+}到 Er^{3+}的能量传递，可实现 Er^{3+}的 $^4I_{15/2}\rightarrow{}^4I_{11/2}$ 能级跃迁。又因为 Er^{3+}的 $^4F_{7/2}$ 差不多有 $^4I_{11/2}$ 两倍的能量，促使位于激发态 $^4I_{11/2}$ 的离子能够再次获得 Yb^{3+}跃迁产生的能量实现激发态吸收上转换过程，最终使 Er^{3+}跃迁到 $^4F_{7/2}$ 能级，该能级主要通过无辐射跃迁弛豫到 $^2H_{11/2}$ 和 $^4S_{3/2}$ 能级，而后由 $^2H_{11/2}$ 和 $^4S_{3/2}$ 向基态跃迁发射出绿光。

源于 $^4F_{9/2}$ 的红色上转换发光由两个过程实现。过程一由 $^4I_{13/2}$ 能级的激发态吸收所导致，即处在激发态 $^4I_{11/2}$ 的离子也可能通过多声子无辐射弛豫跃迁到 $^4I_{13/2}$ 能级上，再次获得 Yb^{3+}跃迁产生的能量，而被激发至 $^4F_{9/2}$；此外，$^4S_{3/2}$ 能级上的离子，可也直接无辐射弛豫至 $^4F_{9/2}$ 能级。当处在 $^4F_{9/2}$ 上的 Er^{3+}向基态跃迁时可发射出红光。

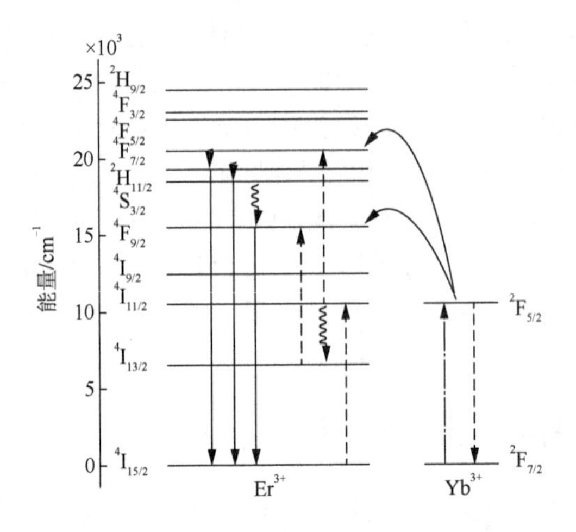

图 2.15　$NaGdF_4$:Yb,Er 纳米晶的上转换发光能级图

2.3.3　上转换发光效率评估方法

上转换发光的量子产率评估一直是该领域亟需解决的关键问题之一。所谓量子产率（quantum yields，QYs）是指材料发射的上转换光子数与吸收的激发光子数的比值，是评估各种上转换材料发光行为的重要指标。对于一个涉及 n 个光子的上转换过程，理论上最大上转换量子产率为 $100/n\%$，但由于上转换过程中的能量损失，实际检测到的上转换量子产率一般只有百分之几，远远低于理论值。尤其对于上转换纳米粒子，量子产率通常比对应的块状材料低几个数量级，主要原因是纳米级材料具有严重的表面猝灭效应。目前，量子产率低的问题已经成为镧系离子掺杂的上转换纳米材料的一个重要瓶颈问题[28]。

估算上转换纳米粒子量子产率的方法尽管费时费力，但对于评估上转换荧光的优异性非常重要，已经成为了一个引人关注的科学前沿问题。上转换量子产率可分为两种：一种是内部上转换量子产率（internal upconversion quantum yields），即材料发射的上转换光子数与吸收的激发光子数之比；另一种是外部上转换量子产率（external upconversion quantum yields），是指材料发射的上转换光子数与入射的激发光子（incident photons）数之比，包含未被吸收的光子数。外部上转换量子产率的数值非常低，因此很少被采用。科学研究中，除特殊说明外，均使用内部上转换量子产率评估发光材料本身的发光效率。

（1）绝对量子产率。

目前，上转换材料量子产率的估算方法包括绝对法和相对法两种。其中，绝对法利用基于积分球的仪器直接检测样品得到其量子产率值，即绝对量子产率（absolute quantum yields）。Boyer 和 van Veggel 课题组率先开展了绝对量子产率的测评工作，他们利用商用荧光计和积分球成功检测出了数种上转换纳米粒子的绝对量子产率，硫酸钡包覆的积分球设备的结构如图 2.16 所示。检测过程简述如下：准直激发光束从积分球左侧入口射入到积分球内部，直接激发置于积分球中心位置上的石英比色皿中的胶体/粉末样品；样品被激发后产生的发射光和反射光均能够被积分球壁散射，然后被一个扩展的红敏光电倍增管检测到。值得注意的是，样品容器两侧需要放置挡板，以确保积分球内发生散射前探测器不会收集到分散的激发光或发射线；最终，记录的光谱数据将被用于绝对量子产率的计算[29]。此后几年内，其他课题组也相继开展了积分球设备对绝对量子产率的计算研究，并对该设备进行了一定的调整，例如，Liu 课题组先利用反射镜将激发光束反射后再间接激发被测样品，同时被测样品置于积分球中心偏下的位置[30]；Pokhrel 课题组则将样品置于正对着激发光入口的积分球壁上[31]。

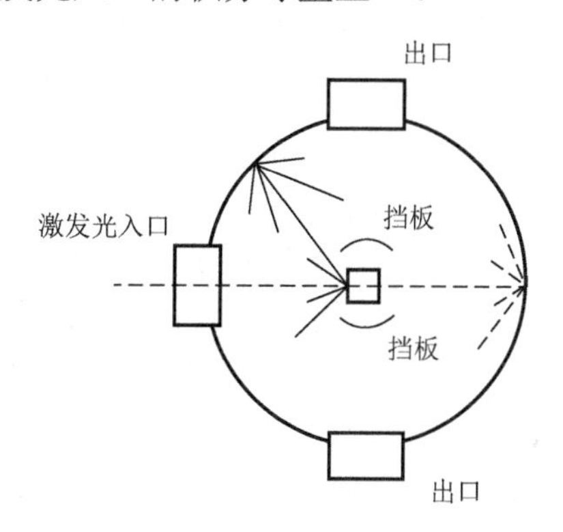

图 2.16　积分球设备结构示意图[29]

根据上转换量子产率定义导出的绝对量子产率计算公式如下：

$$\text{QYs}=\frac{\text{\#发射的光子数}}{\text{\#吸收的光子数}}=\frac{L_{\text{sample}}}{E_{\text{reference}}-E_{\text{sample}}} \tag{2.2}$$

式中，L_{sample} 代表上转换发射强度；$E_{\text{reference}}$ 和 E_{sample} 分别代表未被标准样品和被测样品吸收的激发光强度，相应数据均可检测得到。应用中有如下几个问题需要注意：①为了排除宿主晶格和其他基质材料对散射和发射光谱的影响，采用合成方法和测试条件均与被测样品保持一致的无掺杂材料作为标准样品；②被测样品容器两侧都放置挡板，确保收集到的光谱数据的准确性；③利用发射光谱的积分面积计算被测样品发射的光子数；④使用液氮冷却的 Hamamatsu R5509 NIR PMT 光电倍增管分别检测未被标准样品和未被被测样品吸收的激发光，利用两者的积分面积差即可计算出被测样品吸收的光子数；⑤收集的所有光谱数据都采用荧光计和积分球的光谱响应进行校正，检测的所有光谱都使用归一化的曲线。

上转换过程的本质是非线性的，所以上转换纳米粒子的量子产率不是恒定的，而是依赖于激发光的功率密度（power density）。

$$\text{QYs}=\frac{\#\text{发射的光子数}}{\#\text{吸收的光子数}}\propto\frac{\text{发射的上转换荧光}}{\text{吸收的激发光}}=\frac{I_{\text{UC}}}{\alpha P} \tag{2.3}$$

式中，α 是基质材料在激发波长条件下的吸收系数；P 表示功率密度；I_{UC} 是材料的上转换发光强度。将式（2.1）代入，则有

$$\text{QYs}\propto P^{n-1} \tag{2.4}$$

根据式（2.4）可以推断出上转换量子产率极大依赖于激发光强度。因此，在某一特定激发强度条件下，能够计算得到上转换量子产率值。并且只有在给定了激发密度的条件下，量子产率才是有效的。

以 $NaYF_4$:Yb,Er 块体材料为例，激发功率密度为 20W/cm^2 时，发射的上转换光子数与吸收的激发光子数分别为 40989 个和 132 个，考虑到中性密度过滤器（neutral density filter）衰减因子的影响，计算时吸收的光子数必须乘以 10000，得到块体材料的量子产率 QYs=40989/（132×10000）≈ 3%，与文献值相符，证实了该方法的准确度和可行性。利用该法，van Veggel 课题组检测了 $NaYF_4$:Yb,Er 纳米粒子发射的绿光峰的绝对量子产率，结果表明当粒子尺寸从 9nm 逐渐增加到 100nm 时，量子产率可从 0.005%逐渐增加到 0.3%（激发功率密度为 150W/cm^2）。Ivaturi 等对 1523nm 光激发下 $NaYF_4$:Er 粉末样品中 Er^{3+}的掺杂浓度（摩尔分数）进行了优化，结果如下：Er^{3+}掺杂浓度从 10%逐渐增加到 75%的过程中，绝对量子产率先增加后减小；Er^{3+}的最优掺杂浓度为 25%，激发功率密度约为 0.07W/cm^2 时，$NaYF_4$:Er 粉末样品的绝对量子产率为 8.9%[32]。Martín-Rodríguez 课题组从 Leuchtstoffwerk Breitungen GmbH（Breitungen, Germany）定制了一种掺杂浓度（摩尔分数）为 10%的 Gd_2O_2S:Er 微米粒子，其上转换效率比公认的、发光效率最高的六方相 $NaYF_4$:Er 样品还高。因为脉冲激发条件下很难准确测量上转换量子效率，因此，检测上转换量子效率时使用连续波长激发光。又因为 Gd_2O_2S:Er 粒子和 $NaYF_4$:Er 样品的最大上转换激发光谱分别出现在 1510nm 和 1523nm 处，因此采用两种激发光分别激发对应样品以期获得各自的最大上转换量子效率，激发功率密度为 700W/m^2 时，两种材料的最大量子产率分别约为 12.0%和 8.9%[33]。

Brabec 课题组利用简单的水相共沉淀法结合焙烧处理制备了粒径分布在 1～20nm 的 $Yb_2Mo_4O_{15}$:Er 纳米晶，检测了纳米晶在功率密度约为 500mW/cm^2 的 975nm 近红外光激发下的绝对上转换量子效率，具体计算公式如下：

$$\mathrm{QYs}=\frac{I_{\mathrm{em}}}{I_{\mathrm{abs}}}=\frac{I_{\mathrm{em}}^{\mathrm{sample}}-I_{\mathrm{em}}^{\mathrm{ref}}}{I_{\mathrm{abs}}^{\mathrm{sample}}-I_{\mathrm{abs}}^{\mathrm{ref}}} \tag{2.5}$$

式中，I_{em} 和 I_{abs} 分别代表被测样品的上转换发射强度和对近红外激发的吸收强度，添加“sample”和“ref”上角标分别代表被测样品和标准样品在仪器中直接测量到的上转换发射强度和对近红外激发的吸收强度值。最终，结合检测到的光谱数据、检测滤波器的透过率和硅探测器对不同波长光的补偿因子等参数，计算获得 $Yb_2Mo_4O_{15}$:Er 纳米晶的绝对量子产率为 1.3%[34]。

（2）相对量子产率。

其他课题组也充分肯定了绝对法的正确性，并将上述量子产率结果作为标准值，开发了更为简便的相对法计算上转换量子产率。相对法利用已知量子产率作为标准，通过不同样品间量子产率的相对关系式计算得到被测样品的量子产率，即相对量子产率。

Prasad 课题组推断出如下相对量子产率计算公式：

$$\mathrm{QYs}=\frac{\#\text{发射的光子数}}{\#\text{吸收的光子数}}=\frac{E}{A}$$

使用某一已知上转换量子产率的样品作为标准值，则对于被测样品和标准样品有

$$\mathrm{QYs}_{(\mathrm{s})}=\frac{E_{(\mathrm{s})}}{A_{(\mathrm{s})}}$$

$$\mathrm{QYs}_{(\mathrm{r})}=\frac{E_{(\mathrm{r})}}{A_{(\mathrm{r})}}$$

$$\mathrm{QYs}_{(\mathrm{s})}=\frac{E_{(\mathrm{s})}}{E_{(\mathrm{r})}}\cdot\frac{A_{(\mathrm{r})}}{A_{(\mathrm{s})}}\cdot\mathrm{QYs}_{(\mathrm{r})} \tag{2.6}$$

式中，$\mathrm{QYs}_{(\mathrm{s})}$和 $\mathrm{QYs}_{(\mathrm{r})}$分别是待测样品和标准样品的上转换量子产率，$\mathrm{QYs}_{(\mathrm{r})}$是已知数值；$E_{(\mathrm{s})}$和 $E_{(\mathrm{r})}$分别是待测样品和标准样品发射的光子数；$A_{(\mathrm{s})}$和 $A_{(\mathrm{r})}$分别是待测样品和标准样品吸收的光子数；$E_{(\mathrm{s})}/E_{(\mathrm{r})}$可通过待测样品和标准样品的上转换发射光谱强度值计算得到；$A_{(\mathrm{r})}/A_{(\mathrm{s})}$可通过标准样品和待测样品对激发波长的吸收值计算得到；据此能够计算得到待测样品的量子产率值 $\mathrm{QYs}_{(\mathrm{s})}$[35]。

Prasad 课题组利用式（2.6）估测上转换纳米粒子的量子产率。采用 van Veggel 课题组估测量子产率为 0.3%的 $NaYF_4$:Er,Yb@$NaYF_4$ 纳米粒子作为标准样品，激发功率密度为 150W/cm^2，该课题组计算得到在 1490nm 激发光作用下 85nm 的梭形 $LiYF_4$:Er 粒子的量子产率高达 1.2% ± 0.1%。随后，该课题组将方法更新为式（2.7），用于估算近红外上转换荧光的量子产率。式中，标准样品选取溶解于二氯乙烷溶液中的 IR26 染料，其量子产率为 0.05%。

$$\mathrm{QYs}_{(\mathrm{s})} = 0.92 \cdot \frac{E_{(\mathrm{r})}}{E_{(\mathrm{s})}} \cdot \mathrm{QYs}_{(\mathrm{r})} \tag{2.7}$$

他们采用该法估算出激发功率密度为 0.3W/cm^2 时，$NaYbF_4$:Tm@CaF_2 纳米立方体的近红外光量子产率，计算过程简述如下：被测纳米立方体在波长为 700～900nm 范围内的上转换发光积分强度为标准样品在波长为 1050～1600nm 范围内的上转换发光积分强度的 13±2 倍，根据式（2.7）计算出被测样品的量子产率为 0.6%±0.1%[36]。

另外，Liu 课题组利用其他公式对影响上转换量子产率的主要因素进行了探索。他们以理想状态下的双光子连续能量传递上转换过程为例（图 2.17），对量子产率计算公式进行了如下变形：

$$\mathrm{QYs} = \frac{A_3 \cdot n_3}{\Phi_\mathrm{P} \cdot n_4} = \frac{1}{2} \cdot \left[1 - \frac{1}{\Phi_\mathrm{P}} \cdot \left(\frac{1}{\tau_2} \cdot \frac{n_2}{n_4} + \frac{1}{\tau_5} \cdot \frac{n_5}{n_4} \right) \right] \tag{2.8}$$

式中，n_i（i=1～5）表示如图 2.17 所示五个能级各自的离子数；τ_i（i=2、3 和 5）表示对应激发态能级的寿命；Φ_P 代表有效泵浦速率；A_3 表示敏化剂从激发态到基态能级的自发跃迁概率。可以看到，高量子产率需要如下条件：有效泵浦速率要大，在激发态和中间态能级上的激活剂或敏化剂数目要少。另外，选择具有长寿命中间态能级的激活剂也能够提高量子产率。从上述公式可以推算，理想双光子上转换过程的量子产率限制约为 50%。然而实际通过积分球检测到的纳米粒子量子产率非常低，仅为 0.1%～2%，表明微小的纳米级粒子表面的猝灭效应对上转换量子效率具有决定性作用[13]。

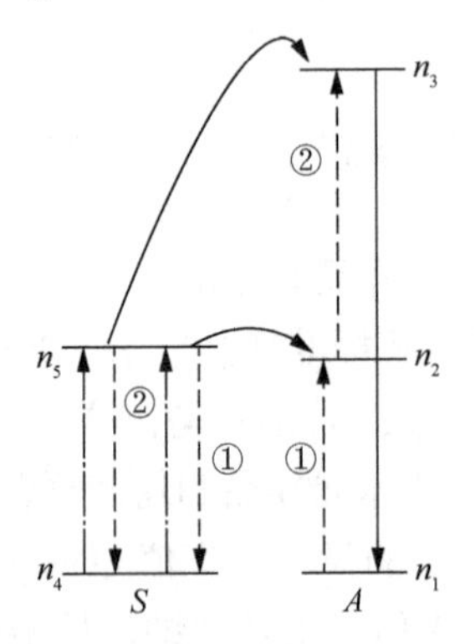

图 2.17　双光子连续能量传递上转换过程能级图[13]

将上述结果和其他重要量子产率数据总结在表 2.3 中，通过对比可见上转换纳米粒子的量子产率依赖于激发光源以及样品的尺寸和构造。让人欣喜的是，纳米上转换材料的量子产率已经获得了极大提高，归一化的量子效率已经达到了块体材料水平。值得注意的是，表 2.3 列举的数据中，某些上转换材料量子产率高的原因是激发光强度很大，极大限制了材料在生物领域的应用。因此，迫切需要进一步提高上转换纳米材料在低激发功率下的量子产率。

表 2.3 典型的上转换微/纳米材料量子产率数据

纳米粒子	尺寸	激发功率密度 /(W/cm^2)	QYs/%	归一化的 QYs /(cm^2/W)	激光器和激发光波长	参考文献
$NaYF_4$:Yb,Er	块体材料	20	3.0±0.3	1.5×10^{-3}	JDS Uniphase 980nm 激光二极管（63-00342 型）耦合 105mm 纤维芯	[29]
	9 nm	150	0.005±0.005	3.3×10^{-7}		
	30 nm	150	0.1±0.05	6.6×10^{-6}		
	100 nm	150	0.3±0.1	2.0×10^{-5}		
$NaYF_4$:Yb,Er@$NaYF_4$	30 nm	150	0.3±0.1	2.0×10^{-5}		
$NaLuF_4$:Gd,Yb,Tm	8 nm	17.5	0.47±0.06	2.6×10^{-4}	980nm 连续波激光器	[37]
$NaGdF_4$:Yb,Er	5 nm	100	0.016±0.08	1.6×10^{-6}	带有光纤附件的半导体激光器；980nm	[38]
$NaGdF_4$:Yb,Er@$NaYF_4$	17 nm	100	0.51±0.08	5.1×10^{-5}		
$LiLuF_4$:Yb,Er	28 nm	127	0.11	8.6×10^{-6}	980nm 激光二极管	[39]
$LiLuF_4$:Yb,Er@$LiLuF_4$	40 nm	127	3.6	2.8×10^{-4}		
	50 nm		5.0	3.9×10^{-4}		
$LiLuF_4$:Yb,Tm	28 nm	127	0.61	4.8×10^{-5}		
$LiLuF_4$:Yb,Tm@$LiLuF_4$	40 nm	127	6.7	5.2×10^{-4}		
	50 nm		7.6	5.9×10^{-4}		
La_2O_2S:Yb,Er	6 μm	22	6.2±0.9	2.8×10^{-3}	980nm 连续波半导体激光器	[31]
$Yb_2Mo_4O_{15}$:Er	1～20 nm	0.5	1.3	2.6×10^{-2}	红外二极管激光器(MDL III-975, 975nm, 100mW, Roithner)	[34]
$NaYF_4$:Er	1～3 μm	227	16.2±0.5	7.1×10^{-4}	超连续激光器；1490～1550nm	[40]
$NaYF_4$:Er	≈10 μm	0.07	8.9±0.9	1.27	超连续激光器；1523nm	[32]
KYb_2F_7:Er	100 nm	10	0.37	3.7×10^{-4}	连续波半导体激光器；976nm	[30]
ZrO_2:Er	150 μm	800	12.5	1.6×10^{-4}	连续波半导体激光器；975nm	[41]
Gd_2O_2S:Er	块体材料	0.07	12±1	1.71	单色激光器；1523nm	[33]
$LiYF_4$:Er	85 nm	150	1.2±0.1	8.0×10^{-5}	Nd:YVO_4 激光器；6ps 脉冲；76 MHz；1490nm	[35]
$NaYbF_4$:Tm@CaF_2	27 nm	0.3	0.6±0.1	2.0×10^{-2}	光纤耦合激光二极管；975nm	[36]
$NaYF_4$:Yb,Tm@$NaYF_4$	42 nm	21.7	0.038	1.7×10^{-5}	激光二极管；975nm	[42]
		78	3.5	4.4×10^{-4}		

续表

纳米粒子	尺寸	激发功率密度/(W/cm^2)	QYs/%	归一化的 QYs/(cm^2/W)	激光器和激发光波长	参考文献
$NaYF_4$:Yb,Tm	33 nm	3.8	0.45	1.1×10^{-3}	连续波半导体激光器；975 nm	[43]
$NaYF_4$:Yb,Tm@$NaYF_4$	43 nm	1.3	1.2	9.2×10^{-3}		
		20	2.6	1.3×10^{-3}		
$NaScF_4$:Yb,Er	20 nm	60	0.02	3.3×10^{-6}	二极管激光器；980nm	[44]
			0.09	1.5×10^{-5}		
			0.61	1.0×10^{-4}		

2.4 上转换发光材料基本组成

上转换材料种类繁多，有玻璃、陶瓷、多晶和单晶。从组成上分，上转换材料基本可分为单掺、双掺和多掺三种。在单掺杂材料中，如 647.1nm 光激发的 $LaF_3:Tm^{3+}$材料，由于利用稀土离子的 f-f 禁戒跃迁，窄线的振子强度小的光谱限制了材料对红外光的吸收，因此其发光效率不高[45]。如果通过提高掺杂离子浓度的方法来增强吸收，又会发生荧光的浓度猝灭。为了提高材料的红外吸收能力，通常采用双掺稀土离子的方法，双掺的上转换材料中掺入一个高浓度敏化离子。例如，Yb^{3+}是上转换发光中最常应用的敏化剂离子。Yb^{3+}的 $4f^{13}$ 组态仅含有两个能级，相距约 $10^4\ cm^{-1}$，基态和激发态分别是 $^2F_{7/2}$ 和 $^2F_{5/2}$。其 $^2F_{7/2}\rightarrow{}^2F_{5/2}$ 跃迁具有很强的吸收，且吸收波长与 950～1000nm 激光匹配良好，另外它的激发态又稍高于处于亚稳激发态的 Er^{3+}（$^4I_{11/2}$）、Tm^{3+}（$^3H_5$）和 Ho^{3+}（$^5I_6$），因此 Yb^{3+}和 Er^{3+}、Tm^{3+}、Ho^{3+}及 Pr^{3+}之间很有可能发生有效的能量传递，将吸收的红外光子能量传递给这些激活剂离子，发生双光子或多光子发射，从而实现高效的上转换发光[3]。

近几年来，出现了多掺杂材料，主要包括：①调整上转换激发波长的 Nd^{3+}-Yb^{3+}-Er^{3+}（或 Tm^{3+}）三掺杂材料，如 $NaYF_4$:Yb,Nd,Tm@$NaYF_4$:Nd 核壳结构纳米晶[46,47]，激发光可从 980nm 调整为 800nm 左右；②调整发光强度的非稀土离子（Li^+、Na^+、K^+、Ba^{2+}、Sr^{2+}、Ca^{2+}、Zn^{2+}、Bi^{3+}等）共掺杂材料，如 Y_2O_3:Yb,Er,Li 纳米晶，共掺杂 Li^+后，材料的上转换绿光和红光发射分别提高了 25 倍和 8 倍[48]；③调整发光颜色的 Yb^{3+}-Tm^{3+}-Er^{3+}三掺杂体系，如 $NaGdF_4$:Yb,Tm,Er@$NaGdF_4$:Eu@$NaYF_4$ 核壳结构纳米晶，能够发射非常明亮的白色上转换发光[49]。在上一章中，我们介绍了固体发光材料的基本化学组成及各自的作用，本节将具体到稀土上转换材料，并着重介绍常用选材及其特点。

2.4.1 上转换基质材料

人们广泛地研究了掺杂不同稀土离子的晶体、玻璃、陶瓷的红外到可见光的上转换现象。对于基质材料，不仅要求光学性能好，而且要求具有一定的强度和化学稳定性。基质材料虽然一般不构成激光能级，不会受到激发而发光，但能为激活剂离子提供合适的晶体场，并影响能量传递路线，使激活剂产生合适的发射，对阈值功率和输出水平也有很大影响[4, 50, 51]。因此基质材料对上转换发光效率和颜色有着很大的影响。

为了得到高效的上转换荧光，上转换材料中对宿主基质、激活剂和敏化剂三种组分的选取必须遵循严格的准则。通常，上转换基质材料的选择要考虑材料的声子能量和晶格稠密度两个方面，具体原则如下。

（1）基质材料具有低声子能量，以降低多光子弛豫造成的无辐射跃迁损失，进而提高上转换发光效率，如声子能量约为 $350cm^{-1}$ 的各类氟化物基质材料。因为上转换过程的荧光效率主要是由无辐射过程控制，因此低声子能量的宿主材料利于提高上转换荧光效率。例如，当 Er^{3+} 被掺杂到具有高声子能量的宿主材料中时，$^4I_{13/2}$ 激发态的无辐射弛豫被增强，以至 $^4I_{13/2}\rightarrow{}^4I_{15/2}$ 转换的荧光寿命和量子产率均被降低[52]。常用上转换基质材料的声子能量从大到小排序基本如下：氧化物（约 $600cm^{-1}$）>氟化物（约 $355cm^{-1}$）>氯化物（约 $260cm^{-1}$）>溴化物（约 $172cm^{-1}$）>碘化物（约 $144cm^{-1}$）[53]。单从声子能量的角度考虑，重金属卤化物如氯化物、溴化物和碘化物均是理想的荧光宿主材料，然而大部分卤化物体系易于吸湿，因此应用受到限制，研究进展比较缓慢。

（2）基质材料中的阳离子半径与掺杂的稀土激活剂离子半径相近，以降低掺杂对基质材料晶格结构的影响，并减少晶格杂质，提高荧光强度。因为目前获得的上转换发光材料所用激活剂离子绝大多数为稀土元素。因此，单从阳离子半径方面考虑，具有相似离子半径的其他稀土元素和碱土金属离子（Ca^{2+}、Sr^{2+} 和 Ba^{2+} 等）的各类化合物和复合物均可被用作基质材料，如 $NaYF_4$ 和 BaF_2。另外，如本书之前所述，没有 4f 电子的 Sc^{3+}、Y^{3+} 和 La^{3+}，以及 4f 电子全满的 Lu^{3+}，具有密闭的壳层电子结构，属于无色离子，在 200nm 波长以上无吸收，具有光学惰性，很适合作为发光材料的基质。另外，4f 电子半满的 Gd^{3+}，在 275nm 以上无强吸收，也适合作为稀土激活离子的取代对象。

综合考虑晶格和声子能量两方面因素的影响可知，某些具有低声子能量和高化学稳定性的稀土氟化物能够通过抑制无辐射弛豫过程增强上转换荧光发射，是较为理想的上转换荧光宿主材料。

上转换发光材料的种类非常多，主要的基质可分为如下 5 类，其中研究最多也最具有应用价值的是氟化物材料。

1. 氟化物系列

在上转换研究中，稀土离子掺杂的氟化物晶体、玻璃（包括光纤）是一个重点和热点，这主要归因于氟化物基质的低声子能量，可减少无辐射跃迁的损失，因此具有较高的上转换效率。尤其是重金属氟化物基质的振动频率低，稀土离子激发态无辐射跃迁的概率小，可增强辐射跃迁[1]。稀土离子掺杂的上转换微/纳米材料研究主要集中在氟化物晶体中，稀土离子（Er^{3+}、Tm^{3+}、Ho^{3+}、Pr^{3+}、Nd^{3+}）激活的 $NaYF_4$、LaF_3、$LiYF_4$、$BaYF_5$、$NaGdF_4$、K_2YF_5、BaY_2F_8 等都是目前最重要的上转换发光材料。例如，1987 年 Antipenko 课题组报道了 BaF_2:Yb,Er 晶体在室温下采用双波长 1540nm 和 1054nm 泵浦方式获得了 670nm 的上转换红光输出[54]。秦伟平课题组利用电纺丝技术结合焙烧处理制备了 LaF_3:Yb,Tm 纳米线，该纳米线在 980nm 光激发下发射 Tm^{3+}特征峰情况如下：①很强的紫外光发射，发光中心分别位于 291nm、346nm 和 362nm 处的 $^1I_6 \rightarrow {}^3H_6$、$^1I_6 \rightarrow {}^3F_4$ 和 $^1D_2 \rightarrow {}^3H_6$ 跃迁；②较弱的蓝光发射，发光中心分别位于 453nm 和 477nm 处的 $^1D_2 \rightarrow {}^3F_4$ 和 $^1G_4 \rightarrow {}^3H_6$ 跃迁；③极弱的红光发射，发光中心位于 642nm 处的 $^1G_4 \rightarrow {}^3F_4$ 跃迁；④很弱的近红外光发射，发光中心位于 802 nm 处的 $^3H_4 \rightarrow {}^3H_6$ 跃迁[55]。

水热/溶剂热法的低温高压环境非常利于氟化物的结晶和生成，合成路线已经较为成熟。我们采用聚苯乙烯磺酸钠作为活性剂，利用水热法制备了空心 $NaYF_4$:Yb,Tm 六棱柱微米棒，并对制备工艺做了较广泛的探讨。一方面，聚苯乙烯磺酸钠的添加量和反应时间对产物上转换发光强度的影响很大，增加聚苯乙烯磺酸钠的添加量或延长反应时间，均可将产物的上转换发光强度提高 90 余倍；另一方面，氟源和 pH 对产物发光强度的影响同样不容忽视，调整两者均可将产物的上转换发光强度提高 23 倍左右。因为随着反应条件的改变，制备产物将逐渐从尺寸分布不均匀的多相（α、β 相 $NaYF_4$ 和杂相）团聚物转变为尺寸分布均匀的六方相 $NaYF_4$:Yb,Tm 空心六棱柱微米棒，极大影响了产物的晶相、形貌、尺寸和结晶度等参数。最终优化各反应条件后获得的样品在 980nm 红外光激发下可以看见明亮的上转换荧光。光谱峰位置与电子跃迁对应关系分别为 450nm（$^1D_2 \rightarrow {}^3F_4$）、476nm（$^1G_4 \rightarrow {}^3H_6$）和 646nm（$^1G_4 \rightarrow {}^3F_4$），其中 476nm 处的蓝光发射为主要发射峰。在 CIE 图中 $NaYF_4$:Yb,Tm 发射光谱对应的坐标为 $x = 0.1301$，$y = 0.0878$。$NaYF_4$ 晶体是一种优秀的上转换发光基质材料，具有立方晶系的 α 相以及六方晶系的 β 相两种晶相结构。相比之下，六方晶系的 β 相 $NaYF_4$ 体现出更加优异的发光性能以及更加良好的热稳定性，在发光器件、激光器、显示器方面有潜在应用价值。而促进 $NaYF_4$ 材料从 α 到 β 相的转变则是常用的提高上转换荧光强度的方法之一[56]。此外，我们以乙二醇为溶剂采用微波辅助法合成了 $NaYF_4$ 晶体。为了得到纯六方晶相的产物，通常采用的方法有提高反应的温度、压力或延长反应时间，我们在微波合成稀土氟化物过程中进行了尝试，然而均未合成纯六方晶相的 $NaYF_4$。据此，我们提出采用增加氟化物用量的方法，有效降低 β-$NaYF_4$ 的结晶温度。合成稀土氟化物时，氟化物用量一般为化学计量的 3 倍，我们在此基础上进一步提高 5 倍后，在 160℃的较低温度及 50min 的较短反应时间条件下，通过微波回流反应，成功制备了纯相的 β-$NaYF_4$[57]。

2005 年以来，采用高温溶剂法制备油溶性氟化物的研究引起了科研工作者的极大兴趣，相关报道日益增多，如 Capobianco 课题组在油酸和十八烯的混合溶液中高温热解三氟乙酸盐制备了 $NaGdF_4$:Yb,Er@$NaGdF_4$:Yb 核壳结构纳米晶，Yb^{3+} 和 Er^{3+}的掺杂浓度（摩尔分数）分别为 20%和 2%。在 980nm 红外光激发下可以看见明亮的绿色上转换发光。上转换发射光谱研究表明，它们分别来自于 Er^{3+}的 $^2H_{11/2}\rightarrow{}^4I_{15/2}$（约 525nm）、$^4S_{3/2}\rightarrow{}^4I_{15/2}$（约 550nm）和 $^4F_{9/2}\rightarrow{}^4I_{15/2}$（约 660nm）跃迁。由于 $NaGdF_4$:Yb 纳米壳的敏化及保护作用，核壳结构的发光强度比核材料增强了 13～20 倍。另外，因为 Gd^{3+}具有 7 个不成对 4f 电子，因此钆基氟化物材料具有超顺磁性，是一种良好的磁响应成像造影剂材料[58]。因此，与其他氟化物相比，应用空间更广阔。需要指出的是，这种油溶性产物需要经过亲水基团的修饰以实现其在水溶液环境中的应用，通常，亲水修饰后材料的上转换发光强度将严重降低，一般将损失一半甚至更多[58-60]，如何实现亲水修饰后材料发光强度的保持及优化，仍是目前该领域的一个热点问题。

此外，研究发现稀土离子掺杂的重金属氟化物玻璃是优良的激光上转换材料，这种材料具有较低的声子能量，一般在 500～600cm^{-1}，上转换效率高。氟化物玻璃从紫外到红外光区（300～700nm）均呈透明、激活剂离子易于掺杂且声子能量较低，这些特点促使它们可被用于上转换光纤激光器。$Pb_5M_3F_{19}$:Nd^{3+}（M=Al、Ti、V、Cr、Fe、Ga）玻璃，BaY_2F_8:Ho^{3+}玻璃，K_2YF_5:Pr^{3+}玻璃均是性能较好的上转换材料。玻璃的优势有：可制成多种形态；可制备均匀的大尺寸样品；能够较大量地掺杂稀土离子。氟化物玻璃已先后在微珠、光纤和块状形态获得激光振荡，尤其是氟化物玻璃光纤具有非常明显的优势[1]。近年来发展起来的稀土掺杂氟化物上转换薄膜可将低能量的光高效地转换成可见光，具有重要的实用价值。

研究最为广泛的一类氟化物玻璃是以 ZrF_4 为基础的重金属氟化物，它最重要的特征之一是具有宽波长范围的透过性，在 2.5μm 附近具有弱的光吸收，容易掺杂不同浓度的稀土离子，并且其声子能量远比氧化物玻璃低，而量子效率远比氧化物玻璃高。在此玻璃中掺杂 Yb^{3+}能有效地敏化 Er^{3+}、Tm^{3+}、Ho^{3+}和 Pr^{3+}而产生上转换发光。目前，研究最成熟的是氟锆酸盐玻璃即 ZBLAN 玻璃，声子能量约为 500cm^{-1}，它是将 ZrF_4、BaF_2、LaF_3、AlF_3 和 NaF 按照特殊比例混合制成的，ZBLAN 玻璃的光透过范围可从紫外扩展到中红外波段，即红外截止波长很长，有较低的理论损耗，稀土离子在这种玻璃中的溶解度很大，无辐射跃迁很小，而且 ZBLAN 玻璃的成形能力很好，易于拉制成光纤，因此其作为低损耗光纤材料越来越引起人们的注意。因为ZBLAN玻璃具有较高的辐射跃迁概率和较低的多声子弛豫，所以比其他基质玻璃具有更高的频率上转换发光效率，在上转换激光、光纤放大器、三维立体显示等领域具有光明的应用前景[10]。

虽然稀土掺杂的氟化物的上转换效率较高，但其具有化学稳定性和机械强度差、抗激光损伤阈值低、制备复杂、成本高、环境条件要求严格等缺点，在研究和应用中还存在诸多困难。

2. 氧化物系列

氧化物上转换材料声子能量较高，因而上转换效率低。但其优点是制备工艺简单，环境条件要求较低，形成玻璃相的组分范围大，对离子的溶解度高，机械强度和化学稳定性好[1]。其材料类型主要包括各种单晶材料、氧化物玻璃和某些纳米粉末等[10]。例如，YVO_4:Er单晶可将808nm的激光转换为550nm的可见光。$Nd_2(WO_4)_3$晶体室温下可将808nm的激光转换为457nm和657nm的可见光。$ZnWO_4$:Sm单晶中，采用632.8nm激光泵浦时，可观察到离子的上转换荧光精细结构。上转换过程为两步吸收上转换，即吸收一个光子后处于激发态$^6F_{5/2}$能级，继续吸收一个光子被激发到更高激发态的$^4I_{15/2}$能级。上转换荧光的精细结构反映了$ZnWO_4$:Sm单晶的基态在低对称晶场中分裂的情况，W^{6+}的强极化作用是Sm^{3+}能级结构解除简并产生精细荧光的一个重要原因。另外，在582nm处还观察到$^4G_{5/2}\rightarrow{}^6H_{5/2}$的宽带上转换荧光[61]。

王吉有课题组研究了Yb^{3+}和Er^{3+}共掺杂的微米级TiO_2-BaO-SiO_2系玻璃颗粒和微球，具有高折射率。采用976nm激光激发时，可检测到绿色上转换发光。当抽运功率大于30mW，功率密度约为1000W/cm^{2}时，位于547nm处的峰强度小于524nm处的峰强度。而且随着功率的增大，该强度差随之增大，因为材料吸收抽运光而温度升高[62]。

碲酸盐玻璃具有较低的声子能量，约为700cm^{-1}，是良好的上转换发光基质材料，通过研究不同浓度Yb^{3+}对Er^{3+}在碲酸盐玻璃中上转换荧光的影响，发现较低声子能量的碲酸盐玻璃使Er^{3+}存在较强的上转换发光，且其上转换发光强度随Yb^{3+}浓度的增加而增强[63]。掺铥碲酸盐光纤和氟化物光纤相比还具有化学稳定性好、机械强度高、增益谱线宽等优点。亚碲酸盐玻璃具有如下特点：宽为0.35～5μm的透射范围，相比而言，硅酸盐仅为0.2～3μm；相对较低的声子能量，最大值约为800cm^{-1}；系数为1.8～2.3的高折射率[10]。因此亚碲酸盐玻璃作为优良的上转换基质材料之一成为当前的研究热点。例如，在亚碲酸盐玻璃TeO_2-ZnO-Na_2O中共掺杂Nd^{3+}、Yb^{3+}和Er^{3+}，利用800nm红外光激发时，出现非常强的549nm的绿色发光，Yb^{3+}缩短了Nd^{3+}向Er^{3+}传递能量的距离，从而实现了高效的上转换发光[64]。

对于 Yb^{3+}和 Er^{3+}共掺杂的碲钨酸盐玻璃，在 970nm 激光激发下，出现了峰值位于 533nm、547nm 的绿色和位于 668nm 的红色上转换发光，两种发光均为双光子过程[65]。

近些年来，稀土氧化物与复合氧化物上转换材料的研究也较为广泛。在稀土氧化物中，Y_2O_3 是应用最广泛、也最具使用价值的发光材料，因为 Y_2O_3 不仅是稀土化合物成本最低的，而且 Y_2O_3 有较低的声子数，也就意味着 Y_2O_3 有更好的热稳定和发光效率。我们利用操作简单、条件温和的化学共沉淀法，选取柠檬酸钠作为表面活性剂，成功制备一系列棒状 $Y(OH)_3$ 纳米/微米晶体，再经过简单焙烧得到形貌基本保持一致的 Y_2O_3 基质材料。材料合成的基础上，我们通过改变 Yb^{3+} 的掺杂浓度，完成了不同上转换发光颜色的调变，即 Y_2O_3:Yb,Er 从绿光到红光的调变、Y_2O_3:Yb,Tm 从蓝光到红光的调变及 Y_2O_3:Yb,Ho 从绿光到黄光的调变[66]。另外，我们利用混合碱法在反应釜中制备了一类形貌均匀的 $La(OH)_3$:Yb,Er 纳米棒，Yb^{3+}和 Er^{3+}的掺杂浓度（摩尔分数）分别为 3%和 1%。$La(OH)_3$:Yb,Er 纳米棒经 700℃焙烧可获得 La_2O_3:Yb,Er 纳米棒，棒长约为几十微米，棒宽约为 300nm。在 980nm 激发下，La_2O_3:Yb,Er 纳米棒发射很强的绿光，上转换发射光谱由位于 546nm 处的强发射峰和位于 659nm 处很弱的发射峰组成，对应的 CIE 坐标为 x=0.2717，y=0.7133。另外，该纳米棒的发光性能非常优秀，$^4S_{3/2}\rightarrow{}^4I_{15/2}$ 跃迁的发射峰强度大约是块状材料的两倍，说明混合碱法制备的发光材料的发光亮度优于固相法所制备的材料。因为混合碱法制备的材料表面光滑，且长度尺度较大；而固相法增大了材料的表面积，进而引入了大量的表面缺陷，导致更多的电子经过无辐射跃迁回到基态，因此发光强度相对较弱[67]。

此外，我们还对稀土离子掺杂的 $NaLa(WO_4)_2$、$Y_2(WO_4)_3$ 和 $SrMoO_4$ 等复合氧化物的上转换发光性能进行了探索。例如，碱土金属钼酸盐 $AMoO_4$（A=Ba、Sr、Ca）具有白钨矿类型的正方结构，属于 $I4_1/a$ 空间群。结构中，每个 Mo 原子周围有四个对称的等价 O 原子，而每个二价的金属离子周围有八个 MoO_4 结构。$SrMoO_4$ 便是其中很重要的一种光电材料，在室温条件下可以有绿色或蓝色发光。稀土离子掺杂的钼酸盐可以得到不同的发光性能，然而对其研究却相对较少。我们通过对水热法的改进、表面活性剂和溶剂的优化，在 80℃水浴环境中成功制备了空心 $SrMoO_4$ 微米囊。共掺杂 Yb^{3+}、Ho^{3+}和 Tm^{3+}后，简单调整 Tm^{3+}与 Ho^{3+} 的掺杂浓度，发射光谱的颜色可以进行有规律地调变，当 Ho^{3+}掺杂浓度（摩尔分数）从 0 变化到 1%时，上转换发光颜色可从蓝光区调变到白光区，最后调变至黄光区[68]。具有白钨矿型四方结构的 $NaRe(WO_4)_2$ 晶体（Re=La、Gd、Y）具有高折射率、低辐射损伤、低余辉和高 X 射线吸收系数等特点，其光电性质得到了广泛研究及应用。我们采用聚乙烯吡咯烷酮为表面活性剂，采用操作简单、灵活度高的水热法制备出了一系列不同形貌和尺寸的白钨矿结构 $NaLa(WO_4)_2$ 微米粒子。共掺杂稀土离子后，在 980nm 近红外光的激发下，$NaLa(WO_4)_2$:Yb,Er、$NaLa(WO_4)_2$:Yb,Tm 和 $NaLa(WO_4)_2$:Yb,Ho 微米粒子分别发出明亮的绿色、蓝色和黄色上转换发光，且发光性质受到活性剂添加量、pH 和反应时间等条件的影响[69]。

有些氧化物的声子能量较低，如 TeO_2。复合氧化物单晶中也有一些低声子能量的材料，如声子能量分别为 $192.9cm^{-1}$ 和 $199.5cm^{-1}$ 的 $YAl(BO_3)_4$ 和 $ZnWO_4$ 晶体，均可作为激光上转换材料的基质。由于上转换激光器主要针对中、小功率场合应用，对激光束质量要求较高，单晶中激活离子荧光谱线较窄，增益较高，且硬度、机械强度和热物理性能都优于玻璃，故物化性能稳定的氧化物单晶更适合作为上转换材料基质[1]。

3. 氟氧化物系列

作为上转换材料，氟化物的声子能量小，上转换效率高，但其最大缺点是强度和化学稳定性差，给其实际应用带来很大阻碍；氧化物基质的强度和化学稳定性好，但声子能量大。因此，综合了两者优点的氟氧化物引起了人们极大的研究兴趣[3]。近来，徐叙瑢课题组制备了一种单掺 Er^{3+} 的氟氧化物材料，在 980nm 光的激发下，可有效地发射可见光，且红光强度大于绿光强度。另外，随 Er^{3+} 浓度的增加，由于浓度猝灭作用，红光强度下降。由发光强度同泵浦强度的对数曲线可知，该材料的红光发射为双光子过程或双光子和三光子混合过程，绿光发射为三光子过程[70]。

氟氧化物玻璃的激光损伤阈值、化学稳定性和机械强度等指标都优于氟化物玻璃。氟氧化物玻璃陶瓷（微晶玻璃）上转换材料是将稀土离子掺杂的氟化物微晶镶嵌于氧化物微晶基质中，以它作为基体是一种便利而有效的方法。氟氧化物玻璃陶瓷利用成核剂诱发氟化物形成微小的晶粒，并使稀土离子先富集到氟化物微晶中，稀土离子被氟化物微晶所屏蔽，而不与包在外面的氧化物玻璃发生作用，这样掺杂得到的氟氧化物微晶玻璃既具有氟化物基质较高的上转换效率，又具备氧化物玻璃较高的机械强度和稳定性，热处理后包埋于氧化物中的氟化物微晶颗粒粒径为几十纳米，可有效避免散射引起的能量损失，含纳米微晶的氟氧化物玻璃陶瓷呈透明状[3]。

稀土氟氧化物也是一类经常采用的基质材料，掺杂稀土离子后，能够产生颜色各异的高强度上转换发光。稀土氟氧化物（ReOF）作为一种能够有效将红外光转换为可见光的上转换基质，相比于氧化物和氟化物，具有更优异的化学耐性，热稳定性和较低的光子能量。稀土氟氧化物良好的发光性能取决于材料自身丰富的结构类型，例如 SmSI 类型的菱面体晶系（$R\overline{3}m$ 空间群）、PbFCl 类型的四方体晶系（*P4/nmm* 空间群）和萤石类型的立方体晶系（$Fm\overline{3}m$ 空间群）结构，以及时时存在的、由晶格畸变导致的低对称性稀土离子。例如，严纯华课题组制备了一系列形貌各异、分散性良好的 REOF（RE=La～Lu、Y）纳米晶体，其中立方相 GdOF:Yb,Er 纳米晶在 980nm 光激发下发射明亮的绿色上转换发光，且发光过程涉及两个光子。另外，尺寸约为 3.9nm 的 GdOF:Yb,Er 纳米多面体的上转换发光强度弱于尺寸约为 2.3×6.2nm 的纳米棒，因为后者表面缺陷导致的无辐射弛豫现象受到的抑制能力更强[71, 72]。高志强课题组利用两步高温热解法制备了 YOF:Yb,Er 纳米晶和 YOF:Yb,Er@YOF 核壳结构纳米晶，两者的平均粒径分别为 15nm 和 18nm。980nm 光激发下，材料发生能级跃迁 $^4F_{9/2}\rightarrow{}^4I_{15/2}$ 形成了一个宽度约为 20nm 的单峰发射，因此两种材料均发射纯度较高的红色上转换发光，而核壳结构材料的发光强度约为核材料的 18.5 倍。更重要的是，YOF:Yb,Er@YOF 核壳结构纳米晶的发光强度得到了极大提高，甚至比六方相 $NaYF_4$:Yb,Er 纳米粒子（公认的上转换发光效率最高的材料之一）的发光强度还要高两倍多[73]。王永刚课题组采用低温氟化路线制备的 Vernier 相氟氧化镱（V-YbOF）中掺杂浓度（摩尔分数）为 2%～12% 的 Er^{3+}后，也获得了发光中心位于 660nm 处的单峰红光发射，Er^{3+}的最优掺杂浓度为 4%[74]。

徐昌富课题组结合简单的共沉淀法和焙烧处理制备了 Yb^{3+}和 Tm^{3+}共掺杂的 $Y_7O_6F_9$、YF_3 和 Y_2O_3 纳米粒子，三种材料中两种离子的掺杂浓度相同，$Y_7O_6F_9$ 和 Y_2O_3 纳米粒子的焙烧温度均为 800℃，三种材料均呈粉末状态。功率密度为 1W/cm^2 的 980nm 光激发下，三种材料的发光性能差异明显：①$Y_7O_6F_9$:Yb,Tm 粉末发射多种上转换荧光，发射光谱包括发光中心位于 353nm 和 362nm 处的两个紫外光中强峰，发光中心位于 447nm 和 477nm 处的一个蓝光中强峰和一个蓝光强峰，以及发光中心位于 808nm 处的一个近红外光强峰，五个发射峰分别对应 Tm^{3+}的 $^3P_0\rightarrow{}^3F_4$、$^1D_2\rightarrow{}^3H_6$、$^1D_2\rightarrow{}^3F_4$、$^1G_4\rightarrow{}^3H_6$ 和 $^3H_4\rightarrow{}^3H_6$ 能级跃迁；发射光谱还包括发光中心位于 647nm 和 690nm 处的两个红光弱峰。②YF_3:Yb,Tm 粉末的发光峰位置和强度与 $Y_7O_6F_9$:Yb,Tm 粉末相似处较多，最大的不同在于发光中心位于 353nm、362nm 和 447nm 处的三个峰均为强峰。③Y_2O_3:Yb,Tm 粉末的发光性能与两种氟化物差异很大，仅能检测到发光中心位于 477nm 处的一个蓝光中强峰和 808nm 处的一个近红外光强峰，且最高发光强度仅为两种氟化物的 1/3 左右。可见，$Y_7O_6F_9$:Yb,Tm 粉末的发光强度远高于焙烧后的 Y_2O_3:Yb,Tm 粉末，表明 $Y_7O_6F_9$ 是一种良好的上转换基质材料。另外，两种氟化物的紫外光和蓝光发射强度很高，甚至可与最强的近红外光比肩，表明 $Y_7O_6F_9$ 和 YF_3 均是高效的紫外和蓝光基质材料[75]。林君课题组采用尿素共沉淀法制备了 GdOF:Yb,Ln（Ln= Er^{3+}、Tm^{3+}、Ho^{3+}）椭球形纳米粒子，着重研究了氟源、焙烧和反应时间等参数对产物形貌的影响，以及掺杂离子浓度对产物发光颜色的决定作用。该课题组发现 Yb^{3+}掺杂浓度（摩尔分数）从 0

逐渐升高到30%的过程中，Er^{3+}共掺杂产物发光颜色经历了“绿色→嫩黄色→橙黄色→红色”的渐变过程；Tm^{3+}共掺杂产物发光颜色变化不明显；Ho^{3+}共掺杂产物发光颜色的红光区强度急剧增加，发光颜色由绿色缓慢转变为黄绿色[76]。Zaldo和Cascales采用低温水热法制备了 $Y_6O_5F_8$:Yb,Er,Pr 纳米管，发现 Pr^{3+}的掺杂浓度较低时材料发射绿色上转换发光，Pr^{3+}的掺杂浓度较高时材料能够发射蓝绿色或白色上转换发光，具体发光颜色受激发功率的影响显著[77]。

人们开展的一系列研究旨在寻找既有氟化物那样高的上转换效率，又兼具类似氧化物结构稳定的新基质材料，从而满足实际应用需求。

4. 含硫化合物系列

含硫体系上转换材料具有较低的声子能量。稀土硫氧化物，如 La_2O_2S、Y_2O_2S 等也是一类较好的上转换发光材料基质，但制备时须在密封条件下进行，不能与氧和水接触。硫化物基上转换材料由于存在特殊的缺陷俘获过程，所以主要用于电子俘获材料方面。以 Yb^{3+}为敏化剂、Pr^{3+}为激活离子的 Ca_2O_3-La_2S_3 玻璃在室温下可将1046nm光转换为480～680nm的可见光[3]。邢明铭课题组利用优化的硫熔法（sulphide fusion route）制备了 Y_2O_2S:Yb,Er 微米粉末，焙烧还原气为氮气和氢气的混合气，焙烧温度为1150℃，焙烧时间90min。他们采用最著名的商用红色上转换荧光粉 Y_2O_3:Yb,Er 作为对照组，制备的 Y_2O_2S:Yb,Er 粉末在1550nm光激发下的上转换红光发射亮度约为对照组在980nm光激发下的两倍[78]。尤洪鹏课题组采用水热法结合氮硫保护气焙烧的方式，制备了粒径分布在210～300nm的 Gd_2O_2S:Yb,Er 高分散纳米球，具有纯度很高的六方晶相结构，*P*3*m*1 空间群。随着纳米球中 Yb^{3+}掺杂浓度（摩尔分数）从0缓慢增加到20%，上转换发射光谱中红光对应的发射峰强度逐渐升高，发光中心位于671nm处，能级跃迁为 $^4F_{9/2}\rightarrow{}^4I_{15/2}$；绿光对应的发射峰强度逐渐降低，发光中心位于524和548nm处，能级跃迁为 $^2H_{11/2}\rightarrow{}^4I_{15/2}$ 和 $^4S_{3/2}\rightarrow{}^4I_{15/2}$；最终导致纳米球的发光颜色从绿光被调变到黄光[79]。

Kumar课题组制备了 Er^{3+}单掺杂的 M_2O_2S（M=Y、Gd、La）发光粉末，掺杂浓度（摩尔分数）为10%。1550nm光激发下，三种样品均能具有发光中心位于553nm、670nm、820nm和983nm的绿光、红光和近红外光发射，对应的能级跃迁分别为 $^4S_{3/2}\rightarrow{}^4I_{15/2}$、$^4F_{9/2}\rightarrow{}^4I_{15/2}$、$^4I_{9/2}\rightarrow{}^4I_{15/2}$ 和 $^4I_{11/2}\rightarrow{}^4I_{15/2}$[80]。$Y_2O_2S$:Er 发光粉的绿光、红光和近红外光发射效率分别是0.15%、0.44%和0.88%，总的上转换发光效率为1.6%；La_2O_2S:Er 发光粉的绿光、红光和近红外光发射效率分别是0.14%、0.58%和0.99%，总的上转换发光效率为2.0%；Gd_2O_2S:Er 发光粉的绿光、红光和近红外光发射效率分别是0.42%、1.47%和1.23%，总的上转换发光效率为3.5%。三种单掺杂粉末的上转换发光亮度和强度非常高，即使强度只有几毫瓦的1550nm

激发光也能获得肉眼可见的上转换可见光发射。另外，1550nm 激发光条件下，三种样品的可见光发射中绿光峰强度约为红光峰的一半；而 980nm 激发光条件下，三种样品的可见光发射中绿光峰强度约为红光峰的 1～2 倍；同时，发光强度也存在明显差别。可见，材料的发光性能极大依赖于激发光波长。

Pokhrel 课题组采用固相硫熔法（solid state flux fusion method）制备了 Yb^{3+}和 Er^{3+}共掺杂的 M_2O_2S（M=Gd、La、Y）硫氧化物微米粒子粉末。980nm 光激发下，La_2O_2S:Yb,Er 微米粒子能够发射很强的上转换荧光，且激发功率较低时，其绝对量子产率约为高温固相法制备的高量子产率 $NaYF_4$:Yb,Er 微米粒子的 2～3 倍，如激发功率密度约为 3.8W/cm^2 时，La_2O_2S:Yb,Er 和 $NaYF_4$:Yb,Er 微米粒子总的绝对量子产率分别约为 4.87%和 1.67%，两种材料中 Yb^{3+}和 Er^{3+}的掺杂浓度（摩尔分数）分别为 9%、1%和 20%、2%。激发功率密度约为 13W/cm^2 时，La_2O_2S:Yb,Er 和 $NaYF_4$:Yb,Er 微米粒子总的绝对量子产率分别约为 5.83%和 4.9%。而激发功率密度增加到 22W/cm^2 左右时，La_2O_2S:Yb,Er 和 $NaYF_4$:Yb,Er 微米粒子总的绝对量子产率分别约为 2.66%和 7.8%[31]。

Martín-Rodríguez 课题组从德国 Leuchtstoffwerk Breitungen GmbH（Breitungen，Germany）定制了一种掺杂浓度（摩尔分数）为 10%的 Gd_2O_2S:Er 微米粒子。在 1510nm 脉冲激发下，Gd_2O_2S:Er 微米粒子的总发光强度高于六方相 $NaYF_4$:Er 样品，且不同激发态能级跃迁对应的发射峰强度比也依赖于宿主基质。Gd_2O_2S:Er 粒子在波长为 960～1040nm 的近红外光区的上转换发射强度约为 $NaYF_4$:Er 样品的 2 倍，在 500～850nm 低波长光区的上转换发射强度比 $NaYF_4$:Er 样品高约 1 个数量级。因为 Gd_2O_2S:Er 粒子和 $NaYF_4$:Er 样品的最大上转换激发光谱分别出现在 1510nm 和 1523nm 处，因此，采用两种激发光分别激发对应样品以期获得最大上转换量子效率，激发功率密度为 700W/m^2，据此，两种材料的最大量子产率分别约为 12.0% 和 8.9%[33]。Kumar 课题组发现固相法制备的 La_2O_2S:Yb,Er 和 La_2O_2S:Yb,Ho 发光粉拥有很高的上转换绿光发射效率，以 La_2O_2S:Yb,Er 发光粉为例，激发光功率密度为 0.5 W/cm^2 时，其绿光效率为 0.157%，比 $NaYF_4$:Yb,Er 粉末的绿光效率 0.015% 高 10 余倍[81]。综上可见，硫氧化物作为基质的上转换发光材料易于获得高量子产率上转换发光。

5. 卤化物与卤氧化物系列

卤化物上转换材料主要是掺杂稀土离子的重金属卤化物，由于它们具有较低的振动能，降低了多声子弛豫的影响，利于提高转换效率。例如，掺杂 Er^{3+}的 $Cs_3Lu_2Br_9$ 可有效地将 900nm 的激发光转换为 500nm 的蓝绿光。氯化物玻璃对空气中的水分极其敏感，在空气中易发生潮解，因而不可能在空气中制备氯化物玻璃和测量光谱[3]。Wada 和 Kojima 采用熔融淬火法（melt-quenching method）制备了多种 Nd^{3+}掺杂的 $ZnCl_2$ 基玻璃，包括 RCl-$BaCl_2$-$ZnCl_2$ 和 KCl-$M$$Cl_2$-$ZnCl_2$（$R$=Na、K、Rb、Cs；$M$=Ca、Sr、Ba、Pb）玻璃，着重于澄清 Nd^{3+}在玻璃中的分散能力和上转换性能的关系。研究发现上述 $ZnCl_2$ 基玻璃的平均阳离子半径与 Nd^{3+}半径越接近，Nd^{3+}在玻璃基质中的分散度越高，上转换发光强度越高[82]。因此，制备的多种玻璃中 20KCl-25$BaCl_2$-55$ZnCl_2$ 基质的平均阳离子半径与 Nd^{3+}最为接近，上转换发光强度最高。在 $ZnCl_2$ 和 $CdCl_2$ 基玻璃中，Zn-Cl 和 Cd-Cl 的对称拉伸模量的振动频率分别是 230～290cm^{-1} 和 243～245cm^{-1}，这些值比重金属氟化物玻璃的对应值还低几百个波数。Er^{3+}单掺或 Yb^{3+}-Er^{3+}共掺杂的 GdOCl 或 LaOCl 卤氧化物也能发射 Er^{3+}特有的绿色和红色上转换发光，且发光颜色受掺杂离子种类和浓度影响显著[83, 84]。

陈国荣课题组设计制备了 70GeS_2-20In_2S_3-10CsI 硫卤玻璃（chalcohalide glasses）基上转换发光材料，探索了 Tm^{3+}和 Er^{3+}单掺和共掺杂时材料的上转换发光性能。该研究采用 808nm 光作为激发源，首次在 Tm^{3+}单掺的硫卤玻璃体系中发现了明亮的红色发光，发光中心位于 700nm 处，该发光也是在硫卤玻璃体系中率先发现的一种标准红色，可构成三基色。值得注意的是，玻璃基质中 In_2S_3 组分的含量多少对上转换发光性能影响显著：In_2S_3 组分的摩尔分数从 15%增加到 25%时，玻璃在 702nm 处的上转换发光强度提高了 2.5 倍，同时上转换过程中吸收的光子数目增加了 1.6 倍，表明 In_2S_3 组分不但能够影响发光强度，还能影响发光机制。拉曼光谱检测到 In 组分增加急剧加强了低频区的拉曼振动强度，暗示了宿主玻璃具有较低的声子能量，即 S 原子能够将稀土离子与[$InS_{4-x}I_x$]四面体单元桥联起来，形成一种不对称关联，同时降低了局部声子能量，因此稀土元素的发光性能得到增强。另外，玻璃中 CsI 组分的影响也不容忽视，因为 Tm^{3+}将会被 I 原子包围，导致形成混合关联，如 I-Tm-S，所以能够促进 Tm^{3+}的发射性能。此外，共掺杂 Er^{3+}后，玻璃体系实现了红色到绿色上转换发光的调变[85]。陈国荣课题组还设计制备了 70GeS_2-10In_2S_3-20CsBr 硫卤玻璃基上转换发光材料，发现 Er^{3+}掺杂的硫卤玻璃在 808nm 或 980nm 光激发下均能够获得强上转换绿光发射；共掺杂 Tm^{3+}后，该发射在 808nm 光激发下得到巨大提高，但在 980nm 光激发下将被减弱，归因于两种离子间发生的不同能量传递过程[86]。

MFCl（M 代表碱土金属）化合物是一类非常重要的碱土金属卤化物，由于具有独特的层状结构，在理论研究和实际应用的角度都具有独特的吸引力。此外，MFCl 化合物适于掺杂稀土离子，例如，Sm^{3+}或 Eu^{3+}掺杂的微米晶体已经在压力校验仪和 X 射线存储荧光粉领域发现了多种技术应用。值得注意的是，MFCl 化合物具有约为 300cm^{-1} 的低声子能量（介于氯化物和氟化物之间）、高的化物稳定性和

无吸湿性能，将会是一种良好的上转换宿主材料，但其高分散度纳米晶的制备极其困难，因此鲜有报道。王元生课题组首次采用以种子为基础的氯化法制备了高分散性的 *M*FCl:Yb,Er（*M*=Ca、Sr、Ba）纳米晶[87]。以 SrFCl:Yb,Er 为例，产品为尺寸 10～20nm 的立方体，采用尺寸约为 2nm×20nm 的 SrF_2 纳米棒为种子。产品具有良好的上转换发光性能，SrFCl:Yb,Er 纳米晶的发光强度比 SrF_2:Yb,Er 种子或尺寸相近、实验条件相似的 α-$NaYF_4$:Yb,Er 纳米晶高约一个数量级。

Güdel 课题组在 Yb^{3+}掺杂的含 Mn^{2+}卤化物（包括 $MnCl_2$:Yb、$CsMnBr_3$:Yb 和 Rb_2MnCl_4:Yb）中发现了一种新型上转换发光过程。该上转换过程同时涉及 Yb^{3+}和 Mn^{2+}，能够同时发射微弱的绿色和很强的红色上转换发光，其中绿光来源于 Yb^{3+}的合作上转换发射，红光来源于 Mn^{2+}的 ${}^4T_{1g}\rightarrow{}^6A_{1g}$ 跃迁[20-22]，发光机理较为特别，虽然 Mn^{2+}的发射源于 Yb^{3+}的近红外激发，但 Yb^{3+}在发光过程中扮演的角色不是简单的敏化剂作用。Güdel 课题组提出了一种交换机制（exchange mechanism），采用最简单的 Yb^{3+}-Mn^{2+}交换耦合二聚体（exchange coupled dimer）模型对发光机理进行简明阐述。此外，研究表明，该体系的上转换发光效率极大依赖于 Yb^{3+}-*X*-Mn^{2+}（*X*=Cl^-、Br^-）的桥联角度。这种桥联几何学开拓的高效交换路径比金属离子间的距离和卤化物配体桥联作用还要重要。例如，Rb_2MnCl_4:Yb 样品中稀土离子和过渡金属离子之间的交换作用在低温环境中诱发了高效合作上转换过程。另外，该课题组在 Tm^{2+}掺杂的 $RbCaI_3$ 和 $CsCaX_3$（*X*=Cl^-、Br^-、I^-）卤化物中发现了新型、4f-5d 能态间的、近红外到可见光上转换发射[88-90]。$BaCl_2$:Er、Ba_2ErCl_7、$RbGd_2Cl_7$:Er 等氯化物也均被用于上转换发光研究[91-93]。

就上转换发光效率而言，单从材料的声子能量方面来考虑的话，顺序恰与材料的结构稳定性顺序相反，即氯化物 >氟化物 >氧化物。大部分卤化物体系易于吸湿，所以它们的研究进展比较缓慢。科学家们一直在探索，希望能发现既具备氯化物、氟化物那样高的上转换效率，又具备氧化物那样高的稳定性的新型基质材料[3]。

除上述较为常见的体系外，研究人员还对许多原本认为不适合用于上转换发光或是上转换发光效率很差的基质材料进行了探索，通过制备方法的选择、材料结构、性能和组成等的调变，实现其较为良好的上转换发光性能。例如，发现 $LaPO_4$:Er@Yb 核壳结构纳米粒子/纳米棒能够发射 Er^{3+}的红光和绿光特征发射[94]。发现在 ZnO:Er 纳米粒子中掺杂 Li^+后，材料的红色和绿色上转换发射可分别提高 20 倍和 50 倍[95]，在 Y_2SiO_5:Pr 微米晶体中掺杂 Li^+后，材料的上转换发射可提高 7.5 倍[96]。

上转换发光研究在最近十年多时间内得到快速的发展，相应的应用技术也取得了很大进展。但对上转换波长、上转换效率与材料的组成、结构及制备条件之间的关系，尚缺乏系统的研究，性能还需要进一步完善和提高。虽然已经获得一些重要的应用，但应用领域尚需拓展。目前，上转换发光的研究集中于探讨稀土离子在不同激光激发下的上转换特性，寻找适宜的基质材料。接下来，上转换发光的研究应继续重视基础研究，探索具有指导意义的原理[1]。

2.4.2 稀土激活剂和敏化剂离子

根据上转换发光机理，上转换发出光子的能量大于激发光的光子能量。发光过程中，发光中心需要相继吸收两个或多个光子，到达能量较高的激发态能级，再产生辐射跃迁而返回基态或低能激发态，获得上转换发光。为了实现上转换发光过程中对光子的连续吸收及能量转换，激活剂中至少三个相邻能级之间的能量差非常接近。因此，拥有阶梯状能级的 Er^{3+}、Tm^{3+}和 Ho^{3+}是最重要的激活剂离子，一般可用波长 640～1600nm 范围内的光进行激发。Pr^{3+}、Sm^{3+}、Nd^{3+}和 Tb^{3+}也可被用作上转换激活剂离子，但其发光或受到基质材料的影响，或是难于出现，因此相关报道较少。另外，InGaAs、GaAlAs 和 AlGaIn 型的激光二极管的发射波长分别位于 940～990nm、799～810nm 和 670～690nm，这些波长处在稀土 Er^{3+}、Tm^{3+}、Ho^{3+}和 Nd^{3+}的主吸收带上，这可能也是 Er^{3+}、Tm^{3+}和 Ho^{3+}作为激活剂离子被研究较多的原因之一。图 2.18 给出了典型镧系离子在紫外（约 290nm）到近红外光区（约 880nm）的发射峰，以及对应的能级跃迁汇总图，明显可见稀土激活剂离子可以发射从紫外、经过整个可见光区到近红外光区的上转换荧光，发光信息丰富，种类齐全。

一般，上转换材料可以分为单掺杂和双掺杂两种。在单掺杂材料中，由于上转换发光利用的是稀土离子的 f-f 禁戒跃迁，窄线的振子强度小的光谱限制了对红外光的吸收，因此对激发能量吸收强度不高，发光效率不高。如果通过加大掺杂离子的浓度来增强吸收，又会发生荧光的浓度猝灭。通常，激活剂离子的掺杂浓度（摩尔分数）不高于 3%。因此，为了提高材料的红外吸收能力，往往利用双掺杂稀土离子的方式，掺入高浓度的敏化剂离子，增强激活离子的发光强度。往往敏化剂离子的选择要遵循两个基本原则：①敏化剂离子在激发光波长处的吸收横截面大；②敏化剂离子激发态到基态之间的能级差近似等于激活剂离子相邻能级差，使两者之间的能级转换得以实现，进而提高上转换发光效率。Yb^{3+}由于能级结构的特殊性，是上转换发光中最常用的敏化剂离子。

常见的三价稀土离子如 Er^{3+}、Tm^{3+}、Ho^{3+}和 Pr^{3+}等容易产生上转换发光现象，不同的稀土离子一般具有不同的上转换发光方式，同一离子在不同的泵浦方式下也具有不同的发光机制[97]。近 10 年，为了实现上转换发光颜色的调变和激发光波长的调整，Yb^{3+}-Er^{3+}-Tm^{3+}、Nd^{3+}-Yb^{3+}-Er^{3+}和 Yb^{3+}-Er^{3+}-Li^{+}等多掺杂模式开始出现在越来越多的报道中。本节将对典型稀土上转换激活剂和敏化剂离子的基本性质、能级结构、光谱特点、发光性能和激发波长等情况进行详细介绍。

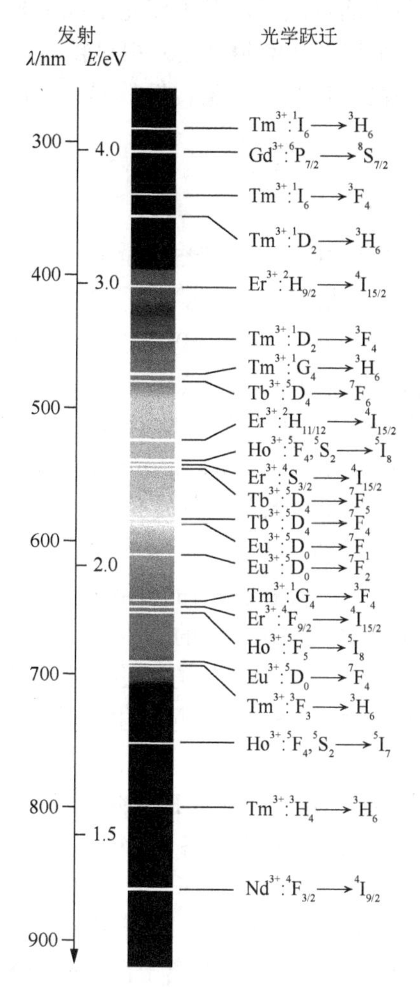

图 2.18 典型镧系离子在紫外到近红外光区的发射峰及对应的能级跃迁汇总图[13]（见书后彩图）

1. Yb^{3+}上转换发光与敏化作用

Yb^{3+}的价电子构型为 $4f^{13}$，其能态结构极其简单，仅含有两个相距约为 $10^4\,cm^{-1}$ 的能级，基态是 $^2F_{7/2}$，激发态是 $^2F_{5/2}$。因为只有一个激发态，与其他三价稀土离子不同，不会发生诸如浓度猝灭、激发态再吸收和能量转移等影响晶体发光性能的现象，所以对光的吸收效率高（即 $^2F_{7/2} \rightarrow {}^2F_{5/2}$ 跃迁吸收很强），且掺杂浓度可相对较高。另外，$^2F_{7/2} \rightarrow {}^2F_{5/2}$ 跃迁吸收波长与 950～1000nm 激光匹配良好，而且它的激发态又稍高于 Er^{3+}（$^4I_{11/2}$）、Tm^{3+}（$^3H_5$）和 Ho^{3+}（$^5I_6$）的亚稳激发态，因此 Yb^{3+}和 Er^{3+}、Tm^{3+}、Ho^{3+}以及 Pr^{3+}之间都可能发生有效的能量传递，可将吸收的红外光子的能量传递给这些激活剂离子，发生双光子或多光子发射，从而实现高效的上转换发光。Yb^{3+}的掺杂浓度（摩尔分数）相对较高（10%～30%），这使得离子之间的交叉弛豫效率很高，提高了能量转换效率，因此，Yb^{3+}敏化是提高上转换效率的重要途径之一[3,10]。

2. Er^{3+}上转换发光

Er^{3+}的价电子构型为$4f^{11}$（$^4I_{15/2}$），由于$5s^25p^6$壳层电子存在原子实极化和轨道贯穿，使未饱和的4f电子能量高于$5s^25p^6$电子能量，并且4f电子的轨道半径（0.1004nm）小于$5s^25p^6$电子的轨道半径（0.1757nm），因而4f电子受到$5s^25p^6$壳层的有效屏蔽。f-f跃迁是4f电子在4f壳层内部发生的跃迁，从而使稀土离子和晶格之间的电子-声子耦合较弱，远小于4f电子的自旋–轨道作用，基质晶场对4f电子的影响约在10^1～10^2cm^{-1}数量级。所以，不同基质材料中的Er^{3+}的发光仍然是强度较低、谱线很窄、荧光寿命较长的特征发光。由于Er^{3+}具有十分丰富的能级，在红外波段存在几个较强的吸收，并且绿色荧光的猝灭浓度高，这些特点使其成为首选的红外-可见上转换荧光和激光材料的激活剂。目前，关于Er^{3+}在不同基质材料中上转换发光的报道有很多，在不同的基质材料中Er^{3+}的能级跃迁会有所变化；在不同的泵浦条件下，其上转换发光方式也会有所不同[10]。Er^{3+}在658nm、808nm、980nm和约1500nm泵浦条件下均可发生上转换发光过程，各自发光机理如图2.19所示[97]。

以常用980nm泵浦光激发为例，对于Er^{3+}的单掺杂体系，发光机理主要基于激发态吸收上转换。王元生课题组首次制备了含有$NaYF_4$:Er纳米晶的透明玻璃微晶，并利用该微晶结合已有报道详细论证了Er^{3+}在980nm泵浦条件下的上转换发光机制[98]。其研究表明980nm泵浦条件下，位于基态$^4I_{15/2}$能级上的Er^{3+}通过基态吸收过程跃迁至$^4I_{11/2}$能级；$^4I_{11/2}$能级上的离子在寿命期内再通过激发态吸收过程跃迁至$^4F_{7/2}$能级。由于$^4I_{11/2}$能级与$^4I_{13/2}$能级间能量间隔较小，部分被激发到$^4I_{11/2}$能级上的离子迅速无辐射弛豫至$^4I_{13/2}$能级；$^4I_{13/2}$能级上的离子再通过激发态吸收过程跃迁至$^4F_{9/2}$能级。$^4F_{7/2}$能级上的离子迅速无辐射弛豫至$^2H_{11/2}$和$^4S_{3/2}$能级。另外，还有部分位于$^4I_{11/2}$能级上的离子通过交叉弛豫跃迁至$^4F_{7/2}$和$^4I_{15/2}$能级；部分位于$^4I_{11/2}$和$^4I_{13/2}$能级上的离子通过交叉弛豫跃迁至$^4F_{9/2}$和$^4I_{15/2}$能级；部分位于$^2H_{11/2}$和$^4I_{15/2}$能级上的离子通过交叉弛豫跃迁至$^4I_{9/2}$和$^4I_{13/2}$能级。最后，位于$^2H_{11/2}$、$^4S_{3/2}$和$^4F_{9/2}$能级上的离子直接跃迁回基态，分别发出约为520nm绿光、545nm绿光和660nm红光上转换发射。没有观察到$^4F_{7/2}$和$^4I_{13/2}$等能级的跃迁是由于这些能级的无辐射跃迁概率远大于辐射跃迁概率，因此这些能级主要通过无辐射弛豫到其他能级。对于$^4I_{11/2}$→$^4F_{7/2}$和$^4I_{13/2}$→$^4F_{9/2}$两种能级跃迁，包括王元生在内的多位科学家认为除了激发态吸收上转换机制，发生在同一或不同Er^{3+}间的交叉弛豫导致的能量传递过程也是产生该跃迁的原因之一[94, 99, 100]。以上过程由公式简单表示如下：

$$^4I_{15/2} + h\nu \rightarrow {}^4I_{11/2}\text{（GSA）}$$
$$^4I_{11/2} + h\nu \rightarrow {}^4F_{7/2}\text{（ESA）}$$
$$^4I_{13/2} + h\nu \rightarrow {}^4F_{9/2}\text{（ESA）}$$
$$^4I_{11/2} + {}^4I_{11/2} \rightarrow {}^4F_{7/2} + {}^4I_{15/2}\text{（CR）}$$
$$^4I_{11/2} + {}^4I_{13/2} \rightarrow {}^4F_{9/2} + {}^4I_{15/2}\text{（CR）}$$
$$^2H_{11/2} + {}^4I_{15/2} \rightarrow {}^4I_{9/2} + {}^4I_{13/2}\text{（CR）}$$

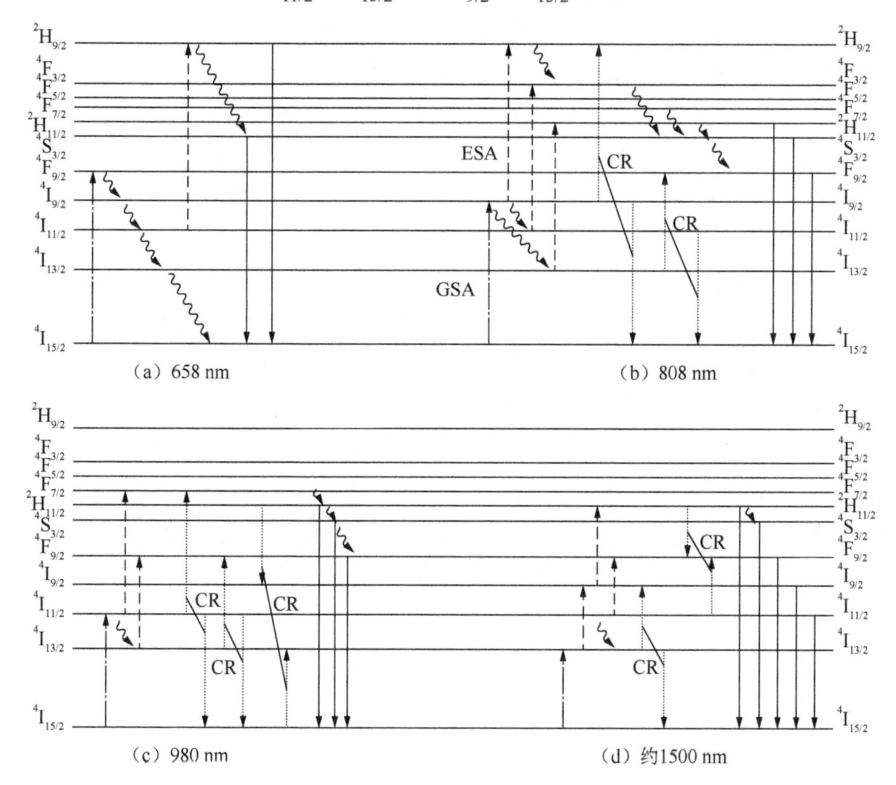

图 2.19　Er^{3+}的上转换发光机理示意图

此外，王元生课题组还探讨了 Er^{3+}浓度对能级跃迁的影响。他们发现，浓度很低时，绿光发射比红光发射强。一方面，因为 $^4F_{7/2}$和 $^4F_{9/2}$之间的能级差比 $^4F_{7/2}$和 $^4S_{3/2}$之间的能级差大。相对而言，$^4F_{7/2}$到 $^4S_{3/2}$能级的无辐射弛豫概率更大，因此，$^4S_{3/2}$能级跃迁回基态发射的绿光强度较高。另一方面，Er^{3+}掺杂浓度（摩尔分数）低于 0.2%时发生的绿光增强效应源于低浓度条件下较弱的离子间相互作用，据此，高离子浓度将导致较强的红光发射。即当 Er^{3+}掺杂浓度（摩尔分数）不低于 0.2%时，$NaYF_4$ 晶体中 Er^{3+}之间的距离缩小，导致邻近离子间共振交叉弛豫的发生：交叉弛豫 $^2H_{11/2}+^4I_{15/2}\rightarrow ^4I_{9/2}+^4I_{13/2}$ 对绿光发射的猝灭，以及交叉弛豫 $^4I_{11/2}+^4I_{13/2}\rightarrow ^4F_{9/2}+^4I_{15/2}$ 对红光发射的增强[98]。

对于 Yb^{3+}-Er^{3+}离子对的双掺杂体系，由于 Er^{3+}的 $^4I_{15/2}$ 和 $^4I_{11/2}$ 两能级之间的能级差约为 10350cm^{-1}，$^4I_{11/2}$ 和 $^4F_{7/2}$ 两能级之间的能级差约为 10370cm^{-1}，均与 Yb^{3+} 的 $^2F_{7/2}\rightarrow ^2F_{5/2}$ 跃迁吸收波长相近，能够实现两者间的能量传递。因此，Yb^{3+}-Er^{3+} 离子对的双掺杂体系的发光机理主要是能量传递上转换。2010 年，Murray 课题组利用液相高温溶剂法制备了一系列形貌高度均匀的 $NaYF_4$:Yb,Er 纳米粒子，并分析了 Yb^{3+}和 Er^{3+}之间能量传递导致的上转换发光[101]，图 2.20 是 980nm 光激发下上转换发光过程，包括双光子和三光子过程。在 980nm 近红外光激发下，位于基态能级 $^2F_{7/2}$ 上的 Yb^{3+}通过基态吸收过程跃迁至激发态能级 $^2F_{5/2}$。处于亚稳激发态的 Yb^{3+}很快将能量传递给邻近的 Er^{3+}，自身返回基态能级。这种能量传递过程将因为 Yb^{3+}对光的高效吸收能力和 Yb^{3+}-Er^{3+}离子对的匹配性而源源不断进行。处于基态能级 $^4I_{15/2}$ 的 Er^{3+}获得 Yb^{3+} $^2F_{5/2}\rightarrow ^2F_{7/2}$ 跃迁产生的能量被激发到 $^4I_{11/2}$ 能级。部分位于 $^4I_{11/2}$ 能级上的 Er^{3+}在寿命期内能够再次获得 Yb^{3+} $^2F_{5/2}\rightarrow ^2F_{7/2}$ 跃迁产生的能量被激发到能量更高的激发态能级 $^4F_{7/2}$；另一部分位于 $^4I_{11/2}$ 能级上的 Er^{3+}无辐射弛豫至 $^4I_{13/2}$ 能级，该能级上的 Er^{3+}获得来自 Yb^{3+}的能量被进一步激发到 $^4F_{9/2}$ 能级。$^4F_{9/2}$ 能级上的 Er^{3+}再次获得来自 Yb^{3+}的能量将被激发到 $^2H_{9/2}$ 能级。上述位于 $^4F_{7/2}$、$^2H_{11/2}$ 和 $^4S_{3/2}$ 能级上的 Er^{3+}迅速无辐射弛豫至 $^2H_{11/2}$、$^4S_{3/2}$ 和 $^4F_{9/2}$ 能级。最终，位于 $^2H_{9/2}$、$^2H_{11/2}$、$^4S_{3/2}$ 和 $^4F_{9/2}$ 能级上的 Er^{3+}直接跃迁回基态，分别发出蓝光、绿光、绿光和红光上转换发射。其中，$^2H_{9/2}\rightarrow ^4I_{15/2}$ 跃迁产生的蓝紫光发射需要 Er^{3+}连续吸收三个光子，发生概率很低，跃迁数量很少，发光强度极其微弱，很多 Er^{3+}掺杂的上转换材料中根本检测不到该跃迁的存在。只有发光效率很高的体系，才能

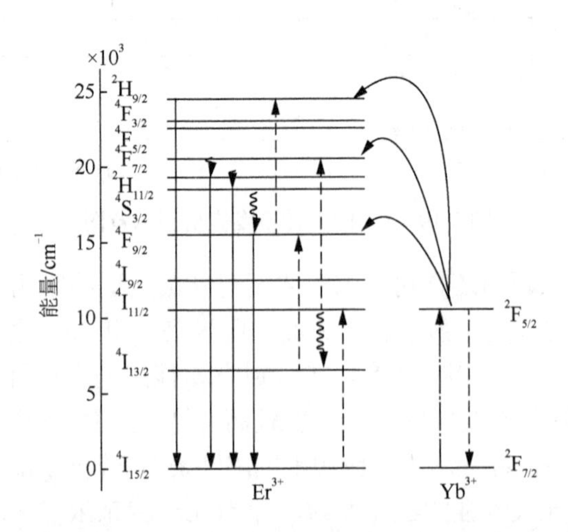

图 2.20　980nm 光激发下 Yb^{3+}-Er^{3+}共掺体系的上转换发光过程示意图[101]

检测到该跃迁微弱的发射峰，例如，严纯华课题组制备的尺寸为 185nm 的 β-$NaYF_4$:Yb,Er 纳米盘和 β-$NaLuF_4$:Yb,Er 纳米棒体系[102, 103]。因此，目前报道的 Er^{3+}掺杂的上转换材料的发光颜色均为绿光、红光或两者的合成光（黄光）。

658nm 泵浦时，Er^{3+}的上转换荧光的激发过程同样主要为激发态吸收，如图 2.19 所示。布居到 $^2H_{9/2}$ 和 $^4S_{3/2}$ 能级上的 Er^{3+}跃迁回基态，分别发出蓝光和绿光上转换发射。由 $^4F_{9/2}$ 能级弛豫到 $^4I_{9/2}$ 和 $^4I_{13/2}$ 能级的离子，因为它们与各能级间的能量差和激发光子能量均存在较大的失谐量，因而由这两个能级产生二次激发的概率很小。发光机制可以简单表示如下：

$$^4I_{15/2} + h\nu \rightarrow {}^4F_{9/2} \text{（GSA）}$$

$$^4I_{11/2} + h\nu \rightarrow {}^2H_{9/2} \text{（ESA）}$$

808nm 泵浦时，孔祥贵课题组和曹望和课题组分别在 ZnO:Er 纳米晶和氟氧化物玻璃 $60TeO_2$-$8PbF_2$-$10AlF_3$-$10BaF_2$-10NaF-$2ErO_{3/2}$ 中观察到了 Er^{3+}的 $^2H_{11/2}\rightarrow{}^4I_{15/2}$ 和 $^4S_{3/2}\rightarrow{}^4I_{15/2}$ 跃迁对应的很亮的绿色（510～560nm）上转换发光。两课题组均认为部分发生在同一或不同 Er^{3+}间的交叉弛豫导致的能量传递过程也是产生 $^4I_{9/2}\rightarrow{}^2H_{9/2}$ 跃迁的原因之一[104, 105]。发光机制可以简单表示如下：

$$^4I_{15/2} + h\nu \rightarrow {}^4I_{9/2} \text{（GSA）}$$

$$^4I_{9/2} + h\nu \rightarrow {}^2H_{9/2} \text{（ESA）}$$

$$^4I_{11/2} + h\nu \rightarrow {}^4F_{3/2}\text{，}{}^4F_{5/2} \text{（ESA）}$$

$$^4I_{13/2} + h\nu \rightarrow {}^2H_{11/2} \text{（ESA）}$$

$$^4I_{9/2} + {}^4I_{9/2} \rightarrow {}^2H_{9/2} + {}^4I_{15/2} \text{（CR）}$$

$$^4I_{13/2} + {}^4I_{11/2} \rightarrow {}^4F_{9/2} + {}^4I_{15/2} \text{（CR）}$$

2015 年年初，贾天卿课题组详细分析了 $NaYF_4$:Er 玻璃陶瓷在 800nm 泵浦条件下产生的 $^2H_{11/2}\rightarrow{}^4I_{15/2}$ 和 $^4S_{3/2}\rightarrow{}^4I_{15/2}$ 跃迁引发的绿光以及 $^4F_{9/2}\rightarrow{}^4I_{15/2}$ 跃迁引发的红光发射的发光机理。他们认为，两种绿光发射的能级跃迁主要是由 $^4I_{15/2}\rightarrow{}^4I_{9/2}\rightarrow{}^4I_{13/2}\rightarrow{}^2H_{11/2}/{}^4S_{3/2}$ 的基态吸收和激发态吸收过程控制的；而红光发射的能级跃迁主要是由 $^4I_{11/2}+{}^4I_{13/2}\rightarrow{}^4F_{9/2}+{}^4I_{15/2}$ 交叉弛豫过程控制的，这种交叉弛豫过程促使 Er^{3+}布居到 $^4F_{9/2}$ 能级，再跃迁回到基态产生较强的红光发射[106]。

图 2.19 也给出了在约 1500nm 泵浦条件下的上转换发光现象。该现象一度被认为只在理论上应该出现。最近研究表明，该现象虽然很难被观察到，但选择合适的基质材料，如 $LiYF_4$ 和 $NaYF_4$ 等晶体，均可实现 1490nm 泵浦的上转换发射。$LiYF_4$ 晶体非常适合用于约 1500nm 泵浦的 Er^{3+}上转换发射，因为 Er^{3+}在这种低声子晶格中的亚稳态寿命长，例如，处于 $^4I_{13/2}$ 能级的 Er^{3+}寿命长约 10ms。这种长寿命的亚稳态能级可在高能态布居过程中起到“能量储库”（energy reservoir）的作用，利于实现高效的单光子和低能激发下的上转换光致发光[35, 107]。2011 年，Prasad

课题组利用液相高温溶剂法制备了椭球型 $LiYF_4$:Er 纳米粒子，该纳米粒子在1490nm 光激发下除了能够获得 Er^{3+}的 $^2H_{11/2}\to{}^4I_{15/2}$（520nm 绿光）、$^4S_{3/2}\to{}^4I_{15/2}$（550nm 绿光）和 $^4F_{9/2}\to{}^4I_{15/2}$（670nm 红光）三种可见光上转换发射外，还能获得较弱的 $^4I_{9/2}\to{}^4I_{15/2}$（800nm）和极强的 $^4I_{11/2}\to{}^4I_{15/2}$（970nm）两种近红外光上转换发射，以及较强的 $^4I_{13/2}\to{}^4I_{15/2}$（1500nm）斯托克斯发射。他们指出交叉弛豫 $^2H_{11/2}+{}^4I_{11/2}\to{}^4F_{9/2}+{}^4F_{9/2}$ 过程对发光颜色的红绿比影响显著。另外，1490nm 光激发下纳米粒子的上转换量子产率高达 1.2%±0.1%[35]。2014 年，Goldschmidt 课题组在 β-$NaYF_4$:Er 和 Gd_2O_2S:Er 材料中也观察到了约 1500nm 泵浦的 Er^{3+}上转换发射现象，并利用 Er^{3+}的激发态吸收上转换和邻近 Er^{3+}之间的能量传递上转换机制对该现象进行了详细分析[107]。此外，两课题组均指出位于 $^4I_{9/2}$ 能级上的 Er^{3+}更倾向于通过多声子过程弛豫至 $^4I_{11/2}$ 能级。综上所述，发光机制可以简单表示如下：

$$^4I_{15/2} + h\nu \rightarrow {}^4I_{13/2} \text{（GSA）}$$

$$^4I_{13/2} + h\nu \rightarrow {}^4I_{9/2} \text{（ESA）}$$

$$^4I_{9/2} + h\nu \rightarrow {}^2H_{11/2} \text{（ESA）}$$

$$^4I_{11/2} + h\nu \rightarrow {}^4F_{9/2} \text{（ESA）}$$

$$^2H_{11/2} + {}^4I_{11/2} \rightarrow {}^4F_{9/2} + {}^4F_{9/2} \text{（CR）}$$

$$^4I_{13/2} + {}^4I_{13/2} \rightarrow {}^4I_{9/2} + {}^4I_{15/2} \text{（CR）}$$

2016 年年初，宋宏伟课题组研究了 1540nm 激光泵浦条件下 $LiYF_4$:Yb,Er 纳米晶的上转换性能，发现除了 $^2H_{11/2}\to{}^4I_{15/2}$、$^4S_{3/2}\to{}^4I_{15/2}$ 和 $^4F_{9/2}\to{}^4I_{15/2}$ 等可见光上转换发射外，还存在波长约为 1000nm 处的 $^4I_{11/2}\to{}^4I_{15/2}$ 和 $^2F_{5/2}\to{}^2F_{7/2}$ 跃迁，发射很强的近红外光。发光机制除了上述 Er^{3+}单掺杂体系的能级跃迁外，还存在 Yb^{3+}将能量传递给邻近的 Er^{3+}促使 Er^{3+}产生的 $^4I_{11/2}\to{}^4F_{7/2}$ 跃迁[108]。

在不同的基质材料中，Er^{3+}的上转换发光的波长和强度有所不同。例如，不同的氟氧化物基质，如果氟化物和氧化物的比例不同，由于氧化物的声子能量大于氟化物的声子能量，在氟化物含量大的基质材料中，Er^{3+}的上转换以绿光为主，在氧化物含量大的基质中则以红光为主。

3. Tm^{3+}上转换发光

Tm^{3+}是另一个重要的上转换稀土离子，因为其 $^1G_4\to{}^3H_6$ 和 $^1D_2\to{}^3F_4$ 跃迁波长分别位于 480nm 和 450nm 附近，而且实现这两个蓝色上转换发射的激发途径很多，因此具有很大的吸引力。Tm^{3+}在 650nm、800nm 和 980nm 泵浦条件下均可发生上转换发光过程，各自发光机理如图 2.21 所示。

用 980nm 激光泵浦时（图 2.21），位于基态能级 $^3H_6$ 上的离子通过基态吸收过程跃迁至 $^3H_5$ 能级，$^3H_5$ 能级上的离子很快无辐射弛豫至 $^3F_4$ 能级；$^3F_4$ 能级上的 Tm^{3+}

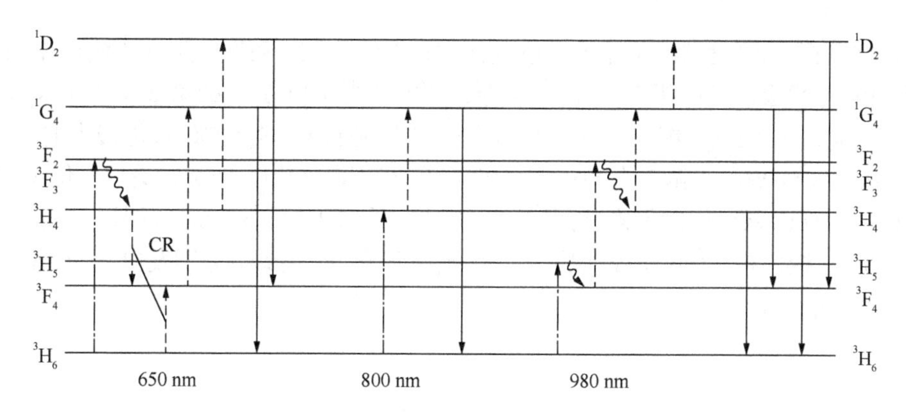

图 2.21 Tm^{3+}的上转换发光机理示意图

在寿命期内通过激发态吸收过程跃迁至 $^3F_2$ 能级，$^3F_2$ 能级上的离子又快速无辐射弛豫至 $^3H_4$ 能级；$^3H_4$ 能级上的 Tm^{3+}再通过两个连续的激发态吸收过程跃迁至 $^1G_4$ 和 $^1D_2$ 能级。最后，位于 $^1D_2$ 能级上的 Tm^{3+}跃迁回激发态能级 $^3F_4$，同时，位于 $^1G_4$ 能级上的 Tm^{3+}跃迁回基态 $^3H_6$ 和激发态 $^3F_4$ 能级，分别发出 450nm 蓝光、480nm 蓝光和 650nm 红光上转换发射。具体过程为

$$^3H_6 + h\nu \rightarrow {}^3H_5 \text{（GSA）}$$
$$^3F_4 + h\nu \rightarrow {}^3F_2 \text{（ESA）}$$
$$^3H_4 + h\nu \rightarrow {}^1G_4 \text{（ESA）}$$
$$^1G_4 + h\nu \rightarrow {}^1D_2 \text{（ESA）}$$

对于 Yb^{3+}-Tm^{3+}离子对的双掺杂体系，Yb^{3+}敏化 Tm^{3+}有两种方式：一种是直接敏化上转换，采用 980nm 激光激发；另一种是间接敏化上转换，可用 808nm 激光激发。后者有利于提高上转换发光的量子效率[10]。例如，Capobianco 课题组利用高温溶剂法制备了 $BaYF_5$:Yb,Tm 纳米片，该纳米片在 980nm 近红外激光泵浦时可以获得明亮的蓝光。上转换发射光谱检测结果如下：①纳米片在激发光泵浦下能够产生 $^1D_2 \rightarrow {}^3F_4$、$^1G_4 \rightarrow {}^3H_6$、$^1G_4 \rightarrow {}^3F_4$ 和 $^3H_4 \rightarrow {}^3H_6$ 跃迁导致的蓝光、蓝光、红光和近红外光发射，在光谱中分别对应以 452nm、475nm、650nm 和 800nm 为中心的发射峰；②各峰的发光强度均随着泵浦激光功率的增大（8～90W/cm^2）而增强。他们利用公式 $I \propto KP^n$ 对不同功率下 $^1G_4 \rightarrow {}^3H_6$、$^1G_4 \rightarrow {}^3F_4$ 和 $^3H_4 \rightarrow {}^3H_6$ 跃迁的发射峰面积和功率进行非线性拟合，分别求得三种跃迁的 n 值为 2.4、2.3 和 1.5，因此三种跃迁分别为三光子过程、三光子过程和双光子过程。据此获得 $BaYF_5$:Yb,Tm 纳米片中 Yb^{3+}-Tm^{3+}离子对的能级跃迁机理，如图 2.22 所示。在 980nm 近红外光激发下，位于基态能级 $^2F_{7/2}$ 上的 Yb^{3+}通过基态吸收过程吸收一个激发光子跃迁至激发态能级 $^2F_{5/2}$。处于亚稳激发态的 Yb^{3+}释放出光子自身返回基态能级，并通过能量传递的方式将释放的光子源源不断地传递给邻近的 Tm^{3+}。处于基态能级 $^3H_6$

的 Tm^{3+}获得 Yb^{3+}提供的 1 个光子跃迁到 $^3H_5$ 能级；$^3H_5$ 能级上的 Tm^{3+}快速无辐射弛豫至 $^3F_4$ 能级，该能级上的 Tm^{3+}在寿命期内获得来自 Yb^{3+}的第 2 个光子被进一步激发到 $^3F_2$ 能级；$^3F_2$ 能级上的 Tm^{3+}很快无辐射弛豫至 $^3H_4$ 能级，该能级上的 Tm^{3+}连续获得来自 Yb^{3+}的第 3 个和第 4 个光子跃迁到 $^1G_4$ 和 $^1D_2$ 能级。最后，位于 $^1D_2$ 能级上的 Tm^{3+}跃迁回激发态能级 $^3F_4$，位于 $^1G_4$ 能级上的 Tm^{3+}跃迁回基态 $^3H_6$ 和激发态 $^3F_4$ 能级，位于 $^3H_4$ 能级上的 Tm^{3+}跃迁回基态 $^3H_6$ 能级，分别发出蓝光、蓝光、红光和近红外上转换发射[109]。

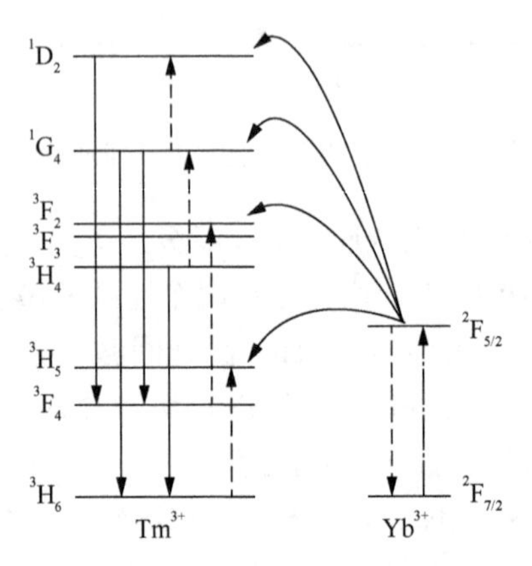

图 2.22　980nm 光激发下 Yb^{3+}-Tm^{3+}共掺体系的上转换发光过程示意图

对于发光很弱的 452nm 蓝光发射，其光谱强度很低，又与 475nm 发射峰比邻而居，难于准确计算 n 值。但根据其极弱的发光谱峰能够推断该发射对应的 $^1D_2 \rightarrow {}^3F_4$ 跃迁概率非常低。产生这种现象的原因有两种解释：①敏化剂 Yb^{3+}的 $^2F_{5/2} \rightarrow {}^2F_{7/2}$ 跃迁提供的能量与 Tm^{3+}的 $^1G_4 \rightarrow {}^1D_2$ 跃迁需要的能量之间的差值为 $3000cm^{-1}$，匹配性差，能量传递效率低；②Tm^{3+}的 $^1G_4 \rightarrow {}^1D_2$ 跃迁需要连续吸收 4 个光子，发生概率低于三光子和双光子过程，因此很多 Yb^{3+}-Tm^{3+}离子对的双掺杂体系中双光子导致的 800nm 近红外光发射强度远远大于其他发生峰的强度之和。这种高强度 800nm 近红外光赋予了材料在激光产生等领域的潜在应用。

另外，有些 Yb^{3+}-Tm^{3+}离子对的双掺杂体系在经过适当调变后，980nm 光激发下，能够获得 Tm^{3+}独特的紫外光发射，例如 $^1D_2 \rightarrow {}^3H_6$ 和 $^1I_6 \rightarrow {}^3F_4$ 跃迁产生的约 365nm 和 350nm 的紫外光[110, 111]，有些体系甚至能够发射比较明显的约 280nm（$^1I_6 \rightarrow {}^3H_6$）的紫外光。

臧竞存课题组制备了双掺 Yb^{3+}-Tm^{3+}离子对的 $ZnWO_4$ 单晶。由于 Yb^{3+}的敏化作用，在 808nm 激光激发下，Tm^{3+}在 486nm 的上转换荧光被提高了 261 倍，他们从而提出了 Yb^{3+}和 Tm^{3+}之间的间接敏化共振能量传输的观点，具体分析了形成这一上转换机制的条件：与间接敏化非共振能量传输不同，一是 Yb^{3+}激发态能级 $^2F_{5/2}$

与 Tm^{3+}的 $^3H_4$ 能级尽可能接近，二是 Yb^{3+}的 $^2F_{5/2}\rightarrow^2F_{7/2}$ 跃迁应与 Tm^{3+}的 $^3H_4\rightarrow^1G_4$ 能级间隔尽可能接近[112]。这就要求基质材料的晶体场对称性要低，场强要弱。间接敏化共振能量传输极有可能引起光子雪崩上转换，这为探索实用型上转换激光晶体提供了很大启发[10]。发光机制可简单表示如下：

$$^3H_6 + h\nu \rightarrow {}^3H_4\text{（GSA）}$$

$$^3H_4 + h\nu \rightarrow {}^1G_4\text{（ESA）}$$

650nm 激光泵浦时的发光机制可表示如下：

$$^3H_6 + h\nu \rightarrow {}^3F_2\text{（GSA）}$$

$$^3H_4 + {}^3H_6 \rightarrow {}^3F_4 + {}^3F_4\text{（CR）}$$

$$^3F_4 + h\nu \rightarrow {}^1G_4\text{（ESA）}$$

$$^3H_4 + h\nu \rightarrow {}^1D_2\text{（ESA）}$$

4. Ho^{3+}上转换发光

外层具有 $4f^{10}$ 电子组态的 Ho^{3+}，以其丰富的能级在上转换发光和激光研究中具有重要的价值。Ho^{3+}在 640nm、888nm 和 980nm（Yb^{3+}-Ho^{3+}共掺）泵浦条件下均可发生上转换发光过程，各自发光机理如图 2.23 所示。早在 1990 年，以 Ho^{3+}作为激活剂的 ZBLAN 玻璃光纤就实现了室温下的连续绿色激光输出[113]。

对于 CaF_2:Ho 中的 Ho^{3+}，张晓课题组以波长为 620～660nm 的红色激光作为泵浦源，发现了 CaF_2:Ho 晶体的 $^5F_3\rightarrow^5I_8$（蓝光）、$^5F_4,^5S_2\rightarrow^5I_8$（绿光）和 $^5F_5\rightarrow^5I_8$（红光）三种上转换发光跃迁，以及由多光子过程引起的 $^5F_4,^5S_2\rightarrow^5I_7$（750nm 近红外光）斯托克斯发光。不同泵浦功率下的光谱分析表明，该上转换过程是双光子过程，上转换机制由图 2.23 所示 Ho^{3+}的激发态吸收过程和 Ho^{3+}之间的能量传递过程共同控制[114]。

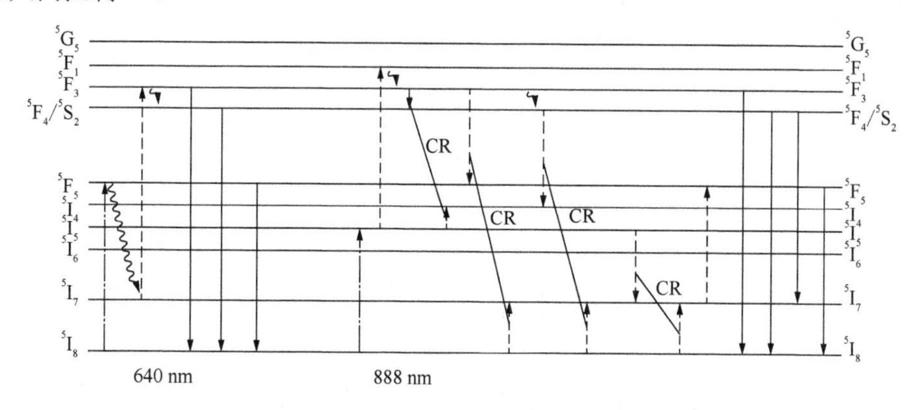

图 2.23　Ho^{3+}的上转换原理示意图

888nm 红外光泵浦时，Ho^{3+}的上转换发光机制，如图 2.23 所示，Osiac 课题组

以 BaY_2F_8:Ho 晶体为例对此进行了详细研究[115]。研究表明，888nm 泵浦时，位于基态能级 $^5I_8$ 上的 Ho^{3+}通过基态吸收过程跃迁至 $^5I_5$ 能级，$^5I_5$ 能级上部分离子通过激发态吸收过程跃迁至 $^5F_1$ 能级；$^5F_1$ 能级上的离子迅速无辐射弛豫至 $^5F_3$ 和 $^5F_4$（或 $^5S_2$）能级，随后 $^5F_3$ 与 $^5I_5$ 能级、$^5F_3$ 与 $^5I_8$ 能级、$^5F_4$（或 $^5S_2$）与 $^5I_8$ 能级及 $^5I_5$ 与 $^5I_8$ 能级分别发生交叉弛豫过程。最后，位于 $^5F_3$、$^5F_4$（或 $^5S_2$）和 $^5F_5$ 能级上的 Ho^{3+} 跃迁回基态 $^5I_8$ 能级，位于 $^5F_4$（或 $^5S_2$）能级上的 Ho^{3+}跃迁回激发态 $^5I_7$ 能级，分别发出约为 490nm、545nm、650nm 和 750nm 的蓝光、绿光、红光和近红外上转换发射[115]。

对于 Yb^{3+}-Ho^{3+}离子对的双掺杂体系，通过 Yb^{3+}的敏化作用，Ho^{3+}在 980nm 泵浦下也可实现上转换发光。2009 年初，Capobianco 课题组利用高温溶剂法制备了六方相 $NaGdF_4$:Yb,Ho 纳米球，并详细研究了其在 980nm 泵浦条件下的上转换发光机制，相关能级图如图 2.24 所示。Ho^{3+}不发生基态吸收，因为 Ho^{3+}对 980nm 激发波长不产生能级共振，表明该上转换过程是由 Yb^{3+} $^2F_{7/2}\rightarrow^2F_{5/2}$ 能级跃迁发起的。基态吸收是由 Yb^{3+}产生的，激发到 $^2F_{5/2}$ 能级的 Yb^{3+}必须通过声子参与的非共振能量转移过程才能把能量转移到 Ho^{3+}的 $^5I_6$ 能级上去，因为敏化剂 Yb^{3+}的能级 $^2F_{5/2}$ 与激活剂 Ho^{3+}的能级 $^5I_6$ 之间能量差近似 1580cm^{-1}，能量不相匹配，则通过声子辅助的能量传递上转换机制实现发光。当一个 Ho^{3+}被这种能量转移过程激发到 $^5I_6$ 能级上时，此离子可吸收邻近已处于 $^2F_{5/2}$ 能级的 Yb^{3+}的能量跃迁到 $^5F_4$（或 $^5S_2$）能级；也可能无辐射弛豫到 $^5I_7$ 能级后再吸收来自 Yb^{3+}的能量跃迁到 $^5F_5$ 能级。部分位于 $^5F_5$ 能级上的离子将发生无辐射弛豫到 $^5I_5$ 能级后再吸收 Yb^{3+}的能量跃迁到 $^5F_3$ 能级。最终，处于高能级的 Ho^{3+}分别产生 $^5F_3\rightarrow^5I_8$、$^5F_4$（或 $^5S_2$）$\rightarrow^5I_8$、$^5F_5\rightarrow^5I_8$ 和 $^5F_4$（或 $^5S_2$）$\rightarrow^5I_7$ 跃迁，形成蓝色（约 490nm）、绿色（约 545nm）、红色（约 650nm）和近红外（约 750nm）上转换发射[116]。

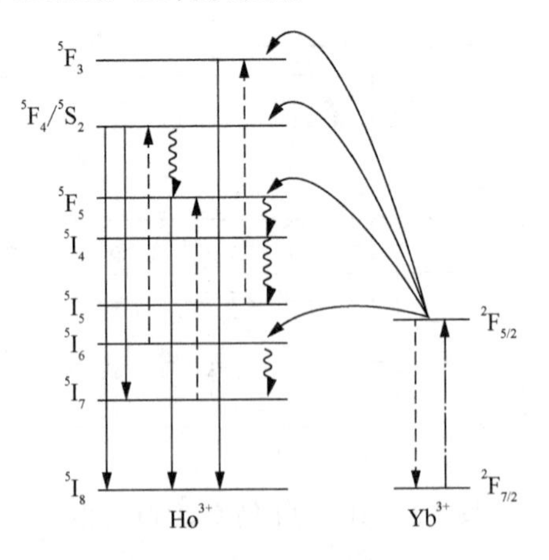

图 2.24　980nm 光激发下 Yb^{3+}-Ho^{3+}共掺杂体系的上转换发光过程示意图

5. Nd^{3+}上转换发光与敏化作用

Nd^{3+}是一种良好的下转换发光中心，在约 800nm 激光泵浦下，能够发射发光中心约为 890nm、1064nm 和 1344nm 等近红外光，且下转换量子效率很高[117-121]。然而，关于 Nd^{3+}的上转换发光报道十分罕见。Klimczak 等发现在 ZBLAN 中掺杂 Nd^{3+}，用橘黄色光和红外线激发都能实现上转换发光现象，其过程如图 2.25 所示。在橘黄色光的激发下，电子被激发到 $^4G_{5/2}$+$^2G_{7/2}$ 多重态，然后可能通过 ESA 到达 $^2H_{11/2}$+$^2D_{5/2}$ 能带，或通过快速无辐射衰减到达亚稳态 $^4F_{3/2}$，随后再经 ESA 到达 $^4D_{3/2}$，当从 $^4D_{3/2}$ 返回基态时即发生紫外到蓝色区域的发光。当用红外线激发时，还会附加绿色、橘黄色和红色发光，其上转换发光是由三个 Nd^{3+}合作完成的，包含两个能量传递过程[122]。

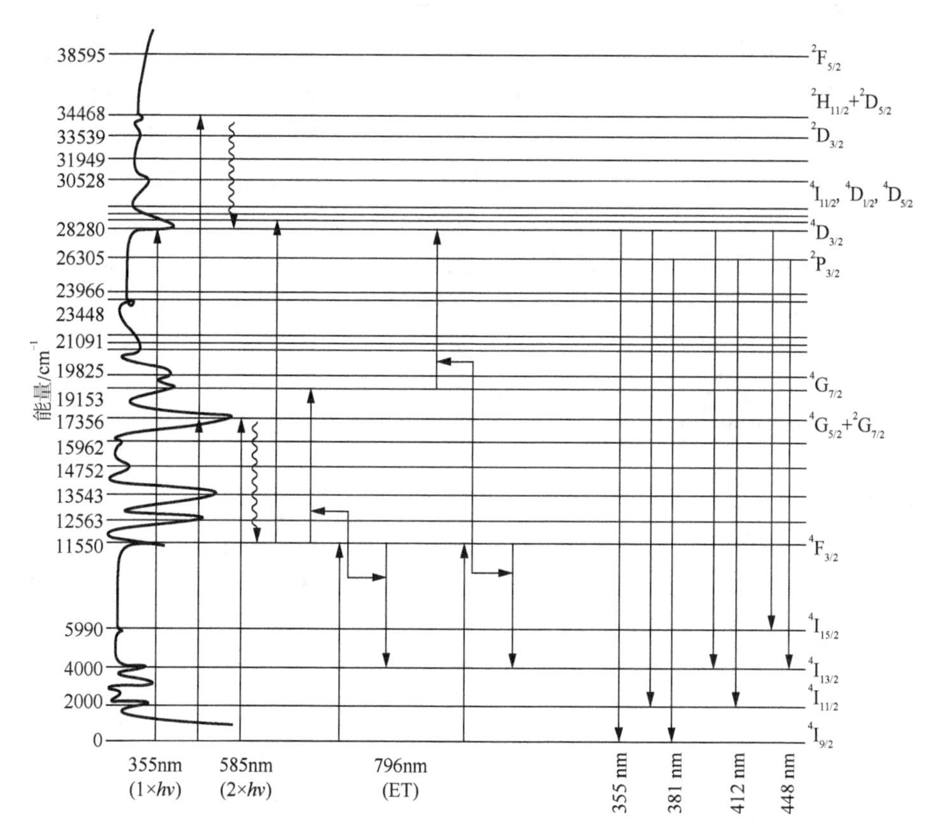

图 2.25 ZBLAN: Nd^{3+}玻璃上转换过程示意图[122]

近几年，与传统 980nm 泵浦光相比在生物组织中几乎不会产生组织过热效应且穿透深度更大的约 800nm 激发光吸引了研究者的目光，为了实现该泵浦条件下 Er^{3+}/Tm^{3+}/Ho^{3+}的上转换发光，Nd^{3+}被用于新型敏化剂共掺杂于传统 Yb^{3+}-Ln^{3+}

（Ln^{3+}=Er^{3+}、Tm^{3+}、Ho^{3+}）双掺杂体系中形成Nd^{3+}-Yb^{3+}-Ln^{3+}三掺体系。选取Nd^{3+}主要基于以下两方面考虑：①Nd^{3+}对约800nm激发光具有很强的吸收能力；②激发态的Nd^{3+}能够将能量传递给Yb^{3+}，且传递效率很高。因此，形成的Nd^{3+}-Yb^{3+}-Ln^{3+}三掺体系中，Nd^{3+}能够大量吸收800nm泵浦光并将能量高效传递给Yb^{3+}，Yb^{3+}将能量迁移给Ln^{3+}产生上转换发射。然而，这种三掺体系中存在Ln^{3+}激活剂到Nd^{3+}的^4I_J多重态高效率的反向能量传递，严重猝灭了激活剂的发光效率，因此要求三掺体系中Nd^{3+}的掺杂浓度（摩尔分数）非常低（<1%），以降低荧光猝灭效应[123]。这种约束很大程度上限制了发光强度，导致三掺体系的发光强度远低于传统双掺体系，这是目前三掺体系面临的最大挑战。

为了解决发光强度的问题，这种三掺体系多被设计为核壳结构，将Ln^{3+}激活剂和Nd^{3+}掺杂于不同壳层实现两者的空间分离，或者将低浓度Nd^{3+}和Ln^{3+}激活剂共掺杂后再包覆掺杂高浓度Nd^{3+}的活性壳提高发光强度，例如$NaYF_4$:Nd,Yb,Tm@$NaYF_4$:Nd、$NaYF_4$:Yb,Ho@$NaYF_4$:Nd@$NaYF_4$、$NaYF_4$:Yb,Tm@$NaYF_4$:Nd,Yb和$NaYF_4$:Yb,Er@$NaYF_4$:Yb@$NaNdF_4$:Yb等，各体系内部核材料中Nd^{3+}的掺杂浓度（摩尔分数）均不高于1%，外部壳层材料中Nd^{3+}的掺杂浓度（摩尔分数）普遍较高，通常为20%、个别体系甚至高达90%[47, 123-126]。

以姚建年课题组采用高温溶剂法制备的$NaYF_4$:Yb,Er@$NaYF_4$:Yb@$NaNdF_4$:Yb核壳结构纳米晶为例，体系在800nm泵浦条件下的发光机制如图2.26所示。被限

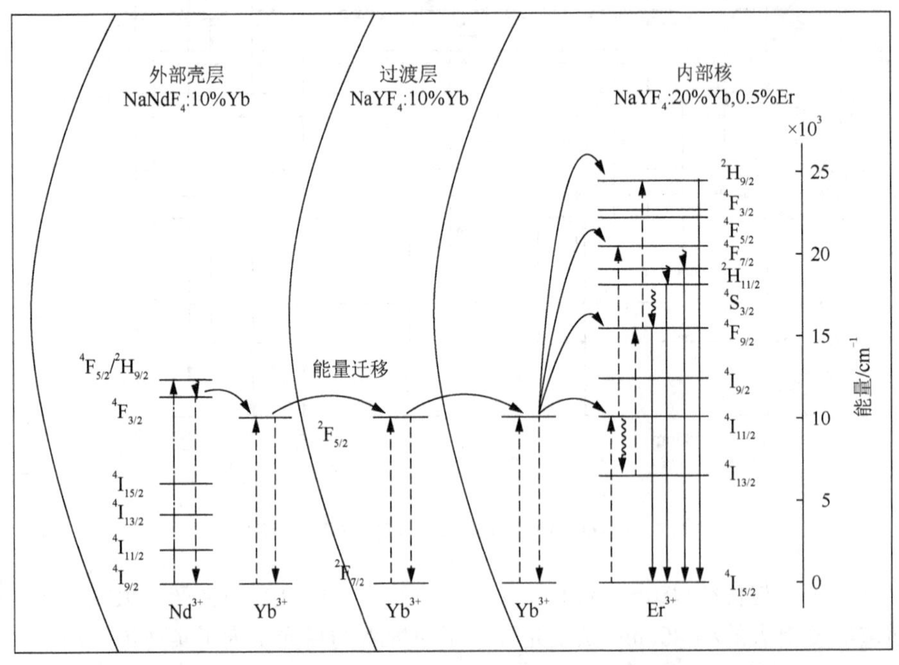

图2.26 800nm光激发下，Nd^{3+}-Yb^{3+}-Er^{3+}体系的上转换过程示意图[123]

制在外部壳层中的敏化剂 Nd^{3+}获得 800nm 泵浦光子后从基态能级 $^4I_{9/2}$ 跃迁到激发态能级 $^4F_{5/2}$，位于 $^4F_{5/2}$ 能级上的 Nd^{3+}很快无辐射弛豫到 $^4F_{3/2}$ 能级，再通过离子间的交叉弛豫过程将能量快速传递给邻近的 Yb^{3+}，自身返回基态能级。Yb^{3+}获得能量后被激发到能级 $^2F_{5/2}$，并通过一系列激发态能量迁移（excitation energy migration）过程，最终将能量传递给内部核材料中的激活剂 Er^{3+}产生上转换发光。另外，该体系设计了 $NaYF_4$:Yb 中间过渡层屏蔽激活剂 Er^{3+}到 Nd^{3+}的反向能量传递，有效提高了样品的发光强度，发射光谱如图 2.27 所示。$NaYF_4$:Yb,Er@$NaYF_4$:Yb@$NaNdF_4$:Yb 体系的发光强度分别是 $NaYF_4$:Yb,Er@$NaYF_4$、$NaYF_4$:Yb,Er,Nd@$NaYF_4$ 和 $NaYF_4$:Yb,Er@$NaNdF_4$:Yb 体系的 2000 倍、100 倍和 8 倍。另外，$NaYF_4$:Yb,Er@$NaYF_4$:Yb@$NaNdF_4$:Yb 体系在低功率（$0.5W/cm^2$）800nm 泵浦条件下的发光强度是同等条件下 980nm 泵浦发光强度的 10 倍。该体系首次实现了 Nd^{3+}敏化的 Ln^{3+}（Ln^{3+}=Er^{3+}、Tm^{3+}、Ho^{3+}）上转换发光强度高于 Yb^{3+}敏化的 Ln^{3+}上转换发光强度[123]。

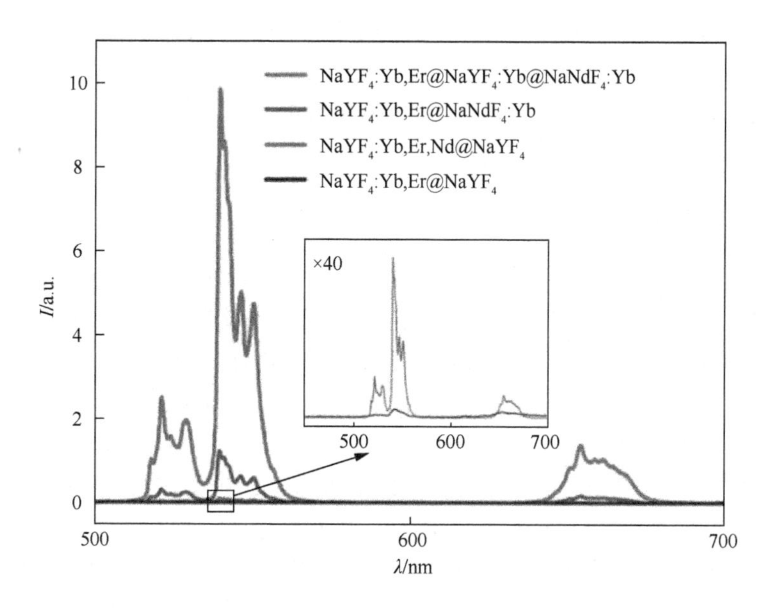

图 2.27 800nm 泵浦条件下样品的上转换发射光谱（泵浦功率密度为 $0.5W/cm^2$）[123]

需要注意的是，Nd^{3+}具有多个吸收峰，例如中心分别位于 740nm、800nm 和 850nm 的三个强度较高的吸收峰。利用 Nd^{3+}的 $^4I_{9/2}\rightarrow{}^4F_{7/2}$ 跃迁对约 740nm 光的强烈吸收能力，戴宏杰课题组将 740nm LED 用于 Nd^{3+}掺杂上转换发光纳米晶的激发光源，该光源能够产生波长 719nm 到 751nm 的激发光，恰好与 Nd^{3+}在此处的吸收峰位置完美重合。该研究中，研究者利用 740nm LED 激发 $NaYF_4$:Er,αYb@$NaYF_4$:βYb@$NaNdF_4$:γYb（$\alpha:\beta:\gamma$ 代表不同壳层内掺杂的 Yb^{3+}浓度比）核壳结构纳米晶，在能量传递过程“740nm→ Nd^{3+}→ Yb^{3+}→ …→ Yb^{3+}→ Er^{3+}”的作用下实现了 Er^{3+} 的上转换发光。其中，“Nd^{3+}→Yb^{3+}”是声子辅助能量传递过程，“Yb^{3+}→…→Yb^{3+}”是能量迁移过程。此外，Yb^{3+}总浓度不变的前提下调整 $\alpha:\beta:\gamma$ 时，740nm 光激发下各掺杂体系中 Er^{3+}的上转换发光强度和寿命受到严重影响，因为“核–壳–壳”三种结构中仅有外壳中的 Yb^{3+}能够获得 Nd^{3+}传递过来的能量，并利用 Yb^{3+}之间的能量迁移将其逐步传递给 Er^{3+}，因此不同壳层中 Yb^{3+}浓度比对上转换发光性能影响显著，即能量迁移效率越高，上转换发光强度越高。另外，根据前面介绍的 Yb^{3+}-Nd^{3+}共掺杂体系中能量迁移遵循的三条结论：①与激发光源直接作用相比，Yb^{3+}之间的能量迁移作用可以忽略不计；②能量迁移作用发生的概率远大于供体和受体之间的相互作用，例如，激发态 Yb^{3+}跃迁回到基态的辐射过程，以及反向能量传递过程 Yb^{3+}→Nd^{3+}；③两壳层交界面处的能量迁移优先走向 Yb^{3+}浓度较高的一侧。设计制备 Yb^{3+}-Nd^{3+}共掺杂核壳结构时，如果发光中心掺杂于核材料内部，那么 Yb^{3+}的掺杂浓度指导准则如下：不同壳层内 Yb^{3+}浓度遵循由内层到外层逐渐降低的规律。因此，$\alpha:\beta:\gamma$ 为 30∶20∶10 时，740nm 光激发下核壳结构纳米晶的发光强度最高，因为此时能量迁移效率最高；同时，在功率密度为 $2W/cm^2$ 的 800nm 光激发下获得的量子产率 0.22%±0.02%最高，该量子产率也是目前 Nd^{3+} 敏化的上转换纳米材料中的最大值[127]。

6. Pr^{3+}上转换发光

徐叙瑢和苏勉曾在《发光学与发光材料》一书中指出：Pr^{3+}的发射取决于基质晶格，即基态和 4f5d 能带的激发态平衡位置之差决定发光颜色。红光发射源于 $^1D_2$ 能级，绿光发射源于 $^3P_0$ 能级，蓝光源于 $^1S_0$ 能级，紫外发射源于 4f5d 能带。此外，Pr^{3+}在 440～470nm、590nm、677nm 及 1020nm 结合 835nm 等泵浦下均可发生上转换发光[9]。Kim 课题组对 Pr^{3+}在 447nm 或 488nm 泵浦下的上转换发光进行了详细研究，相邻 Pr^{3+}之间的能量转换机制如图 2.28 所示。488nm 蓝光泵浦时，位于基态能级 $^3H_4$ 上的 Pr^{3+}吸收一个蓝光泵浦光子，通过基态吸收过程跃迁到 ^3P_J 能级。位于 ^3P_J 能级上的一个 Pr^{3+}很快将能量传递给邻近位于 ^3P_J 能级上的另一个 Pr^{3+}，前一个提供能量的 Pr^{3+}自身返回基态能级，后一个获得能量的 Pr^{3+}进一步跃迁到 4f5d 能带。处于 4f5d 能带中的 Pr^{3+}无辐射弛豫后从 4f5d 能带辐射跃迁回到 ^3F_J 和 ^3H_J（J=4,5,6）能级发射波长范围在 260～360nm 的紫外上转换发光[96, 128, 129]。Pellé 课题组分析了 YF_3:Pr 纳米粒子的上转换发光性质，发现在 590nm 泵浦下能够发射 $^3P_0$→$^3H_4$ 和 $^3P_1$→$^3H_5$ 跃迁产生的约 480nm 和约 520nm 上转换发光[130]。

早期关于雪崩上转换发射的研究报道是掺杂 Pr^{3+}的 $LaCl_3$ 研究。在 677nm 的激光激发下，可发生 $^3F_3$→$^3P_1$ 跃迁，再弛豫到 $^3P_0$ 能级，然后可观察到 $^3P_0$→$^3F_2$ 跃迁，产生 644nm 的激光发射[131]。在掺杂 Pr^{3+}的 ZBLAN 玻璃中，如果用波长分别为

1.02μm 和 835nm 的激光激发，则可以观察到红、绿、蓝激光发射。首先，在 1.02μm 激光激发下，由基态 $^3H_4$ 跃迁到 $^1G_4$ 能态；然后在 835nm 激光激发下，进一步跃迁到较高的 $^3P_0$、$^3P_1$ 和 $^1I_6$ 能态；最后发出红色（635nm、605nm）、绿色（520nm）和蓝色（491nm）的激光发射[132]。

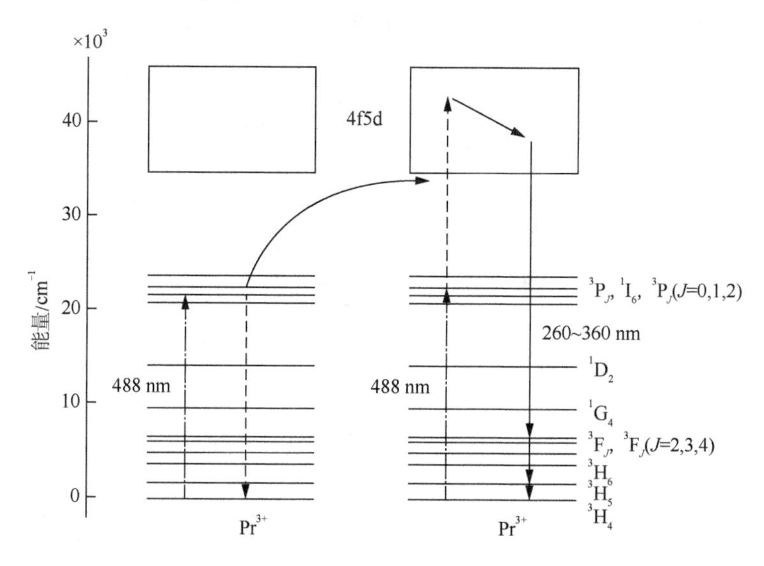

图 2.28　488nm 光激发下，$Y_2SiO_5:Pr^{3+}$荧光粉的上转换过程示意图[129]

对于 Yb^{3+}-Pr^{3+}离子对的双掺杂体系，因为 Yb^{3+}的 $^2F_{5/2}$ 能级与 Pr^{3+}的 $^1G_4$ 能级的能量相当，两个能级之间可以发生相互作用，产生能量传递，即通过 Yb^{3+}的敏化作用 Pr^{3+}在 980nm 泵浦下也可实现上转换发光，相关能级跃迁过程如图 2.29 所示。处于基态 $^3H_4$ 能级的 Pr^{3+}连续获得 Yb^{3+} $^2F_{5/2}\rightarrow{}^2F_{7/2}$ 跃迁产生的两个光子，依次被激发到 $^1G_4$ 和 $^3P_0$ 能级。值得注意的是两个非常接近的能级 $^3P_0$ 到 $^3P_1$ 的跃迁，Cascales 课题组将其解释为高强度泵浦时产生的热诱发了热耦合能级（thermally coupled levels）上电子群的重新排布[77]；明成国课题组认为，根据波耳兹曼分布律（Boltzmann distribution law），Pr^{3+}是通过热布居（thermal population）作用从 $^3P_0$ 能级跃迁到 $^3P_1$ 和 $^3P_2$ 能级[133]；也有学者将其解释为交叉弛豫 $^3P_0$+$^3H_5\rightarrow{}^3P_2$+$^3H_4$ 和随后的无辐射弛豫过程共同作用的结果[134]。最终，位于 $^3P_0$ 和 $^3P_1$ 能级上的 Pr^{3+} 直接跃迁回基态，分别产生约为 477nm 和 493nm 的蓝光发射；位于 $^3P_0$ 和 $^1D_2$ 能级上的 Pr^{3+}分别跃迁到 $^3H_6$ 和 $^3H_4$ 能级，产生约为 619nm 的橙光发射；位于 $^3P_0$ 能级上的 Pr^{3+}跃迁到 $^3F_2$ 能级，产生 650～678nm 的红光发射；位于 $^1D_2$ 能级上的 Pr^{3+} 跃迁到 $^3H_6$ 能级，产生约为 800nm 的近红外光发射。另外，Cascales 课题组深入探讨了 Pr^{3+}掺杂浓度（摩尔分数）对上转换跃迁的影响，发现高掺杂浓度时，例如 12%，$Y_6O_5F_8$:Pr 微米棒的上转换发射既有来源于 $^3P_0$ 和 $^3P_1$ 两能级向低能级的跃迁，

也包含 $^1D_2$ 能级向低能级的跃迁；而低掺杂浓度（摩尔分数）时，例如 3%，$Y_6O_5F_8$:Pr 微米棒的上转换发射只来源于 $^3P_0$ 和 $^3P_1$ 两能级向低能级的跃迁。Cascales 课题组将这种现象归因于高掺杂浓度时发生的交叉弛豫：(i) $^3P_0+^3H_4 \rightarrow ^1D_2+^3H_6$ 促使 Pr^{3+} 跃迁到 $^1D_2$ 能级产生相关发射；(ii) $^3H_4+^1G_4 \rightarrow ^3H_5+^3F_4$ 促使 Pr^{3+} 跃迁到 $^3F_4$ 能级后，再吸收能量跃迁到 $^1D_2$ 能级产生相关发射[77]。

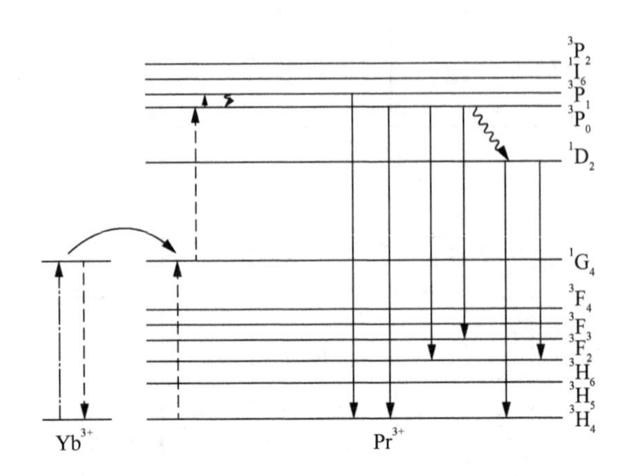

图 2.29　980nm 光激发下，Yb^{3+}-Pr^{3+} 共掺杂体系的上转换过程示意图[77]

7. Sm^{3+} 上转换发光

关于 Sm^{3+} 的上转换发光研究得很少，仅在几篇报道中出现了其上转换发光现象，泵浦光波长包括 633nm、800nm 和 925～950nm[135]。林君课题组利用共沉淀法制备了 Y_2O_3:Sm 和 Gd_2O_3:Sm 荧光粉，发现在 936nm 泵浦时能够获得 $^4G_{5/2} \rightarrow ^6H_{5/2}$（$\lambda$=572nm）、$^4G_{5/2} \rightarrow ^6H_{7/2}$（$\lambda$=609nm）和 $^4G_{5/2} \rightarrow ^6H_{9/2}$（$\lambda$=656nm）上转换发光。他们认为如图 2.30 所示激发态吸收和能量传递机理均是获得该发射的原因。然而，位于 $^6F_{11/2}$ 能级 Sm^{3+} 的荧光寿命非常短（约 10ns），发生激发态吸收的概率非常低。因此，发生上转换荧光的主要机理是邻近 Sm^{3+} 之间的能量传递过程。又因为处于 $^4G_{5/2}$ 能级 Sm^{3+} 的荧光寿命远高于 $^4G_{7/2}$ 和 $^4F_{3/2}$ 能级，所以亚稳态 $^4I_{11/2}$ 能级的 Sm^{3+} 将无辐射弛豫至 $^4G_{5/2}$ 能级后产生上转换发射。处于 $^4G_{5/2}$ 能级的 Sm^{3+} 发生辐射跃迁的主要原因是该能级与其下第一个能级间的能量差约 7663cm^{-1}[136]。

此外，Karmakar 课题组和 Kaczkan 课题组分别利用 949nm 和 925～950nm 泵浦光在 $15K_2O$-$15B_2O_3$-$70Sb_2O_3$:Sm 玻璃和 $Y_3Al_5O_{12}$:Sm 晶体材料中获得了上述 Sm^{3+} 上转换发光，并利用三种激发态吸收和一系列能量传递过程对发光机理进行了阐述[137, 138]。Karmakar 课题组还发现了重金属纳米粒子 Au 和 Ag 对 Sm^{3+} 上转换发光的影响。以 Au 纳米粒子的影响为例，其添加浓度（质量分数）为 0.3%时，Sm^{3+} 的红光发射 $^4G_{5/2} \rightarrow ^6H_{9/2}$ 能够提高 7 倍之多；但进一步提高其添加浓度红光发射将逐渐降低；另外，添加 Au 纳米粒子将导致 $^4G_{5/2}\rightarrow{}^6H_{5/2}$ 和 $^4G_{5/2}\rightarrow{}^6H_{7/2}$ 跃迁的缓慢降低，发光机理如图 2.31 所示［图中英文缩写含义如下：局部场增强（local field enhancement，LFE）、上转换（upconversion，UC）、合作能量转移（cooperative energy transfer，CET）和激发场（excitation field，E_x）］。椭圆 Au 纳米粒子到 Sm^{3+} 微弱的能量转换过程、椭圆 Au 纳米粒子表面等离子体共振作用（surface plasmon resonance）诱发的较强局部场增强效应和 Sm^{3+} 到椭圆 Au 纳米粒子的反向能量传递过程共同作用导致了上述现象的发生[139, 140]。

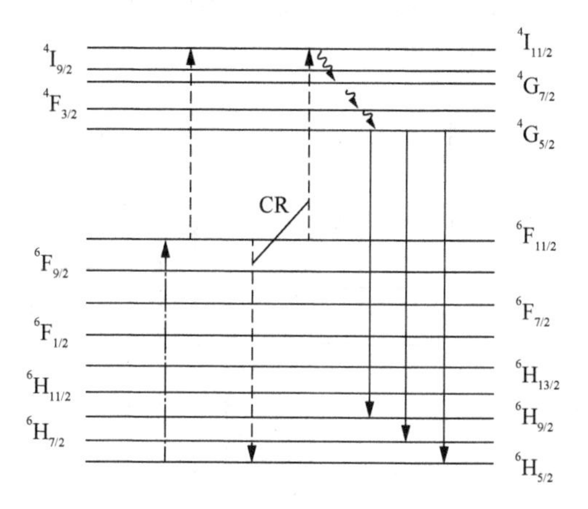

图 2.30　936nm 泵浦条件下发光机制[136]

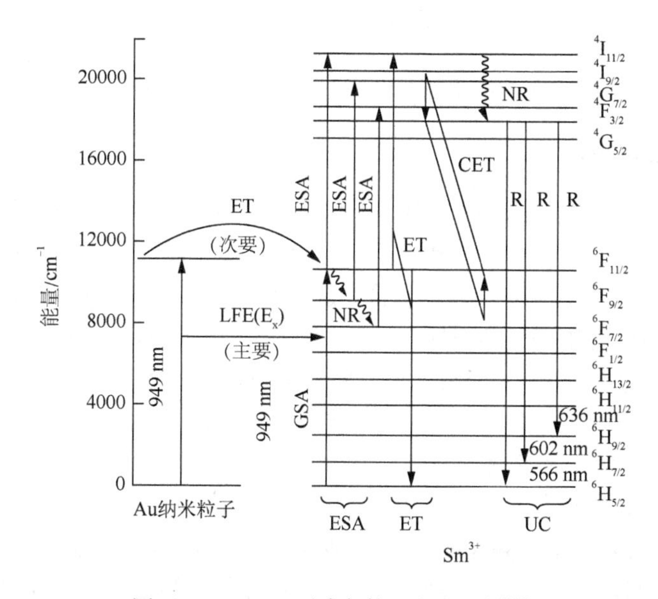

图 2.31　949nm 泵浦条件下发光机制[140]

$ZnWO_4$单晶中Sm^{3+}的上转换荧光精细结构可在632.8nm激光激发下观察到。该激发过程可解释如下：当受到632.8nm激光激发后，使激发态离子分布于$^6F_{5/2}$（7194cm^{-1}）能级，由于在该能级停留时间较长，可再次吸收激发光能量15803cm^{-1}而跃迁至$^4I_{15/2}$。当从激发态返回基态时，有三条主要路径（图2.32）：①从$^4I_{15/2}$→$^6H_{5/2}$；②弛豫至$^4F_{5/2}$，从这一发光能级返回基态时，由于$ZnWO_4$单晶结构的低对称性，基态能级分裂而产生精细荧光结构，对应图2.32中线条2、3、4三个发射区；③弛豫至$^4G_{5/2}$，从这一发光能级返回基态时，由于是发光的最低能级，而且由于$ZnWO_4$单晶中声子能级的叠加，形成了宽带发射，图2.32中线条5、6反映了这一发射的能级跃迁[10, 61]。

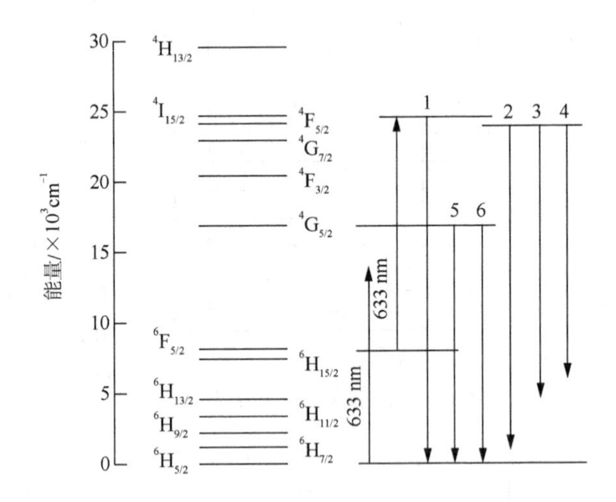

图2.32 $ZnWO_4$单晶中Sm^{3+}能级图和主要跃迁通道示意图[61]

8. Tb^{3+}上转换发光

单掺杂Tb^{3+}的材料中，很难出现上转换发光现象。吕强课题组利用800nm红外飞秒激光泵浦Y_2O_3:Tb才获得了Tb^{3+}的$^5D_4$→^7F_J特征跃迁。使用的红外飞秒激发光与常用普通激发光相比强度更高，更利于引发多光子同时吸收上转换过程。该研究中，位于基态的Tb^{3+}同时吸收三个800nm光子跃迁至5d能级，再通过无辐射弛豫和交叉弛豫达到$^5D_4$能级，最后发射辐射跃迁产生上转换发光[141]。

但是在Yb^{3+}和Tb^{3+}共掺杂的材料中却发现了Tb^{3+}的强上转换发光现象。对于Yb^{3+}-Tb^{3+}离子对的双掺杂体系，在约980nm泵浦下能够发射Tb^{3+}的$^5D_{3,4}$→^7F_J跃迁。对于Tb^{3+}本身而言，因为其$^5D_4$能级的能量值约为20400cm^{-1}，比具有多重态的基态最高能级$^7F_0$约高14000cm^{-1}，两能级之间没有其他能级存在，因此Tb^{3+}在约980nm泵浦下产生上转换发射面临以下两个问题：①在该泵浦条件下Tb^{3+}自身不会直接被激发产生发射；②双掺Yb^{3+}-Tb^{3+}体系中，Tb^{3+}无法实现与Yb^{3+}

的 $^{2}F_{7/2}\rightarrow^{2}F_{5/2}$ 跃迁的激发态共振能量传递[142-147]。可见，Yb^{3+}-Tb^{3+}体系中 Yb^{3+}的敏化作用不是常规一个激发态 Yb^{3+}到基态 Tb^{3+}的直接能量传递过程，而是如图 2.33 所示的两个激发态 Yb^{3+}同时将能量传递给基态 Tb^{3+}的合作敏化上转换过程。首先处于激发态的两个 Yb^{3+}将能量同时传递给一个位于基态 $^{7}F_{6}$ 能级的 Tb^{3+}使其跃迁至更高的 $^{5}D_{4}$ 激发态能级；然后位于 $^{5}D_{4}$ 能级的离子再经过激发态吸收跃迁至 $^{5}D_{1}$ 能级（或邻近能级 $^{5}H_{7}$），再弛豫到 $^{5}D_{3}$ 能级（或邻近能级 $^{5}G_{6}$）。最后位于 $^{5}D_{4}$ 和 $^{5}D_{3}$ 能级上的 Tb^{3+}分别向基态能级跃迁产生 $^{5}D_{4}\rightarrow^{7}F_{J}$（$J$=6、5、4、3）和 $^{5}D_{3}\rightarrow^{7}F_{J}$（$J$=6、5、4）上转换发光。

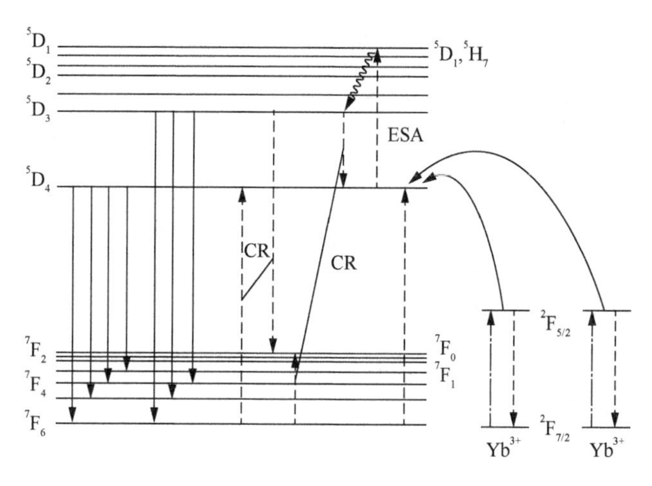

图 2.33 980nm 光激发下，Yb^{3+}-Tb^{3+}共掺体系的上转换发光过程示意图[147-149]

Bednarkiewicz 和 Liu 两课题组均制备了核壳结构 $NaYF_4$:Yb,Tb@$NaYF_4$ 纳米晶，用约 980nm 光激发，观察到了 Tb^{3+}的一系列特征发射，包括四个强峰，分别以 490nm、546nm、582nm 和 620nm 波长为发光中心，对应 Tb^{3+}的 $^{5}D_{4}\rightarrow^{7}F_{J}$（$J$=6、5、4、3）跃迁；还有三个极弱峰，分别以 649nm、668nm 和 680nm 波长为发光中心，对应 Tb^{3+}的 $^{5}D_{4}\rightarrow^{7}F_{J}$（$J$=2、1、0）跃迁。值得注意的是，$Yb^{3+}$-$Tb^{3+}$体系的发光强度和量子产率均远低于 Yb^{3+}-Er^{3+}体系，例如，粒子尺寸、晶相和核壳结构均保持一致的前提下，将 $NaYF_4$:Yb,Tb@$NaYF_4$ 和 $NaYF_4$:Yb,Er@$NaYF_4$ 纳米晶的掺杂离子浓度分别最优化之后，检测到 Er^{3+}最高峰的发光强度比 Tb^{3+}最高峰发光强度高 115 倍；与此类似，Er^{3+}的量子产率（约 0.3%）也比 Tb^{3+}（约 2.3×10^{-3}%）高两个数量级[142, 149]。Singh 和张治国两课题组分别研究了 Yb^{3+}-Tb^{3+}离子对双掺杂的钇镓石榴石（yttrium gallium garnet）和 $NaYF_4$ 晶体在 976nm 和 970nm 激发光激发下的上转换发光情况，发现除了上例中 $^{5}D_{4}\rightarrow^{7}F_{J}$（$J$=6、5、4、3）跃迁产生的蓝光、绿光和红光发射外，还出现了 $^{5}D_{3}\rightarrow^{7}F_{J}$（$J$=6、5、4）跃迁产生的波长约为 380nm

的紫外光、413nm 的蓝光和 436nm 的蓝光发射[143, 147]。

Gouveia-Neto 课题组研究了 Yb^{3+}-Tb^{3+}共掺杂亚碲酸盐玻璃中的上转换发光，用 1064nm 激光激发时，出现明亮的发光，峰值分别位于 485nm、550nm、590nm、625nm 和 655nm 处，属于 Tb^{3+}的 $^5D_4 \rightarrow {}^7F_J$（$J$=6、5、4、3、2）跃迁发光。此体系的上转换发光过程如图 2.34 所示，类似于图 2.33 中长波段的发光过程。首先在激光泵浦下，Yb^{3+}吸收光子被激发到 $^2F_{5/2}$ 能级，然后两个被激发的 Yb^{3+}同时弛豫，并同时将能量传递给邻近的 Tb^{3+}，使其被激发到 $^5D_4$ 能级，从此能级跃迁至 ^7F_J，即产生发光[150]。

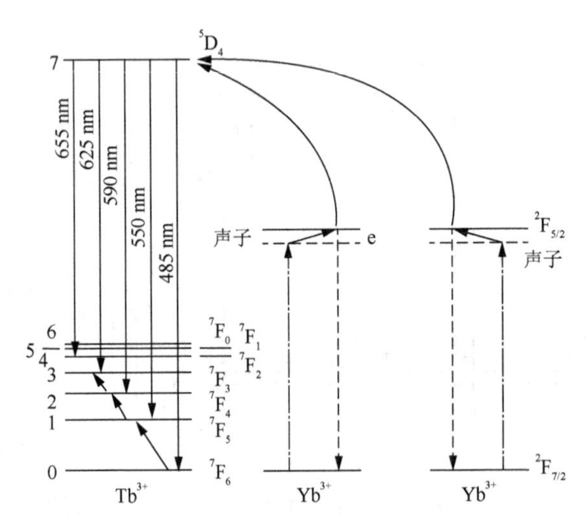

图 2.34　1064nm 光激发下，Yb^{3+}-Tb^{3+}共掺体系的上转换发光过程示意图[150]

Qiu 课题组制备了 Nd^{3+}、Yb^{3+}和 Tb^{3+}共掺杂的 ZrF_4 基玻璃，发现用 800nm 激光激发时，出现了蓝色（490nm）、绿色（545nm）、黄色（580nm）和红色（624nm）发光，分别对应 Tb^{3+}的 $^5D_4 \rightarrow {}^7F_J$（$J$=6、5、4、3）跃迁。此体系的上转换发光过程如图 2.35 所示，首先在 800nm 无激光激发下，Nd^{3+}从基态被激发到激发态，即发生 $^4F_{9/2} \rightarrow (^2H_{9/2}$，$^4F_{5/2})$跃迁，然后通过多光子过程快速弛豫到邻近的 $^4F_{3/2}$ 能级，随后 Nd^{3+}将能量传递到 Yb^{3+}，Nd^{3+}回到 $^4F_{9/2}$ 或 $^4F_{11/2}$，Yb^{3+}由基态跃迁到 $^2F_{5/2}$ 能级。两个 Yb^{3+}通过合作敏化上转换将能量传递给 Tb^{3+}，使其跃迁到 $^5D_4$ 能级，最后发生 $^5D_4 \rightarrow {}^7F_J$（$J$=6、5、4、3）的跃迁。在此过程中 Yb^{3+}起到了在 Nd^{3+}和 Tb^{3+}之间传递能量的桥梁作用。在该体系中还出现了 Tb^{3+}的 $^5D_3$，$^5G_6 \rightarrow {}^7F_J$（$J$=6、5、4）强度较低的上转换发光，其发光过程也可以由图 2.35 表示，由于 Tb^{3+}能级间存在交叉弛豫效应，因此发光较弱[151]。

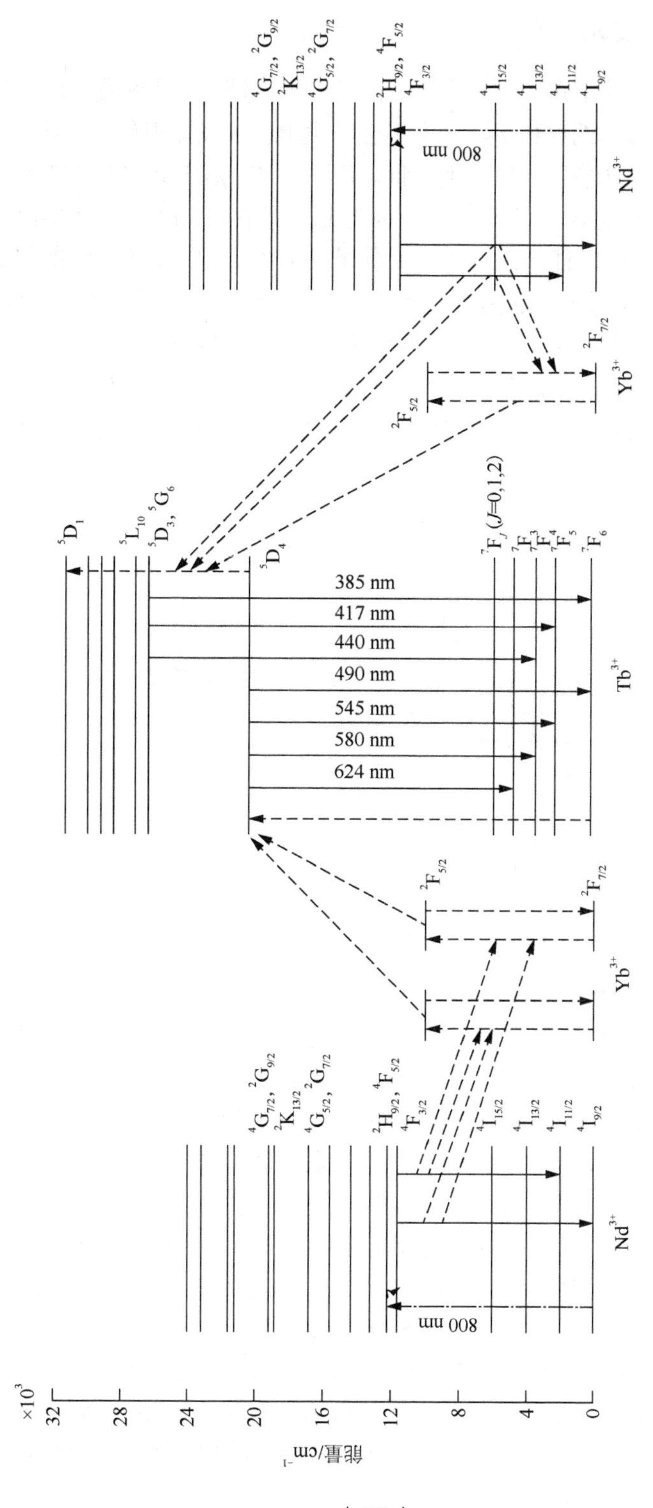

图 2.35 800nm 光激发下，Nd^{3+}-Yb^{3+}-Tb^{3+}共掺体系的上转换发光过程示意图[151]

9. Eu^{3+}上转换发光

Eu^{3+}是一种优秀的下转换发光中心，在紫外光泵浦下，能够发射明亮的红色荧光。然而，单掺杂Eu^{3+}的材料中，基本不会产生上转换发光现象。目前，还没有关于单掺杂Eu^{3+}产生上转换发光的报道问世。但是在Yb^{3+}和Eu^{3+}共掺杂的材料中却发现了Eu^{3+}的上转换发光现象[144, 152, 153]。因为Eu^{3+}具有和Tb^{3+}相似的能级结构，如图2.36所示，$^5D_0$与$^7F_6$能级之间没有其他能级存在，且$^5D_2$与$^7F_0$能级之差约为Yb^{3+}的$^2F_{7/2}$与$^2F_{5/2}$能级之差的两倍。因此，Yb^{3+}-Eu^{3+}共掺杂体系在约980nm泵浦下也能够通过Yb^{3+}-Yb^{3+}-Eu^{3+}三离子合作敏化机制产生$^5D_0 \rightarrow ^7F_J$（J=6～0）跃迁对应的红色和黄色上转换发光。此外，之前介绍的能量迁移辅助机理也可实现Eu^{3+}的上转换发射，因为涉及Gd^{3+}的重要作用，具体内容将在稍后Gd^{3+}的性能介绍中体现。

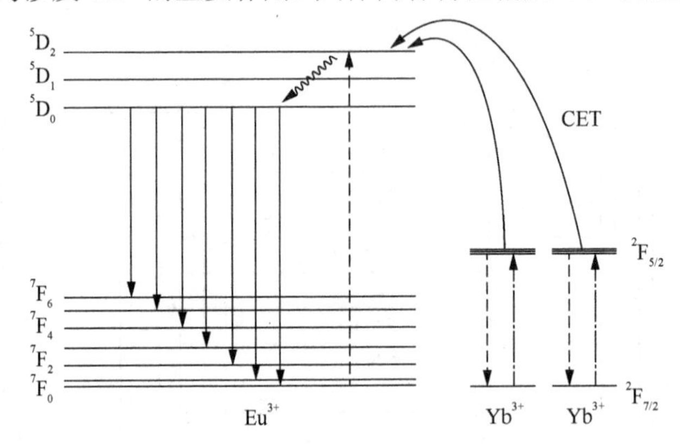

图2.36　Yb^{3+}-Eu^{3+}共掺体系的上转换发光过程示意图[144]

10. Gd^{3+}上转换发光及能量迁移作用

因为Gd^{3+}最低的激发态能级$^6P_{7/2}$位于紫外光谱区，所以其上转换发射位于紫外光区且很难出现。尽管在单掺杂Gd^{3+}的材料中，无法实现上转换发光，但在Yb^{3+}-Tm^{3+}-Gd^{3+}、Yb^{3+}-Ho^{3+}-Gd^{3+}和Pr^{3+}-Gd^{3+}共掺杂的材料中却发现了Gd^{3+}在紫外光区的上转换发光现象。在共掺杂体系中，Yb^{3+}为敏化剂，可将吸收的激发能传递给Tm^{3+}或Ho^{3+}；而Tm^{3+}、Ho^{3+}或Pr^{3+}起到累积剂的作用，连续多次吸收来自敏化剂或激发光的能量后跃迁到高能激发态；处于高能激发态的Tm^{3+}、Ho^{3+}或Pr^{3+}所在能级与Gd^{3+}的^6I_J和^6P_J等能级接近，因此能够把能量传递给激活剂Gd^{3+}。

Kim课题组研究了Y_2SiO_5:Pr,Gd和Y_2SiO_5:Pr,Gd,Li纳米/微米晶体中Gd^{3+}的上转换发光。用488nm光激发时，Y_2SiO_5:Pr,Gd上转换发射过程能级跃迁机理如图2.37所示。Pr^{3+}连续吸收两个激发光子从基态能级跃迁到4f5d能带，处于4f5d能带中的Pr^{3+}有两种命运。一种是无辐射弛豫后直接从4f5d能带辐射跃迁回到^3F_J和^3H_J能级，发射波长范围在260～360nm的紫外上转换发光；另一种是处于4f5d

能带中的 Pr^{3+}无辐射弛豫后将能量传递给邻近的 Gd^{3+}。Gd^{3+}获得能量后从基态跃迁到 ^6I_J能级，处于 ^6I_J能级中的 Gd^{3+}首先无辐射弛豫到 ^6P_J能级，再辐射跃迁回基态能级 $^8S_{7/2}$发射波长约为 314nm 的紫外光。即 488nm 光激发时，Y_2SiO_5:Pr,Gd 晶体可同时发射 Gd^{3+}和 Pr^{3+}的紫外光特征发射，而 Gd^{3+}的发射光波长又包含在 Pr^{3+}发射的宽峰范围内。为了证明 Y_2SiO_5:Pr,Gd 和 Y_2SiO_5:Pr,Gd,Li 晶体中确实发生了 Gd^{3+} 上转 ppgim 课题组对相同条件下 Y_2SiO_5:Pr、Y_2SiO_5:Pr,Gd、Y_2SiO_5:Pr,Gd,Li 和 Y_2SiO_5:Pr,Li 晶体的上转换发射光谱进行了检测，对比结果如图 2.38 所示。可见，488nm 光激发时，四种晶体均能产生波长范围在 260～360nm 的紫外上转换发光，且发射峰平缓。然而，只有在 Gd^{3+}共掺杂的晶体中能够观察到波长约 314nm 的强而尖锐的特征发射[96]。因此，可以得出结论，波长约 314nm 处的强峰来源于 Gd^{3+}，证实了 Gd^{3+}的上转换发光性能。

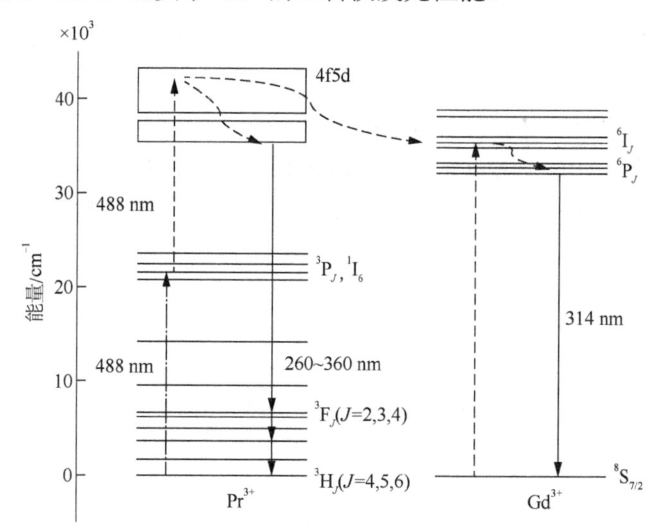

图 2.37　488nm 光激发下，Pr^{3+}-Gd^{3+}共掺杂体系的上转换发光过程示意图[96]

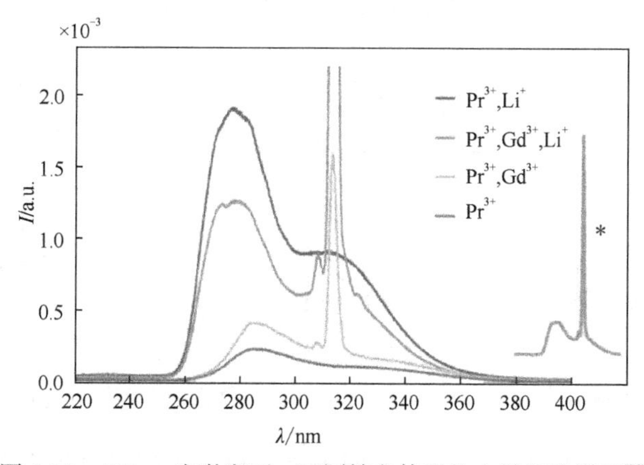

图 2.38　488nm 光激发下，不同掺杂体系的上转换光谱图[96]

此外，黄岭课题组、秦伟平课题组和 Lee 课题组探索了 Yb^{3+}-Tm^{3+}-Gd^{3+}和Yb^{3+}-Ho^{3+}-Gd^{3+}共掺杂的 $NaLuF_4$ 和 YF_3 微/纳米材料中 Gd^{3+}的上转换发光，甚至发现了 Gd^{3+}的真空紫外光上转换发射，发射光波长小于 200nm。上述体系在 980nm 泵浦下产生 Gd^{3+}上转换发射的能量传递路径为“Yb^{3+}（敏化剂）→Tm^{3+}或 Ho^{3+}（累积剂）→Gd^{3+}（激活剂）”和“Yb^{3+}（敏化剂）→激发态 Gd^{3+}（激活剂）”[126, 154, 155]。以 YF_3:Yb,Tm,Gd 体系为例，秦伟平课题组绘制的上转换发光机制，如图 2.39 所示。发光机理可简单概括如下：首先，敏化剂 Yb^{3+}将吸收的 980nm 激发光子传递给邻近的累积剂 Tm^{3+}；Tm^{3+}连续吸收 5 个光子后跃迁到高能激发态 $^3P_2$ 能级；处于 $^3P_2$ 能级的 Tm^{3+}既可直接通过能量传递过程 $^3P_2(Tm^{3+})+^8S_{7/2}(Gd^{3+})\rightarrow ^3H_6(Tm^{3+})+^6I_J(Gd^{3+})$ 把能量传递给激活剂 Gd^{3+}，也可无辐射弛豫到 $^3P_{1,0}$ 能级后再把能量传递给激活剂 Gd^{3+}，使其布居到激发态能级 ^6I_J；处于激发态能级 ^6I_J 的 Gd^{3+}既可能直接跃迁回到基态能级产生紫外光发射，也可能无辐射弛豫后继续吸收 1～2 个光子进一步跃迁到更高的激发态能级；最后，处于不同激发态能级的 Gd^{3+}跃迁回到基态能级产生真空紫外光（7 光子过程）和紫外光上转换发射，如 $^6G_J\rightarrow ^8S_{7/2}$（190～205nm）、$^6I_J\rightarrow ^8S_{7/2}$（270～280nm）和 $^6P_J\rightarrow ^8S_{7/2}$（307、312nm）。同时，处于各激发态能级的 Tm^{3+}也可直接跃迁回到基态/低能激发态产生其紫外光和可见光特征发射[154]。

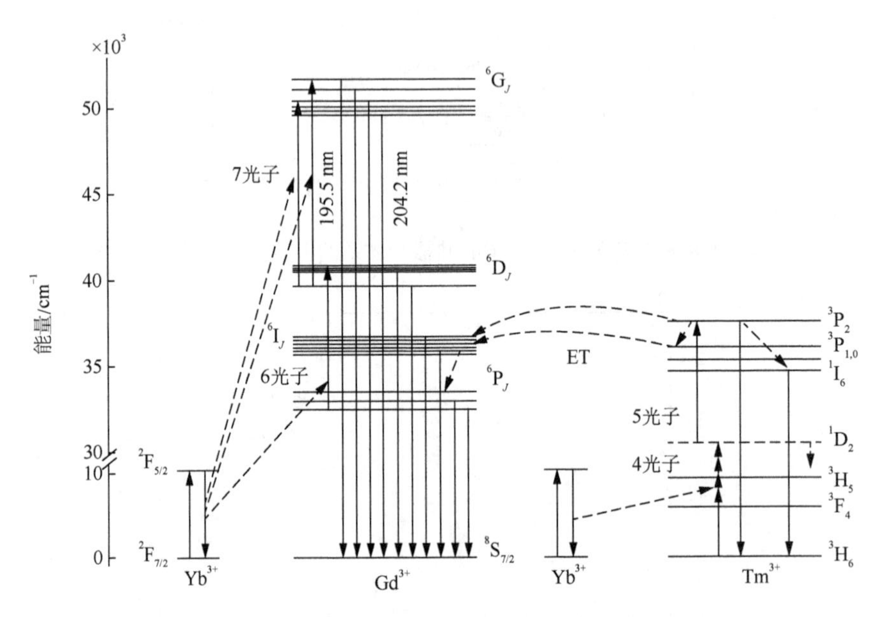

图 2.39　980nm 光激发下，Yb^{3+}-Tm^{3+}-Gd^{3+}共掺杂体系的上转换发光过程示意图[154]

在上转换发光材料中，Gd^{3+}多被用于基质材料中提供被取代的格位，或是能量迁移辅助上转换发光中的迁移剂，很少被用于激活剂产生发光，相关的研究也很少。近几年，Gd^{3+}作为迁移剂产生上转换发光引起了大家的研究兴趣。Liu 课题组设计合成了一系列核壳结构 $NaGdF_4$:Yb,Tm@$NaGdF_4$:*X*（*X*=Eu、Tb、Dy、Sm）纳米粒子，利用“敏化剂 Yb^{3+}→累积剂 Tm^{3+}→（迁移剂 Gd^{3+}→$)_n$→激活剂 X^{3+}”（图 2.40）的能量迁移辅助上转换机制实现了常见下转换发射离子 Eu^{3+}、Tb^{3+}、Dy^{3+}和 Sm^{3+}在 980nm 激发光作用下的上转换发光，以及荧光颜色的调控[15]。例如，对于 $NaGdF_4$:Yb,Tm@$NaGdF_4$:Eu 纳米粒子，将 Eu^{3+}的掺杂浓度（摩尔分数）从 0 逐渐增加到 15%，纳米粒子上转换光谱中 Eu^{3+}的特征发射逐渐增强，发光颜色也从蓝色调整为红色。发光过程的能量传递过程，如图 2.40(a)所示。首先，敏化剂 Yb^{3+}将吸收的激发能传递给邻近的累积剂 Tm^{3+}；累积剂连续多次吸收能量后跃迁到高能激发态能级 $^1I_6$，再把能量传递给迁移剂 Gd^{3+}；终于获得了激发能的迁移剂将利用自身对能量的迁移能力将其逐次转移给距离较远的其他迁移剂离子；最终，在迁移剂间逐次转移的能量被激活剂离子 X^{3+}捕获，捕获了能量的 X^{3+}处于高能激发态，首先无辐射弛豫至能量稍低的激发态，再跃迁回基态或低能量激发态产生 X^{3+}的特征发射。同时，处于 $^1D_2$、$^1G_4$ 等激发态能级的 Tm^{3+}也能够跃迁回到基态或低能激发态产生其特征发射。可见，体系能够同时产生 Tm^{3+}和 X^{3+}的上转换发射。Liu 课题组在多篇报道中均归纳了 Tm^{3+}和 X^{3+}产生特征发射对应的能量传递过程及能级跃迁示意图，如图 2.40 所示。因为该发光能量高于 980nm 的激发能，因此实现了 X^{3+}的上转换发射。图 2.41 给出了 $NaGdF_4$:Yb, Tm@$NaGdF_4$:*X*（*X*=Eu、Tb、Dy、Sm）纳米粒子的上转换发光光谱图，图中阴影所示部分为 X^{3+}的特征发射峰，强度近似于 Tm^{3+}的特征发射。

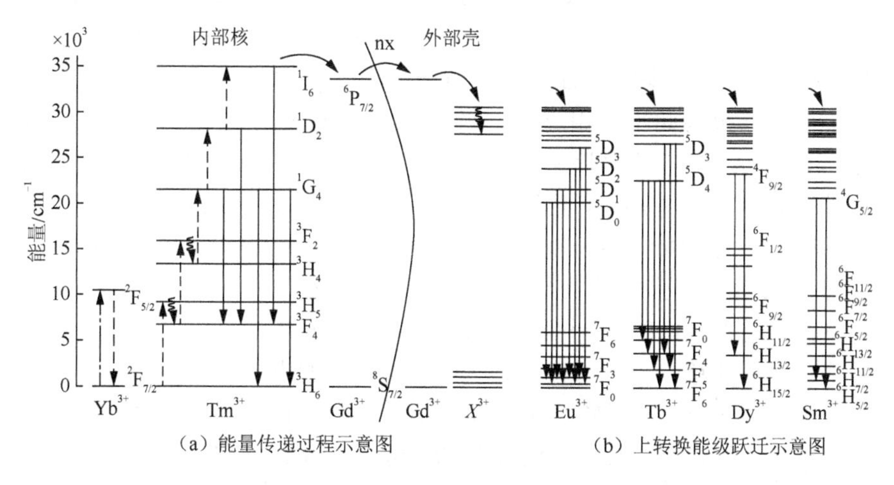

图 2.40　$NaGdF_4$:Yb,Tm@$NaGdF_4$:*X* 体系上转换发光能量传递过程示意图[15]以及四种 X^{3+}的上转换能级跃迁示意图[156]

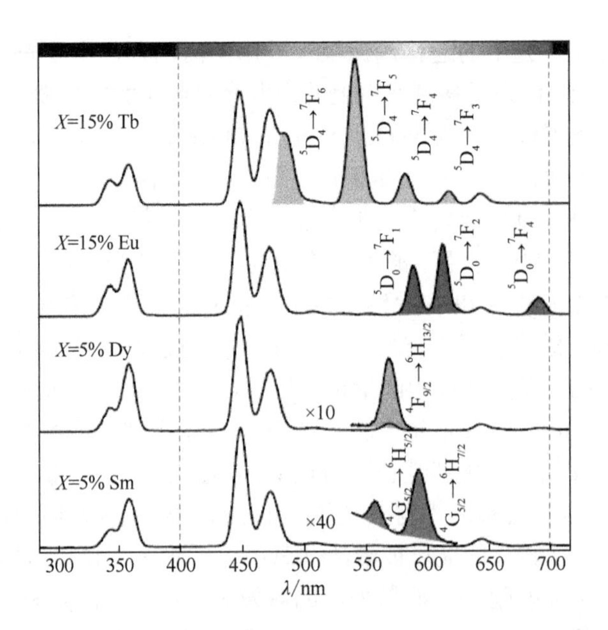

图 2.41　980nm 光激发下，$NaGdF_4$:Yb,Tm @$NaGdF_4$:X（X=Eu、Tb、Dy、Sm）体系的上转换发光光谱图[15]

值得思考的是，在 Tb^{3+} 和 Eu^{3+} 上转换发光性能的介绍中可知，利用 Yb^{3+}-Yb^{3+}-Tb^{3+}或 Yb^{3+}-Yb^{3+}-Eu^{3+}三离子合作敏化机制也能分别产生 Tb^{3+}或 Eu^{3+}的上转换发光。$NaGdF_4$:Yb,Tm@$NaGdF_4$:X 体系中存在合作敏化机制发生的离子条件，那么该体系中 X^{3+}发光的机制是否为该机制呢？Liu 课题组对此进行了澄清。他们在保持纳米粒子掺杂浓度、粒子形貌和晶相结构均不变的前提下，用 Y^{3+}替代部分核材料中的 Gd^{3+}，替代百分比为 10%～30%[15]。如果是合作敏化机制导致的 X^{3+}发光，那么宿主晶格的 Gd^{3+}被 Y^{3+}替代前后，体系的发光性能差别应该比较小。然而实验结果与此正好相反，Y^{3+}掺杂浓度（摩尔分数）从 10%缓慢增加至 30%的过程中，X^{3+}的发光强度逐渐降低为零。因为 Gd^{3+}之间的距离逐渐增大到能量迁移过程能够有效发生的临界距离（约 6Å）以外，切断了 Yb^{3+}-Tm^{3+}向 X^{3+}传递能量的桥梁。反之，Gd^{3+}掺杂浓度（摩尔分数）从 20%缓慢增加至 50%的过程中，X^{3+}的发光强度逐渐增强，甚至高于 Tm^{3+}的发光强度。上述结果证实了如图 2.40 所示能量传递过程的正确性。也可以看到，$NaGdF_4$:Yb, Tm@$NaGdF_4$:X 体系中 Gd^{3+}浓度是决定能量迁移辅助上转换机制能够发生与否的重要因素之一。因此，为了保证 Gd^{3+}间距离在能量迁移过程能够有效发生的临界距离以内，体系基质材料一般直接选择钆的化合物，其中，$NaGdF_4$ 晶体应用最多。

另外，敏化剂和累积剂离子对与激活剂直接接触将发生交叉弛豫现象，不但消耗激发能量，而且严重猝灭上转换发光强度。为了抑制这种有害的交叉弛豫发生，Liu 课题组设计制备了核壳结构 $NaGdF_4$:Yb,Tm@$NaGdF_4$:X 纳米晶，将敏化剂和累积剂离子对 Yb^{3+}-Tm^{3+}与激活剂离子 X^{3+}分别掺杂到核和壳结构中实现其空间分离，这对降低无辐射弛豫损失发挥了重要作用。另外，为了获得高效能量迁移辅助上转换发射，在核壳结构交界面排列的迁移剂离子是桥联累积剂到激活剂之间能量传递的必要环节。因为设计能量迁移辅助上转换机制的一个重要特征是敏化剂收集的激发能是通过逐次能量传递过程被累积剂积累起来的，而传递给激活剂的能量是通过一步能量传递实现的。因此，免除了选取上转换激活剂离子严苛的选者准则。这种核壳设计也是对激活剂组成和浓度的一种简单调节方式，有利于降低浓度猝灭。即便如此，上述核壳结构中共掺杂离子的种类和浓度必须精确控制以降低荧光猝灭，Liu 课题组对此进行了优化，结果如下：为了获得最强的 X^{3+}发射，Eu^{3+}、Tb^{3+}、Dy^{3+}和 Sm^{3+}的最优掺杂浓度（摩尔分数）分别为 15%、15%、5%和 5%；敏化剂 Yb^{3+}和累积剂 Tm^{3+}的最优掺杂浓度（摩尔分数）分别为 49%和 1%[15]。

2015 年，Liu 课题组再次以能量迁移辅助上转换机制为基础，设计制备了 $NaGdF_4$:Yb,Tm@$NaGdF_4$:Mn 核壳结构纳米晶，发现“Yb^{3+}→Tm^{3+}→（Gd^{3+}→）$_n$→Mn^{2+}”的能量转换过程实现了 Mn^{2+}在 980nm 光泵浦下的 $^4T_1$→$^6A_1$ 上转换发光[157]。

参 考 文 献

[1] 李建宇. 稀土发光材料及其应用[M]. 北京：化学工业出版社, 2003.

[2] GAI S L, LI C X, YANG P P, et al. Recent progress in rare earth micro/nanocrystals: soft chemical synthesis, luminescent properties, and biomedical applications[J]. Chemical Reviews, 2014, 114 (4): 2343-2389.

[3] 洪广言. 稀土发光材料：基础与应用[M]. 北京：科学出版社, 2011.

[4] 张希艳, 卢利平, 柏朝晖, 等. 稀土发光材料[M]. 北京：国防工业出版社, 2005.

[5] AUZEL F E. Materials and devices using double-pumped-phosphors with energy transfer[J]. Proceedings of the IEEE, 1973, 61 (6): 758-786.

[6] WRIGHT J C, ZALUCHA D J, LAUER H V, et al. Laser optical double resonance and efficient infrared quantum counter upconversion in $LaCl_3$:Pr^{3+} and LaF_3:Pr^{3+}[J]. Journal of Applied Physics, 1973, 44 (2): 781-786.

[7] SHIKIDA A, YANAGITA H, TORATANI H. Al-Zr fluoride glass for Ho^{3+}-Yb^{3+} green upconversion[J]. Journal of the Optical Society of America B, 1994, 11 (5): 928-932.

[8] XIE P, GOSNELL T R. Room-temperature upconversion fiber laser tunable in the red, orange, green, and blue spectral regions[J]. Optics Letters, 1995, 20 (9): 1014-1016.

[9] 徐叙瑢, 苏勉曾. 发光学与发光材料[M]. 北京：化学工业出版社, 2004.

[10] 张中太, 张俊英. 无机光致发光材料及应用[M]. 北京：化学工业出版社, 2011.

[11] 张思远. 稀土离子的光谱学：光谱性质和光谱理论[M]. 北京：科学出版社, 2008.

[12] 孙家跃, 杜海燕, 胡文祥. 固体发光材料[M]. 北京：化学工业出版社, 2003.

[13] ZHOU B, SHI B Y, JIN D Y, et al. Controlling upconversion nanocrystals for emerging applications[J]. Nature Nanotechnology, 2015, 10 (11): 924-936.

[14] 刘光华. 稀土材料学[M]. 北京：化学工业出版社, 2007.

[15] WANG F, DENG R R, WANG J, et al. Tuning upconversion through energy migration in core-shell nanoparticles[J]. Nature Materials, 2011, 10 (12): 968-973.

[16] CHIVIAN J S, CASE W E, EDEN D D. The photon avalanche: A new phenomenon in Pr^{3+}-based infrared quantum counters[J]. Applied Physics Letters, 1979, 35 (2): 124-125.

[17] COLLING B C, SILVERSMITH A. Avalanche upconversion in LaF_3:Tm^{3+}[J]. Journal of Luminescence, 1994, 62 (6): 271-279.

[18] WERMUTH M, GÜDEL H U. Photon avalanche in Cs_2ZrBr_6:Os^{4+}[J]. Journal of the American Chemical Society, 1999, 121 (43): 10102-10111.

[19] FRANCOIS A. Upconversion and anti-Stokes processes with f and d ions in solids[J]. Chemical Reviews, 2004, 104 (1): 139-173.

[20] GERNER P, REINHARD C, GÜDEL H U. Cooperative near-IR to visible photon upconversion in Yb^{3+}-doped $MnCl_2$ and $MnBr_2$: comparison with a series of Yb^{3+}-doped Mn^{2+} halides[J]. Chemistry-A European Journal, 2004, 10 (19): 4735-4741.

[21] GERNER P, WENGER O S, VALIENTE R, et al. Green and red light emission by upconversion from the near-IR in Yb^{3+} doped $CsMnBr_3$[J]. Inorganic Chemistry, 2001, 40 (18): 4534-4542.

[22] REINHARD C, VALIENTE R, GÜDEL H U. Exchange-induced upconversion in Rb_2MnCl_4:Yb^{3+}[J]. Journal of Physical Chemistry B, 2002, 106 (39): 10051-10057.

[23] ZHANG F. Photon upconversion nanomaterials[M]. Nanostructure Science and Technology, 2015.

[24] GAO D L, TIAN D P, ZHANG X Y, et al. Simultaneous quasi-onedimensional propagation and tuning of upconversion luminescence through waveguide effect[J]. Scientific Reports, 2016, 6: 22433.

[25] ZHAO J B, JIN D Y, SCHARTNER E P, et al. Single-nanocrystal sensitivity achieved by enhanced upconversion luminescence[J]. Nature Nanotechnology, 2013, 8 (10): 729-734.

[26] BOYER J-C, CARLING C-J, GATES B D, et al. Two-way photoswitching using one type of near-infrared light, upconverting nanoparticles, and changing only the light intensity[J]. Journal of the American Chemical Society, 2010, 132 (44): 15766-15772.

[27] LI X M, GUO Z Z, ZHAO T C, et al. Filtration shell mediated power density independent orthogonal excitations-emissions upconversion luminescence[J]. Angewandte Chemie International Edition, 2016, 55 (7): 2464-2469.

[28] ZHENG W, HUANG P, TU D T, et al. Lanthanide-doped upconversion nano-bioprobes: electronic structures, optical properties, and biodetection[J]. Chemical Society Reviews, 2015, 44 (6): 1379-1415.

[29] BOYER J C, VAN VEGGEL F C J M. Absolute quantum yield measurements of colloidal $NaYF_4$:Er^{3+},Yb^{3+} upconverting nanoparticles[J]. Nanoscale, 2010, 2 (8): 1417-1419.

[30] WANG J, DENG R R, MACDONALD M A, et al. Enhancing multiphoton upconversion through energy clustering at sublattice level[J]. Nature Materials, 2014, 13 (2): 157-162.

[31] POKHREL M, KUMAR G A, SARDAR D K. Highly efficient NIR to NIR and VIS upconversion in Er^{3+} and Yb^{3+} doped in M_2O_2S (M = Gd, La, Y)[J]. Journal of Materials Chemistry A, 2013, 1 (38): 11595-11606.

[32] IVATURI A, MACDOUGALL S K W, MARTÍN-RODRÍGUEZ R, et al. Optimizing infrared to near infrared upconversion quantum yield of β-$NaYF_4$:Er^{3+} in fluoropolymer matrix for photovoltaic devices[J]. Journal of Applied Physics, 2013, 114 (1): 013505.

[33] MARTÍN-RODRÍGUEZ R, FISCHER S, IVATURI A, et al. Highly efficient IR to NIR upconversion in Gd_2O_2S:Er^{3+} for photovoltaic applications[J]. Chemistry of Materials, 2013, 25 (9): 1912-1921.

[34] WANG H-Q, MAČKOVIĆ M, OSVET A, et al. A new crystal phase molybdate $Yb_2Mo_4O_{15}$: the synthesis and upconversion properties[J]. Particle & Particle Systems Characterization, 2015, 32 (3): 340-346.

[35] CHEN G Y, OHULCHANSKYY T Y, KACHYNSKI A, et al. Intense visible and near-infrared upconversion photoluminescence in colloidal $LiYF_4$:Er^{3+} nanocrystals under excitation at 1490 nm[J]. ACS Nano, 2011, 5 (6): 4981-4986.

[36] CHEN G Y, SHEN J, OHULCHANSKYY T Y, et al. (α-$NaYbF_4$:Tm^{3+})/CaF_2 core/shell nanoparticles with efficient near-infrared to near-infrared upconversion for high-contrast deep tissue bioimaging[J]. ACS Nano, 2012, 6 (9): 8280-8287.

[37] LIU Q, SUN Y, YANG T S, et al. Sub-10 nm Hexagonal lanthanide-doped $NaLuF_4$ upconversion nanocrystals for sensitive bioimaging in vivo[J]. Journal of the American Chemical Society, 2011, 133 (43): 17122-17125.

[38] LI X M, SHEN D K, YANG J P, et al. Successive layer-by-layer strategy for multi-shell epitaxial growth: shell thickness and doping position dependence in upconverting optical properties[J]. Chemistry of Materials, 2013, 25 (1): 106-112.

[39] HUANG P, ZHENG W, ZHOU S Y, et al. Lanthanide-doped $LiLuF_4$ upconversion nanoprobes for the detection of disease biomarkers[J]. Angewandte Chemie International Edition, 2014, 126 (5): 1276-1281.

[40] MACDOUGALL S K W, IVATURI A, MARQUES-HUESO J, et al. Ultra-high photoluminescent quantum yield of β-$NaYF_4$:10%Er^{3+} via broadband excitation of upconversion for photovoltaic devices[J]. Optics Express, 2012, 20 (S6): A879-A887.

[41] WANG J X, MING T, JIN Z, et al. Photon energy upconversion through thermal radiation with the power efficiency reaching 16%[J]. Nature Communications, 2014, 5: 5669.

[42] XU C T, SVENMARKER P, LIU H C, et al. High-resolution fluorescence diffuse optical tomography developed with nonlinear upconverting nanoparticles[J]. ACS Nano, 2012, 6 (6): 4788-4795.

[43] LIU H C, XU C T, LINDGREN D, et al. Balancing power density based quantum yield characterization of upconverting nanoparticles for arbitrary excitation intensities[J]. Nanoscale, 2013, 5 (11): 4770-4775.

[44] AI Y, TU D T, ZHENG W, et al. Lanthanide-doped $NaScF_4$ nanoprobes: crystal structure, optical spectroscopy and biodetection[J]. Nanoscale, 2013, 5 (14): 6430-6438.

[45] HUANG S H, LAI S T, LOU L R, et al. Upconversion in LaF_3:Tm^{3+}[J]. Physical Review B, 1981, 24 (1): 431-432.

[46] XIE X J, GAO N Y, DENG R R, et al. Mechanistic investigation of photon upconversion in Nd^{3+}-sensitized core-shell nanoparticles[J]. Journal of the American Chemical Society, 2013, 135 (34): 12608-12611.

[47] CHEN Y Y, LIU B, DENG X R, et al. Multifunctional Nd^{3+}-sensitized upconversion nanomaterials for synchronous tumor diagnosis and treatment[J]. Nanoscale, 2015, 7 (18): 8574-8583.

[48] CHEN G Y, LIU H C, LIANG H J, et al. Upconversion emission enhancement in Yb^{3+}/Er^{3+}-codoped Y_2O_3 nanocrystals by tridoping with Li^{+} ions[J]. Journal of Physical Chemistry C, 2008, 112 (31): 12030-12036.

[49] ZHANG C, YANG L, ZHAO J, et al. White-light emission from an integrated upconversion nanostructure: toward multicolor displays modulated by laser power[J]. Angewandte Chemie International Edition, 2015, 54 (39): 11531-11535.

[50] WEGH R T, DONKER H, OSKAM K D, et al. Visible quantum cutting in Eu^{3+}-doped gadolinium fluorides via downconversion[J]. Journal of Luminescence, 1999, 82 (2): 93-104.

[51] ZHANG Y, LIN J D, VIJAYARAGAVAN V, et al. Tuning sub-10 nm single-phase $NaMnF_3$ nanocrystals as ultrasensitive hosts for pure intense fluorescence and excellent T_1 magnetic resonance imaging[J]. Chemical Communications, 2012, 48 (83): 10322-10324.

[52] SUDARSAN V, SIVAKUMAR S, VEGGEL F C J M V. General and convenient method for making highly luminescent sol-gel derived silica and alumina films by using LaF_3 nanoparticles doped with lanthanide ions (Er^{3+}, Nd^{3+}, and Ho^{3+})[J]. Chemistry of Materials, 2005, 17 (18): 4736-4742.

[53] GREEN W H, LE K P, GREY J, et al. White phosphors from a silicate-carboxylate sol-gel precursor that lack metal activator ions[J]. Science, 1997, 276 (5320): 1826-1828.

[54] ANTIPENKO B M, VORONIN S P, PRIVALOVA T A. Addition of optical frequencies by cooperative processes[J]. Optics and Spectroscopy, 1987, 63 (6): 768-769.

[55] YANG R Y, SONG W Y, LIU S S, et al. Electrospinning preparation and upconversion luminescence of yttrium fluoride nanofibers[J]. CrystEngComm, 2012, 14 (23): 7895-7897.

[56] WANG Y, GAI S L, NIU N, et al. Synthesis of $NaYF_4$ microcrystals with different morphologies and enhanced up-conversion luminescence properties[J]. Physical Chemistry Chemical Physics, 2013, 15 (39): 16795-16805.

[57] NIU N, HE F, GAI S L, et al. Rapid microwave reflux process for the synthesis of pure hexagonal $NaYF_4:Yb^{3+},Ln^{3+},Bi^{3+}$ (Ln^{3+} = Er^{3+}, Tm^{3+}, Ho^{3+}) and its enhanced UC luminescence[J]. Journal of Materials Chemistry, 2012, 22 (40): 21613-21623.

[58] VETRONE F, NACCACHE R, MAHALINGAM V, et al. The active-core/active-shell approach: a strategy to enhance the upconversion luminescence in lanthanide-doped nanoparticles[J]. Advanced Functional Materials, 2009, 19 (18): 2924-2929.

[59] BOYER J-C, MANSEAU M-P, MURRAY J I, et al. Surface modification of upconverting $NaYF_4$ nanoparticles with PEG-phosphate ligands for NIR (800 nm) biolabeling within the biological window[J]. Langmuir, 2010, 26 (2): 1157-1164.

[60] PICHAANDI J, BOYER J-C, DELANEY K R, et al. Two-photon upconversion laser (scanning and wide-field) microscopy using Ln^{3+}-doped $NaYF_4$ upconverting nanocrystals: a critical evaluation of their performance and potential in bioimaging[J]. Journal of Physical Chemistry C, 2011, 115 (39): 19054-19064.

[61] 臧竞存, 刘燕行, 曹杰. $ZnWO_4:Sm^{3+}$晶体光谱与上转换发光. 物理学报, 1998, 47 (1): 117-123.

[62] 王吉有, 国伟林, 林志明, 等. 高光强激发下 Er^{3+}/Yb^{3+}共掺 TiBa 玻璃的绿光上转换发光[J]. 物理学报, 2002, 51 (8): 1861-1864.

[63] 杨建虎, 戴世勋, 李顺光, 等. 掺铒碲酸盐玻璃的光谱性质和能量传递[J]. 发光学报, 2002, 23 (5): 485-489.

[64] LU L J, NIE Q H, XU T F, et al. Up-conversion luminescence of $Er^{3+}/Yb^{3+}/Nd^{3+}$-codoped tellurite glasses[J]. Journal of Luminescence, 2007, 126 (3): 677-681.

[65] 李家成, 胡和方, 李顺光, 等. Yb^{3+}/Er^{3+}共掺碲钨酸盐玻璃的能量传递与频率上转换发光[J]. 硅酸盐学报, 2003, 31 (10): 1003-1006.

[66] HUANG S H, XU J, ZHANG Z G, et al. Rapid, morphologically controllable, large-scale synthesis of uniform $Y(OH)_3$ and tunable luminescent properties of $Y_2O_3:Yb^{3+}/Ln^{3+}$ (Ln = Er,Tm and Ho)[J]. Journal of Materials Chemistry, 2012, 22 (31): 16136-16144.

[67] ZHANG X, YANG P P, WANG D, et al. $La(OH)_3:Ln^{3+}$ and $La_2O_3:Ln^{3+}$ (Ln = Yb/Er, Yb/Tm, Yb/Ho) microrods: synthesis and up-conversion luminescence properties[J]. Crystal Growth Design, 2012, 12 (1): 306-312.

[68] WANG Y, YANG P P, MA P A, et al. Hollow structured $SrMoO_4:Yb^{3+}$, Ln^{3+} (Ln = Tm, Ho, Tm/Ho) microspheres: tunable up-conversion emissions and application as drug carriers[J]. Journal of Materials Chemistry B, 2013, 1 (15): 2056-2065.

[69] HUANG S H, WANG D, LI C X, et al. Controllable synthesis, morphology evolution and luminescence properties of $NaLa(WO_4)_2$ microcrystals[J]. CrystEngComm, 2012, 14 (6): 2235-2244.

[70] 赵谡玲, 侯延冰, 孙力, 等. 氟氧化物中 Er^{3+}的上转换发光[J]. 功能材料, 2001, 32 (1): 98-99.

[71] DU Y P, ZHANG Y W, SUN L D, et al. Luminescent monodisperse nanocrystals of lanthanide oxyfluorides synthesized from trifluoroacetate precursors in high-boiling solvents[J]. Journal of Physical Chemistry C, 2008, 112 (2): 405-415.

[72] SUN X, ZHANG Y W, DU Y P, et al. From trifluoroacetate complex precursors to monodisperse rare-earth fluoride and oxyfluoride nanocrystals with diverse shapes through controlled fluorination in solution phase[J]. Chemistry-A European Journal, 2007, 13 (8): 2320-2332.

[73] YI G S, PENG Y F, GAO Z Q. Strong red-emitting near-infrared-to-visible upconversion fluorescent nanoparticles[J]. Chemistry of Materials, 2011, 23 (11): 2729-2734.

[74] WEN T, ZHOU Y N, GUO Y Z, et al. Color-tunable and single-band red upconversion luminescence from rare-earth doped Vernier phase ytterbium oxyfluoride nanoparticles[J]. Journal of Materials Chemistry C, 2016, 4 (4): 684-690.

[75] MA M, XU C F, YANG L W, et al. Intense ultraviolet and blue upconversion emissions in Yb^{3+}-Tm^{3+} codoped stoichiometric $Y_7O_6F_9$ powder[J]. Physica B, 2011, 406 (17): 3256-3260.

[76] ZHANG Y, LI X J, KANG X J, et al. Morphology control and multicolor up- conversion luminescence of $GdOF:Yb^{3+}/Er^{3+}$, Tm^{3+}, Ho^{3+} nano/submicrocrystals[J]. Physical Chemistry Chemical Physics, 2014, 16 (22): 10779-10787.

[77] ZALDO C, CASCALES C N. High thermal sensitivity and the selectable upconversion color of Ln,Yb:$Y_6O_5F_8$ nanotubes[J]. Physical Chemistry Chemical Physics, 2014, 16 (42): 23274-23285.

[78] WANG H, XING M M, LUO X X, et al. Upconversion emission colour modulation of Y_2O_2S: Yb,Er under 1.55 μm and 980 nm excitation[J]. Journal of Alloys and Compounds, 2014, 587: 344-348.

[79] SONG Y H, HUANG Y J, ZHANG L H, et al. Gd_2O_2S:Yb,Er submicrospheres with multicolor upconversion fluorescence[J]. RSC Advances, 2012, 2 (11): 4777-4781.

[80] KUMAR G A, POKHREL M, SARDAR D K. Intense visible and near infrared upconversion in M_2O_2S: Er (M=Y, Gd, La) phosphor under 1550 nm excitation[J]. Materials Letters, 2012, 68 (1): 395-398.

[81] KUMAR G A, POKHREL M, SARDAR D K. Absolute quantum yield measurements in Yb/Ho doped M_2O_2S (M=Y, Gd, La) upconversion phosphor. Materials Letters, 2013, 98 (5): 63-66.

[82] WADA N, KOJIMA K. Dispersion and upconversion fluorescence of Nd^{3+} ions in Zinc chloride-based glasses[J]. Journal of the American Ceramic Society, 2002, 85 (3): 590-594.

[83] KORT K R, BANERJEE S. Shape-controlled synthesis of well-defined matlockite LnOCl (Ln: La, Ce, Gd, Dy) nanocrystals by a novel non-hydrolytic approach[J]. Inorganic Chemistry, 2011, 50 (12): 5539-5544.

[84] XIA Z G, LI J, LUO Y, et al. Comparative investigation of green and red upconversion luminescence in Er^{3+} doped and Yb^{3+}/Er^{3+} codoped LaOCl[J]. Journal of the American Ceramic Society, 2012, 95 (10): 3229-3234.

[85] XU Y S, CHEN D P, ZHANG Q, et al. Bright red upconversion luminescence of thulium ion-doped GeS_2-In_2S_3-CsI glasses[J]. Journal of Physical Chemistry C, 2009, 113 (22): 9911-9915.

[86] SHEN C, ZHANG Q, XU Y S, et al. Effects of the Tm^{3+} ion codoping on the upconversion luminescence of Er^{3+} ion-doped chalcohalide glasses[J]. Journal of the American Ceramic Society, 2009, 92 (12): 3122-3124.

[87] CHEN D Q, YU Y L, HUANG F, et al. Monodisperse upconversion Er^{3+}/Yb^{3+}:MFCl (M = Ca, Sr, Ba) nanocrystals synthesized via a seed-based chlorination route[J]. Chemical Communications, 2011, 47 (39): 11083-11085.

[88] GRIMM J, BEURER E, GERNER P, et al. Upconversion between 4f-5d excited states in Tm^{2+}-doped $CsCaCl_3$, $CsCaBr_3$, and $CsCaI_3$[J]. Chemistry-A European Journal, 2007, 13 (4): 1152-1157.

[89] BEURER E, GRIMM J, GERNER P, et al. Absorption, light emission, and upconversion properties of Tm^{2+}-doped $CsCaI_3$ and $RbCaI_3$[J]. Inorganic Chemistry, 2006, 45 (24): 9901-9906.

[90] BEURER E, GRIMM J, GERNER P, et al. New type of near-infrared to visible photon upconversion in Tm^{2+}-doped $CsCaI_3$[J]. Journal of the American Chemical Society, 2006, 128 (10): 3110-3111.

[91] CHEN Z, JIA H, ZHANG X W, et al. $BaCl_2$:Er^{3+}-a high efficient upconversion phosphor for broadband near-infrared photoresponsive devices[J]. Journal of the American Ceramic Society, 2015, 98 (8): 2508-2513.

[92] EGGER P, ROGIN P, RIEDENER T, et al. Ba_2ErCl_7-a new near IR to near UV upconversion material[J]. Advanced Materials, 1996, 8 (8): 668-672.

[93] RIEDENER T, KRAMER K, GÜDEL H U. Upconversion luminescence in Er^{3+}-doped $RbGd_2C_{17}$ and $RbGd_2Br_7$[J]. Inorganic Chemistry, 1995, 34 (10): 2745-2752.

[94] GHOSH P, OLIVA J, ROSA E D L, et al. Enhancement of upconversion emission of $LaPO_4$:Er@Yb core#shell nanoparticles/nanorods[J]. Journal of Physical Chemistry C, 2008, 112 (26): 9650-9658.

[95] BAI Y F, WANG Y X, YANG K, et al. The effect of Li on the spectrum of Er^{3+} in Li- and Er-codoped ZnO nanocrystals[J]. Journal of Physical Chemistry C, 2008, 112 (32): 12259-12263.

[96] CATES E L, CHO M, KIM J H. Converting visible light into UVC: microbial inactivation by Pr^{3+}-activated upconversion materials[J]. Environental Science Technology, 2011, 45 (8): 3680-3686.

[97] 杨建虎, 戴世勋, 姜中宏. 稀土离子的上转换发光及研究进展[J]. 物理学进展, 2003, 23 (3): 284-298.

[98] LIU F, MA E, CHEN D Q, et al. Tunable red-green upconversion luminescence in novel transparent glass ceramics containing Er: $NaYF_4$ nanocrystals[J]. Journal of Physical Chemistry B, 2006, 110 (42): 20843-20846.

[99] PATRA A, FRIEND C S, KAPOOR R, et al. Fluorescence upconversion properties of Er^{3+}-doped TiO_2 and $BaTiO_3$ nanocrystallites[J]. Chemistry of Materials, 2003, 15 (19): 3650-3655.

[100] FU Y K, GONG S Y, LIU X F, et al. Crystallization and concentration modulated tunable upconversion luminescence of Er^{3+} doped PZT nanofibers[J]. Journal of Materials Chemistry C, 2015, 3 (2): 382-389.

[101] YE X C, COLLINS J E, KANG Y J, et al. Morphologically controlled synthesis of colloidal upconversion nanophosphors and their shape-directed self-assembly[J]. Proceedings of the National Academy of Sciences of the United States of America, 2010, 107 (52): 22430-22435.

[102] MAI H X, ZHANG Y W, SUN L D, et al. Highly efficient multicolor up-conversion emissions and their mechanisms of monodisperse $NaYF_4$:Yb,Er core and core/shell-structured nanocrystals[J]. Journal of Physical Chemistry C, 2007, 111 (37): 13721-13729.

[103] NIU N, YANG P P, HE F, et al. Tunable multicolor and bright white emission of one-dimensional $NaLuF_4$:Yb^{3+},Ln^{3+} (Ln = Er, Tm, Ho, Er/Tm, Tm/Ho) microstructures[J]. Journal of Materials Chemistry, 2012, 22 (21): 10889-10899.

[104] WANG X, KONG X G, SHAN G Y, et al. Luminescence spectroscopy and visible upconversion properties of Er^{3+} in ZnO nanocrystals[J]. Journal of Physical Chemistry B, 2004, 118 (48): 18408-18413.

[105] 陈宝玖，王海宇，秦伟平，等. 高效的红外到可见上转换氟氧化物玻璃材料[J]. 光谱和光谱分析，2000, 20 (3): 257-259.

[106] SHANG X Y, CHEN P, JIA T Q, et al. Upconversion luminescence mechanisms of Er^{3+} ions under excitation of an 800 nm laser[J]. Physical Chemistry Chemical Physics, 2015, 17 (17): 11481-11489.

[107] FISCHER S, FRÖHLICH B, KRÄMER K W, et al. Relation between excitation power density and Er^{3+} doping yielding the highest absolute upconversion quantum yield[J]. Journal of Physical Chemistry C, 2014, 118 (51): 30106-30114.

[108] CHEN X, XU W, SONG H W, et al. Highly efficient $LiYF_4$: Yb^{3+}, Er^{3+}upconversion single-crystal under solar cell spectrum excitation and photovoltaic application[J]. ACS Applied Materials Interfaces, 2016, 8 (14): 9071-9079.

[109] VETRONE F, MAHALINGAM V, CAPOBIANCO J A. Near-infrared-to-blue upconversion in colloidal $BaYF_5$:Tm^{3+}, Yb^{3+} nanocrystals[J]. Chemistry of Materials, 2009, 21 (9): 1847-1851.

[110] JAYAKUMAR M K G, IDRIS N M, ZHANG Y. Remote activation of biomolecules in deep tissues using near-infrared-to-UV upconversion nanotransducers[J]. Proceedings of the National Academy of Sciences of the United States of America, 2012, 109 (22): 8483-8488.

[111] SHEN J, CHEN G Y, OHULCHANSKYY T Y, et al. Tunable near infrared to ultraviolet upconversion luminescence enhancement in (α-$NaYF_4$:Yb,Tm)/CaF_2 core/shell nanoparticles for in situ real-time recorded biocompatible photoactivation[J]. Small, 2013, 9 (19): 3213-3217.

[112] 臧竞存，徐东勇，邹玉林. Yb^{3+}对 Tm^{3+}间接敏化与基质晶格关系[J]. 中国稀土学报, 2001, 19 (6): 611-613.

[113] ALLAIN J Y, MONERIE M, PPIGNANT H. Room temperature CW tunable green upconversion holmium fibre laser[J]. Electronics Letters, 1990, 26 (4): 261-263.

[114] ZHANG X, JOUART J-P, BOUFFARD M, et al. Site-selective upconversion luminescence of Ho^{3+}-doped CaF_2 crystals[J]. Physica Status Solidi (B), 1994, 184 (2): 559-571.

[115] OSIAC E, SOKOLSKAA I, KOCK S. Upconversion-induced blue, green and red emission in Ho:BaY_2F_8[J]. Journal of Alloys and Compounds, 2001, 32 (42): 283-287.

[116] NACCACHE R, VETRONE F, MAHALINGAM V, et al. Controlled synthesis and water dispersibility of hexagonal phase $NaGdF_4$:Ho^{3+}/Yb^{3+} nanoparticles[J]. Chemistry of Materials, 2009, 21 (4): 717-723.

[117] CHEN G Y, OHULCHANSKYY T Y, LIU S, et al. Core/shell $NaGdF_4$:Nd^{3+}/$NaGdF_4$ nanocrystals with efficient nearinfrared to near-infrared downconversion photoluminescence for bioimaging applications[J]. ACS Nano, 2012, 6 (4): 2969-2977.

[118] LI X, ZHANG Q H, AHMAD Z, et al. Near-infrared luminescent $CaTiO_3:Nd^{3+}$ nanofibers with tunable and trackable drug release kinetics[J]. Journal of Materials Chemistry B, 2015, 3 (37): 7449-7456.

[119] POKHREL M, MIMUN L C, YUST B, et al. Stokes emission in $GdF_3:Nd^{3+}$ nanoparticles for bioimaging probes[J]. Nanoscale, 2014, 6 (3): 1667-1674.

[120] MORAES J R D, SILVA F R D, GOMES L, et al. Growth and spectroscopic characterizations: properties of $Nd:LiLa(MoO_4)_2$ single crystal fibers[J]. Cryst Eng Comm, 2013, 15 (12): 2260-2268.

[121] LIANG C, WANG Z, ZHANG Y, et al. Effect of La/Gd ratios on phase, morphology, and fluorescence properties of $La_xGd_{1-x}F_3:Nd^{3+}$ nanocrystals[J]. CrystEngComm, 2014, 16 (23): 4963-4966.

[122] KLIMCZAK M, MALINOWSKI M, PIRAMIDOWICZ R. Orange and IR to violet up-conversion processes in Nd:ZBLAN glasses[J]. Optical Materials, 2009, 31 (12): 1811-1814.

[123] ZHONG Y T, TIAN G, GU Z J, et al. Elimination of photon quenching by a transition layer to fabricate a quenching-shield sandwich structure for 800 nm excited upconversion luminescence of Nd^{3+}-sensitized nanoparticles[J]. Advanced Materials, 2014, 26 (18): 2831-2837.

[124] WANG D, XUE B, KONG X G, et al. 808 nm driven Nd^{3+}-sensitized upconversion nanostructures for photodynamic therapy and simultaneous fluorescence imaging[J]. Nanoscale, 2015, 7 (1): 190-197.

[125] XU W, SONG H W, CHEN X, et al. Upconversion luminescence enhancement of Yb^{3+}, Nd^{3+} sensitized $NaYF_4$ core-shell nanocrystals on Ag grating films[J]. Chemical Communications, 2015, 51 (8): 1502-1505.

[126] LAI J P, ZHANG Y X, PASQUALE N, et al. An upconversion nanoparticle with orthogonal emissions using dual NIR excitations for controlled two-way photoswitching[J]. Angewandte Chemie International Edition, 2014, 126 (52): 14647-14651.

[127] ZHONG Y T, ROSTAMI I, WANG Z H, et al. Energy migration engineering of bright rare-earth upconversion nanoparticles for excitation by lightemitting diodes[J]. Advanced Materials, 2015, 27 (41): 6418-6422.

[128] CATES S L, CATES E L, CHO M, et al. Synthesis and characterization of visible-to-UVC upconversion antimicrobial ceramics[J]. Environental Science Technology, 2014, 48 (4): 2290-2297.

[129] CATES E L, WILKINSON A P, KIM J H. Delineating mechanisms of upconversion enhancement by Li^+ codoping in $Y_2SiO_5:Pr^{3+}$. Journal of Physical Chemistry C, 2012, 116 (23): 12772-12778.

[130] PELLÉ F, DHAOUADI M, MICHELY L, et al. Spectroscopic properties and upconversion in $Pr^{3+}:YF_3$ nanoparticles[J]. Physical Chemistry Chemical Physics, 2013, 13 (39): 17453-17460.

[131] KOCH M E, KUENY A W, CASE W E. Photon avalanche upconversion laser at 644 nm[J]. Applied Physics Letters, 1990, 56 (12): 1083-1085.

[132] ZHAO Y X, FEMING S, POOLS S. 22 mW blue output power from a Pr^{3+} fluoride fibre upconversion laser[J]. Optics Communications, 1995, 114 (3-4): 285-288.

[133] MING C G, SONG F, YAN L H. Spectroscopic study and green upconversion of Pr^{3+}/Yb^{3+}-codoped $NaY(WO_4)_2$ crystal[J]. Optics Communications, 2013, 286 (1): 217-220.

[134] HAO S W, SHAO W, QIU H L, et al. Tuning the size and upconversion emission of $NaYF_4:Yb^{3+}/Pr^{3+}$ nanoparticles through Yb^{3+} doping[J]. RSC Advances, 2014, 4 (99): 56302-56306.

[135] ZHU B, ZHANG S M, LIN G, et al. Enhanced multiphoton absorption induced luminescence in transparent Sm^{3+}-doped $Ba_2TiSi_2O_8$ glass-ceramics[J]. Journal of Physical Chemistry C, 2007, 111 (45): 17118-17121.

[136] ZHOU Y H, LIN J, WANG S B. Energy transfer and upconversion luminescence properties of Y_2O_3:Sm and Gd_2O_3:Sm phosphors[J]. Journal of Solid State Chemistry, 2003, 171 (1-2): 391-395.

[137] SOM T, KARMAKAR B. Infrared-to-red upconversion luminescence in samarium-doped antimony glasses[J]. Journal of Luminescence, 2008, 128 (12): 1989-1996.

[138] KACZKAN M, FRUKACZ Z, MALINOWSKIA M. Infra-red-to-visible wavelength upconversion in Sm-activated YAG crystals[J]. Journal of Alloys and Compounds, 2001, 323-324 (1): 736-739.

[139] SHASMAL N, K P, KARMAKAR B. Enhanced photoluminescence up and downconversions of Sm^{3+} ions by Ag nanoparticles in chloroborosilicate glass nanocomposites[J]. RSC Advances, 2015, 5 (99): 81123-81133.

[140] SOM T, KARMAKAR B. Enhanced frequency upconversion of Sm^{3+} ions by elliptical Au nanoparticles in dichroic Sm^{3+}: Au-antimony glass nanocomposites[J]. Spectrochimica Acta Part A: Molecular and Biomolecular Spectroscopy, 2010, 75 (2): 640-646.

[141] LÜ Q, WU Y J, DING L R, et al. Visible upconversion luminescence of Tb^{3+} ions in Y_2O_3 nanoparticles induced by a near-infrared femtosecond laser[J]. Journal of Alloys and Compounds, 2010, 496 (1-2): 488-493.

[142] PROROK K, BEDNARKIEWICZ A, CICHY B, et al. The impact of shell host ($NaYF_4$/CaF_2) and shell deposition methods on the up-conversion enhancement in Tb^{3+}, Yb^{3+} codoped colloidal α-$NaYF_4$ core-shell nanoparticles[J]. Nanoscale, 2014, 6 (3): 1855-1864.

[143] MISHRA K, SINGH S K, SINGH A K, et al. New perspective in garnet phosphor: low temperature synthesis, nanostructures, and observation of multimodal luminescence[J]. Inorganic Chemistry, 2014, 53 (18): 9561-9569.

[144] MARTÍN-RODRÍGUEZ R, VALIENTE R, POLIZZI S, et al. Upconversion luminescence in nanocrystals of $Gd_3Ga_5O_{12}$ and $Y_3Al_5O_{12}$ doped with Tb^{3+}-Yb^{3+} and Eu^{3+}-Yb^{3+}[J]. Journal of Physical Chemistry C, 2009, 113 (28): 12195-12200.

[145] KASPROWICZ D, BRIK M G, MAJCHROWSKI A, et al. Up-conversion emission in $KGd(WO_4)_2$ single crystals triply-doped with Er^{3+}/Yb^{3+}/Tm^{3+}, Tb^{3+}/Yb^{3+}/Tm^{3+} and Pr^{3+}/Yb^{3+}/Tm^{3+} ions[J]. Optical Materials, 2011, 33 (11): 1595-1601.

[146] HÖLSÄ J, LAIHINEN T, LAAMANEN T, et al. Enhancement of the up-conversion luminescence from $NaYF_4$:Yb^{3+},Tb^{3+}[J]. Physica B, 2014, 439 (439): 20-23.

[147] LIANG H J, CHEN G Y, LI L, et al. Upconversion luminescence in Yb^{3+}/Tb^{3+}-codoped monodisperse $NaYF_4$ nanocrystals[J]. Optics Communications, 2009, 282 (14): 3028-3031.

[148] SIVAKUMAR S, BOYER J-C, BOVERO E, et al. Up-conversion of 980 nm light into white light from sol-gel derived thin film made with new combinations of LaF_3:Ln^{3+} nanoparticles[J]. Journal of Materials Chemistry, 2009, 19 (16): 2392-2399.

[149] ZHOU B, YANG W F, HAN S Y, et al. Photon upconversion through Tb^{3+}-mediated interfacial energy transfer[J]. Advanced Materials, 2015, 27 (40): 6208-6212.

[150] VERMELHO M V D, SANTOS P V D, ARAÚJO M T D, et al. Thermally enhanced cooperative energy-transfer frequency upconversion in terbium and ytterbium doped tellurite glass[J]. Journal of Luminescence, 2003, 102-103 (2): 762-767.

[151] QIU J B, SHOJIYA M, KAWAMOTO Y, et al. Energy transfer process and Tb^{3+} up-conversion luminescencein Nd^{3+}-Yb^{3+}-Tb^{3+} co-doped fluorozirconate glasses[J]. Journal of Luminescence, 2000, 86 (1): 23-31.

[152] STREK W, DEREN P, BEDNARKIEWICZ A. Cooperative processes in $KYb(WO_4)_2$ crystal doped with Eu^{3+} and Tb^{3+} ions[J]. Journal of Luminescence, 2000, 87 (6): 999-1001.

[153] WANG H S, DUAN C-K, TANNER P A. Visible upconversion luminescence from Y_2O_3:Eu^{3+},Yb^{3+}[J]. Journal of Physical Chemistry C, 2008, 112 (42): 16651-16654.

[154] ZHENG K Z, QIN W P, CAO C Y, et al. NIR to VUV: seven-photon upconversion emissions from Gd^{3+} ions in fluoride nanocrystals[J]. Journal of Physical Chemistry Letters, 2015, 6 (3): 556-560.

[155] WANG L L, LAN M, LIU Z L, et al. Enhanced deep-ultraviolet upconversion emission of Gd^{3+} sensitized by Yb^{3+} and Ho^{3+} in β-$NaLuF_4$ microcrystals under 980 nm excitation[J]. Journal of Materials Chemistry C, 2013, 1 (13): 2485-2490.

[156] SU Q Q, HAN S Y, XIE X J, et al. The effect of surface coating on energy migration-mediated upconversion[J]. Journal of the American Chemical Society, 2012, 134 (51): 20849-20857.

[157] LI X Y, LIU X W, CHEVRIER D M, et al. Energy migration upconversion in manganese(II)-doped nanoparticles[J]. Angewandte Chemie International Edition, 2015, 54 (45): 13312-13317.

第 3 章
上转换发光性能的影响因素

影响上转换发光性能的因素较多，既有掺杂离子种类和浓度、基质晶格和粒子尺寸等传统影响因素，也有核壳结构、非稀土共掺杂离子和金属增强效应等新兴影响因素，均被广泛用于上转换发光性能调变。而探索影响上转换发光性能的因素过程中，获得的许多结论已经成为通用准则，成为发光材料研究的指导原则。例如，大量研究结果表明 Yb^{3+}和 Er^{3+}共掺杂离子的最佳浓度（摩尔分数）分别分布在 20%～40%和 2%～8%范围内。目前，Yb^{3+}-Er^{3+}共掺杂发光材料的研究均是以此为基础展开的。

值得注意的是，上转换材料的发光性能是由多种因素共同决定的，调变过程中某一结论的出现也是多种因素共同作用的结果，这也是导致某一影响因素在不同发光体系中发挥的作用时有不同的原因。例如，公认的 Yb^{3+}和 Er^{3+}共掺杂离子对的最佳浓度是两个浓度范围，而不是两个固定的浓度值，甚至有报道获得的最优掺杂浓度在上述范围之外[1]，正是因为除了掺杂离子浓度和种类外，仍有基质晶格、尺寸、杂质和表面缺陷等其他因素对发光强度有极大影响。然而，更多的时候，之所以我们能够获得规律性结论，是因为往往多种影响因素中有一个起决定性作用，其对发光的影响能力远远强于其他因素影响能力的总和，以至于研究该因素的影响规律时，其他因素的干扰能够被忽略。例如，研究纳米材料尺寸对上转换发光性能影响情况的报道，一般不会考虑材料形状和反应条件差异的影响[2, 3]。但如果每个因素对发光性能的影响能力相近，将会彼此干扰，而无法获得规律性结论，导致某些报道出现相反的结论。例如，大量研究表明纳米材料的上转换发光强度随着粒子尺寸的增加而逐渐增强。但秦伟平课题组报道了发光强度随着粒子尺寸增加而减弱的现象[4]。因此，研究上转换发光性能的影响因素时，抓住主要影响因素尤为重要，而保持其他影响因素在最大程度上一致，也是获得高可信度结论的重要前提。

目前，对上转换发光性能的研究主要分为两个方向，一个是对发光颜色的调变，一个是对发光强度的优化，同时解决上转换发光效率低的问题。本章将对影响上转换发光强度和颜色的因素、基本规律和机理进行详细归纳总结，以期对实验和生产起到一定的指导和促进作用。

3.1 掺杂离子种类和浓度的影响

3.1.1 对发光强度的影响

对于上转换发光材料掺杂离子种类的优化，在 2.4 节上转换发光材料基本组成中已经进行了详细介绍，尤其着重从发光机制的角度说明了各稀土离子在上转换发光中的作用及特性。截至目前，已报道的能够产生上转换的发光中心包括 Er^{3+}、Tm^{3+}、Ho^{3+}、Tb^{3+}、Pr^{3+}、Eu^{3+}、Sm^{3+}、Nd^{3+}和 Gd^{3+}九种稀土离子，前三种研究广泛，其他研究很少，这种现象出现的原因可从之前的章节中找到答案，即各稀土离子产生上转换发光的难易程度不同。另外，除了 Sm^{3+}和 Nd^{3+}，其他稀土激活剂均可利用 Yb^{3+}作为敏化剂，提高发光强度，激发光波长约为 980nm。通常，单掺杂激活剂材料的上转换发光强度很低，有的几乎不发光，难于应用；而敏化剂和激活剂共掺杂体系的敏化发光强度与激活剂单掺杂体系相比可提高 1～3 个数量级，甚至更高。Teshima 课题组采用同种方法制备了 $NaYF_4$:Er 和 $NaYF_4$:Yb,Er 晶体，相同功率的 980nm 光激发下获得的上转换发光光谱完美证实了上述结论（图 3.1），即在 $NaYF_4$:Er 晶体的上转换光谱中几乎无法检测到 Er^{3+}特征发射峰的存在，样品只具有微弱黯淡的绿光发射；而在 $NaYF_4$:Yb,Er 晶体的上转换光谱中能够检测到 Er^{3+}很强的特征发射峰，样品具有强而明亮的绿光发射。因为 Er^{3+}单掺杂材料中，上转换发光利用的是稀土离子的 f-f 禁戒跃迁，窄线的小振子强度光谱限制了对红外光的吸收，因此对激发能量吸收强度不高，发光效率不高。而在敏化剂和激活剂共同掺杂的材料中，敏化剂 Yb^{3+}对红外光的吸收能力很强，同时可将吸收的激发能有效的传递给激活剂 Er^{3+}，进而提高了上转换发光效率[5]。因此，目前 980nm 光激发的高荧光强度上转换材料普遍是敏化剂共掺杂体系。

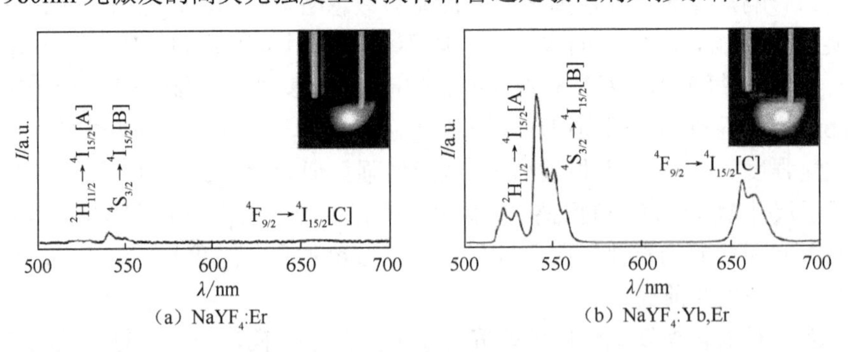

图 3.1 相同制备和检测条件下，$NaYF_4$:Er 和 $NaYF_4$:Yb,Er 微米粒子上转换发射光谱图[5]

敏化剂和激活剂共掺杂的上转换发光体系中，激活剂的掺杂浓度（摩尔分数）通常很低，一般不超过 5%，以降低浓度猝灭效应对发光的消减作用；同时，降低掺杂离子对宿主材料晶体结构的影响。镧系离子掺杂的荧光材料中，通常都存在一个最佳掺杂浓度（C_{opt}），当掺杂离子的浓度为 C_{opt} 时，材料的发光强度达到最大。材料的发光强度一般将随着激活剂浓度的改变发生如下变化：掺杂浓度从零逐渐增加到 C_{opt} 时，发光中心的数量相应增多，自然发光强度随着浓度的增加而提高；在 C_{opt} 时发光强度达到最大值；进一步提高掺杂浓度使其高于 C_{opt}，发光强度将明显下降，这是由邻近的激活剂离子之间的相互作用导致的浓度猝灭效应引起的。这种相互作用的强度随着激活剂离子之间的距离的缩短而明显地加强。当 Er^{3+}浓度提高的情况下，衰减时间显著降低，可以证明这个问题[6]。

如果基质中敏化剂 Yb^{3+}的浓度增加，那么传递给激活剂离子的光子数量就增加，从而引起发光强度的增加。在某一浓度下，发光强度达到最大值。然后随着浓度的增加，发光强度逐渐下降，这是由于激活剂离子又把大部分能量传递给敏化剂离子而减弱了发光，这种相互作用随邻近激活剂和敏化剂离子浓度的增加而加强，结果使发光强度迅速下降[6]。严纯华课题组利用高温溶剂法制备了平均粒径为 20nm 的 β-$NaYF_4$:Yb,Er 亲油纳米晶，Yb^{3+}-Er^{3+}离子对的掺杂浓度对其上转换发光强度的影响，如图 3.2 所示。显然，上转换发光强度首先随着 Yb^{3+}和 Er^{3+}的掺杂浓度增加而增强，达到最大值后逐渐降低，最终得到 Yb^{3+}和 Er^{3+}的最优掺杂浓度（摩尔分数）分别是 20%和 2%[7]。

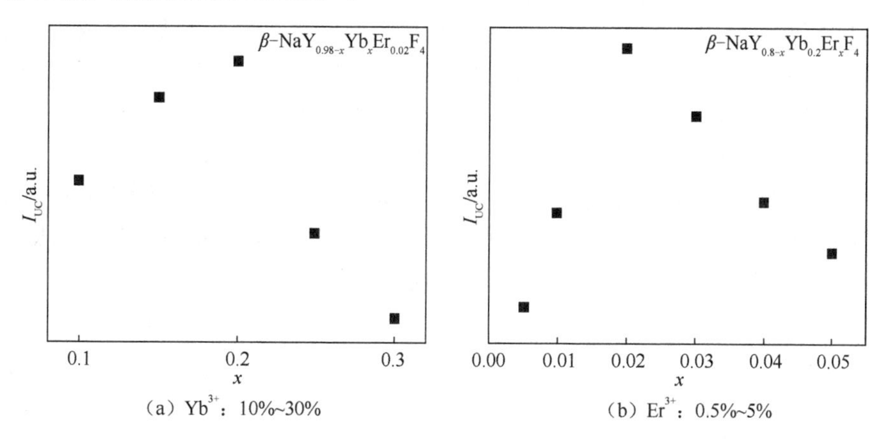

图 3.2　掺杂离子浓度对 β-$NaYF_4$:Yb,Er 纳米球（约 20nm）上转换发光强度的影响趋势[7]

综上，一般对于 Yb^{3+}-Ln^{3+}（Ln^{3+} = Er^{3+}、Tm^{3+}、Ho^{3+}）共掺杂体系而言，Yb^{3+}的最优掺杂浓度（摩尔分数）是 15%～40%，因为较高的敏化剂浓度利于提高能量传递效率；激活剂 Er^{3+}的最优掺杂浓度（摩尔分数）是 2%～6%；激活剂 Tm^{3+}和 Ho^{3+}的最优掺杂浓度（摩尔分数）仅为 0.1%～1%，这比 Yb^{3+}-Er^{3+}离子对中 Er^{3+}

的最优掺杂浓度低很多，因为邻近 Tm^{3+}（或 Ho^{3+}）之间的相互作用要强得多，导致浓度猝灭等削弱发光的因素更强，因此最优掺杂浓度低得多。

然而，掺杂离子在晶体中的存在方式、分散均匀程度、局部结构、周围环境和杂质干扰等因素均会对激活剂的发光性能产生影响，进而影响材料的上转换发光强度，因此上述最优掺杂浓度在实验和生产中只作为参考数据，某个确定发光体系具体的最优掺杂浓度还要具体问题具体分析，并经过试验分析得到最终结果。这也解释了为什么严纯华课题组制备的 185nm β-$NaYF_4$:Yb,Er 亲油纳米晶中 Yb^{3+} 和 Er^{3+}的最优掺杂浓度（摩尔分数）分别是 10%和 0.5%[7]。

3.1.2 对发光颜色的影响

镧系离子的发射峰覆盖整个可见光区，因此可以实现镧系离子掺杂晶体的多色荧光发射，在现代照明和显示器领域的基础探索和技术应用尤为引人注目，例如发光二极管和场发射显示器。在实际应用中，镧系离子掺杂的荧光粉在电子轰击下展现了优秀的光输出、显色性、环境友好性和稳定性。对于镧系离子掺杂的荧光材料，发光颜色可通过如下方式调整，包括改变掺杂离子的种类和含量、引入非稀土离子、采用新宿主材料、优化实验条件、调整粒子的尺寸、结晶度或晶相等。其中，精确的控制和调整掺杂离子的种类和含量的方法既高效又方便，且在上转换和下转换材料中通用，因为发光中心的结构决定发射光谱的形成。有时，同一种激活剂，在同一种基质中其发射光谱却不同。例如，$NaYF_4$:Yb,Er 发光材料能发射绿光、黄光和红光，这与两种掺杂离子的浓度、材料结晶度、杂质缺陷及制备条件有关。特征型发光材料的辐射光谱有几个带，与发光中心的不同能级跃迁相对应[8]。同一种激活剂离子上转换发光颜色的改变，往往与无辐射弛豫过程密切相关，即某些条件的改变促进了某类交叉弛豫过程的发生，而无辐射弛豫过程改变了处于各能级激活剂离子的数量，进而影响了各能级回到基态/低能态产生辐射跃迁的强度，最终导致发光颜色的改变。而影响无辐射弛豫过程的因素既有掺杂离子浓度和种类，也有粒子尺寸、氧杂质、晶相、表面缺陷和配体、结晶度等其他因素。因此，与发光强度类似，发光颜色也是多种因素共同作用的结果。

下面将分别对 Ln^{3+}单掺杂和 Yb^{3+}-Ln^{3+}双掺杂（Ln = Er、Tm、Ho）纳米材料中离子浓度对发光颜色的影响及机理进行阐述。

1. Er^{3+}单掺杂和 Yb^{3+}-Er^{3+}共掺杂体系

因为 Er^{3+}单掺杂体系发光强度的限制，相关研究和报道较少。但基于理论考虑，Prasad 课题组和韩高荣课题组研究了 Er^{3+}浓度对体系发光颜色的影响。结果表明，一定范围内增加 Er^{3+}掺杂量，$BaTiO_3$:Er 纳米粒子和 $PbZr_{0.52}Ti_{0.48}O_3$:Er 纳米纤维的红光和绿光强度比增大。因为掺杂浓度较低时，处于基态能级的 Er^{3+}通过基态吸收和激发态吸收依次跃迁至 $^4I_{11/2}$ 和 $^4F_{7/2}$ 能级；$^4F_{7/2}$ 能级上的离子迅速无辐射弛豫至 $^2H_{11/2}$ 和 $^4S_{3/2}$ 能级；而处于 $^2H_{11/2}$ 和 $^4S_{3/2}$ 能级的 Er^{3+}，多半通过辐射跃迁回到基态 $^4I_{15/2}$ 能级，产生以 $^2H_{11/2}\rightarrow{}^4I_{15/2}$ 和 $^4S_{3/2}\rightarrow{}^4I_{15/2}$ 跃迁为主的绿光发射。Er^{3+}掺杂浓度较高时，Er 和 Er 原子间距减小，促使 Er^{3+}之间的交叉弛豫过程 $^2H_{11/2}+{}^4I_{15/2}\rightarrow{}^4I_{9/2}+{}^4I_{13/2}$ 占主导，猝灭绿光发射的同时，产生红光发射的 $^4F_{9/2}\rightarrow{}^4I_{15/2}$ 跃迁得到极大提高[9, 10]。此外，以 Gd_2O_3:Er 纳米晶体为研究对象，尹民课题组分析了增加 Er^{3+}掺杂量时发光颜色的变化情况。结果表明，随着 Er^{3+}浓度（摩尔分数）从 0.5%缓慢增加到 6%，上转换光谱中红光发射峰从无到有逐渐增强，同时总发光强度也逐渐增强[11]。实际研究中会遇到这样一种现象：Er^{3+}上转换光谱中红光发射强度已经比绿光高几倍，但我们观察到的发光颜色仍为黄色或黄色偏红色光，而不是红色发光。产生这种现象的原因是不同波长光的散射效率不同，严重影响和改变了颜色的纯度。即绿光的散射效率比红光高，导致较低比例的绿光和较高比例的红光混合时，我们肉眼观察到的发光颜色为黄光。

Er^{3+}作为发光中心的上转换材料研究最多也最深入，其中 Yb^{3+}-Er^{3+}共掺杂体系在发光强度上的巨大优势已经促使其成为研究的主流。Yb^{3+}-Er^{3+}共掺杂体系能够产生绿光、黄光和红光三种颜色的上转换发光。图 3.3 给出了 Yb^{3+}-Er^{3+}共掺杂体系中 Er^{3+}分别位于 510～560nm 和 640～670nm 波长范围内的绿光和红光特征发射峰位置，而黄光是绿光和红光按一定比例混合而成的。不同发射峰的相对强度可通过调整掺杂离子的浓度进行调控，敏化剂 Yb^{3+}的精确调控尤为方便、有效且简单易行。根据上转换过程能级跃迁机理，Er^{3+}的 $^2H_{11/2}$,$^4S_{3/2}\rightarrow{}^4I_{15/2}$ 能级跃迁产生绿光发射，$^4F_{9/2}\rightarrow{}^4I_{15/2}$ 能级跃迁产生红光发射。可见，两种颜色发射峰强度的高低取决于对应能级上 Er^{3+}数量的多少。大量研究表明，Yb^{3+}-Er^{3+}共掺杂体系中，增加 Yb^{3+}掺杂量时，红光和绿光的强度比逐渐增大，产生这种现象的原因主要有以下三种解释。

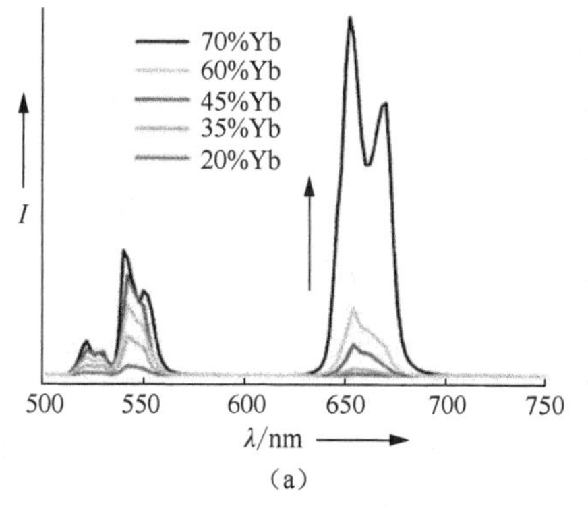

(a)

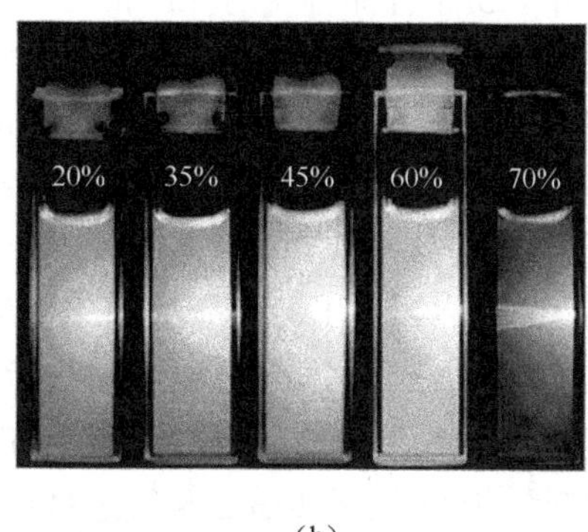

(b)

图 3.3　分散于乙醇溶液中的 $NaGdF_4$:xYb,Er 纳米粒子的上转换发射光谱和发光颜色照片[14]（见书后彩图）

（1）Yb^{3+}浓度增加，导致 Yb 和 Er 原子间距随之减小，从而促进了从 Yb^{3+}到 Er^{3+}的反向能量传递发生，即发生 $^4S_{3/2}$（Er）+ $^2F_{7/2}$（Yb）→ $^4I_{13/2}$（Er）+ $^2F_{5/2}$（Yb）和 $^4F_{7/2}$（Er）+ $^2F_{7/2}$（Yb）→ $^4I_{11/2}$（Er）+ $^2F_{5/2}$（Yb）。两种能量传递过程分别减少了处于 $^4F_{7/2}$、$^2H_{11/2}$ 和 $^4S_{3/2}$ 能级上的 Er^{3+}数量，猝灭了绿光发射；同时，增加了处于 $^4I_{13/2}$ 和 $^4I_{11/2}$ 能级上的 Er^{3+}数量，增强了红光发射。

（2）某些材料中 Er^{3+}的 $^4I_{13/2}$ 能级的内在寿命（intrinsic lifetime）比 $^4I_{11/2}$ 能级长，促使能量转换过程 $^4I_{13/2}$（Er）+ $^2F_{5/2}$（Yb）→ $^4F_{9/2}$（Er）+ $^2F_{7/2}$（Yb）发生的概率高于 $^4I_{11/2}$（Er）+ $^2F_{5/2}$（Yb）→ $^4F_{7/2}$（Er）+ $^2F_{7/2}$（Yb），显著提高了 Er^{3+}的 $^4F_{9/2}$→$^4I_{15/2}$ 红光发射。

（3）Yb^{3+}浓度增加，从 Yb^{3+}到 Er^{3+}的能量传递概率提高，促使位于 $^4I_{13/2}$ 能级上 Er^{3+}的数量逐渐达到饱和，利于 $^4I_{13/2}$→$^4F_{9/2}$ 能级跃迁，进而产生红光发射。

这种高浓度 Yb^{3+}对红光和绿光强度比的增强能力在 Yb^{3+}-Er^{3+}共掺杂的 $NaYF_4$、$NaGdF_4$、$NaLuF_4$、$BaYF_5$、Gd_2O_3、Y_2O_3、CeO_2、YF_3 和 Bi_2O_3 等各种纳米材料中均得到了证实，实现了 Yb^{3+}-Er^{3+}共掺杂体系发光颜色从绿色经由黄色到红色的调变[11-19]。另外，对于氟化物为基质的体系，一般绿光发射较强，因为基质声子能量低，处于 $^2H_{11/2}$ 和 $^4S_{3/2}$ 能级上的 Er^{3+}数量多[6]。Yb^{3+}-Er^{3+}共掺杂体系中，适当增加 Er^{3+}掺杂量时，红光和绿光的强度比也将增大，其机理与上述 Er^{3+}单掺杂体系类似[7]。

我们选用 Y_2O_3 作为上转换基质材料，研究了 Yb^{3+}-Ln^{3+}（Ln^{3+} = Er^{3+}、Tm^{3+}、Ho^{3+}）共掺杂微米粒子上转换发光颜色与 Yb^{3+}掺杂浓度的关系。实验选用的氧化物材料是利用共沉淀法制备的 $Y(OH)_3$:Yb,Ln 产物在马弗炉中经过 800℃煅烧 2h 得到的 Y_2O_3:Yb,Ln 微米棒[20]。图 3.4 给出了 Y_2O_3:x%Yb,Er 样品的上转换发射光谱图、CIE 图和上转换发光照片。当 Yb^{3+}的掺杂浓度（摩尔分数）从 1%增大到 10%的过程中，5 个样品都发射 Er^{3+}的 3 个特征峰，分别是 $^2H_{11/2}$→$^4I_{15/2}$、$^4S_{3/2}$→$^4I_{15/2}$ 和 $^4F_{9/2}$→$^4I_{15/2}$。Yb^{3+}的掺杂浓度（摩尔分数）为 3%时，Y_2O_3:Yb,Er 样品拥有最强的绿色发射峰；Yb^{3+}的掺杂浓度（摩尔分数）为 10%时，Y_2O_3:Yb,Er 样品拥有最强的红色发射峰。由图 3.4 中插图的样品发射的红光峰和绿光峰积分强度对比值可知，随着 Yb^{3+}浓度的增加，绿光发射（$^2H_{11/2}$→$^4I_{15/2}$、$^4S_{3/2}$→$^4I_{15/2}$）峰强度和红光发射（$^4F_{9/2}$→$^4I_{15/2}$）峰强度的比值逐渐减小，即样品发光颜色从绿光逐渐向红光转变。当 Yb^{3+}（摩尔分数）从 1%到 3%时，更多的 Yb^{3+}参与能量传递过程，因此红光和绿光发射峰的强度同时增加；但如果继续增加 Yb^{3+}的浓度，容易发生 Yb^{3+}到 Er^{3+}的反向能量传递过程 $^4S_{3/2}$（Er）+ $^2F_{7/2}$（Yb）→ $^4I_{13/2}$（Er）+ $^2F_{5/2}$（Yb）和 $^4F_{7/2}$（Er）+ $^2F_{7/2}$（Yb）→ $^4I_{11/2}$（Er）+ $^2F_{5/2}$（Yb），增加了处于 $^4I_{11/2}$ 和 $^4I_{13/2}$ 能级 Er^{3+}的数量，同时减少了 $^2H_{11/2}$ 和 $^4S_{3/2}$ 能级 Er^{3+}的数量，直接导致绿光发射强度降低；随

后 Yb^{3+}吸收能量并传递给 Er^{3+}，$^2F_{5/2}$（Yb）+ $^4I_{13/2}$（Er）→ $^2F_{7/2}$（Yb）+ $^4F_{9/2}$（Er），由此增加了处于 $^4F_{9/2}$ 能级 Er^{3+}的数量，直接导致红光发射峰的增强。

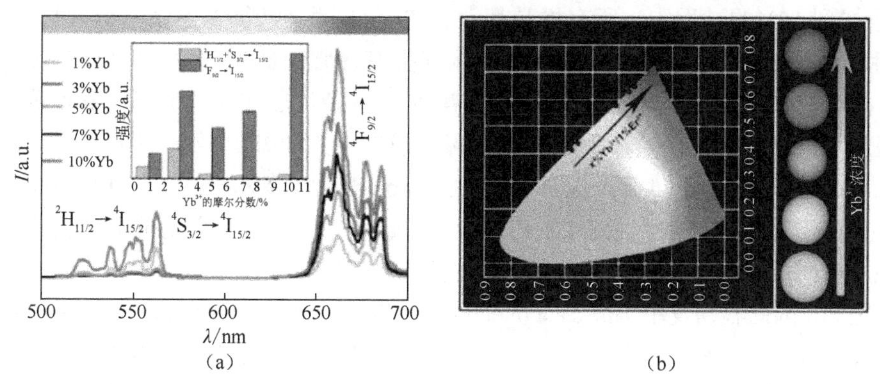

图 3.4　Y_2O_3:x%Yb,Er 粉末的上转换发射光谱图、CIE 图和上转换发光照片[20]（见书后彩图）

（a）中插图为绿红发射峰的积分强度对比柱状图

2．Yb^{3+}-Tm^{3+}共掺杂体系

Yb^{3+}-Tm^{3+}共掺杂体系以发射蓝光而闻名。根据上转换过程能级跃迁机理，Tm^{3+}的 $^1D_2$→$^3F_4$ 和 $^1G_4$→$^3H_6$ 跃迁产生波长 440～500nm 的蓝光发射，$^1G_4$→$^3F_4$ 跃迁产生波长 630～670nm 的红光发射，$^3H_4$→$^3H_6$ 跃迁产生波长 750～850nm 的红外光发射，以及 $^1I_6$→$^3H_6$、$^1I_6$→$^3F_4$ 和 $^1D_2$→$^3H_6$ 跃迁产生波长 280～300nm 和 340～370nm 的紫外光发射[21, 22]。虽然，Yb^{3+}-Tm^{3+}共掺杂体系存在产生红光发射的能级跃迁，但由于浓度猝灭效应的影响，该跃迁发生的概率很低，发光通常极其微弱，且实际操作中很难提高[23]；另外，该体系存在产生红外光和紫外光的能级跃迁，且在某些体系中，红外光的发射强度远大于其他发光强度的总和[13]，但红外光和紫外光均为不可见光，不影响体系的发光颜色。因此，Yb^{3+}-Tm^{3+}共掺杂体系总是在蓝光区存在两个强度很高的发射峰，体系也总是发出蓝色可见光。

关于 Yb^{3+}和 Tm^{3+}掺杂浓度对发光颜色的影响，现有研究不多，且存在各体差异，因为样品最终展现出来的发光颜色也是多种因素共同作用的结果。例如，Liu 课题组通过增加 $NaYF_4$:Yb,Tm 纳米粒子中 Tm^{3+}浓度（摩尔分数：0.2%～2.0%）极大提高了近红外光发射强度，因为 Tm 和 Tm 原子距离减小将提高交叉弛豫 $^1G_4$+ $^3F_4$→ $^3H_4$+ $^3F_2$ 的发生概率，促使更多的 Tm^{3+}处于 $^3H_4$ 能级产生红外光发射[13]；施展课题组研究表明，增加 $NaGdF_4$:Yb,Tm 纳米粒子中 Tm^{3+}浓度（摩尔分数：0.2%～2.0%）将减弱蓝光发射强度[14]；另外，提高 Yb^{3+}浓度对不同波长发光强度比是增强还是减弱也因体系而异[17-19]。因此，想要形成被广泛接受和认可的规律性结果，还有待更深入系统的研究。

图 3.5 给出了 Y_2O_3:x%Yb,Tm 微米棒的上转换发射光谱、蓝红发射峰的积分强度对比柱状图、上转换发光照片及 CIE 图[20]。当离子的掺杂浓度（摩尔分数）从 1%增加到 10%的过程中，所有样品都含有 Tm^{3+}的两个特征发射峰，分别是 $^1G_4$→$^3H_6$ 和 $^3F_3$→$^3H_6$，且 Y_2O_3:3%Yb,Tm 微米棒拥有最强的蓝光发射，Y_2O_3:5%Yb,Tm 微米棒拥有最强的红光发射。另外，随着 Yb^{3+}掺杂浓度增加，蓝光区和红光区发射强度均先增大后减小，在 Yb^{3+}浓度（摩尔分数）为 3%时总发光强度最大，样品发光颜色从蓝光逐渐向黄光偏移。因为当 Yb^{3+}浓度（摩尔分数）从 1%到 3%时，Y_2O_3:x%Yb,Tm 样品中有更多的 Yb^{3+}参与能量传递过程，因此蓝光和红光发射峰的强度同时增加；但如果继续增加 Yb^{3+}的浓度（摩尔分数）到 5%，由于此时 Yb^{3+}已经饱和，因此容易发生 Tm^{3+}到 Yb^{3+}的反向能量传递过程，$^1G_4$（Tm^{3+}）+ $^2F_{7/2}$（Yb^{3+}）→ $^3H_5$（Tm^{3+}）+ $^2F_{5/2}$（Yb^{3+}）。该过程会减少处于 $^1G_4$ 能级 Tm^{3+}的数量，降低蓝光发射；同时，因为处于 $^3H_5$ 能级的 Tm^{3+}数量增加，会进一步增加处于 $^3F_4$ 能级的 Tm^{3+}数量，因此当 Yb^{3+}吸收能量传递给 Tm^{3+}，将发生 $^2F_{5/2}$（Yb^{3+}）+ $^3F_4$（Tm^{3+}）→ $^2F_{7/2}$（Yb^{3+}）+ $^3F_2$（Tm^{3+}）跃迁，使得处于 $^3F_2$ 能级的 Tm^{3+}数量增加。另外，由于 $^3F_2$（Tm^{3+}）→ $^3F_3$（Tm^{3+}）无辐射跃迁的存在，也会增加处于 $^3F_3$ 能级的 Tm^{3+}数量，从而使得红光发射增强。如果继续增强 Yb^{3+}的掺杂浓度（摩尔分数）到 10%，将导致 Yb^{3+}和 Tm^{3+}之间交叉弛豫发生的概率增加，使 Y_2O_3:x%Yb,Tm 微米棒的蓝光和红光发射同时降低。

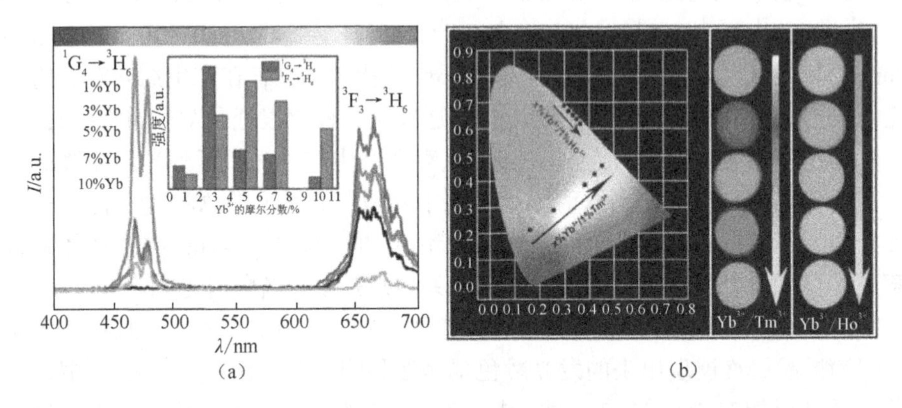

图 3.5 Y_2O_3:x%Yb,Tm 粉末的上转换发射光谱和蓝红发射峰的积分强度对比柱状图、Y_2O_3:x%Yb,Tm 和 Y_2O_3:x%Yb,Ho 粉末的上转换发光照片和 CIE 图[20]（见书后彩图）

3. Yb^{3+}-Ho^{3+}共掺杂体系

Yb^{3+}-Ho^{3+}共掺杂体系在 980nm 光激发下通常拥有一个较强的上转换绿光发射峰（$^5S_2$/$^5F_4$→$^5I_8$）和一个相对较弱的红光发射峰（$^5F_5$→$^5I_8$），以绿光发射为主。一般情况下，Ho^{3+}的红光发射峰提高幅度较小，因为产生红光发射的能级布居需要

$^5S_2 \to ^5F_5$ 和 $^5I_6 \to ^5I_7$ 两个无辐射多声子弛豫过程的辅助，而产生无辐射多声子弛豫过程的概率 k_{NR} 和能级差存在如下关系[23]：

$$k_{NR} \propto \exp\left(-\beta \frac{\Delta E}{\hbar\omega_{max}}\right)$$

式中，β 为宿主材料的一个经验常数；ΔE 为产生无辐射多声子弛豫过程的两个相邻能级之间的能级差；$\hbar\omega_{max}$ 为宿主晶格的最高能级振动模式。可见，产生无辐射多声子弛豫过程的两个能级之间的能级差越大，无辐射多声子弛豫过程发生的概率越小。由于 Ho^{3+}产生 $^5S_2 \to ^5F_5$ 和 $^5I_6 \to ^5I_7$ 两个无辐射多声子弛豫过程的两对能级之间的能级差较大，因此需要多个声子共同辅助完成，发生概率较低，导致布居在 $^5F_5$ 和 $^5I_7$ 能级上的 Ho^{3+}数量较少，进而产生红光发射的强度较低，且难于提高。因此，Yb^{3+}-Ho^{3+}共掺杂体系一般发射绿光。

在一定范围内增加 Yb^{3+}-Ho^{3+}共掺杂体系中 Ho^{3+}的浓度，体系的绿光和红光发射强度比将随之增加[3, 24]。因为浓度增加时，有更多的 Ho^{3+}能够与 Yb^{3+}发生能量传递，增加了总发光强度，又因为红光难于提高，所以绿光和红光发射强度比将增加。

此外，尽管 Yb^{3+}-Ho^{3+}共掺杂的纳米粒子以绿色发射为主，但随着敏化剂 Yb^{3+}浓度的增加，红光和绿光的发射强度比略有提高[19, 20]，原因与 Yb^{3+}-Er^{3+}共掺杂体系相似，是反向能量传递过程增加 $^5F_5$ 能级 Ho^{3+}布居数量的结果，但受到无辐射多声子弛豫发生概率的限制，红光发射的增强比例通常较低。然而，Zhang 等[25]的研究表明，当 Yb^{3+}浓度（摩尔分数）从 20%增加至 60%时，$NaYF_4$:Yb,Ho 纳米粒子的荧光发射将经历绿色、黄色和红色三种主要的颜色变化。我们研究了 Y_2O_3:Yb,Ho 微米粒子上转换发光颜色与 Yb^{3+}掺杂浓度的关系[20]，发现 Yb^{3+}的掺杂浓度（摩尔分数）从 1%增大到 10%的过程中，所有样品都拥有两个 Ho^{3+}特征发射峰，分别是绿光（$^5S_2 \to ^5I_8$）和红光（$^5F_5 \to ^5I_8$），且红光和绿光发射峰强度比逐渐递增，样品的发光颜色从绿光逐渐向黄光转变［图 3.6 和图 3.5（b）］。因为当 Yb^{3+}的浓度（摩尔分数）从 1%增加到 5%时，容易发生 Ho^{3+}到 Yb^{3+}的反向能量传递过程 $^5S_2$（Ho^{3+}）+ $^2F_{7/2}$（Yb^{3+}）→ $^5I_6$（Ho^{3+}）+ $^2F_{5/2}$（Yb^{3+}），直接减少了处于 $^5S_2$ 能级 Ho^{3+}的数量，使绿光强度降低。该过程也会增加处于 $^5I_6$ 能级 Ho^{3+}的数量，再通过无辐射跃迁使处于 $^5I_7$ 能级 Ho^{3+}的数量增加。随后，Yb^{3+}吸收能量传递给 Ho^{3+}，$^2F_{5/2}$（Yb^{3+}）+ $^5I_7$（Ho^{3+}）→ $^2F_{7/2}$（Yb^{3+}）+ $^5F_5$（Ho^{3+}），由此提高了处于 $^5F_5$ 能级 Ho^{3+}的数量，导致红光发射峰的增强。但如果继续增加 Yb^{3+}的浓度（摩尔分数）到 10%，将会增加 Yb^{3+}和 Ho^{3+}之间交叉弛豫过程发生的概率，致使 Y_2O_3:10%Yb,Ho 样品的绿光和红光发射同时降低。

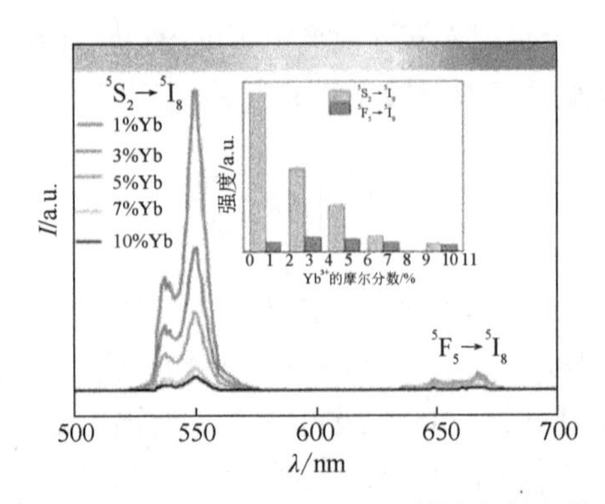

图 3.6　Y_2O_3:x%Yb,Ho 粉末的上转换发射光谱图

插图为绿红发射峰的积分强度对比柱状图[20]

综上，介绍了 Yb^{3+}-Ln^{3+}（Ln = Tm、Er、Ho）双掺杂体系中敏化剂和激活剂离子浓度改变时，发光体系颜色的改变情况，可见改变敏化剂 Yb^{3+}的浓度，可以有效调节 Yb^{3+}-Er^{3+}、Yb^{3+}-Tm^{3+}和 Yb^{3+}-Ho^{3+}中各个激发峰的相对强度。然而，掺杂离子种类和浓度对发光颜色的影响不止于此，还可通过 Yb^{3+}-Tm^{3+}-Er^{3+}共掺杂实现白光发射，此外 Tm^{3+}的紫外光和近红外光也可实现调变和增强。因为这部分内容涉及稀土发光的另一个独特优势，易于实现多色调变的优势，因此另起 3.1.3 节系统介绍白光调变能力。

3.1.3　白光调变体系

通过平衡红、绿、蓝三基色的相关强度可以获得高质量的白光发射，三基色混合得到的白光色差低、色纯度高且颜色稳定性良好，在开发高效白光二极管方面尤为重要。目前，多数实用发光二极管都源自于黄、蓝双色混合，因此白色光源都具有较低的显色指数。利用稀土离子 Yb^{3+}-Er^{3+}-Tm^{3+}或 Yb^{3+}-Ho^{3+}-Tm^{3+}两种三组分掺杂系统可以获得上转换白光发射，两种系统中，位于 620～700nm 波长范围内的红光发射和位于 510～580nm 波长范围内的绿光发射主要源于 Er^{3+}或 Ho^{3+}，位于 440～500nm 波长范围内的蓝光发射源于 Tm^{3+}。为了得到上转换荧光的白光发射，则需要精确控制三色光的相对发射强度。

1. Yb^{3+}-Tm^{3+}-Er^{3+}三掺杂体系

在 Yb^{3+}-Tm^{3+}-Er^{3+}三掺杂体系中，三基色光分别源于 Er^{3+}的 $^2H_{11/2}$, $^4S_{3/2} \to {}^4I_{15/2}$能级跃迁产生的波长 510～560nm 的绿光发射、Er^{3+}的 $^4F_{9/2} \to {}^4I_{15/2}$能级跃迁产生的波长 640～670nm 的红光发射和 Tm^{3+}的 $^1D_2 \to {}^3F_4$ 和 $^1G_4 \to {}^3H_6$ 跃迁产生波长 440～500nm 的蓝光发射。虽然 Tm^{3+}的 $^1G_4 \to {}^3F_4$ 和 $^3F_3 \to {}^3H_6$ 跃迁也能发射红光，但由于

发光强度低且难于提高，一般不作为红光来源的重点考虑对象。对于上转换过程中三基色相对强度的调变方式主要有两种，一种是调节敏化剂 Yb^{3+}的浓度，另一种是调节发光中心 Er^{3+}的浓度。

我们采用前一种调变方式对熔盐法合成的 β-$NaLuF_4$:Yb,Er,Tm 稀土氟化物微米晶的上转换光谱进行了白光调变，并探讨了敏化剂对发光颜色的调变规律。β-$NaLuF_4$:Yb,Er,Tm 体系中，Er^{3+}和 Tm^{3+}的掺杂浓度（摩尔分数）均为 2%，Yb^{3+}的掺杂浓度（摩尔分数）调变范围是 10%～40%。上转换发射光谱能够同时检测到 Er^{3+}和 Tm^{3+}的特征发射峰［图 3.7（a）］，同时，改变 Yb^{3+}的掺杂浓度，蓝光区、绿光区和红光区发射峰的相对强度也随之改变。三基色的强度值是利用样品上转换发射光谱中对应发射峰的积分面积计算获得，蓝光、绿光和红光的积分波长范围分别为 400～500nm、500～600nm 和 600～700nm。如图 3.7（b）所示，三基色发光区的发光强度随着 Yb^{3+}的浓度增加均有所增强，然而增强的幅度差别很大，即增强速率从大到小排序为红光、蓝光和绿光，因此导致体系发光颜色的丰富多彩。在 Yb^{3+}的浓度（摩尔分数）相对较低时，如 10%～20%，蓝光和红光的发射相对较弱，体系发光以绿色为主。当 Yb^{3+}浓度（摩尔分数）增加至 30%左右时，随着蓝光和红光发射强度的大幅度增加，三种颜色的发光峰强度相近，最终获得白光发射。为了更精确地调节三基色发光强度，我们将浓度（摩尔分数）调变精确到 1%，制备了 Yb^{3+}掺杂浓度（摩尔分数）为 30%～35%的发光样品，测试结果表明此时三基色的发光强度基本相等，因此产生纯度较高的白光发射。当 Yb^{3+}浓度（摩尔分数）增加至 40%时，因为红光发射增强速率最高，此时成为最强发射，导致体系发光颜色呈现黄光。图 3.7（c）为样品的上转换荧光照片，明显可见，将 Yb^{3+}掺杂浓度（摩尔分数）从 10%逐渐增加到 40%，材料发光颜色则经历如下变化：绿光→黄绿光→淡黄光→白光→黄光，调变趋势及颜色变化走向如图 3.8 所示。表 3.1 列出了根据样品上转换荧光光谱计算的不同敏化剂 Yb^{3+}掺杂浓度条件下 β-$NaLuF_4$:Yb,Er,Tm 微米晶的 CIE 坐标值（x，y）。可以看到，样品的 CIE 坐标也经历了很大范围的变化。当掺杂浓度（摩尔分数）为 32%、33%和 34%时，CIE 坐标分别为（0.3568，0.3761）、（0.3429，0.3544）和（0.3552，0.3356），均在白光区，并且非常接近白光的标准坐标值（0.333，0.333）。另外，不同激发功率下的发射峰强度变化计算结果表明，β-$NaLuF_4$:Yb,Er,Tm 样品中蓝光和红光的斜率拟合值介于 β-$NaLuF_4$:Yb,Er 和 β-$NaLuF_4$:Yb,Tm 样品的斜率拟合值之间，而绿光的拟合值与 β-$NaLuF_4$:Yb,Er 样品的拟合值十分接近，说明 Er^{3+}和 Tm^{3+}均对共掺杂体系的发光作出了贡献[19]。通过精确调整敏化剂 Yb^{3+}的掺杂浓度达到三基色强度的平衡进而产生白光发射，这种方法还在 $BaYF_5$ 和 $Y_6O_5F_8$ 两种宿主材料中获得了成功应用[18, 26]。

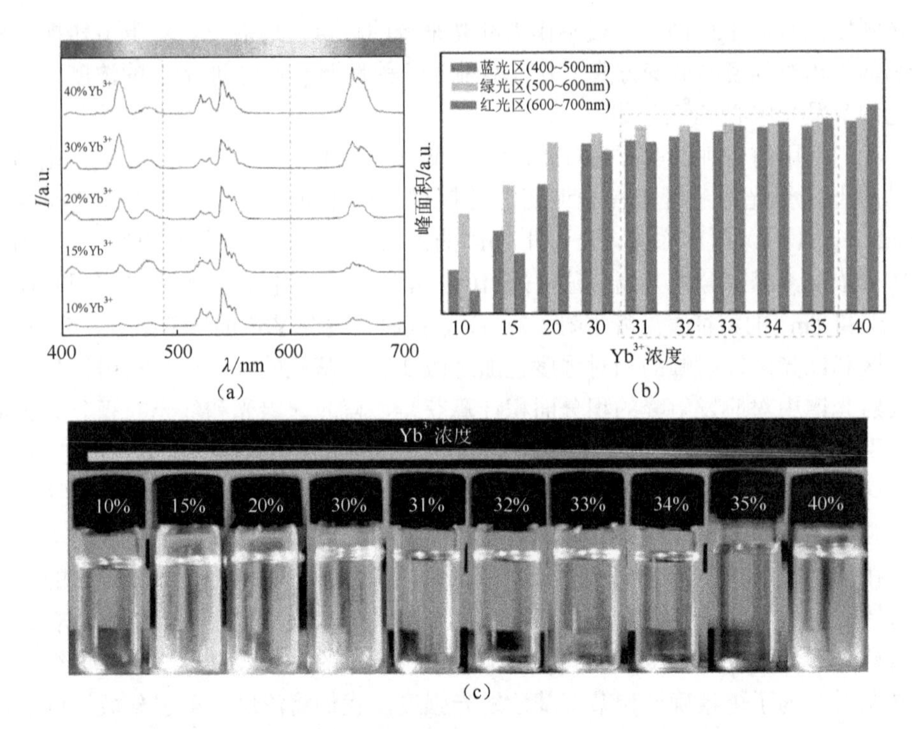

图 3.7 β-$NaLuF_4$:x%Yb,Er,Tm 微米晶的上转换发射光谱图、红光、绿光和蓝光的积分强度对比柱状图及上转换发光照片[19]（见书后彩图）

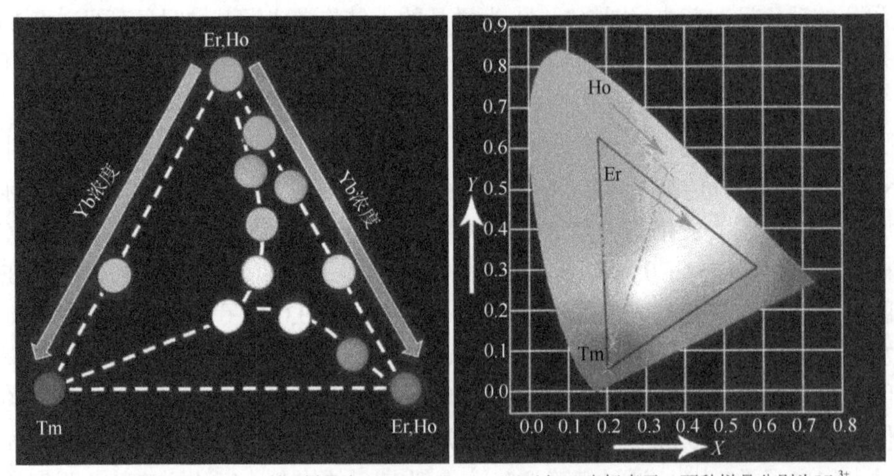

（a）以上转换发光照片表示，所示样品为β-$NaLuF_4$:Yb,Ln（Ln＝Er、Tm、Ho、Er/Tm、Tm/Ho）微米晶

（b）以CIE坐标表示，两种样品分别为Yb^{3+}-Er^{3+}-Tm^{3+}和Yb^{3+}-Tm^{3+}-Ho^{3+}三掺杂体系

图 3.8　多色发光调变趋势及范围示意图[19]（见书后彩图）

表 3.1 不同掺杂浓度时 β-$NaLuF_4$:Yb,Er,Tm 微米晶的 CIE 坐标值列表[19]

Yb^{3+}-Er^{3+}-Tm^{3+}的摩尔掺杂浓度	x	y
10%，2%，2%	0.2236	0.5437
15%，2%，2%	0.2506	0.4962
20%，2%，2%	0.2663	0.4344
30%，2%，2%	0.3300	0.4201
31%，2%，2%	0.3507	0.4219
32%，2%，2%	0.3568	0.3761
33%，2%，2%	0.3429	0.3544
34%，2%，2%	0.3552	0.3356
35%，2%，2%	0.4075	0.3158
40%，2%，2%	0.5170	0.3072

Liu 课题组利用逐渐增加 Er^{3+}的掺杂浓度的方法，将 $NaYF_4$:Yb,Er,Tm 纳米粒子的发射光从蓝色缓慢调整为白色，体系中 Yb^{3+}和 Tm^{3+}的掺杂浓度（摩尔分数）分别为 20%和 0.2%，Er^{3+}的掺杂浓度（摩尔分数）调变范围是 0～1.5%，且随着 Er^{3+}浓度（摩尔分数）的升高，体系绿光和红光的相对发射强度逐渐增强。在 Er^{3+}的浓度（摩尔分数）为 0～0.8%时，体系中 Er^{3+}的绿光和红光发射强度均较弱，以蓝光发射为主；当 Er^{3+}浓度（摩尔分数）增加至 1.2%左右时，三种颜色的发光峰强度相近，获得白光发射；当 Er^{3+}浓度进一步增加至 1.5%时，体系红光发射最为突出，导致发光颜色为白光偏红[13]。通过精确调整发光中心 Er^{3+}的掺杂浓度达到三基色强度的平衡进而产生白光发射，这种方法还在 Lu_2O_3 宿主材料中获得了成功应用[16, 27]，可见除了稀土氟化物，稀土氧化物也是一种良好的发射白色上转换荧光的基质材料。

这种白光调变方法需要对三种掺杂离子的浓度都进行准确的把握，调变过程中需要相互照应，盲目调变往往无法获得白光。例如，张家骅课题组调变 Lu_2O_3:Yb,Er,Tm 体系时，开始将 Er^{3+}和 Tm^{3+}的掺杂浓度（摩尔分数）分别定为 0.8%和 0.6%，Yb^{3+}的掺杂量（摩尔分数）调变范围为 1%～10%，获得的发光颜色经历了粉红色、橙黄色和绿色，没有获得白光发射。随后又将 Yb^{3+}和 Tm^{3+}的掺杂浓度（摩尔分数）分别定为 8%和 0.6%，Er^{3+}的掺杂量（摩尔分数）调变范围为 0.1%～1%，才在 Er^{3+}的浓度为 0.6%和 0.7%时获得白光[16]。张忠平课题组调变 $NaGdF_4$:Yb,Tm,Er 纳米粒子中 Er^{3+}的浓度（摩尔分数），从 0.1%增加至 1%，发光颜色经历了蓝光、蓝绿光和绿光的变换，未能获得白光。最后，该课题组利用核壳结构和能量迁移辅助上转换机制，制备了 $NaGdF_4$:Yb,Tm,Er@$NaGdF_4$:Eu @$NaYF_4$ 纳米结构，结合了 Tm^{3+}的蓝光发射、Er^{3+}的绿光发射及 Er^{3+}、Eu^{3+}和 Tm^{3+}的红光发射才获得了上转换白光[28]。可见，三种离子的掺杂浓度不是完全独立的，彼此相互影响，需要综合考虑才能获得高纯度白光。

2. Yb^{3+}-Tm^{3+}-Ho^{3+}三掺杂体系

在 Yb^{3+}-Tm^{3+}-Ho^{3+}三掺杂体系中，红、绿和蓝三基色光分别源于 Ho^{3+} $^5F_5 \rightarrow ^5I_8$ 能级跃迁产生的波长 620～680nm 的红光发射、Ho^{3+} $^5F_4$（或 $^5S_2$）$\rightarrow ^5I_8$ 能级跃迁产生的波长 520～580nm 的绿光发射和 Tm^{3+}的 $^1D_2 \rightarrow ^3F_4$ 和 $^1G_4 \rightarrow ^3H_6$ 跃迁产生的波长 440～500nm 的蓝光发射。对于上转换过程中三基色相对强度的调变，既可以调节敏化剂 Yb^{3+}的浓度，也可以调节发光中心 Tm^{3+}或（和）Ho^{3+}的浓度，调整方法和 Yb^{3+}-Er^{3+}-Tm^{3+}掺杂体系类似。

由于 Tm^{3+}的红光发射难于增强，在三掺杂体系中一般只考虑其提供的蓝光，因此白光调变过程较为简单。选取红光和绿光发射强度接近的 Yb^{3+}-Ho^{3+}共掺杂体系进行调变，例如将 $NaGdF_4$:Yb,Tm,Ho 体系中 Yb^{3+}和 Ho^{3+}的浓度（摩尔分数）分别固定为 20%和 0.2%，将 Tm^{3+}浓度（摩尔分数）从 0.2%逐渐增至 2.0%的过程中，可获得蓝光到白光的调变[14]。Stucky 课题组利用调节 $NaYF_4$:Yb,Tm,Ho 纳米粒子中 Ho^{3+}浓度的方法，固定蓝光发射强度，逐渐调整红光和绿光发射强度，从而获得了白光上转换发射[25]。

我们采用同时调节 Tm^{3+}和 Ho^{3+}浓度的方法，探索了 $SrMoO_4$:Yb,Tm,Ho 空心微球获得白色上转换发光的掺杂条件[29]。如图 3.9 所示，$SrMoO_4$:Yb,Tm 样品上转换发射光谱由三个 Tm^{3+}特征峰组成，包括一个极强的蓝光发射峰和两个微弱的红光发射峰，样品呈现的发光颜色为蓝光。$SrMoO_4$:Yb,Ho 样品上转换发射光谱由 Ho^{3+}的绿光发射峰和红光发射峰组成，两发射峰强度相当，因此样品呈现黄色上转换发光。为了获得上转换白光，我们在总掺杂浓度不变的前提下，同时调整 Tm^{3+}和 Ho^{3+}的浓度，即降低 Tm^{3+}浓度、增加 Ho^{3+}浓度，以期降低 Tm^{3+}蓝光发射峰强度的同时提高 Ho^{3+}绿光和红光发射峰强度。测试结果表明，升高 Ho^{3+}掺杂浓度、降低 Tm^{3+}掺杂浓度使样品绿光与红光发射峰强度逐渐升高，而蓝光发射峰强度降低，说明样品的红光、绿光和蓝光发射强度比可以通过改变掺杂离子浓度的方法实现调控，并成功获得上转换白光发射。根据光谱数据绘制的 CIE 图中可以得到样品发光颜色的变化趋势。可见，通过两种发光中心掺杂浓度的调节，发射光谱的颜色可以进行有规律地调变，即蓝光、白光和黄光发射。

以 $SrMoO_4$:16%Yb,0.5%Tm,0.5%Ho 白光体系为基础，固定发光中心 Tm^{3+}和 Ho^{3+}掺杂浓度（摩尔分数）均为 0.5%，改变样品中敏化剂 Yb^{3+}的含量，研究发射光谱中三基色红、蓝、绿的比例变化及光谱变化趋势。结果表明，随着敏化剂

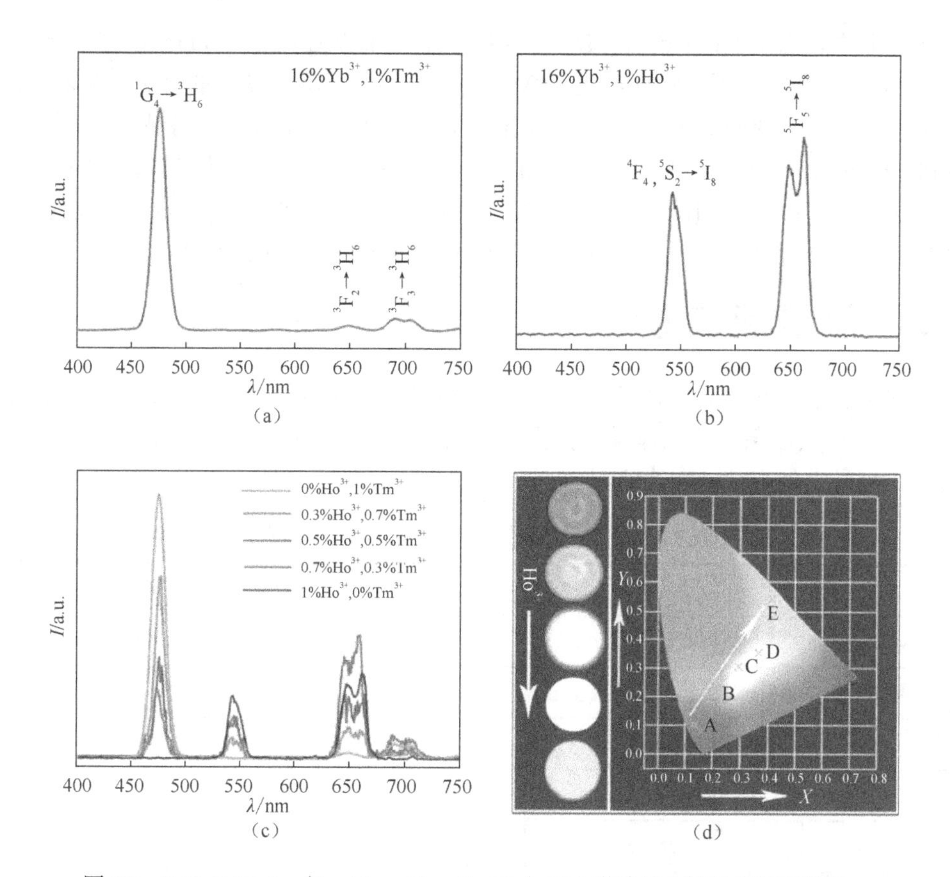

图 3.9　$SrMoO_4$:Yb,Ln（Ln=Tm、Ho、Tm/Ho）空心微球的上转换发射光谱图、发光照片及 CIE 坐标位置变化图[29]（见书后彩图）

量的改变，红光、绿光和蓝光发射区域的面积变化速度不同。当 Yb^{3+}掺杂量（摩尔分数）较低时，如 8%，蓝光区与红光区相对较弱；增加 Yb^{3+}掺杂量（摩尔分数）至 16%，绿光区与蓝光区积分面积比例增加，此时三基色中红光区、绿光区、蓝光区积分面积基本一致；当 Yb^{3+}掺杂量（摩尔分数）为 20%以及更高时，红光区积分面积急剧增加。综上，通过调节 Yb^{3+}掺杂量可以调节三基色红、蓝、绿的比例并且获得上转换白光发射。我们还对 β–$NaLuF_4$:Yb,Tm,Ho 体系中敏化剂 Yb^{3+}浓度进行了调变[19]。将 Ho^{3+}和 Tm^{3+}的掺杂浓度（摩尔分数）都固定为 2%，当 Yb^{3+}浓度（摩尔分数）为 14%～15%时，蓝、绿和红三个发光区的积分面积接近平衡。由 980nm 激光激发下的荧光照片也可以看到发光颜色由绿变白至蓝白。

2015 年，张忠平课题组利用能量迁移辅助上转换机制，获得了一种新型上转换白光体系，即核壳结构 $NaGdF_4$:Yb,Tm,Er@$NaGdF_4$:Eu@$NaYF_4$ 纳米粒子。纳米粒子在功率密度为 15W/cm^2 的 980nm 光激发下，发射明亮的白光。而组成白光的三基色主要来源如下：Tm^{3+}的 $^1D_2$→$^3F_4$ 和 $^1G_4$→$^3H_6$ 跃迁产生 450nm 和 475nm 的蓝光；Er^{3+}的 $^4S_{3/2}$→$^4I_{15/2}$ 跃迁产生 540nm 的绿光；中间层中 Eu^{3+}的 $^5D_0$→$^7F_1$ 和 $^5D_0$→$^7F_2$ 跃迁产生 590nm 和 614nm 的红光。上述三基色的窄峰发射跨越了整个可见光区，形成了一种全光谱调变体系。而激发光功率大小对该纳米粒子的发光颜色起到决定性作用。例如，将激发光功率密度从 3W/cm^2 增加到 30W/cm^2 的过程中，纳米粒子的发光颜色经历了“绿色→青色→白色→红色”的转变[28]。

3.2 基质晶格的影响

基质晶格的变化对上转换发光材料的发光性质影响很大。从表 3.2 中可知，对于 Yb^{3+}-Er^{3+}共掺杂氟化物体系，在强度影响方面，绿色对红色强度变化为 2 个数量级，而最大的变化有 3 个数量级。

表 3.2 掺 Yb^{3+}-Er^{3+}氟化物发光的部分数据[6]

晶格	阳离子	发光颜色	相对强度	绿、红强度比
$Me^{III}F_3$	Me^{III}=La，Y，Gd，Lu	绿色	25～100	1.0～3.0
$BaYF_5$	—	绿色	50	2.0
β-$NaYF_4$	—	绿色	100	6.0
α-$NaYF_4$	—	黄色	10	0.3
$Me^{II}F_2$	Me^{II}=Cd，Ca，Sr	黄色	1～15	0.3～0.5
$Me^{I}Me^{II}F_3$	Me^{I}=K，Rb，Cs Me^{II}=Cd，Ca	黄色	0.5～1	0.3～0.5
$Me^{II}F_2$	Me^{II}=Mg，Zn	红色	0.1～1	0.05～0.1
$Me^{I}Me^{II}F_3$	Me^{I}=K，Rb，Cs Me^{II}=Mg，Zn	红色	0.1～1	0.05～0.1

1. 基质材料对发光强度和颜色的影响

表 3.3 列出掺 Yb^{3+}-Er^{3+}在各种基质中用 0.94μm、7.5mW 红外光激发时发光效率的比较。总体来看，发光效率大小顺序为稀土氟化物>稀土卤氧化物>稀土氧化物和复合氧化物。同时，可以看到稀土氧化物和复合氧化物主要发红光，而稀土氟化物和复合氟化物主要发绿光。其本质区别在于稀土离子与氟离子以强的离子键相结合，而稀土离子与氧离子相结合的离子键稍弱。在氧化物中，发光强度和颜色强烈地依赖晶格中氧离子的半径和电荷的大小，发光颜色主要由阳离子最高电荷决定[6]。

表 3.3　掺 Yb^{3+}-Er^{3+}的各种基质发光效率的比较[6]

基质		发红光效率 $\eta_R\%/\times10^4$	发绿光效率 $\eta_G\%/\times10^4$	η_R/η_G	发光颜色
稀土氟化物	YF_3	320	540	0.43	绿
	LaF_3	90	150	0.60	绿
	GdF_3	90	160	0.56	绿
	LuF_3	100	200	0.50	绿
	$LiYF_4$	10	60	0.16	绿
	$LiLaF_4$	3	7	0.42	—
	$NaYF_4$	10	280	0.04	绿
	$NaLaF_4$	20	30	0.67	—
	$BaYF_5$	140	210	0.67	绿
	$BaLaF_5$	90	100	0.90	—
稀土卤氧化物	YOF	666	10	6.6	—
	YOCl	85	10	8.5	—
	YOBr	20	<10	>2	—
稀土氧化物和复合氧化物	Y_2O_3	9.6	0.02	480	红
	La_2O_3	8.3	0.05	166	红
	YBO_3	0.7	<0.01	>70	—
	$LaBO_3$	4.8	0.01	480	红
	$YAlO_3$	4.0	2.7	1.48	—
	$YGaO_3$	34.0	0.7	48.6	—
	$Y_3Al_5O_{12}$	2.6	0.8	3.25	—
	$Y_3Ge_5O_{12}$	14.2	2.0	7.1	—
	Y_2GeO_5	8.3	0.2	41.5	—
	$YTiO_5$	2.3	0.01	230	红
	$Y_2Ti_2O_7$	4.8	0.06	80	—
	YPO_4	<0.01	<0.01	—	—
	$YAsO_4$	<0.01	<0.01	—	—
	YVO_4	<0.01	<0.01	—	—
	$YTaO_4$	6.4	1.4	4.57	—
	$YNbO_4$	5.1	7.0	0.73	—
	$LaNbO_4$	1.9	5.6	0.34	黄
	Y_2TeO_6	0.1	0.06	1.67	—
	Y_2WO_6	0.6	0.2	3.00	—

从表 3.4 中可以看出，当阳离子最高电荷从+3 增加到+6 时，发光颜色从红色经橙黄色变为绿色。同理，绿色光和红色光发光强度比值增加，因为高价电荷的阳离子存在时，Er^{3+}和 O^{2-}之间的相互作用减弱。增加阳离子电荷的过程中，这些阳离子和 O^{2-}产生的键比 Er^{3+}和 O^{2-}之间的键更强，致使 $^4I_{11/2}$→$^4I_{13/2}$ 的跃迁概率减少，红色发光的强度相对低于绿色发光强度。同理可知，氧化物的发光强度要比氟化物的发光强度低很多（表 3.5）。

表 3.4　掺 Yb^{3+}-Er^{3+}氧化物发光颜色和阳离子最高电荷的关系[6]

最高价阳离子电荷	例子	发光颜色	绿/红的比值范围
+3	Y_2O_3	红色	0.0～0.1
+4	$LiYSiO_4$	橙黄色	0.2～0.4
+5	$LaNbO_4$	黄色	—
+6	$NaYW_2O_8$	绿色	0.5～5

表 3.5　氟化物和氧化物上转换材料的比较[6]

基质	发光强度	基质	发光强度
β-$NaYF_4$	100	La_3MoO_6	15
YF_3	60	$LaNbO_4$	10
$BaYF_5$	50	$NaGdO_2$	5
$NaLaF_4$	40	La_2O_3	5
LaF_3	30	$NaYW_2O_8$	5

氧化物和氟化物特性上的差别，是由 F^-和 O^{2-}性质上的差别造成的。因为 O^{2-}稳定性远远低于 F^-，所以 O^{2-}更易于把电荷传递到邻近阳离子，使离子之间的键微呈共价性，而氟化物中发生这种传递的机会就少得多，导致离子之间的键呈现出很强的离子键性质。因此，氧化物中 RE^{3+}和基质晶格间的相互作用显著强于氟化物，这也是两类材料发光强度存在较大差别的原因[6]。

在氧化物基质类发光材料中，可见光发光强度的增加与下列因素有关。

（1）基质晶格中阳离子价态变高。

（2）Er^{3+}周围对称性降低。

（3）Er^{3+}-O^{2-}间距离增大。

这些条件同时适用于绿色发光和红色发光。

在氟化物基质类发光材料中，当晶格中的稀土离子处于对称性很低的位置，且 RE^{3+}和 F^-的相互作用很弱时，有利于增强发光强度。因为晶场对称性低，解除了稀土离子中一次禁戒跃迁；相互作用弱则降低了声子频率，这些都有利于发光[6]。不同的氟化物本身对上转换发光也存在不可忽略的影响，这种影响在纳米材料中表现的尤为明显。李富友课题组研究表明，虽然稀土离子掺杂的块体 $NaLuF_4$ 材料的上转换发光强度与块体 $NaYF_4$ 材料相比，没有明显提高，但 $NaLuF_4$:Yb,Ln（Ln=Er、Tm）纳米粒子的发光强度比相同方法制备的 $NaYF_4$:Yb,Ln 纳米粒子高十几倍，因为 $NaLuF_4$ 纳米粒子表面配体数量减少，另外 $NaLuF_4$ 能够在一定程度上抑制无辐射过程[30-32]。

此外，黄岭课题组率先研究了稀土元素中基本被忽略的钪元素，他们控制合成了 Na_xScF_{3+x} 纳米粒子，并发现 Na_xScF_{3+x}:Yb,Er 纳米粒子提供了以 660 nm 为中心的红色上转换强光发射，与常见 $NaYF_4$:Yb,Er 纳米粒子的绿色上转换荧光发射极为不同。他们认为红绿光发射强度比的急剧增加是因为 Sc^{3+}的半径比 Y^{3+}小，小半径减小了 Er^{3+}和 Yb^{3+}之间的距离，交叉弛豫过程得到加强，降低了 Er^{3+}发射离子在 $^2H_{11/2}$ 和 $^4S_{3/2}$ 能级布居的同时加强了 $^4F_{9/2}$ 能级布居。这种红光增强效应在 $NaScF_4$:Yb,Tm,Er 纳米粒子中依然存在。因此，将 Er^{3+}浓度（摩尔分数）从 0 增加至 2.0%，$NaScF_4$:Yb,Tm,Er 纳米粒子的发光颜色可从蓝紫色转变为紫粉色[33]。

因为镧系离子一般拥有多个亚稳激发态，因此 Er^{3+}、Tm^{3+}和 Ho^{3+}都存在多个可见光发射峰，如 Er^{3+}存在绿光和红光发射峰。如上节所述，同种离子的不同发射峰相对强度易于调变，因此 Er^{3+}掺杂的发光材料可产生绿色、红色和黄色上转换发光。产生绿光时，绿光发射峰强度远大于红光发射；反之，产生红光时，红光发射峰强度远大于绿光发射；而两种峰强度接近时，则复合成黄光发射。因此，我们从理论上推断，想要获得纯度较高的绿光或红光发射，可通过调变使另一种发光降低为零，得到一种只有一个发射峰的高纯度发射。但实际上，虽然 Er^{3+}、Tm^{3+}和 Ho^{3+}不同发射峰的相对强度易于调变，但这种调变一般在一定范围内，超过这种范围，则难于实现[34]。

因此，上节所述调变发射光谱中均未出现单峰发射的情况，而控制上转换发射行为实现色纯度较高的单峰发射也成为令人畏缩的挑战。然而，$KMnF_3$、$NaMnF_3$ 和 Na_3ZrF_7 等新型宿主材料的发现使上述问题迎刃而解。2011 年，Liu 课题组率先发现 $KMnF_3$:Yb,Er、$KMnF_3$:Yb,Ho 和 $KMnF_3$:Yb,Tm 纳米方块在近红外光激发下能够呈现分别以 660nm 红光、650nm 红光和 800nm 近红外光为中心的单峰发射，如图 3.10 所示。他们将这种单峰发射归功于新型宿主材料中 Mn^{2+}对能量传递路线的影响。Er^{3+}/Tm^{3+}/Ho^{3+}消失的能级跃迁以无辐射能量转换的形式将能量传递给 Mn^{2+} 的 $^4T_1$ 能级，随后这些能量以唯一的途径重新传递给发射离子 Er^{3+}/Tm^{3+}/Ho^{3+}的特定能级，则产生了纯度较高的上转换单峰发射。另外，这种能量转换的效率极高，保证了单峰发射的纯度[35]。此后，其他课题组利用 $NaMnF_3$ 和 Na_3ZrF_7 作为宿主材料得到了相似的单峰上转换发射[36, 37]。

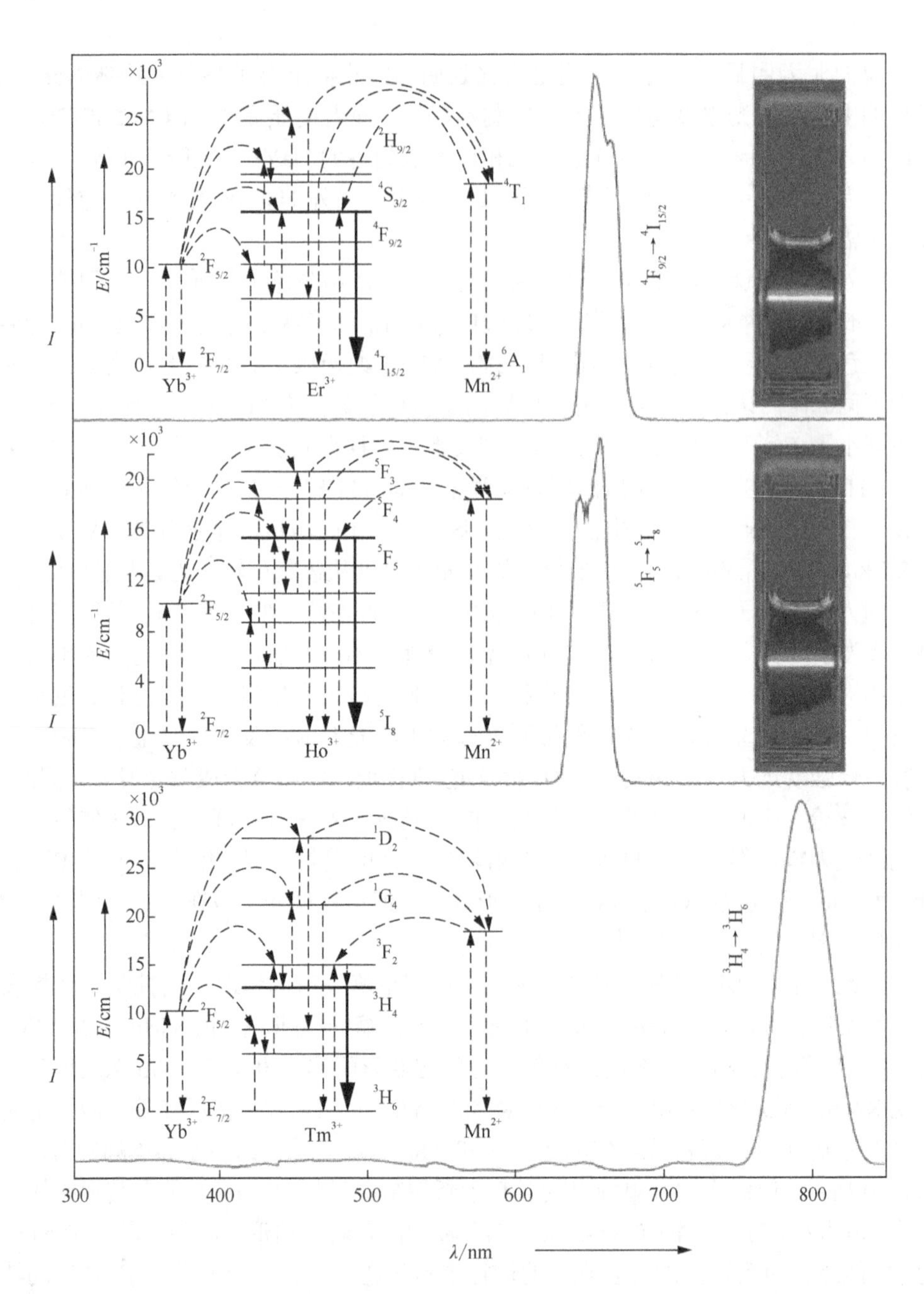

图 3.10 980nm 光激发下，$KMnF_3$:Yb,Ln（Ln= Er、Tm、Ho）纳米方块的发光过程示意图、上转换发射光谱和发光颜色照片[35]

2. 晶相对发光强度的影响

表 3.6 给出了在 Yb^{3+}-Er^{3+}掺杂的氟化物中，RE^{3+}的局部环境与红外光激发下

发光的颜色和相对强度之间的关系。可知，当 RE^{3+}附近为高对称性和强的 RE^{3+}-F^-相互作用的晶格时，上转换发光强度一定很低[6]。

表 3.6 掺 Yb^{3+}-Er^{3+}氟化物中 RE^{3+}的局部环境和发光的关系[6]

对称性	相互作用	发光颜色	相对强度
低	弱	绿色	25～100
高	中	黄色	0.1～15
高	强	红色	0.1～1

基质材料的晶相结构不同，对其发光性能有很大的影响。最常见的宿主 $NaYF_4$ 晶体，存在低温稳定的六方相（β-$NaYF_4$）和高温亚稳态立方相（α-$NaYF_4$）两种晶相，相转变温度为 691℃。而在非平衡溶液的反应中，往往优先生成 α-$NaYF_4$。又因为立方相 α-$NaYF_4$ 具有热力学不稳定性，所以当粒子尺寸超过一定值时，将转变为六方相 β-$NaYF_4$。目前，增加 α-$NaYF_4$ 粒子尺寸和诱发 $\alpha \to \beta$ 相转换的方法除了高温焙烧还有如下三种：①提高反应温度，如高达 330℃的高温溶剂法；②延长反应时间，如长达几天的溶剂热法；③Ti^{4+}等离子掺杂[38]。

一般稀土离子掺杂的 β-$NaYF_4$ 发光粉的发光强度比同等条件下 α-$NaYF_4$ 高十几至几十倍。陈德朴课题组利用低温共沉淀法制备了粒径约为 37nm 的 α-$NaYF_4$:Yb,Er 纳米球，并详细研究了纳米球的相转变温度，以及相变引起的发光性能变化。结果表明，粒径约为 37nm 的 α-$NaYF_4$:Yb,Er 纳米球分别经过 400℃、600℃和 700℃高温焙烧处理后，产物的相组成分别为（α+少量 β）、（β+少量 α）和（α）；同时，焙烧产物发生交联团聚，形貌变为不规则粒子，尺寸逐渐增大至 170nm 左右。最重要的是，纳米球在温度 400～600℃焙烧时，上转换荧光强度可提高 40 余倍；而在 700℃焙烧时，上转换荧光强度仅仅略有提高，且远低于上述低温焙烧的发光强度。可见，α-$NaYF_4$:Yb,Er 纳米粒子的发光强度远低于 β-$NaYF_4$:Yb,Er，即使其尺寸比 β 相大得多。该课题组还研究了另一种调整反应物比例条件下制备的 α-$NaYF_4$:Yb,Er 纳米粒子，该纳米粒子在 600℃焙烧即可完全转变为 β 相 $NaYF_4$:Yb,Er，其发光强度是五种材料中最高的，进一步证实了 β-$NaYF_4$ 利于上转换发光的结论[39]。另外，王元生课题组研究表明尺寸约为 10nm 的六方相 β-$NaYF_4$:Yb,Er 纳米棒的发光强度比立方相 α-$NaYF_4$:Yb,Er 纳米粒子高 25 倍[38]。王猛课题组利用提高溶剂热反应温度和延长反应时间的方法实现了 $NaYF_4$:Yb,Er 纳米粒子从 α 相到 β 相的转变，同时实现了纳米粒子上转换发光强度的显著增强[40]。

对于六方相 $NaYF_4$ 利于实现高效上转换发光的原因，Güdel 课题组对此进行了深入研究，从晶格结构的角度对此进行了解释。他们认为 β-$NaReF_4$（Re=Y、La～Lu）族化合物的晶胞中含有三种不同的阳离子晶格格位。分别位于晶面指数（2/3, 1/3, 1/2）和（0, 0, 0）处的晶格格位 A 和晶格格位 B 需要 9 个 F^-离子与之配位，

形成晶体点群 C_{3h} 对称的三帽三角棱（tricapped trigonal prisms）结构。晶格格位 A 能够被无序排列的、比例为 1∶1 的 Na^+和 Re^{3+}共同占据；晶格格位 B 能够完全被 Re^{3+}占据，展现较低的 C_1 对称性；而第三个晶格格位具有不规则八面体配位结构，一半形成空位一半被 Na^+占据。因此，在 β-$NaYF_4$ 晶体中，有两种相互独立的晶格格位能够被共掺杂离子对（如 Yb^{3+}和 Er^{3+}）占据，掺杂离子附近晶格的对称性降低，促使 $Yb^{3+}\rightarrow Er^{3+}$能量传递过程发生的概率提高四倍，从而极大提高了发生共振和近共振效应（resonant or near resonant process）的概率。可见，Yb^{3+}和 Er^{3+}对不同晶格格位的占据促使掺杂离子之间的相互作用增强，因此 β-$NaYF_4$ 基质能够产生高强度上转换发光[41]。韩高荣课题组利用煅烧提高 $PbZr_{0.52}Ti_{0.48}O_3$:Er 纳米纤维尺寸和结晶度的方法，增强了材料的发光强度[10]。

此外，在 LnF_3（Ln = La、Ce、Pr）、Gd_2O_3 和 $LaVO_4$ 等材料中也发现了宿主晶格相变对材料发光强度的影响[42-44]。例如，王元生课题组将浓度（摩尔分数）为 20%的 M^{2+}（M^{2+} = Ca^{2+}、Sr^{2+}、Ba^{2+}）共掺杂到六方相 LnF_3（Ln = La、Ce、Pr）纳米晶中，诱使材料发生相变，转变为立方相。MF_2 晶体是萤石型面心立方结构，该结构中 F^-形成了简单的立方子格，每隔一个 F^-子格的体心位置是一个 M^{2+}，因此有一半 F^-子格的体心位置是空的。对于具有相同晶格结构的 $Ln_{0.8}M_{0.2}F_{2.8}$ 固溶体而言，为了保持电荷平衡，每掺杂一个 Ln^{3+}，就需要一个多余的 F^-占据空着的 F^-子格的体心位置。需要指出的是，这些多余的 F^-将占据离 Ln^{3+}最近或次最近的 F^-子格体心位置，即所谓局部电荷补偿；或占据远离 Ln^{3+}的 F^-子格体心位置，即所谓非局部电荷补偿。因此，形成的 $Ln_{0.8}M_{0.2}F_{2.8}$ 相是一种无序固溶体，且固溶体中 Ln^{3+}占据了多元不同对称性的活性位点。综上，M^{2+}掺杂导致的六方相 LnF_3 到立方相 $Ln_{0.8}M_{0.2}F_{2.8}$ 的相变转换机制如下：高浓度 M^{2+}掺杂到反应体系中替代 Ln^{3+}后，生成的 LnF_3 晶核将存在大量空位以保持电荷平衡；这些空位将破坏晶核结构的稳定性，并最终导致晶格从六方相到立方相的突变，例如…ABABAB…堆积到…ABCABC…堆积的突然转变（A、B 和 C 分别表示位于相对位置的原子层）。在六方相 LnF_3 纳米晶体中，Ln^{3+}只占据一类 C_2 对称的活性位点；而在立方相 $Ln_{0.8}M_{0.2}F_{2.8}$ 固溶体中，Ln^{3+}占据多种活性位点，包括立体对称（O_h）、正方对称（C_{4v}）和三角对称（C_{3v}）[43]。综上，掺杂稀土离子的上转换发光强度随着 M^{2+}掺杂及相变获得约为 15 倍的增强。

既然基质晶相结构改变对材料发光强度影响不容忽视，那么对发光颜色的影响如何？遗憾的是目前尚未有可信度较高的报道问世。因为基质晶相结构改变通常伴随着纳米粒子尺寸和形貌的巨大变化，例如 α 相 $NaYF_4$:Yb,Er 纳米粒子通常是粒径低于 30nm 的纳米球，而 β 相 $NaYF_4$:Yb,Er 纳米粒子一般是尺寸在 100nm 以上的纳米盘、纳米棒或纳米棱柱[4, 7, 38, 45]，导致对比研究时干扰因素多且强，难以形成具有对比意义的数据和结论。

3.3 纳米粒子尺寸和形貌的影响

众所周知，量子尺寸效应导致了纳米微粒磁、光、声、热、电及超导特性与常规材料有显著的不同，这种不同在上转换发光上也得到了明显体现。大量研究表明，纳米材料的上转换发光强度极大依赖于粒子尺寸的大小，即尺寸越大，上转换发光强度越高[46, 47]。例如，Shan 课题组对一系列形状相似、掺杂浓度相同且合成条件基本一致的 $NaYF_4$:Yb,Er 纳米粒子的发光强度研究表明，粒子尺寸逐渐从 37nm 增加到 143nm 时，上转换荧光强度几乎随之直线增强[2]。严纯华课题组[48]利用同一种微波辅助的离子液体法制备了一系列球形纳米团簇，光谱研究表明，团簇的上转换发光强度随着平均粒径从 79nm 到 302nm 的增大而逐渐增强。Prasad 课题组采用高温溶剂法制备了两种不同尺寸的 $NaYF_4$:Yb,Tm 纳米晶，发现 25～30nm 粒子的上转换发光强度约为 7nm 粒子的 11 倍[1]。另外，Prasad 课题组还研究了纳米材料的尺寸对上转换荧光寿命的影响，发现这两种纳米晶从 25～30nm 降低到 7nm 时，荧光寿命从 79.3μs 降低到 60.1μs。因为随着纳米晶尺寸的降低，不但粒子的表面积和体积比得到提高，位于粒子表面的掺杂离子比例增大，而且表面钝化程度增强。而表面钝化能够提高无辐射衰减的概率，进而降低光致荧光的寿命。

一般认为出现上述发光强度与尺寸依赖关系的主要原因有两个，一个是表面缺陷和表面配体的影响，另一个是声子弛豫受限的影响。对于表面缺陷和表面配体的影响，通常纳米晶体的尺寸越小比表面积越大，能够引发荧光猝灭的表面缺陷和表面配体越多，导致位于粒子表面附近遭受荧光猝灭效应影响的发射离子越多、受到的影响也越大，即表面发光离子的无辐射衰减/弛豫损失越多，所以纳米粒子尺寸越小总的发射光强度越低，量子产率的降低越迅速。对于声子弛豫受限的影响，纳米晶体的尺寸减小，声子受限效应导致的低声子能量模式将被切断，减少了敏化剂到激活剂的能量传递，进而降低了上转换荧光强度[49]。Hyeon 课题组从晶体场的角度解释了尺寸对发光强度的影响机制：根据选择定则，孤立稀土离子的 4f-4f 电子跃迁这种$\Delta l = 0$ 的电偶极跃迁原属禁戒，而稀土离子掺杂材料之所以能够产生强荧光发射是因为稀土离子周围环境有显著的摄动（perturbation）发生；显然，粒子尺寸越大，晶体场的强度越大，稀土离子能级受到的摄动越大[50]。因此，纳米粒子尺寸越大，上转换发光效率越高。

与尺寸对发光强度的影响相比，形貌的影响弱得多，以至时常被忽略。例如，Murray 课题组利用高温溶剂法制备了四种尺寸和形状均不相同的 $NaYF_4$:Yb,Er 纳米粒子，包括平均尺寸分别为 23nm 的纳米球、30nm×18nm 的纳米棒、54nm×31nm 的纳米棱柱和 133nm×104nm 的纳米盘。结果表明，四种粒子的上转换荧光强度依次增强，被归结为尺寸的影响。但仔细观察不难发现，纳米棒与纳米棱柱的尺寸差别较大，但发光强度变化较小，且两者红光区发光强度相等[3]。可见，纳米粒子形状对发光强度存在影响。然而，一方面因为这种影响本身不够强，另一方面存在如尺寸等因素的干扰，所以纳米粒子形状对发光强度的影响规律不明显，相关报道的研究结果也稍显混乱。我们以 Shan 课题组对此开展的研究为例，简单介绍纳米粒子形貌对发光的影响。为了对比不同形状的纳米粒子在相同尺寸条件下的发光强度差异，该研究利用纳米粒子的表面积和体积的比值（SA/Vol=0.045～0.195）对不同形状纳米粒子的尺寸进行统一。结果表明：①SA/Vol 比值逐渐增大时，纳米棒和纳米棱柱的发光强度均随之降低，且纳米棱柱的发光强度降低速率更快；②SA/Vol 比值相同时，纳米棱柱的发光强度大于纳米棒的发光强度；③SA/Vol 比值越小，发光强度差异越大。另外，该研究还表明上转换纳米材料的发光寿命长短也受到粒子形状的影响[49]。

目前，纳米粒子尺寸和形貌对上转换发光颜色影响的报道较少，且存在争议。以仅有数篇报道的 Yb^{3+}-Er^{3+}共掺杂体系为例，Murray 和严纯华两课题组研究表明 $NaYF_4$:Yb,Er 纳米粒子的上转换绿光和红光强度比随着粒子尺寸的增大而增强[3, 7]，Murray 课题组解释如下：纳米粒子尺寸降低，表面缺陷和表面配体导致的发光猝灭效应增强，改变了声子辅助的无辐射弛豫概率，最终改变了布居在红光和绿光发射能级的 Er^{3+}数量。Liu 和严纯华两课题组对 Yb^{3+}-Tm^{3+}共掺杂体系的研究也与上述结论相符，即粒子尺寸降低时，Tm^{3+}的蓝光与近红外光强度比随之降低[48, 51]。可见，纳米粒子尺寸减小导致总发射强度降低的同时，对波长较低的上转换发光削弱作用更强，Liu 课题组也将其归因于表面猝灭效应的影响：每种波长的发射峰强度都是由位于纳米粒子表面和内部的掺杂离子共同决定的；与纳米粒子内部的掺杂离子相比，表面离子的发光强度极易被粒子表面的缺陷、杂质、配体和溶剂猝灭；更重要的是，表面猝灭对低能级发光中心的消耗将进一步抑制布居在高能级发光中心的数量，导致需要多步激发产生的低波长发射对表面猝灭效应更敏感，更容易受其影响。为了证实上述推论，Liu 课题组利用包覆法在 $NaGdF_4$:Yb,Tm 纳米粒子表面包覆了一层 $NaGdF_4$ 壳，此时 Tm^{3+}不同波长的发光峰相对强度比与纳米粒子尺寸无关，因为 $NaGdF_4$ 壳包覆弱化了表面猝灭效应对发光颜色的影响，进一步证实了纳米粒子尺寸对发光颜色的影响源于表面猝灭效应这一结论[51]。然而，与上述结果相反，Schietinger 和 Shan 两课题组研究表明 $NaYF_4$:Yb,Er 纳米粒子的上转换绿光和红光强度比随着粒子尺寸的增大而减弱[46, 49]。Schietinger 课题组认为产生这种现象的原因是一种与尺寸相关的无辐射声子弛豫瓶颈问题，而与表面基团相关的机制也不能增强 $NaYF_4$ 纳米粒子中的无辐射弛豫过程。因此，纳米粒子尺寸和形貌对发光颜色的影响还有待于深入研究和澄清。

3.4 原料纯度及反应条件的影响

洪广言等对上转换材料的原料纯度要求进行了认真的研究，指出合成上转换材料一般原料纯度要求达到 99.999%～99.9999%才能获得高发光效率。此外，他们系统归纳了相关专家学者的研究成果，总结出 9 种稀土杂质对 $BaYF_5$:Yb,Er 发光亮度的影响，结果列于表 3.7。由表可见在 $BaYF_5$:Yb,Er 中掺入 La 或 Gd 对产物的发光性质没有显著影响；Tm 和 Ho 掺入的原子百分比在 0.01%时无明显影响；而 Pr、Nd、Sm、Eu 和 Tb 的掺入，使产物发光亮度显著下降，其中 Sm 的影响最为明显。这种影响似与这些离子的能级结构有关。La 和 Gd 的最低激发态位于很高的能量位置，而 Pr、Nd、Sm、Eu 和 Tb 在基态到 $5000cm^{-1}$ 之间至少有两个或更多的能级，密集的能级就为无辐射弛豫提供了机会；Ho 和 Tm 的最低激发态则位于 $5000cm^{-1}$ 以上的位置，能级之间的间隔也较大，故它们对发光亮度的影响不显著[6]。

表 3.7 一些稀土杂质对 $BaYF_5$:Yb,Er 发光的影响[6]

杂质元素	掺入量（原子百分数）/%	相对亮度/%	杂质元素	掺入量（原子百分数）/%	相对亮度/%
La	1	80.0	Tb	0.01	10.8
La	5	72.5	Ho	0.01	70.0
Gd	1	66.7	Ho	0.05	70.0
Gd	5	38.3	Ho	0.5	43.3
Pr	0.01	28.3	Tm	0.005	95.0
Nd	0.01	55.0	Tm	0.01	98.3
Sm	0.01	5.0	Tm	0.2	70.0
Eu	0.01	28.3			

注：对照组的相对亮度为 91.7%～108.8%

制备方法及反应条件对纳米晶发光性能的影响通常是源于其对产物的种类、形貌、尺寸、晶相结构和结晶度等参数的影响[20, 39, 52, 53]，如之前介绍的焙烧温度对产品晶相转变的影响导致的发光强度变化。另外，徐淑坤课题组详细研究了微波辅助的溶剂热法制备 $NaYF_4$:Yb,Er 纳米晶体时，使用的氟源（NH_4F、NaF、NH_4HF_2 和 $BmimBF_4$）和稀土前驱体（醋酸盐、硬脂酸盐和巯基乙酸盐）种类对产物发光强度的影响。结果表明选取 NH_4F 和稀土醋酸盐组合作为氟源和前驱体制备的纳米材料与其他组合制备的材料相比能够将上转换发光强度提高 10～100 倍，因为该组合制备的 $NaYF_4$:Yb,Er 纳米晶是 β 和 α 混合相产物，而其他组合制备的产物，或者为 α-$NaYF_4$:Yb,Er 或者为 YF_3:Yb,Er 和极少的 β-$NaYF_4$:Yb,Er 的混合物，均是不利于发光的结构和物种组成[52]。可见，氟源和稀土前驱体对发光强度的影响源自于产物晶相结构的改变。我们研究了共沉淀法结合焙烧处理制备 Y_2O_3:Yb,Ho 微米晶时，反应条件对产品发光强度的影响[20]。我们发现，减少络合剂用量或增加碱性条件均可提高上转换发光强度，因为产物粒子尺寸随之变大；另外，提高共沉淀反应温度也有助于提高发光强度，归因于产物尺寸和表面积的改变。此外，有研究表明在不改变产物晶相、尺寸和形貌的范围内提高反应温度时，仍然能够影响产物的上转换发光性能，尤其对不同颜色光的强度比影响显著，因为反应温度提高能够增强产物的结晶度和晶体质量，降低粒子表面缺陷，进而提高材料的发光强度[54, 55]。例如，高志强课题组利用高温溶剂法制备 YOF:Yb,Er 纳米晶时，反应温度固定为 300℃，反应时间从 1h 逐渐延长至 5h 时，尽管产物纳米晶的晶相、尺寸和形貌均保持不变，但纳米晶的发光强度随着时间延长缓慢增加，归因于产物结晶度和晶体质量的提高[55]。

张淑芬和 Kim 两课题组则着重研究了反应条件对发光颜色的影响。两课题组首先分析了目前调变上转换发光颜色的相关报道，发现提高 Yb^{3+}-Er^{3+}共掺杂氟化物纳米粒子红/绿光强度比的主要途径有两种：一种是 Er^{3+}的绿光发射能级到红光发射能级的无辐射衰减，例如 $^4I_{11/2}\rightarrow{}^4I_{13/2}$ 和 $^4S_{3/2}\rightarrow{}^4F_{9/2}$；另一种是交叉弛豫过程 $^4F_{7/2}+{}^4I_{11/2}\rightarrow{}^4F_{9/2}+{}^4F_{9/2}$。两课题组均发现反应条件对发光颜色的影响途径为第一种，即各体系无辐射衰减概率不同，导致红光和绿光强度比不同，发光颜色丰富多样。而影响无辐射衰减概率的因素主要包括粒子尺寸、氧杂质、晶相、表面缺陷、表面配体和结晶度[54, 56]。以此为基础，张淑芬课题组将高温溶剂法的反应温度从 260℃逐渐升高至 320℃，制备了多种 α-$NaYF_4$:Yb,Er 纳米晶，避免了晶相结构不同的干扰。首先，随着反应温度的升高，纳米晶逐渐由形貌不规则的粒子转变为形状均匀的纳米球，降低了粒子表面缺陷的数量，由此引发的无辐射衰减降低，导致绿/红光强度比增大。在保持粒子尺寸不变的前提下升高反应温度，发现绿光和红光强度比也增大，因为升高温度提高了材料的结晶度，而结晶度越高引发的猝灭效应越低。另外，该研究得到的绿光和红光强度比与粒子尺寸的关系是前者随着后者的降低而增强，并采用与尺寸相关的无辐射声子辅助效应对此进行解释[46]。Kim 课题组通过提高反应溶剂油酸和油胺比例的方式实现 YF_3:Yb,Er 和 YOF:Yb,Er 纳米晶相变、尺寸调变和氧缺陷等调变。发现尺寸越小、粒子结晶度越低、表面缺陷越多、表面配体越多、氧缺陷越多，发生无辐射衰减的概率越高，红/绿光强度比越大。上述研究证实了与尺寸相关的无辐射声子辅助效应、表面缺陷和结晶度三个因素对发光颜色的影响能力。为稀土发光多色调变提供了新方法[56]。

3.5 核壳结构的影响

为了减弱纳米粒子尺寸效应和表面缺陷对发光性能的影响，在其表面包覆具有相似晶格常数的壳层材料制备核壳结构已经发展成为调控纳米材料发光性能的有效方法，例如在 $NaYF_4$:Yb,Er 纳米晶表面包覆相同基质材料的 $NaYF_4$ 壳层，获得核壳结构 $NaYF_4$:Yb,Er@$NaYF_4$ 纳米晶[57]，或者包覆晶格常数相似的 $NaGdF_4$ 壳层，获得核壳结构 $NaYF_4$:Yb,Er@$NaGdF_4$ 纳米晶[58]。又因为高温溶剂法在壳层包覆时展现的独特优势，如包覆方法简单、包覆均匀、壳层厚度易于控制和包覆完全不产生新颗粒等，所以自从2005年高温溶剂法被用于制备稀土发光材料以来[59]，设计各种核壳结构并利用它们调整稀土发光性能已经成为科学研究的一个前沿问题。更令人欣喜的是，核壳结构不但能极大提高纳米材料的发光强度，还便于调整和丰富材料的发光颜色。

目前，根据壳层结构的掺杂情况，核壳结构上转换纳米材料主要可分为“活性核包覆惰性壳”“活性核包覆敏化壳”和“活性核包覆活性壳”三种类型，前两种类型着重于发光强度的增强，可将原始核材料的发光强度提高几十倍，甚至几百倍，最后一种结构着重于新型上转换激活剂离子的开发及上转换颜色的调变。

3.5.1 “活性核包覆惰性壳”纳米材料

类型 I——“活性核包覆惰性壳”，是在激活剂离子掺杂的核粒子表面包覆一层无掺杂的惰性壳，例如 $NaYF_4$:Yb,Er@$NaYF_4$、KYF_4:Yb,Er@KYF_4、$NaYF_4$:Yb,Nd,Ln@$NaYF_4$、$NaYF_4$:Yb,Ln@CaF_2（Ln = Er、Tm、Ho）和 $NaYF_4$:Yb,Er@$NaGdF_4$ 核壳结构纳米晶[57, 58, 60, 61]。惰性壳的主要作用是保护核粒子内部的掺杂离子发光，尤其是接近核粒子表面的掺杂离子发光，不被核粒子表面存在的缺陷、杂质、配体及溶剂的高能振动峰引起的无辐射衰减所猝灭，进而达到增强活性核粒子发光强度的目的。Liu 课题组在约 10nm 的 $NaGdF_4$:Yb,Tm 粒子表面包覆一层 $NaGdF_4$ 惰性壳后，其上转换荧光强度增加了 450 倍之多[51]。van Veggel 课题组研究表明包覆 3～5nm 厚的 $NaYF_4$ 惰性壳后，$NaYF_4$:Yb, Tm@$NaYF_4$ 纳米粒子的蓝光发射和近红外光发射分别提高了 60 倍和 17 倍，$NaYF_4$:Yb,Er@$NaYF_4$ 纳米粒子的红光发射和绿光发射分别提高了 48 倍和 27 倍[62]。严纯华课题组和 Prasad 课题组在 $NaYF_4$:Yb,Ln（Ln = Er、Tm、Ho）和 $NaYbF_4$:Tm 纳米晶表面包覆了一层 CaF_2 纳米薄层，研究了异构壳层对发光性能的影响。两课题组的研究结果均表明 CaF_2 异构壳层的包覆极大提高了上转换发光强度，最高可达 300 倍[60, 63, 64]。以 $NaYF_4$:Yb,Er@CaF_2 体系为例，严纯华课题组通过调整壳层包覆过程中反应物 Ca^{2+} 和稀土离子的浓度比将壳层厚度缓慢增大，分别制备了粒径约为 10.3nm、11.1nm 和 13.2nm 的 $NaYF_4$:Yb,Er@CaF_2 核壳结构纳米晶，其上转换发光光谱和发光照片，如图 3.11 所示。很明显，反应条件、壳层包覆和壳层厚度对体系上转换发光强度影响显著，该研究中发光强度最高增强了 300 倍。

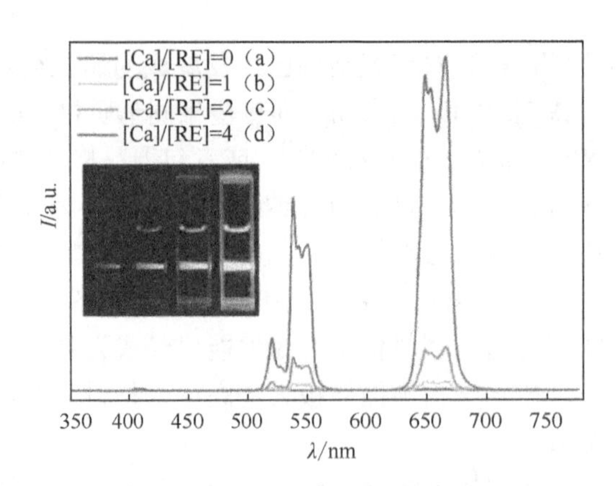

图 3.11　$NaYF_4$:Yb,Er 和 $NaYF_4$:Yb,Er@CaF_2纳米晶的上转换发光光谱图和发光照片[60]（见书后彩图）

（a）核（约 7.2nm）;（b）核壳（约 10.3nm）;（c）核壳（约 11.1nm）;（d）核壳（约 13.2nm）

刘益春课题组和Bednarkiewicz课题组系统分析了惰性壳厚度对发光增强能力的影响，发现在 $NaYF_4$:Yb,Tb@CaF_2 和 $NaYF_4$:Yb,Er@$NaYF_4$ 核壳结构纳米晶中，上转换发光强度均随着惰性壳厚度的适当增加而增强[65, 66]。Bednarkiewicz 课题组对此解释如下：因为壳层加厚过程中表面缺陷和表面配体的数量逐渐减少，同时表面猝灭中心与核表面发光中心的距离逐渐增大，共同导致无辐射弛豫路径和荧光猝灭作用逐渐减弱，发光强度逐渐提高。陈学元课题组以 $LiLuF_4$:Yb,Ln@$LiLuF_4$（Ln = Er、Tm）纳米晶为例探索了核壳结构和壳层厚度对上转换量子产率的影响，结果如下：核材料 $LiLuF_4$:Yb,Er、薄壳和厚壳 $LiLuF_4$:Yb,Er@$LiLuF_4$ 纳米晶的量子产率分别为 0.11%、3.6%和 5.0%；核材料 $LiLuF_4$:Yb,Tm、薄壳和厚壳 $LiLuF_4$:Yb,Tm@$LiLuF_4$ 纳米晶的量子产率分别为 0.61%、6.7%和 7.6%[67]。可见，上转换量子产率随着壳层包覆和壳层厚度的适当增大而增大，同时上转换荧光寿命也随之延长。该结论也得到了其他报道的支持[68]。另外可以预见，上转换发光强度不会随着惰性壳的厚度无限增强，张家骅课题组利用多层 $NaYF_4$ 惰性壳包覆纳米棒的发光强度变化对此进行了证明。制备的多层核壳结构纳米棒表示为 $NaYF_4$:Yb,Er@$n$$NaYF_4$（$n$=1～4，代表包覆的惰性壳层数）。包覆层数从 1 增加至 3 时，纳米棒的发光强度依次增大到原来核材料的 1 倍、3 倍和 40 倍；但包覆层数增加至 4 时，发光强度仅增大到原来核材料的 1.47 倍。可见，随着壳层包覆厚度的增加，发光强度增加到一定值后将大幅降低，因为过厚的壳层包覆会严重降低材料单位体积内敏化剂和激活剂的数量[69]。吴晓峰课题组研究表明包覆层的材料组成对发光的增强能力也存在影响。在其研究中，$NaLuF_4$:Yb,Er/Tm 纳米晶分别包覆 $NaReF_4$（Re = Y、Lu、Gd）纳米壳层后，$NaLuF_4$:Yb,Er/Tm@$NaYF_4$ 纳米晶的发光强度最高，$NaLuF_4$:Yb,Er/Tm@$NaGdF_4$ 纳米晶的发光强度最低，因为三种

壳层材料的声子能量和振动能量均不相同，对核内材料上转换发光的保护能力也存在差异[70]。

3.5.2 “活性核包覆敏化壳”纳米材料

类型 II——“活性核包覆敏化壳”，是在激活剂掺杂的核粒子表面包覆一层敏化剂掺杂的壳材料，例如 $NaGdF_4$:Yb,Er@$NaGdF_4$:Yb、$NaYbF_4$:Tm@$NaYF_4$:Nd 和 $NaGdF_4$:Yb,Er@$NaGdF_4$:Yb,Nd 核壳结构纳米晶[71-73]。敏化壳的作用除了能降低活性核粒子的表面缺陷、表面配体及溶剂高能振动峰引起的无辐射衰减和荧光猝灭效应外，还能为体系提供更多的敏化剂离子以增强对激发光的吸收和传递能力，同时，提高对核材料的能量传递效率。更重要的是，壳层中的敏化剂离子与核材料中的敏化剂实现了空间分离，抑制了高浓度敏化剂同时掺杂到核材料中诱发的浓度猝灭效应[74]，对发光的增强能力更强。Capobianco 课题组研究表明 $NaGdF_4$:Yb,Er@$NaGdF_4$:Yb 纳米粒子中 Er^{3+}的荧光发射强度比相同条件下惰性壳包覆的 $NaGdF_4$:Yb,Er@$NaGdF_4$ 纳米粒子强 3～10 倍，比 $NaGdF_4$:Yb,Er 核粒子强 13～20 倍。因为掺杂 Yb^{3+}的敏化壳能够吸收近红外激发光子并将其传递给 $NaGdF_4$:Yb,Er 核，与惰性壳包覆相比对发光的增强能力更显著[71]。另外，Yb^{3+}掺杂的敏化壳对 Yb^{3+}-Er^{3+}共掺杂核材料发光颜色的影响与 3.1 节介绍的 Yb^{3+}浓度增加对体系发光颜色的影响相似，因为包覆 Yb^{3+}掺杂的敏化壳后，增加了体系 Yb^{3+}的浓度，提高 Yb^{3+}-Er^{3+}共掺杂体系总发光强度的同时，还将提高红光与绿光强度比[71, 75]。

最近，能够大幅度吸收约 800nm 泵浦光并将能量高效传递给 Yb^{3+}的新型敏化剂 Nd^{3+}吸引了研究者的诸多关注，Nd^{3+}也被普遍用于 Nd^{3+}-Yb^{3+}-Ln^{3+}（Ln^{3+} = Er^{3+}、Tm^{3+}、Ho^{3+}）三掺杂体系以获得约 800nm 光泵浦的上转换发光。作为敏化剂，与 Yb^{3+}类似，Nd^{3+}的掺杂浓度应该比较高，以增强对激发光的吸收能力，并提高能量传递效率。然而，在 Nd^{3+}-Yb^{3+}-Ln^{3+}三种离子均匀分布的掺杂体系中，Nd^{3+}浓度较高时，将与激活剂离子 Ln^{3+}发生严重的交叉弛豫，消耗多半激发能的同时猝灭激活剂的上转换发光，即发生严重的浓度猝灭效应。例如，Liu 课题组对 $NaYF_4$:Yb,Nd,Ln（Ln = Er、Tm、Ho）纳米晶中掺杂的三种离子浓度优化后获得的 Nd^{3+}最优掺杂浓度（摩尔分数）仅为 1%～2%，显然无法实现高效敏化作用[74]。据此，我们得到如下推论：为了既能达到高效敏化作用，又能削弱浓度猝灭效应，高浓度 Nd^{3+}应该与激活剂离子保持一定的距离。因此，Nd^{3+}-Yb^{3+}-Ln^{3+}三掺杂体系通常被设计成核壳结构材料，将 Nd^{3+}掺杂到核壳结构的壳层中，且浓度（摩尔分数）高达 20%；而核材料中只保留浓度（摩尔分数）很低的 Nd^{3+}（≤ 1%），或根本不掺杂 Nd^{3+}。另外，敏化壳层中 Nd^{3+}的掺杂浓度（摩尔分数）一般不会高于 30%，因为与只有一个激发态能级的 Yb^{3+}不同，Nd^{3+}拥有丰富的激发态能级，浓度过高时，Nd^{3+}彼此之间也会发生严重的交叉弛豫（$^4F_{3/2}$+$^4I_{9/2}$→2 $^4I_{15/2}$），消耗大部分激发能；

同时，与核材料中的激活剂发生交叉弛豫，猝灭上转换发光[73, 76, 77]。综上，Nd^{3+}掺杂浓度的优化是由提高能量传递效率（高浓度）和降低浓度猝灭作用（低浓度）两个并行过程的竞争决定的。遵循上述基本原则设计制备的“活性核@Nd^{3+}掺杂的敏化壳”核壳结构纳米粒子，例如 $NaYF_4$:Yb,Nd,Er@$NaYF_4$:Nd 和 $NaYbF_4$:Tm@$NaYF_4$:Nd 核壳结构纳米晶，实现了较高浓度 Nd^{3+}与其他掺杂离子的空间隔离，可将上转换发光强度提高几十甚至几百倍[73, 74, 78]。

林君课题组采用高温溶剂法制备了掺杂离子浓度相同的 $NaYF_4$:Yb,0.21Nd,Er 纳米晶和 $NaYF_4$:Yb,0.01Nd,Er@$NaYF_4$:0.2Nd 核壳结构纳米晶，后者的上转换发光强度与前者相比提高了 370 倍之多[78]。Liu 课题组设计制备了 $NaYF_4$:Yb,Nd,Ln、$NaYF_4$:Yb,Nd,Ln@$NaYF_4$ 和 $NaYF_4$:Yb,Nd,Ln@$NaYF_4$:Nd（Ln = Er、Tm、Ho）三类上转换纳米晶，并全面分析了惰性壳包覆与敏化壳包覆对发光强度和能量传递效率的影响。以 Tm^{3+}掺杂的三种纳米晶为例，795nm 光激发下，$NaYF_4$:Yb,Tm,Nd@$NaYF_4$:Nd 的发光强度与 $NaYF_4$:Yb,Tm,Nd 和 $NaYF_4$:Yb,Tm,Nd@$NaYF_4$ 相比，分别提高了约 405 倍和 7 倍（图 3.12）[74]。可见，$NaYF_4$:Nd 敏化壳与 $NaYF_4$ 惰性壳相比更利于提高 $NaYF_4$:Yb,Tm,Nd 核材料的上转换发光强度，因为 $NaYF_4$:Nd 壳能够有效阻止表面猝灭对 Yb^{3+}发射的减弱，同时促进激发能到 Yb^{3+}的传递效率。该研究还指出，纳米粒子表面的 Nd^{3+}发射受到表面猝灭的影响较弱。此外，约为 800nm 光泵浦的 Nd^{3+}-Yb^{3+}-Ln^{3+}三掺杂体系实现上转换发光时，Yb^{3+}起到了将能量从 Nd^{3+}传递给激活剂的桥联作用，导致 Nd^{3+}-Yb^{3+}-Ln^{3+}体系的能量传递效率一般低于传统约 980nm 光泵浦的 Yb^{3+}-Ln^{3+}双掺杂体系，因而前者的发光强度也比后者弱得多[72, 79]。而 Liu 课题组设计的 Nd^{3+}掺杂敏化壳包覆的纳米晶对 794nm 激发光的吸收强度比无 Nd^{3+}掺杂壳层包覆的纳米晶对 794nm 激发光的吸收强度高 17 倍，同时，比核内掺杂 Yb^{3+}的纳米晶对 976nm 激发光的吸收强度高 5 倍。该结果暗示了上述 Nd^{3+}敏化的核壳结构纳米粒子能够产生的上转换发光强度可与传统 Yb^{3+}敏化的纳米粒子相媲美，他们的研究结果也恰恰证实了这一点。

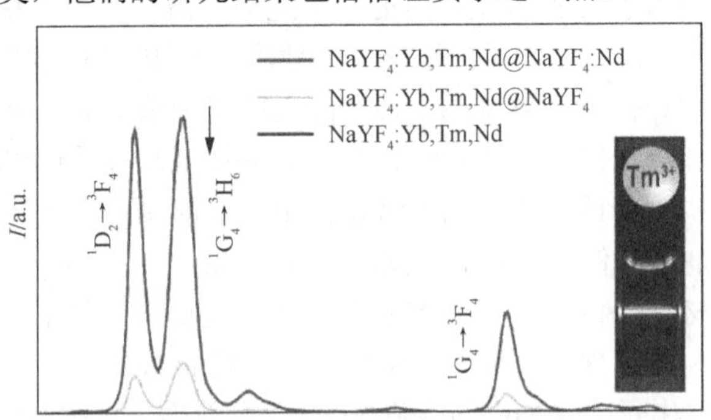

图 3.12 795nm 光激发下，Yb^{3+}-Nd^{3+}-Tm^{3+}共掺杂纳米粒子与核壳结构的上转换发射光谱图[74]（见书后彩图）

也有科研工作者将 Nd^{3+}-Yb^{3+}敏化剂离子对共同掺杂到包覆的壳层中，获得 $NaGdF_4$:Yb,Er@$NaGdF_4$:Yb,Nd、$NaYF_4$:Yb,Er,Ln@$NaYF_4$:Yb,Nd 和 $NaGdF_4$:Yb,Ho,Ce@$NaYF_4$:Yb,Nd 等核壳结构纳米晶[34, 72, 80]。体系中，核材料和壳层中的 Yb^{3+}掺杂浓度（摩尔分数）普遍较高，一般为 10%～20%，因为无论是核材料内部还是壳层中的 Yb^{3+}均起到将 Nd^{3+}捕获的能量迁移给激活剂离子的桥联作用，浓度过低将不利于能量迁移；如果发光中心掺杂于核材料内部，那么不同壳层内 Yb^{3+}浓度遵循由内层到外层逐渐降低的规律，因为两壳层交界面处的能量迁移优先走向 Yb^{3+}浓度较高的一侧；核材料和壳层中的 Nd^{3+}掺杂浓度（摩尔分数）与上段所述体系类似，前者低于 1%，后者普遍为 10%～20%（详见 1.4.2 节和 2.4.2 节）。林君课题组对比分析了 $NaYF_4$:Yb,Nd,Er@$NaYF_4$:Yb,Nd、$NaYF_4$:Yb,Nd,Er@$NaYF_4$:Nd 和 $NaYF_4$:Yb,Nd,Er 纳米晶的发光强度，结果 Yb^{3+}-Nd^{3+}双掺壳包覆与核材料相比，发光强度提高了 522 倍，与 Nd^{3+}单掺壳包覆相比，发光强度提高了 2.6 倍[80]。可见 Yb^{3+}-Nd^{3+}双掺壳包覆利于提高发光强度，该课题组将其归因于壳层内共掺杂的 Yb^{3+}缩短了壳层内 Nd^{3+}与核内 Yb^{3+}的距离，促进了 Nd^{3+}到 Yb^{3+}的能量传递效率，最终提高了壳层内 Nd^{3+}到核内激活剂离子的能量传递效率，促进了发光强度。然而 Yb^{3+}-Nd^{3+}双掺壳体系与 Nd^{3+}单掺壳体系相比，对荧光强度的提高能力并不强。还有报道称两者对核材料发光强度的提高能力相同[72]，因为壳层中共掺杂的 Yb^{3+}虽然利于提高距离核材料较远处的 Nd^{3+}到激活剂离子的能量传递效率；但将延长距离核材料较近处 Nd^{3+}的能量传递路径，降低能量传递效率。

3.5.3 “活性核包覆活性壳”纳米材料

类型 III——“活性核包覆活性壳”，是在激活剂掺杂的活性核粒子表面包覆激活剂掺杂的壳材料。壳层中掺杂的激活剂种类较为丰富，主要可以分为以下三类。

（1）活性壳内掺杂的激活剂种类是与核内激活剂相同的常见上转换发光中心（Er^{3+}、Tm^{3+}和 Ho^{3+}），如 $NaYF_4$:Yb,Tm@$NaYF_4$:Yb,Tm 核壳结构纳米晶[81]，主要目的是提高核材料的上转换发光强度。van Veggel 课题组研究表明，$NaYF_4$:Yb,Tm@$NaYF_4$:Yb,Tm 核壳结构纳米晶与 $NaYF_4$:Yb,Tm 纳米晶相比，上转换发光效率提高了 9 倍，因为体系激活剂离子浓度不变的前提下总量得到增加，相当于提高了核材料的尺寸，因此对发光强度的提升能力有限，根本无法与“活性核包覆惰性壳”和“活性核包覆敏化壳”材料相比，所以该类型核壳结构的报道很少[81]。

（2）活性壳内掺杂的激活剂种类是与核内激活剂不同的常见上转换发光中心（Er^{3+}、Tm^{3+}和 Ho^{3+}），如 $NaYbF_4$:Tm@$NaYF_4$:Yb,Er 核壳结构纳米晶[82]，主要目的是保证体系能够产生所有激活剂的特征发射，同时也可提高体系的整体发光强度。通常，将激活离子对如 Er^{3+}-Tm^{3+}或 Er^{3+}-Ho^{3+}均匀掺杂到纳米材料中时，不同种类的激活剂之间容易发生严重的浓度猝灭效应，导致发光强度均被降低。例如，张勇课题组和孔祥贵课题组制备的 $NaYF_4$:Yb,Er,Tm 纳米晶和 $NaYF_4$:Yb,Er,Tm@$NaYF_4$:Yb 核壳结构纳米晶在 980nm 光激发下只能检测到 Er^{3+}的特征发射[83, 84]，因为敏化剂 Yb^{3+}吸收激发能后优先将其传递给 Er^{3+}使其发光，而 Tm^{3+}的特征发射被 Er^{3+}猝灭殆尽而无法检测到。解决上述问题的一种方法是设计制备核壳结构将 Er^{3+}和 Tm^{3+}进行空间隔离，例如 $NaYF_4$:Yb,Tm@$NaYF_4$:Yb,Er、$NaYF_4$:Yb,Er@$NaYF_4$:Yb,Tm 和 $NaYbF_4$:Tm@$NaYF_4$:Yb,Er 纳米晶[82-85]，均可同时检测到 Er^{3+}和 Tm^{3+}的特征发射，且强度相近，具有可比性。因为核壳结构对 Er^{3+}和 Tm^{3+}的空间隔离加大了两种离子的间距，抑制了彼此间的猝灭效应，因此两种离子的发光强度均得到提高。王元生课题组对 $NaGdF_4$:Er,Ho 纳米晶和 $NaGdF_4$:Er@$NaGdF_4$:Ho@$NaGdF_4$ 核壳结构纳米晶的对比研究也充分证实了上述分析及推论[86]。

（3）活性壳内掺杂的激活剂种类是与核内激活剂不同的其他常用下转换稀土离子（Eu^{3+}、Tb^{3+}、Dy^{3+}、Sm^{3+}）及 Mn^{2+}等，如 $NaGdF_4$:Yb,Tm@$NaGdF_4$:Ln（Ln = Eu、Tb、Dy、Sm）和 $NaGdF_4$:Yb,Tm@$NaGdF_4$:Mn 等核壳结构纳米晶[79, 87-89]，主要目的是实现壳内掺杂的 Ln^{3+}和 Mn^{2+}等的上转换发光，同时进行体系发光颜色调变，并提高整体发光强度。这类核壳结构设计中，一般选用 Gd^{3+}的化合物作为基质材料，同时核材料中共掺杂 Yb^{3+}-Tm^{3+}离子对，利用“敏化剂 Yb^{3+}→累积剂 Tm^{3+}→（迁移剂 Gd^{3+}→）$_n$→激活剂 Ln^{3+}”的能量迁移辅助上转换机制实现了 Eu^{3+}、Tb^{3+}、Dy^{3+}、Sm^{3+}和 Mn^{2+}在 980 nm 激发光作用下的上转换荧光发射以及荧光颜色的调控。

尽管能量迁移不是核壳结构纳米粒子的独有特征，但核壳结构对不同种类激活剂的空间隔离作用对产生能量迁移辅助上转换机制尤为重要。在 $NaGdF_4$:Yb,Tm@$NaGdF_4$:Ln 体系中，核壳结构可降低 Yb^{3+}-Tm^{3+}离子对与激活剂离子 Ln^{3+}直接接触时产生的无辐射弛豫能量损失。为了证实核壳结构的上述作用，Liu 课题组对比分析了 $NaGdF_4$:Yb,Tm@$NaGdF_4$:Ln 和 $NaGdF_4$:Yb,Tm,Ln@$NaGdF_4$ 两种核壳结构纳米粒子的上转换发光光谱。结果表明，虽然两种核壳结构纳米粒子的掺杂浓度、粒子形貌和晶相结构均相同，但其上转换发光强度根本不在一个数量级上：$NaGdF_4$:Yb,Tm@$NaGdF_4$:Ln 纳米粒子能够同时发射很强的 Tm^{3+}和 Ln^{3+}的特征峰；而 $NaGdF_4$:Yb,Tm,Ln@$NaGdF_4$ 纳米粒子仅能发射极弱的 Tm^{3+}和 Ln^{3+}的特征峰，或仅能发射 Ln^{3+}的特征峰，揭示了 Yb^{3+}-Tm^{3+}离子对和 Ln^{3+}之间强烈的发光猝灭作用；更有甚者，对于无包覆 $NaGdF_4$:Yb,Tm,Ln 纳米晶，几乎检测不到任何发射峰的存在，因为无包覆时纳米晶的发射将受到严重的表面缺陷、表面配体和溶剂猝灭[88]。综上，可见 $NaGdF_4$:Yb,Tm@$NaGdF_4$:Ln 核壳结构设计既可以保证体系同时发射 Tm^{3+}和 Ln^{3+}的特征峰，又可以保证体系的发光强度处于较高水平不被猝灭。

为了进一步提高 $NaGdF_4$:Yb,Tm@$NaGdF_4$:Ln 和 $NaGdF_4$:Yb,Tm@$NaGdF_4$:Mn 核壳结构的发光强度，Liu 课题组[89, 90]在其表面继续包覆了一层 $NaYF_4$ 惰性壳，包覆后，体系发光强度得到明显提高。更重要的是，$NaYF_4$ 惰性壳包覆后，尤其利于提高 Ln^{3+}在掺杂浓度较低时的高能级跃迁发射。例如，Eu^{3+}的掺杂浓度（摩尔分数）为 1%时，$NaGdF_4$:Yb,Tm,Eu@$NaYF_4$ 均匀掺杂纳米粒子的发光强度与 $NaGdF_4$:Yb,Tm@$NaGdF_4$:Eu@$NaYF_4$ 纳米晶发光强度相近，因为 $NaYF_4$ 惰性壳能够有效阻止表面猝灭中心对激发能的俘获。但 $NaGdF_4$ 惰性壳包覆无法达到上述目的，因为 Gd^{3+}会把激发能快速迁移给表面猝灭中心。可见，$NaYF_4$ 惰性壳包覆更适合用于屏蔽猝灭，提高发光强度。

因为 $NaGdF_4$:Yb,Tm@$NaGdF_4$:Ln 核壳结构的发射峰由 Tm^{3+}和 Ln^{3+}的特征发射共同组成，因此该体系能够实现对发光颜色的调变[88, 91]。值得注意的是，该系统中共掺杂离子的种类和浓度必须精确控制。例如，Liu 课题组将 Eu^{3+}的掺杂浓度（摩尔分数）从 0 逐渐增加到 15%，纳米粒子上转换发射光谱中 Eu^{3+}的红光发射峰与 Tm^{3+}的蓝光发射峰的强度比逐渐增加，两种颜色复合后，纳米粒子的总体发光颜色从蓝色逐渐调变为粉红色；将 Tb^{3+}的掺杂浓度（摩尔分数）从 0 逐渐增加到 15%时，上转换光谱中 Tb^{3+}的绿光和红橙光发射峰与 Tm^{3+}的蓝光发射峰的强度比逐渐增加，两种颜色与 Tm^{3+}发射的蓝光复合后，纳米粒子的总体发光颜色从蓝色逐渐调变为接近白色的上转换发光。

张忠平课题组设计制备了 $NaGdF_4$:Yb,Tm,Er@$NaGdF_4$:Eu@$NaYF_4$ 核壳结构纳米晶，通过精细调变 Tm^{3+}、Er^{3+}和 Eu^{3+}三种发光离子的浓度，该核壳结构纳米晶能够发射非常明亮的白色上转换发光[28]。值得注意的是，该体系的白光发射是由许多尖锐发射峰复合而成，且这些尖锐的发射峰均匀分布在 400～750nm 整个可见光波长范围内，即该体系获得了一种全光谱白光发射（图 3.13）。而 $NaGdF_4$:Eu 和 $NaYF_4$ 双层壳包覆可将原始 $NaGdF_4$:Yb,Tm,Er 核材料的发光强度分别提高 20 倍和 50 倍。$NaGdF_4$:Yb,Tm,Er 核纳米晶主要发射 Tm^{3+}的蓝光（450nm 和 475nm）和 Er^{3+}的绿光（540nm），$NaGdF_4$:Eu 中间层主要发射 Eu^{3+}的红光（590nm 和 614nm），三种颜色的发光按照合适的比例复合即可获得白光。虽然 Tm^{3+}和 Er^{3+}也有红光发射（655nm、690nm 和 725nm）存在，但发射峰强度很弱，达不到复合成白光所需的比例。另外，如上所述，Tm^{3+}和 Er^{3+}均匀掺杂到核材料中时，将发生浓度猝灭，减弱彼此的发光强度。$NaGdF_4$:Yb,Tm,Er 核纳米晶中也存在这种浓度猝灭效应，例如，Er^{3+}掺杂浓度较高时，Tm^{3+}的蓝光发射将被猝灭，纳米晶只发射 Er^{3+}的绿光，因为 Tm^{3+}的 $^3H_4$ 能级获取的激发能将会传递给 Er^{3+}的 $^4I_{9/2}$ 能级；反之，Tm^{3+}掺杂浓度较高时，Er^{3+}的绿光发射将被猝灭，纳米晶只发射 Tm^{3+}的蓝光。因此，该体系分别将 Tm^{3+}和 Er^{3+}的掺杂浓度（摩尔分数）精确控制在 0.5%和 0.05%，保证了核材料同时发射强度相近的蓝光和绿光。再复合合适强度的 Eu^{3+}的红光发射，即可获得白色发光。此外，该研究还观察到了 $NaGdF_4$:Yb,Tm,Er@$NaGdF_4$:Eu@$NaYF_4$核壳结构纳米晶的发光颜色随着 980nm 激发光功率而发生动态变化的现象，即激发光功率密度从 3W/cm^2 增加到 30W/cm^2 的过程中，纳米晶的发光颜色从绿光经由青色最终转变为红色。

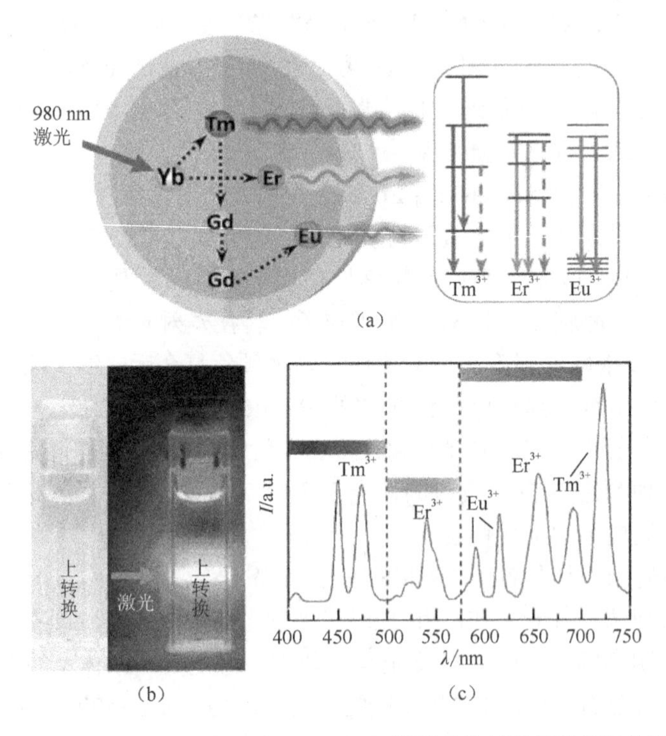

图 3.13　$NaGdF_4$:Yb,Tm,Er@$NaGdF_4$:Eu@$NaYF_4$核壳结构纳米晶的能量传递路线、上转换发光照片及发射光谱图[28]（见书后彩图）

2015 年 9 月，Liu 课题组报道了一种新的核壳结构多色上转换发光调变体系——$NaYbF_4$:Tb@$NaYF_4$:Eu 核壳结构纳米晶，利用 Yb^{3+}和 Tb^{3+}的合作敏化能量转移过程、Tb^{3+}的能量迁移能力和 Tb^{3+}到 Eu^{3+}的能量传递过程，同时实现了 Tb^{3+}和 Eu^{3+}在 980nm 泵浦条件下的上转换发光及纳米晶的发光颜色调变。该体系不需要 Gd^{3+}的辅助，与 $NaGdF_4$:Yb,Tm@$NaGdF_4$:X 体系的能量传递路径“敏化剂 Yb^{3+}→累积剂 Tm^{3+}→（迁移剂 Gd^{3+}）$_n$→激活剂 X^{3+}”相比，该体系的能量传递路径更为简单，“Yb^{3+}→（Tb^{3+}）$_n$→Eu^{3+}”（图 3.14），Tb^{3+}同时起到了累积剂和迁移剂的作用。而核壳结构仍然被用于空间隔离 Tb^{3+}和 Eu^{3+}，并提高体系发光强度。980nm 泵浦时，两个 Yb^{3+}同时将获得的激发能传递给 Tb^{3+}使其跃迁到高能激发态；处于高能激发态的 Tb^{3+}再利用表面能量传递过程和能量在 Tb^{3+}之间的迁移能力，将捕

获的激发能传递给 Eu^{3+}使其跃迁到高能激发态；最后，处于高能激发态的 Tb^{3+}和 Eu^{3+}同时跃迁回到基态和低能激发态，产生 Tb^{3+}的绿光发射和 Eu^{3+}的红光发射。因为 Tb^{3+}和 Eu^{3+}的绿光和红光特征发射峰同时存在，因此能够实现发光颜色的逐步调变。最简单的方法是增加壳层中 Eu^{3+}的掺杂浓度，结果如图 3.14 所示，Eu^{3+}浓度（摩尔分数）由 0 增加至 30%过程中，体系红光与绿光强度比缓慢提高，整体上转换发光颜色也逐渐由绿色调变为黄色。值得注意的是，上述 Tb^{3+}辅助体系 $NaYbF_4$:Tb@$NaYF_4$:Eu 发射的 Eu^{3+}发光强度比 Yb^{3+}-Eu^{3+}体系 $NaYbF_4$:Eu@$NaYF_4$强得多。另外，上述体系中 Eu^{3+}发光强度虽然远远低于 Gd^{3+}辅助体系，但其对激发能的依赖性很低，在低能激发下也能获得，因此发光性能更稳定[92]。

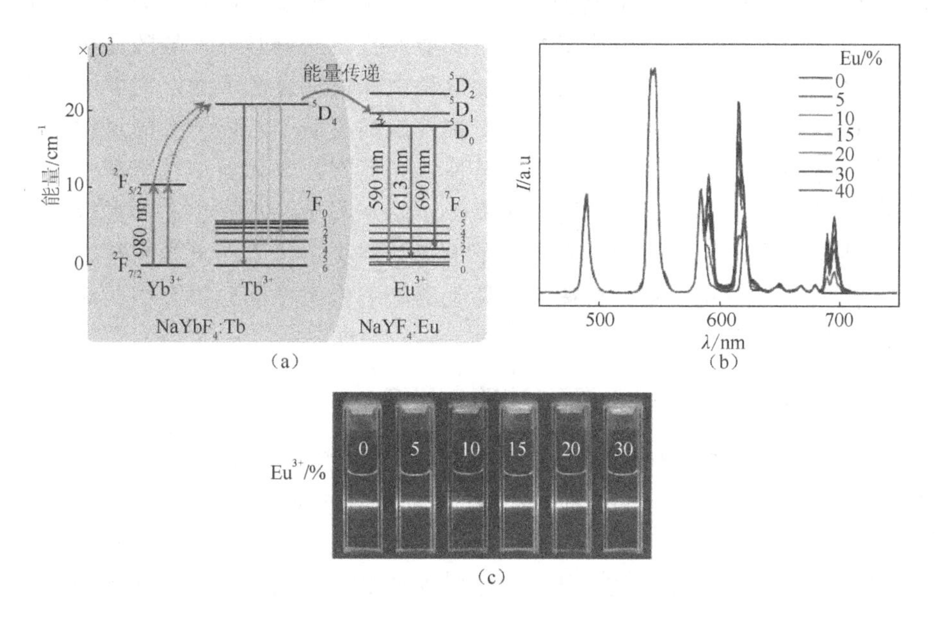

图 3.14　$NaYbF_4$:Tb@$NaYF_4$:x%Eu 核壳结构纳米晶的上转换机理图、发射光谱及发光照片[92]（见书后彩图）

除了上述三种较为普遍的核壳结构设计方式外，还有个别较为特殊的核壳结构组成设计，如可实现暂态全光谱调变的 $NaYF_4$:Nd,Yb@$NaYF_4$:Yb,Tm@$NaYF_4$@$NaYF_4$:Yb,Ho,Ce@$NaYF_4$ 核壳结构[93]，实现 808nm 激发时上转换发光强度高于 980nm 激发光的 $NaYbF_4$:Nd@$NaGdF_4$:Yb,Er@$NaGdF_4$ 核壳结构等[94]。可见，形式多样的核壳结构设计，为稀土纳米晶发光强度和颜色的调变提供了更多、更高效的方法，尤其重要的是掺杂稀土离子的空间隔离避免了彼此间的浓度猝灭效应，为新材料、新机理和新性能的开发提供了有利条件。

3.6 非稀土掺杂离子的影响

共掺杂 Li^+、Na^+、K^+、Ba^{2+}、Sr^{2+}、Ca^{2+}、Zn^{2+}、Bi^{3+}、Fe^{3+}、Mo^{3+}和 Hf^{4+}等非稀土掺杂离子是一种提高上转换发光强度的通用方法，通常可将上转换发光强度提高几倍至几十倍。上述非稀土离子的掺杂浓度（摩尔分数）一般不会超过 30%，导致共掺杂前后材料的晶相、形貌和尺寸基本保持不变，因而能够忽略这些因素对发光强度的影响。因此，增强机理普遍认为是非稀土掺杂离子对宿主材料局部晶体场对称性的调整引起的。因为根据量子力学的选择规则（$|\Delta J|=2$、$|\Delta L|=0, \pm 1$ 和$\Delta S=0$），具有相同宇称的自由稀土离子内部的 4f 电偶极跃迁原属宇称禁戒跃迁，然而，利用混合相反宇称组态的方式能够打破这种禁戒，导致晶格中较弱的电偶极跃迁能够发生。为了极大增加这种电偶极跃迁的概率，需要非对称晶体场存在。也就是改变局部晶体场和对称性偏离反演中心能够打破这种禁戒作用，增加电偶极跃迁的概率。对于上转换发光而言，晶体对称性降低一般有利于提高发光效率，因为能够增强镧系离子 f 组态与更高电子组态的混合能力。通常，共掺杂非稀土离子的价态和离子半径共同决定了其在发光材料宿主晶格中的存在形式。因此，本节将按照非稀土离子的价态不同分类介绍其对上转换发光的影响。

1. Li^+、K^+和 Na^+等一价离子共掺杂的影响

Li^+共掺杂是提高上转换发光强度的良好方法，因为其离子半径非常小，仅有 0.68Å，易于实现在宿主晶格中的移动和定位，既能扩散进入晶格中的各种间隙位置，也能替换原晶胞中阳离子的位置，扰动原晶体场对称性，提高上转换发光。六方相 $NaYF_4$:Yb,Ln（Ln = Er、Tm、Ho）、$NaGdF_4$:Yb,Er 和 $NaLuF_4$:Yb,Ln（Ln = Tm、Ho）微/纳米粒子，共掺杂 Li^+后，既不会改变材料的晶相，也不会形成具有新相的杂质，不会完全破坏掺杂的稀土离子周围的局部结构；但 Li^+的掺杂浓度逐渐升高的过程中，能够使材料的晶格经历先收缩后膨胀两个过程，对稀土离子所处局部环境的对称性存在一定的调整。另外，Li^+的离子半径比 Na^+的离子半径 0.97Å 小。因此，Li^+可以采取如下两种形式进入宿主晶格中：①替换 Na^+的形式掺杂到宿主晶格中；②占据晶格中的间隙位置[95-97]。Li^+无论是采取替换 Na^+的形式掺杂到宿主晶格中，还是占据晶格中的间隙位置，都将导致掺杂在宿主晶格中的稀土离子局部晶体场对称性的改变，进而调整掺杂离子的辐射参数和上转换发光性能。因为 Li^+不能吸收 980nm 激发光，也不能将能量传递给稀土离子，所以共掺杂半径较小的 Li^+不会改变上转换发光机制，也不会改变材料上转换发射峰的位置，但能够加快宿主到稀土离子的能量传递速率，提高上转换发射峰的强度。Li^+

掺杂对上转换发光强度的影响规律与其对材料宿主晶格的影响相对应[95, 97]：①Li^+的掺杂浓度较低时，将采取替换Na^+的形式掺杂到宿主晶格中，因为Li^+半径较小，将诱使宿主晶格收缩，降低晶格常数，扰动稀土离子周围局部晶体场的对称性，又因为镧系离子周围环境不对称性提高利于超灵敏跃迁发生，因此提高了材料的上转换发光强度；同时，宿主晶格收缩也将导致晶格完整度和结晶度提高，也利于提高上转换发光强度。②Li^+的掺杂浓度较高时，将占据晶格中的间隙位置，诱使晶格膨胀，导致缺陷中心增多，上转换发光强度减弱。因此，Li^+存在一个最优掺杂浓度，该浓度时，材料中掺杂的稀土离子周围环境的对称性最低，上转换发光强度最高。另外，Li^+的最优掺杂浓度受到材料种类、晶相结构和掺杂浓度等因素的影响，在不同体系中略有不同。例如，六方相$NaYF_4$:Yb,Tm,Li 和$NaGdF_4$:Yb, Er,Li 微/纳米粒子中，Li^+的最优掺杂浓度（摩尔分数）为 7%，不同发射峰的上转换发光强度可增大 5～47 倍[95, 96]；六方相$NaLuF_4$:Yb,Ln,Li（Ln = Tm、Ho）微米粒子中，Li^+的最优掺杂浓度（摩尔分数）为 15%，不同发射峰的上转换发光强度可增大 3～7 倍[97]。

Li^+共掺杂对上转换发光颜色影响也较为明显，虽然共掺杂后能够同时增强所有发射峰的强度，但对不同发射峰的增强能力有所差别，一般认为提高 Yb^{3+}-Er^{3+}和 Yb^{3+}-Ho^{3+}共掺杂体系绿光发射峰的能力强于红光发射[96-100]。例如 Yb^{3+}-Er^{3+}共掺杂体系，Li^+共掺杂除了对材料产生上述影响外，还能改变电子密度分布。掺杂稀土离子所处环境的改变将促使灵敏跃迁被用于遵循选择定则的特殊跃迁，抑制产生红光的交叉弛豫 $^2H_{11/2}$（Er^{3+}）+ $^4I_{15/2}$（Er^{3+}）→ $^4I_{9/2}$（Er^{3+}）+ $^4I_{13/2}$（Er^{3+}）和反向能量传递过程 $^4S_{3/2}$（Er^{3+}）+ $^2F_{7/2}$（Yb^{3+}）→ $^4I_{13/2}$（Er^{3+}）+ $^2F_{5/2}$（Yb^{3+}），同时增加了处于 $^4S_{3/2}$ 能级的 Er^{3+}数量，延长了分别处于 $^2F_{5/2}$和 $^2H_{11/2}$ 能级的 Yb^{3+}和 Er^{3+}寿命。因此，对 Er^{3+}的绿光发射增强倍数高于红光发射[96, 99]。张治国课题组发现，在 Y_2O_3:Yb,Er,Li 纳米晶体中，Li^+的掺杂浓度（摩尔分数）从 0 增加至 15%过程中，上转换绿光和红光增强倍数比先缓慢增加至 3 倍，然后基本保持不变。该研究中 Li^+的最优掺杂浓度（摩尔分数）为 5%，此时，材料的上转换绿光和红光发射强度分别提高了 25 倍和 8 倍[99]。宋瑛林课题组研究表明 Gd_2O_3:Yb,Ho,Li 纳米粒子中，Li^+的掺杂浓度（摩尔分数）从 0 增加至 4%过程中，上转换绿光和红光发射均增强的同时，绿光和红光发射强度比也逐渐增加，因为 Li^+掺杂减弱了 $^5I_6$ 到 $^5I_7$ 能级的无辐射多声子弛豫概率[100]。

另外，Kim 和杨艳民两课题组研究表明，Li^+共掺杂对可见光（447nm、488nm 和 496nm）激发下 Pr^{3+}上转换发光强度具有重要影响。他们发现，在 Y_2SiO_5:Pr 发光粉中，共掺杂浓度（摩尔分数）为 7%～10%的 Li^+可将材料的 4f5d→^3F_J（或 ^3H_J）紫外光发射强度提高 6～10 倍。Kim 课题组认为这种增强作用主要归因于以下两方面：①没有 Li^+掺杂时，Y_2SiO_5:Pr 荧光粉呈现 X1 单斜晶相；而掺杂后，Y_2SiO_5:Pr,Li

荧光粉转变为 X2 高温相，降低了体系的对称性，提高了 Pr^{3+}激发态吸收的概率；②Li^{+}掺杂促使荧光粉颗粒尺寸增大[101-103]。

K^{+}共掺杂也能达到提高上转换发光强度的目的，陈大钦课题组将其掺杂到六方相 $NaYF_4$:Yb,Er 微米棒中，将绿色和红色上转换发光分别提高了 15 倍和 12 倍。因为 K^{+}半径比 Na^{+}大，因此只能采取替换 Na^{+}的形式掺杂到宿主晶格中，而不能占据晶格中的间隙位置。K^{+}对晶体场的改变和稀土离子周围局部晶体场对称性的降低作用促使上转换发光强度得到提高[104]。Wong 课题组则证明了上述机理作用下 Na^{+}共掺杂到 Y_2O_3:Yb, Er 材料中替换稀土离子后对上转换发光强度的增强能力[105]。

2. Bi^{3+}、Fe^{3+}和 Mo^{3+}等三价离子共掺杂的影响

Bi^{3+}、Fe^{3+}和 Mo^{3+}等三价离子共掺杂到稀土上转换发光材料中时，因为与稀土离子具有相同的化合价态，将直接替换稀土离子以保持电荷平衡。我们利用微波法制备了六方相 $NaYF_4$:Yb,Ln（Ln = Er、Tm、Ho）纳米粒子，研究了 Bi^{3+}共掺杂对上转换发光强度的影响。$NaYF_4$:Yb,Er,Bi 的 X 射线衍射（X-ray diffraction，XRD）图显示样品均为六方晶相的 $NaYF_4$，无其他杂峰存在。扫描电子显微镜（scanning electron microscopy，SEM）照片显示 $NaYF_4$:Yb,Er,Bi 纳米粒子的形貌与 $NaYF_4$:Yb,Er 无明显差异，能量色散 X 射线谱（energy dispersive spectrometry，EDS）证实了 Bi^{3+}、Yb^{3+}、Er^{3+}均成功掺杂到了基质中。仔细观察样品的 XRD 谱图可知，所有掺杂 Bi^{3+}的样品的 XRD 谱图均出现轻微的左移，因为 Bi^{3+}的离子半径（0.96Å）稍大于 Y^{3+}（0.89Å）和 Ln^{3+}（Yb^{3+}：0.86 Å，Er^{3+}：0.88Å），但与稀土离子的化合价态相同，因此掺杂到 $NaYF_4$:Yb,Ln 晶格中时，将替换稀土离子的位置。当比 Y^{3+}半径小的 Ln^{3+}掺杂时，会造成 $NaYF_4$ 基质收缩；而当比 Y^{3+}半径大的 Bi^{3+}掺杂时，会造成晶胞参数扩大。另外，Bi^{3+}掺杂并未影响 Er^{3+}的特征发射峰位置，且并无新的发射峰产生。说明 Bi^{3+}并未改变 Yb^{3+}到 Er^{3+}的能量传递过程，且无 Yb^{3+}或 Er^{3+}到 Bi^{3+}的能量传递发生。然而发射峰的相对强度变化很大。控制 Yb^{3+}和 Er^{3+}的掺杂量不变，逐渐增加 Bi^{3+}的掺杂量，上转换的发光强度呈现先增加后减小的趋势。因为当晶体场被 Bi^{3+}的掺杂改变时，促进了 $NaYF_4$:Yb,Er,Bi 上转换发光性能的增强。Bi^{3+}的掺杂量（摩尔分数）为 4%时，发光强度达到最大，绿光和红光发射分别为未掺杂样品的 36 倍和 23 倍。当 Bi^{3+}掺杂浓度（摩尔分数）大于 4%时，发光强度反而降低，这是由于晶体场的不断扩大同时造成了 Yb^{3+}和 Er^{3+}之间距离不断增大，反而会降低 $NaYF_4$:Yb,Er,Bi 的上转换发光强度。Yb^{3+}和 Er^{3+}之间距离的增大同时也造成了红光和绿光的增大程度不同，由于离子间距离增大而使与红光发射密切相关的交叉弛豫难发生，从而造成红光增加强度小于绿光[45]。

我们同时考察了 Bi^{3+}掺杂对 $NaYF_4$:Yb,Tm,Bi 和 $NaYF_4$:Yb,Ho,Bi 的上转换性

能影响。上转换发射光谱研究表明，Bi^{3+}掺杂对相应稀土离子的发射峰位置并无影响，而对发光强度有很大影响。与 $NaYF_4$:Yb,Er,Bi 的上转换光谱变化趋势类似，随着 Bi^{3+}掺杂量的增加，$NaYF_4$:Yb,Tm,Bi 和 $NaYF_4$:Yb,Ho,Bi 的上转换发光强度均呈现先增加后减小的趋势。在 Bi^{3+}的掺杂量（摩尔分数）为 4%时，$NaYF_4$:Yb,Tm,Bi 纳米粒子中蓝光和红光发射强度达到最大，分别是未掺杂 Bi^{3+}样品发光强度的 15 倍和 11 倍；$NaYF_4$:Yb,Ho,Bi 纳米粒子中绿光和红光也达到最大，分别是未掺杂 Bi^{3+} 样品发光强度的 21 倍和 10 倍。此外，$NaYF_4$:Yb,Tm,Bi 和 $NaYF_4$:Yb,Ho,Bi 纳米粒子中发光过程并未受影响，蓝光、红光和绿光发射分别为三光子、双光子和双光子过程，说明发光强度的增强是由 Bi^{3+}对掺杂离子周围晶体场的影响所产生的。

$NaYF_4$:Yb,Er 和 $NaYF_4$:Yb,Er,Bi 样品的 $^4S_{3/2}\rightarrow{}^4I_{15/2}$ 跃迁、$NaYF_4$:Yb,Tm 和 $NaYF_4$:Yb,Tm,Bi 样品的 $^1G_4\rightarrow{}^3H_6$ 跃迁以及 $NaYF_4$:Yb,Ho 和 $NaYF_4$:Yb,Ho,Bi 样品的 $^5S_2\rightarrow{}^5I_8$ 跃迁的荧光寿命衰减曲线表明，所有样品的寿命衰减曲线均可以与单指数寿命衰减方程相拟合：$I(t) = I_0 + A_1\exp(-t/\tau_1)$，式中 I 和 I_0 分别为时间是 t 和 0 时的发光强度，A_1 为常数，τ_1 为衰减时间。很明显 Bi^{3+}掺杂样品在 $^4S_{3/2}$、$^1G_4$ 和 $^5S_2$ 能级的寿命均大于未掺杂 Bi^{3+}样品在相应能级的荧光寿命。由于 Bi^{3+}的掺杂并未改变能量传递过程，因此荧光寿命的增加主要归结为理论寿命的增加，即由晶格改变所引起的。这也与上转换光谱的分析结果相吻合。上转换荧光强度由辐射传递和无辐射传递两方面影响，即辐射和无辐射传递速率（寿命）影响。而本研究中由于控制实验及激发条件相同，Bi^{3+}掺杂的样品与未掺杂样品的辐射传递速率应基本相同，因此增加的上转换荧光寿命及无辐射传递速率导致了上转换荧光发射强度的增加。

2013 年，Kim 课题组将 Fe^{3+}共掺杂到 $NaGdF_4$:Yb,Er 纳米晶中，掺杂浓度（摩尔分数）从 0 逐渐升高到 30%时，样品形貌、尺寸和晶相均保持不变的前提下，上转换发光强度随之增强，最大可提高 30 余倍；掺杂浓度继续增加时，上转换发光强度快速降低。该研究指出，Fe^{3+}因为与稀土离子具有相同的价态，因此掺杂时将采取替代稀土离子的方式进入到基质晶格中，以维持电荷平衡；又因为 Fe^{3+}的半径为 0.64Å，比 Y^{3+}（0.89Å）和 Gd^{3+}（0.94Å）离子半径都小，所以共掺杂后材料的晶格常数降低，晶格将发生收缩。掺杂浓度较低时，晶格收缩导致的掺杂稀土离子周围环境对称性的降低提高了上转换发光强度。而掺杂浓度过高时，可能诱使晶格发生较为严重的变形，影响了镧系离子的空间分布，并诱发浓度猝灭效应，降低了发光强度[106]。

尹东光课题组将 Mo^{3+}共掺杂到 $NaYF_4$:Yb,Er 纳米粒子中，发现 Mo^{3+}对基质晶格的影响趋势与 Li^+类似，均是在低掺杂浓度时诱使晶格收缩，在高掺杂浓度时可能会使晶格膨胀。尹东光课题组对此的解释也与 Li^+掺杂的情况类似：①以替换稀土离子的形式掺杂到宿主晶格中；②占据晶格中的间隙位置。Mo^{3+}的掺杂浓度（摩尔分数）为 10%时，上转换发光强度最高，红光和绿光发射分别提高 8 倍和 6 倍，归因于稀土离子周围环境对称性的降低。掺杂浓度进一步提高时，发光强度降低，原因与 Kim 课题组揭示的高浓度 Fe^{3+}共掺杂导致发光降低的原因相同[107]。

3. Ba^{2+}、Sr^{2+}、Ca^{2+}、Zn^{2+}和 Hf^{4+}等二价和四价离子共掺杂体系

使用共掺杂二价或四价离子提高上转换的报道较少，因为对于常用的上转换纳米材料的宿主 $NaReF_4$、ReF_3 和 Re_2O_3 等而言，二价或四价离子的掺杂会涉及阳离子空位的产生和电荷平衡等问题。例如，王元生课题组将浓度（摩尔分数）为 20%的 Ca^{2+}、Sr^{2+}或 Ba^{2+}共掺杂到六方相 LnF_3（Ln = La、Ce、Pr）纳米晶中，二价阳离子掺杂后，为了维持电荷平衡，诱使大量空位产生，破坏了晶核的结构稳定性，最终导致材料的晶相完全转变为立方相。该研究将二价离子共掺杂后上转换发光强度的增强原因归结为相变[43]。刘云新课题组将浓度（摩尔分数）为 0～8%的 Zn^{2+}共掺杂到 $NaLuF_4$:Yb,Er/Tm 微/纳米粒子中，利用其对晶格结晶度的提高及对发光中心附近晶体场对称性的降低作用，提高了材料的上转换发光强度。另外，该研究中共掺杂 Zn^{2+}后，材料的尺寸波动较大（9～40nm），因此 Zn^{2+}掺杂对发光强度的影响也存在较大波动[108]。

俞建长课题组将离子浓度（摩尔分数）为 0～10%的 Hf^{4+}共掺杂到立方相 $Y_{3.2}Al_{0.32}Yb_{0.4}Er_{0.08}F_{12}$ 和六方相 $NaY_{0.88}Yb_{0.10}Er_{0.02}F_4$ 纳米粒子中，对两种材料的上转换发光强度均有提高，不同的是对前者的提高能力远大于后者，例如掺杂浓度（摩尔分数）为 6%时，立方相纳米粒子位于 654nm 处的红光发射提高了约 80 倍，而六方相纳米粒子位于 408nm 处的蓝光发射增强约 2 倍。俞建长课题组认为多种元素共同决定了这种增强效应，即：①因为 Hf^{4+}的电荷高于稀土离子，能够增加反应前驱溶液的电荷梯度，提高稀土离子在晶格中的分散度，同时减少以团簇形式存在的稀土离子，进而降低由此引发的发光猝灭；②Hf^{4+}降低了掺杂的稀土离子周围晶体场的对称性；③为了维持电荷平衡，四价离子掺杂后将产生离子空位或离子间隙，导致掺杂的稀土离子周围晶体场的进一步变形和晶体场非对称性的进一步加剧；④Hf^{4+}共掺杂后能够影响稀土离子间的距离。上述四种原因均可提高上转换发光强度[109]。

值得注意的是，本节中介绍的非稀土共掺杂离子对上转换发光的影响虽然源于宿主材料的晶格结构和稀土离子周围环境对称性的改变，但这种变化比较弱小，还不足以导致宿主材料相变的发生。目前，上述局部晶体场对称性改变影响上转换发光性能的主要证明来源于 XRD、晶胞体积、SEM、透射电子显微镜（transmission electron microscopy，TEM）和上转换光谱的间接表征，即结合掺杂非稀土离子后材料晶相保持不变且没有新相生成的 XRD 结果、晶胞体积逐渐膨胀或收缩的结果，以及材料形貌和尺寸基本保持不变的前提，排除晶相、形貌和尺寸等

因素对发光强度的影响，再结合量子力学的选择规则得到发光强度改变来源于局部晶体场对称性改变的结论。而直接证明局部晶体场改变的表征手段仍然欠缺，需要进一步开发研究。

3.7 金属增强效应的影响

将贵金属金和银与上转换纳米粒子结合是一种提高上转换荧光强度的有效方法。结合方法按产物结构主要分为两种，第一种是将贵金属纳米粒子或贵金属薄膜直接附着或包覆于上转换纳米粒子的表面。例如，Schietinger 课题组和段镶峰课题组将金纳米粒子或金薄膜附着或包覆于 $NaYF_4$:Yb,Er/Tm 纳米粒子表面，总的上转换荧光增强因子可达 2.5～5.1[110-112]。秦伟平课题组研究表明附着金纳米粒子后，β-$NaYF_4$:Yb,Tm 纳米粒子中位于 345nm 波长处 Tm^{3+}的上转换发射峰最大增强因子高达 109[113]。他们还报道了金纳米粒子附着的 $NaYF_4$:Gd,Yb,Tm@Au 复合材料中 Gd^{3+}的荧光增强效应，结果表明 Gd^{3+}的 $^6I_J \rightarrow {}^8S_{7/2}$ 发射的最大增强因子为 76。上述贵金属对荧光的增强效应对于 Y_2O_3:Er@Au 纳米复合材料也适用。根据上述研究结果，贵金属的荧光增强效应可以归结为与表面等离激元共振有关的以下两点：第一，局部场效应增强激发速率；第二，表面等离激元发射诱发了辐射和无辐射衰减速率的增强，提高了量子效率和量子产率。第二种贵金属与上转换纳米粒子的复合结构是在贵金属与上转换纳米粒子之间插入隔离层将两种材料分离开。例如插入二氧化硅隔离层的 $NaYF_4$:Yb,Er@SiO_2@Ag、$NaYF_4$:Yb,Er@SiO_2@Au 和 Ag@SiO_2@Y_2O_3:Er 纳米复合材料的最大增强因子在 3.6～14.4。研究结果还表明荧光增强效应受间隔层厚度影响严重，且具有一个最优值，通常为 10～30nm，可归因于辐射速率和无辐射速率的竞争。以 $NaYF_4$:Yb,Er@SiO_2@Au 纳米复合材料为例[114]，选取合适的结构参数，可以实现辐射速率大于无辐射速率的情况。Kagan 课题组制备了一种由 Ag 或 Au 单层纳米粒子、Al_2O_3 中间层和 $NaYF_4$:Yb,Er 纳米粒子层叠加的多层复合材料，除了中间 Al_2O_3 层的影响，金属纳米粒子种类对荧光强度的影响显著，例如相同条件下 Au 纳米层对荧光的增强效应为 5 倍，而 Ag 纳米层的增强高达 45 倍[115]。

3.8 染料敏化增强效应

近年来，人们提出了一种新型染料敏化的方法提高镧系纳米粒子的上转换发光性能。染料敏化的关键在于宽带吸收和发射，也就是提高上转换发光纳米体系对于激发光光子（通常为近红外等长波光子）的捕捉能力并将吸收的激发能量高效地传递出去[116]。该思想受启发于自然光收集系统，在这个系统中，各种不同的吸收分子将周围的太阳能传递到中央的反应中心。虽然上转换发光不等同于电荷转移，但在染料敏化上转换发光时，染料分子作为“天线”，吸收入射光然后将激发光的能量传递给纳米粒子内部的上转换稀土离子（图 3.15）[117]。

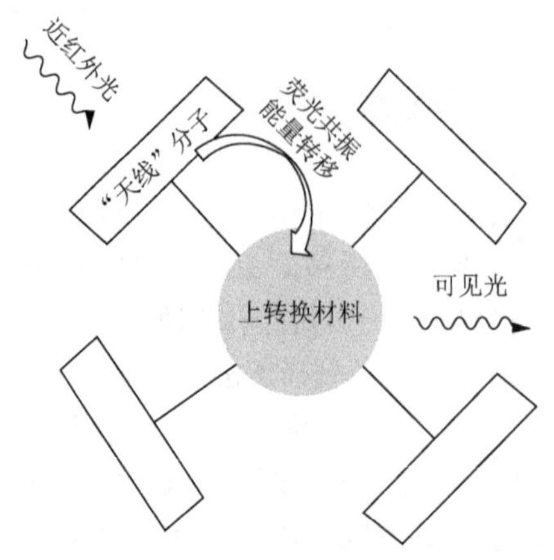

图 3.15　染料敏化上转换纳米粒子的示意图[117]

用作敏化剂的染料通常具有宽带吸收的能力。据报道，用来敏化上转换纳米粒子的有机染料一般是吸收峰在 780～810nm、发射峰在 750～1150nm 范围内的有机小分子。应当指出，IR 783[118]、IR 806[116, 119-121]、IR 808[121-123]、IR 820[118, 121, 124]、IR 845[118]、吲哚菁绿（indocyanine green，ICG）[125-127]、靛蓝[128]和 Cyto 840[129]的近红外发射峰与经常被用作镧系敏化剂离子的 Yb^{3+}（吸收峰大约在 980nm）和 Nd^{3+}（吸收峰在 740nm 和 808nm）的吸收光谱相重叠，促使从有机染料到镧系离子的无辐射能量传递成为可能。另外，有报道证实一些荧光染料包括 ATTO 488[129]、Cy 3.5[119]和 BODIPY-FL[119]在 470～520nm 有吸收峰，而发射峰在 440～800nm。虽然它们的发射峰与通常使用的镧系敏化剂离子 Nd^{3+}和 Yb^{3+}的吸收峰没有明显的重叠，但是它们可以与吸收峰位于可见光区或者可见到近红外光区的染料产生光谱重叠，通过使用不同有机染料结合能量串联的方式为实现最终敏化 Nd^{3+}和 Yb^{3+}提供了可能。在可见光区同时具有吸收和发射的有机染料为直接敏化其他镧系离子如 Tb^{3+}和 Eu^{3+}提供了可能。应注意的是，目前报道的有机染料都具有功能基团，例如硫酸根和（或）羧基，对于染料通过配位作用与裸露在表面的金属离子稳定结合非常重要。

染料敏化的上转换发光纳米材料通常分为两种结构[130]：①染料敏化核纳米材料［图 3.16（a)]；②染料敏化核壳结构纳米材料［图 3.16（b)]。两种结构都包括第一步的能量传递过程：吸附在纳米晶体表面的近红外有机染料将激发光的能量传递到裸露在纳米晶体表面的镧系敏化剂离子，即染料和表面的镧系离子相互作用允许激发能在有机/无机界面传递。本节将按照染料敏化核结构和核壳结构（包括多级核壳结构）介绍染料敏化对上转换发光性能的提高能力。

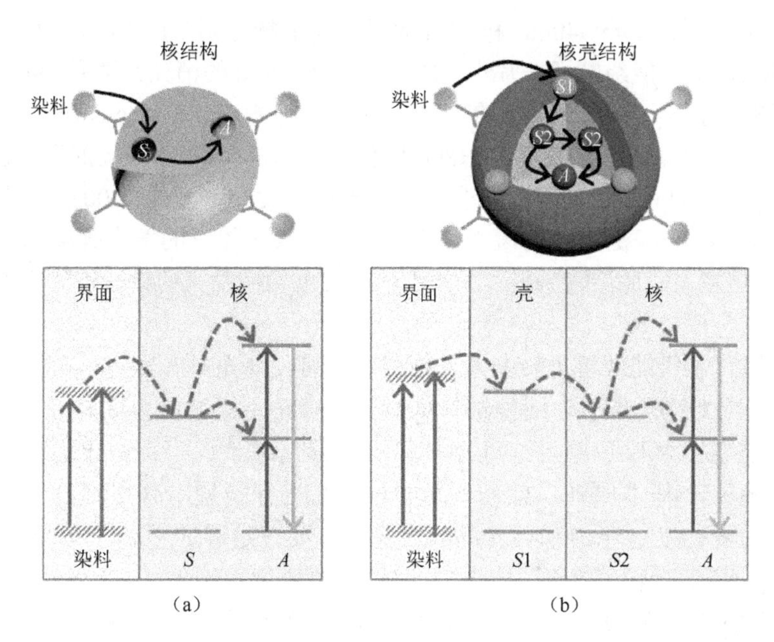

（a）　　（b）

图 3.16　染料敏化核及核壳结构纳米材料上转换发光示意图

S：敏化剂；*A*：激活剂；*S*1：1 型敏化剂；*S*2：2 型敏化剂[130]

1．染料敏化核结构纳米材料

对于染料敏化核纳米晶体，激发态的敏化剂（通常是 Yb^{3+}）与无机核纳米粒子宿主晶格内的激活剂离子（如 Er^{3+}、Tm^{3+}和 Ho^{3+}）相互作用，通过能量传递上转换的机理实现上转换发光。此过程中敏化剂连续将收集到的能量传递到邻近的激活剂离子，推动它们到达发射态。染料敏化核结构的优点在于从有机染料到敏化剂的能量输运很直接；缺点在于敏化剂和激活剂离子都直接暴露于周围的荧光猝灭剂中，包括表面缺陷、残余配体、溶剂分子等。研究证明这种表面相关的猝灭效应较强，比无机的核壳结构高出 100～1000 倍[130]。

最早的关于染料敏化核上转换纳米晶的报道见刊于 2012 年，作者为 Hummelen 课题组。这是一个开创性的工作，报道中，Hummelen 课题组尝试通过有机染料 IR806 的敏化，克服粒径约 16nm 的 β-$NaYF_4$:Yb^{3+},Er^{3+}弱且窄的近红外吸收的缺点，增强其上转换发光强度。IR806 由 IR780 和巯基苯甲酸通过亲和取代反应制得，因此 IR806 带有羧基。而羧基基团的存在使 IR806 染料分子能够轻易取代 β-$NaYF_4$:Yb^{3+},Er^{3+}纳米晶表面的油胺基团，进而吸附在其表面。因为 IR806 的发射光谱和纳米粒子在 900～1000nm 范围内的吸收光谱有重叠，使得激发态的 IR806 可将能量传递到纳米粒子表面的 Yb^{3+}吸收中心。随后，Yb^{3+}敏化 Er^{3+}产生上转换发光。发射光谱中 510nm/540nm 和 650nm 处的发射峰分别对应 Er^{3+}的 $^2H_{11/2}/^4S_{3/2}\to{}^4I_{15/2}$和 $^4F_{9/2}\to{}^4I_{15/2}$能级跃迁。另外，IR806 在 806nm 处的消光系数是 390 l/(g·cm)，约是纳米粒子 β-$NaYF_4$:Yb^{3+},Er^{3+}在 975nm 处消光系数 7×10^{-5} l/(g·cm)的 5×10^6 倍。上转换发光强度测定结果表明，IR806 敏化的纳米晶用约 800nm 的激光激发后，其发光强度是 980nm 激光激发的非敏化纳米粒子发光强度的 1100 倍左右。采用波长在 720～830nm 范围内的激光作为光源时，敏化体系的发光强度为未敏化体系的 3300 倍左右。此后，染料“天线”法改善上转换发光的方法被研究者广泛采用[117,131]。

染料敏化不仅能改善上转换发光强度，还可使体系具有在宽谱范围内可调的激发波长，因为纳米粒子表面修饰的染料分子可在不同波段范围有吸收。体系吸收光谱范围甚至可以覆盖近红外及全部的可见光区[118, 119]。设计这种发光纳米体系时，有一个基本原则，就是不同的染料在进行能量串联的时候相邻染料的光谱（即前者的发射光谱和后者的吸收光谱）要有足够的重叠[130]。另外，还可以利用上转换纳米粒子在不同染料之间传递的能量。例如，在近红外激发染料 Cyto 840 和可见光激发染料 ATTO 488 共同修饰的纳米粒子 $NaYF_4$:Yb^{3+},Tm^{3+}上，近红外光激发 Cyto 840 时，激发光能量能被纳米粒子转换为上转换的光子，进而激发染料 ATTO 48 实现可见的荧光[129]。这个发现推动了在共振能量传递网架中存储能量和转移能量方面的研究进展。最近，还有研究发现，在 ICG 染料敏化的上转换纳米粒子 $NaYF_4$:Nd^{3+}中，Nd^{3+}的摩尔掺杂浓度可以从 2%提高到 20%，且上转换发光强度提高了约 10 倍[127]。机理分析表明，下列因素的联合作用导致了发光强度的有效增强：①ICG 的吸收截面积很大，比 Nd^{3+}高出约 30000 倍，有效提高了纳米发光体系对激发光子的捕捉能力；②从 ICG 到 Nd^{3+}高效率的无辐射能量传递，传递效率约为 57%；③Nd^{3+}间存在能量迁移过程，该过程能够进一步激活纳米粒子中的 Nd^{3+}，而激活速率和高浓度 Nd^{3+}引发的短程猝灭作用可相互抵消。

染料敏化核结构纳米粒子虽已取得一些进展，但是缺点依然还在[130]：①染料发射光谱和经常使用的敏化剂 Yb^{3+}的吸收光谱之间的重叠非常有限，限制了染料和上转换纳米粒子之间的能量传递效率。②因为是在纳米尺度，所以核纳米粒子有表面相关的荧光猝灭。尤其是只有两个能级（$^4F_{7/2}$和 $^5F_{5/2}$）的 Yb^{3+}，从染料得到的能量就会被其高效且随机地转移，很可能被表面猝灭剂“减活化”。③染料在粒子表面的结合稳定性还不清楚，伴之而来的就是敏化的纳米粒子体系耐光性的不确定。④有报道指出，优化的染料分子数通常少于 1000∶1，限制了染料敏化的纳米粒子光收集的能力。这些问题同样存在于染料敏化的核壳结构上转换纳米粒子体系，值得我们在未来的时间进一步探索。

2. 染料敏化核壳结构纳米材料

对于染料敏化的核壳结构纳米晶体，传递到壳层敏化剂离子的能量将穿越无机核/无机壳界面与核内的敏化剂离子相互作用，最终与核内的激活剂离子通过能量传递上转换机理实现上转换发光。这种有序排列的能级结构对于避免收集的能量被直接传递到核中的激活剂离子是必要的，能够避免能量反向传递到纳米粒子表面而降低上转换发光效率。因为核壳结构的设计将核与环境隔离开，所以核内与表面相关的上转换发光猝灭被极大程度地减少了，结果导致染料敏化核壳结构纳米粒子的上转换发光结合了核壳结构设计和染料的“天线”效应的优点，在宽谱范围激发光激发下产生“超亮”的上转换发光。

Prasad 课题组研究了 IR808 染料对 $NaYbF_4$:0.5%Tm^{3+}@$NaYF_4$:30%Nd^{3+}核壳结构纳米粒子的敏化能力。研究结果表明，表面敏化的纳米粒子多光子发射光强度比粒径约 30nm 的 $NaYbF_4$:0.5%Tm^{3+}@$NaYF_4$ 高出 6 倍之多，比未敏化的纳米粒子发光强度高出约 14 倍，比之前报道的 $NaYF_4$:20%Yb^{3+},0.5%Tm^{3+},1%Nd^{3+}@$NaYF_4$:20%Nd^{3+}（约 10W/cm^2 激发）高 658 倍。经计算，其上转换效率约为 9.3%，上转换量子效率约为 4.8%。在此报道中，纳米粒子表面修饰 IR808 的方法值得详细介绍。首先用配体交换法将小离子 $NBOF_4^-$ 取代纳米粒子表面的油酸基，然后用二次配体交换法使得 IR808 通过硫酸根和（或）羧酸根与核壳结构纳米粒子近距离键合。优化后的染料与纳米粒子比率约为 830。应当指出的是，IR808 发射光谱与掺杂的 Nd^{3+}的吸收光谱重叠率较高，促使有机/无机界面的能量传递效率达到 82%，后续壳-核界面中 Nd^{3+}→Yb^{3+}之间的能量传递效率达到 80%。此外，敏化上转换发光在各种不同宿主（如 $NaYF_4$:Yb^{3+},Tm^{3+}@$NaLuF_4$:Nd^{3+}）、不同激活剂（如 $NaYF_4$:Yb^{3+},Ln^{3+}@$NaYF_4$:Nd^{3+}，Ln = Tm、Er、Ho）和不同敏化剂敏化或共敏化（如 IR 783、IR 806、IR 808、IR 820 和 ICG 共敏化的 $NaYF_4$:Yb^{3+},Tm^{3+}@$NaYF_4$:Nd^{3+}）体系中均得到了实现，证明了染料敏化核壳结构纳米粒子上转换发光的普适性[121]。后来能级串联上转换的概念被拓展应用于染料敏化 $NaYF_4$:Yb^{3+},Er^{3+}@β-$NaYF_4$:Yb^{3+}研究中，当 Yb^{3+}在壳层的摩尔掺杂浓度为 10%时，以 2W/cm^2 的激光激发，其上转换量子效率约为 5%[132]。类似的结果在 IR820 敏化 $NaLuF_4$:Gd,Yb,Er@$NaLuF_4$:Yb,Pr 核壳结构纳米粒子时也被检测到。此外，用 820nm 激光激发时敏化纳米体系的上转换发光强度约是用 980nm 激光激发时的 800 倍。而 980nm 激光激发时染料的敏化效应不存在[124]。Hasegawa 课题组设计了靛青染料敏化的核壳结构 Tm_2O_3@Yb 纳米材料，材料用氙灯作为激发光源，激发光波长为 640nm 时，仅用 0.14mW/cm^2 的功率密度就可以得到明亮的 Tm^{3+}的上转换发光[128]。

IR808 敏化核-壳-壳结构上转换纳米粒子能量传递示意图，如图 3.17 所示。

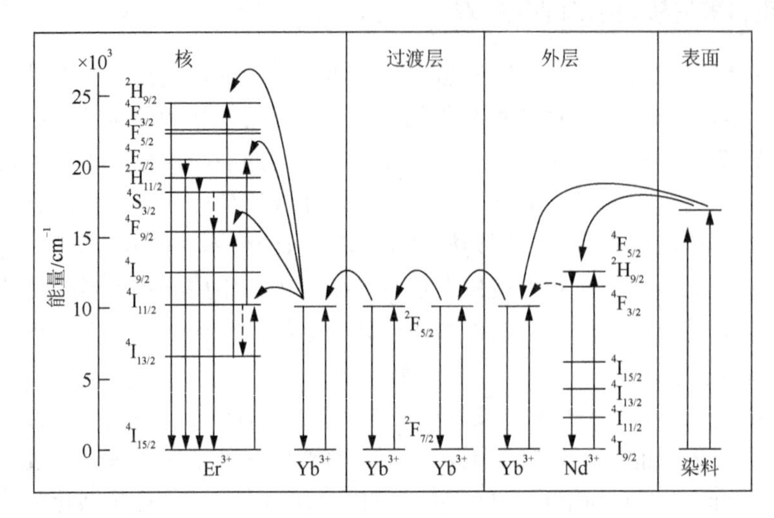

图 3.17　IR808 敏化核–壳–壳结构上转换纳米粒子能量传递示意图[123]

这种染料敏化核壳结构纳米粒子的上转换，也称为“能量串联”的上转换能量传递过程，即激发光能量被表面染料分子收集，然后通过无机壳层传递到核内的稀土离子。它们的能量传递效率主要限制于单一的能量传递路径。本节对近红外荧光染料 IR808 敏化提高核壳结构上转换纳米粒子发光性能的研究进展进行了总结，理论分析首先着眼于提高核壳结构纳米粒子表面的激活剂离子对于激发态的染料发射的近红外光子的捕捉效率。IR808 的发射光谱与 Yb^{3+}和 Nd^{3+}的吸收光谱都有重叠，单独在壳层掺杂 Yb^{3+}或 Nd^{3+}对 IR808 发射的光子捕捉效率不高，于是设计了 Nd^{3+}-Yb^{3+}共掺杂的壳层，通过 Nd^{3+}-Yb^{3+}的协同效应，提高壳层捕捉近红外光子的能力，实现发光性能的提高。由于出现了“多股”能量以三种路径从壳层到核进行传递，我们称这种能量传递方式为“能量并联”，这个思路与陈冠英课题组的想法不谋而合[125]。研究成果表明，IR808 敏化的 $NaGdF_4$:20%Yb^{3+}, 2%Er^{3+}@$NaGdF_4$:30%Nd^{3+},10%Yb^{3+}的整体发光强度为未敏化的 12 倍[122]。类似地，我们还设计了核–壳–壳结构的纳米粒子 $NaGdF_4$:20%Yb^{3+},2%Er^{3+}@$NaGdF_4$:10% Yb^{3+}@$NaNdF_4$:10%Yb^{3+}，其中 Nd^{3+}在最外层壳层的掺杂浓度（摩尔分数）达 90%，而过渡层的设计则为了彻底消除 Er^{3+}和 Nd^{3+}之间的能量回传效应。这种 Nd^{3+}-Yb^{3+}共掺杂的“活性壳”极大地提高了上转换纳米体系对激发态染料发射的近红外光子的捕捉效率，也提高了染料到壳层的能量传递效率。实验结果表明，染料的敏化效应将核–壳–壳结构纳米粒子的整体发光强度提高了 6 倍，类似的现象在 Tm^{3+}和 Ho^{3+}作为激活剂的纳米粒子中也得到了验证[123]。陈冠英课题组的研究表明，ICG 敏化的 $NaYF_4$:Yb^{3+}, Ln^{3+}@$NaYF_4$:Nd^{3+},Yb^{3+}（Ln=Er,Tm,Ho）纳米粒子，从 ICG 到核内 Yb^{3+}的能量传递效率达到 98%，因此极大地提升了材料的上转换发光效率[125]。且类似的结论在 IR806 敏化的此类核壳结构纳米粒子中也得到了验证[120]。

值得注意的是，染料敏化的核壳结构也可以产生高效的下转换荧光。Prasad 课题组的报道表明，ICG 敏化的核–壳–壳结构纳米粒子 $NaYF_4$:Yb^{3+},Ln^{3+}@$NaYbF_4$@$NaYF_4$:Nd^{3+}（Ln = Er、Ho、Tm、Pr）在生物第二光学窗口（NIR-Ⅱ，1000～1700nm）有一个窄带发射的斯托克斯位移（>200nm），这种近红外Ⅱ区发射的发光体系比通常使用的 Yb-Tm 共掺杂的上转换纳米晶在近红外Ⅰ区（NIR-Ⅰ，700～950nm）表现出更好的生物成像效果[126]。

综上，本章总结了关于镧系离子掺杂的上转换荧光材料的一些基本概念和荧光优化方法，重点在于镧系掺杂的纳米或微米粒子的荧光颜色和强度的调控及增强方法，包括调整掺杂离子的种类和浓度、基质、粒子尺寸、非稀土掺杂离子、核壳结构和金属增强效应等。另外，各种影响上转换发光的因素之间不完全独立，往往存在相互影响，因此研究一种影响因素时，都尽可能排除其他因素的干扰。当然如检测温度、溶剂和磁场等因素也对上转换发光性能存在影响，但由于有些因素个体差异较大，有些因素研究尚不全面，通常无法获得公认的、有规律的结论，有些甚至出现相互矛盾的结论，因此暂不介绍。

虽然目前对于上转换发光性能的研究已经获得了重要进展，但许多机理尚不明确，有些研究结论还存在争议和矛盾，同时新材料、新机制和新方法也不断涌现，这都促使上转换发光这一热点研究问题仍在继续，并不时有新突破问世。而近十年间，上转换发光随着软化学途径的快速发展而得到了更为深入的研究，下一章中，我们将对软化学途径的发展、现状及对稀土发光的影响进行详细介绍。

参考文献

[1] CHEN G Y, OHULCHANSKYY T Y, KUMAR R, et al. Ultrasmall monodisperse $NaYF_4$:Yb^{3+}/Tm^{3+} nanocrystals with enhanced near-infrared to near-infrared upconversion photoluminescence[J]. ACS Nano, 2010, 4(6): 3163-3168.

[2] SHAN J N, JU Y G. A single-step synthesis and the kinetic mechanism for monodisperse and hexagonal-phase $NaYF_4$:Yb, Er upconversion nanophosphors[J]. Nanotechnology, 2009, 20(27): 275603.

[3] YE X C, COLLINS J E, KANG Y J, et al. Morphologically controlled synthesis of colloidal upconversion nanophosphors and their shape-directed self-assembly[J]. Proceedings of the National Academy of Sciences, 2010, 107(52): 22430-22435.

[4] SHI F, WANG J S, ZHANG D S, et al. Greatly enhanced size-tunable ultraviolet upconversion luminescence of monodisperse β-$NaYF_4$:Yb,Tm nanocrystals[J]. Journal of Materials Chemistry, 2011, 21(35): 13413-13421.

[5] SUZUKI S, TESHIMA K, WAKABAYASHI T, et al. Low-temperature flux growth and upconversion fluorescence of the idiomorphic hexagonal-system $NaYF_4$ and $NaYF_4$:Ln (Ln = Yb, Er, Tm) crystals[J]. Crystal Growth & Design, 2011, 11(11): 4825-4830.

[6] 洪广言, 徐叙瑢, 苏勉曾. 稀土发光材料：基础与应用[M]. 北京：科学出版社, 2011.

[7] MAI H X, ZHANG Y W, SUN L D, et al. Highly efficient multicolor up-conversion emissions and their mechanisms of monodisperse $NaYF_4$:Yb,Er core and core/shell-structured nanocrystals[J]. The Journal of Physical Chemistry C, 2007, 111(37): 13721-13729.

[8] 祁康成. 发光原理与发光材料[M]. 成都：电子科技大学出版社, 2012.

[9] PATRA A, FRIEND C S, KAPOOR R, et al. Fluorescence upconversion properties of Er^{3+}-doped TiO_2 and $BaTiO_3$ nanocrystallites[J]. Chemistry of Materials, 2003, 15(19): 3650-3655.

[10] FU Y K, GONG S Y, LIU X F, et al. Crystallization and concentration modulated tunable upconversion luminescence of Er^{3+} doped PZT nanofibers[J]. Journal of Materials Chemistry C, 2015, 3(2): 382-389.

[11] GUO H, DONG N, YIN M, et al. Visible upconversion in rare earth ion-doped Gd_2O_3 nanocrystals[J]. The Journal of Physical Chemistry B, 2004, 108: 19205-19209.

[12] ZHANG X, YANG P P, LI C X, et al. Facile and mass production synthesis of β-$NaYF_4$:Yb^{3+}, Er^{3+}/Tm^{3+} 1D microstructures with multicolor up-conversion luminescence[J]. Chemical Communications, 2011, 47(44): 12143-12145.

[13] WANG F, LIU X G. Upconversion multicolor fine-tuning: visible to near-infrared emission from lanthanide-doped $NaYF_4$ nanoparticles[J]. Journal of the American Chemical Society, 2008, 130(17): 5642-5643.

[14] LI F F, LI C G, LIU X M, et al. Hydrophilic, upconversion, multicolor, lanthanide-doped $NaGdF_4$ nanocrystals as potential multifunctional bioprobes[J]. Chemistry A European Journal, 2012, 18(37): 11641-11646.

[15] QIU H L, CHEN G Y, FAN R W, et al. Tuning the size and shape of colloidal cerium oxide nanocrystals through lanthanide doping[J]. Chemical Communications, 2011, 47(34): 9648-9650.

[16] LI Y P, ZHANG J H, LUO Y S, et al. Color control and white light generation of upconversion luminescence by operating dopant concentrations and pump densities in Yb^{3+}, Er^{3+} and Tm^{3+} tri-doped Lu_2O_3 nanocrystals[J]. Journal of Materials Chemistry, 2011, 21(9): 2895-2900.

[17] CHEN G Y, QIU H L, FAN R W, et al. Lanthanide-doped ultrasmall yttrium fluoride nanoparticles with enhanced multicolor upconversion photoluminescence[J]. Journal of Materials Chemistry, 2012, 22(38): 20190-20196.

[18] ZHANG C M, MA P A, LI C X, et al. Controllable and white upconversion luminescence in $BaYF_5$:Ln^{3+} (Ln = Yb, Er, Tm) nanocrystals[J]. Journal of Materials Chemistry, 2011, 21(3): 717-723.

[19] NIU N, YANG P P, HE F, et al. Tunable multicolor and bright white emission of one-dimensional $NaLuF_4$:Yb^{3+},Ln^{3+} (Ln = Er, Tm, Ho, Er/Tm, Tm/Ho) microstructures[J]. Journal of Materials Chemistry, 2012, 22(21): 10889-10899.

[20] HUANG S H, XU J, ZHANG Z G, et al. Rapid, morphologically controllable, large-scale synthesis of uniform $Y(OH)_3$ and tunable luminescent properties of Y_2O_3:Yb^{3+}/Ln^{3+} (Ln = Er, Tm and Ho)[J]. Journal of Materials Chemistry, 2012, 22(31): 16136-16144.

[21] JAYAKUMAR M K G, IDRIS N M, ZHANG Y. Remote activation of biomolecules in deep tissues using near-infrared-to-UV upconversion nanotransducers[J]. Proceedings of the National Academy of Sciences, 2012, 109(22): 8483-8488.

[22] SHI F, ZHAO Y. Sub-10 nm and monodisperse β-$NaYF_4$:Yb,Tm,Gd nanocrystals with intense ultraviolet upconversion luminescence[J]. Journal of Materials Chemistry C, 2014, 2(12): 2198.

[23] WANG F, LIU X G. Recent advances in the chemistry of lanthanide-doped upconversion nanocrystals[J]. Chemical Society Reviews, 2009, 38(4): 976-989.

[24] NACCACHE R, VETRONE F, MAHALINGAM V, et al. Controlled Synthesis and Water Dispersibility of Hexagonal Phase $NaGdF_4$:Ho^{3+}/Yb^{3+} Nanoparticles[J]. Chemistry of Materials, 2009, 21(4): 717-723.

[25] ZHANG F, SHI Q H, ZHANG Y C, et al. Fluorescence Upconversion Microbarcodes for Multiplexed Biological Detection: Nucleic Acid Encoding[J]. Advanced Materials, 2011, 23(33): 3775-3779.

[26] WANG S, DENG R P, GUO H L, et al. Lanthanide doped $Y_6O_5F_8$/YF_3 microcrystals: phase-tunable synthesis and bright white upconversion photoluminescence properties[J]. Dalton Transactions, 2010, 39(38): 9153-9158.

[27] YANG J, ZHANG C M, PENG C, et al. Controllable Red, Green, Blue (RGB) and Bright White Upconversion Luminescence of Lu_2O_3:Yb^{3+}/Er^{3+}/Tm^{3+} Nanocrystals through Single Laser Excitation at 980 nm[J]. Chemistry-A European Journal, 2009, 15(18): 4649-4655.

[28] ZHANG C, YANG L, ZHAO J, et al. White-Light Emission from an Integrated Upconversion Nanostructure: Toward Multicolor DisplaysModulated by Laser Power[J]. Angewandte Chemie International Edition, 2015, 54(39): 11531 -11535.

[29] WANG Y, YANG P P, MA P A, et al. Hollow structured $SrMoO_4$:Yb^{3+}, Ln^{3+} (Ln = Tm, Ho, Tm/Ho) microspheres: tunable up-conversion emissions and application as drug carriers[J]. Journal of Materials Chemistry B, 2013, 1(15): 2056-2065.

[30] FENG W, ZHU X J, LI F Y. Recent advances in the optimization and functionalization of upconversion nanomaterials for in vivo bioapplications[J]. NPG Asia Materials, 2013, 11(3): 395-407.

[31] LIU Q, SUN Y, YANG T S, et al. Sub-10 nm hexagonal lanthanide-doped $NaLuF_4$ upconversion nanocrystals for sensitive bioimaging in vivo[J]. Journal of the American Chemical Society, 2011, 133(43): 17122-17125.

[32] YANG T S, SUN Y, LIU Q, et al. Cubic sub-20 nm $NaLuF_4$-based upconversion nanophosphors for high-contrast bioimaging in different animal species[J]. Biomaterials, 2012, 33(14): 3733-3742.

[33] TENG X, ZHU Y H, WEI W, et al. Lanthanide-doped Na_xScF_{3+x} nanocrystals: crystal structure evolution and multicolor tuning[J]. Journal of the American Chemical Society, 2012, 134(20): 8240-8343.

[34] CHEN D Q, LIU L, HUANG P, et al. Nd^{3+}-sensitized Ho^{3+} single-band red upconversion luminescence in core–shell nanoarchitecture[J]. The Journal of Physical Chemistry Letters, 2015, 6(14): 2833-2840.

[35] WANG J, WANG F, WANG C, et al. Single-Band upconversion emission in lanthanide-doped $KMnF_3$ nanocrystals[J]. Angewandte Chemie International Edition, 2011, 50(44): 10369 -10372.

[36] ZHANG Y, LIN J D, VIJAYARAGAVAN V, et al. Tuning sub-10 nm single-phase $NaMnF_3$ nanocrystals as ultrasensitive hosts for pure intense fluorescence and excellent T_1 magnetic resonance imaging[J]. Chemical Communications, 2012, 48(83): 10322-10324.

[37] CHEN D Q, LEI L, ZHANG R, et al. Intrinsic single-band upconversion emission in colloidal Yb/Er(Tm):$Na_3Zr(Hf)F_7$ nanocrystals[J]. Chemical Communications, 2012, 48(86): 10630-10632.

[38] CHEN D Q, HUANG P, YU Y L, et al. Dopant-induced phase transition: a new strategy of synthesizing hexagonal upconversion $NaYF_4$ at low temperature[J]. Chemical Communications, 2011, 47(20): 5801-5803.

[39] YI G S, LU H C, ZHAO S Y, et al. Synthesis, characterization, and biological application of size-controlled nanocrystalline $NaYF_4$:Yb,Er infrared-to-visible up-conversion phosphors[J]. Nano Letters, 2004, 4(11): 2191-2196.

[40] WANG M, ZHU Y, MAO C B. Synthesis of NIR-responsive $NaYF_4$:Yb,Er upconversion fluorescent nanoparticles using an optimized solvothermal method and their applications in enhanced development of latent fingerprints on various smooth substrates[J]. Langmuir, 2015, 31(25): 7084-7090.

[41] AEBISCHER A, HOSTETTLER M, HAUSER J, et al. Structural and spectroscopic characterization of active sites in a family of light-emitting sodium lanthanide tetrafluorides[J]. Angewandte Chemie International Edition, 2006, 45(17): 2802 -2806.

[42] TAMRAKAR R K, BISEN D P, UPADHYAY K, et al. Comparative study and role of Er^{3+} and Yb^{3+} concentrations on upconversion process of Gd_2O_3:Er^{3+}, Yb^{3+}[J]. The Journal of Physical Chemistry C, 2015, 119(36): 21072-21086.

[43] CHEN D Q, YU Y L, HUANG F, et al. Phase transition from hexagonal LnF_3 (Ln = La, Ce, Pr) to cubic $Ln_{0.8}M_{0.2}F_{2.8}$ (M = Ca, Sr, Ba) nanocrystals with enhanced upconversion induced by alkaline-earth doping[J]. Chemical Communications, 2011, 47(9): 2601-2603.

[44] JIA C J, SUN L D, YOU L P, et al. Selective synthesis of monazite- and zircon-type $LaVO_4$ nanocrystals[J]. The Journal of Physical Chemistry B, 2005, 109(8): 3284-3290.

[45] NIU N, HE F, GAI S L, et al. Rapid microwave reflux process for the synthesis of pure hexagonal $NaYF_4$:Yb^{3+},Ln^{3+}, Bi^{3+} (Ln^{3+} = Er^{3+}, Tm^{3+}, Ho^{3+}) and its enhanced UC luminescence[J]. Journal of Materials Chemistry, 2012, 22(40): 21613-21623.

[46] SCHIETINGER S, MENEZES L D S, LAURITZEN B, et al. Observation of size dependence in multicolor upconversion in single Yb^{3+}, Er^{3+} codoped $NaYF_4$ nanocrystals[J]. Nano Letters, 2009, 9(6): 2477-2481.

[47] WONG P T, CHEN D X, TANG S Z, et al. Modular integration of upconverting nanocrystal-dendrimer composites for folate receptor-specific NIR imaging and light-triggered drug release[J]. Small, 2015, 11(45): 6078-6090.

[48] CHEN C, SUN L D, LI Z X, et al. Ionic liquid-based route to spherical $NaYF_4$ nanoclusters with the assistance of microwave radiation and their multicolor upconversion luminescence[J]. Langmuir, 2010, 26(11): 8797-8803.

[49] SHAN J N, UDDI M, WEI R, et al. The hidden effects of particle shape and criteria for evaluating the upconversion luminescence of the lanthanide doped nanophosphors[J]. The Journal of Physical Chemistry C, 2010, 114 (6): 2452-2461.

[50] PARK Y I, KIM J H, LEE K T, et al. Nonblinking and nonbleaching upconverting nanoparticles as an optical imaging nanoprobe and T_1 magnetic resonance imaging contrast agent[J]. Advanced Materials, 2009, 21(44): 4467-4471.

[51] WANG F, WANG J, LIU X G. Direct evidence of a surface quenching effect on size-dependent luminescence of upconversion nanoparticles[J]. Angewandte Chemie International Edition, 2010, 49(41): 7456-7460.

[52] MI C C, TIAN Z H, CAO C, et al. Novel microwave-assisted solvothermal synthesis of $NaYF_4$:Yb,Er upconversion nanoparticles and their application in cancer cell imaging[J]. Langmuir, 2011, 27(23): 14632-14637.

[53] LI X Y, ZHU J X, MAN Z T, et al. Investigation on the structure and upconversion fluorescence of Yb^{3+}/Ho^{3+}co-doped fluorapatite crystals for potential biomedical applications[J]. Scientific Reports, 2014, 4: 4446.

[54] NIU W B, WU S L, ZHANG S F, et al. Synthesis of colour tunable lanthanide-ion doped $NaYF_4$ upconversion nanoparticles by controlling temperature[J]. Chemical Communications, 2010, 46(22): 3908-3910.

[55] YI G S, PENG Y F, GAO Z Q. Selective synthesis of monazite- and zircon-type $LaVO_4$ nanocrystals[J]. Chemistry of Materials, 2011, 23(11): 2729-2734.

[56] ZHU Y S, XU W, CUI S B, et al. Controlled size and morphology, and phase transition of YF_3:Yb^{3+},Er^{3+} and YOF:Yb^{3+},Er^{3+} nanocrystals for fine color tuning[J]. Journal of Materials Chemistry C, 2016, 4(2): 331-339.

[57] YI G S, CHOW G M. Water-Soluble $NaYF_4$:Yb,Er(Tm)/$NaYF_4$/polymer core/shell/shell nanoparticles with significant enhancement of upconversion fluorescence[J]. Chemistry of Materials, 2007, 19(3): 341-343.

[58] CHEN F, ZHANG S J, BU W B, et al. A uniform sub-50 nm-sized magnetic/ upconversion fluorescent bimodal imaging agent capable of generating singlet oxygen by using a 980 nm laser[J]. Chemitry-A European Journal, 2012, 18(23): 7082-7090.

[59] ZHANG Y W, SUN X, SI R, et al. Single-crystalline and monodisperse LaF_3 triangular nanoplates from a single-source precursor[J]. Journal of the American Chemical Society, 2005, 127(10): 3260-3261.

[60] WANG Y F, SUN L D, XIAO J W, et al. Rare-earth nanoparticles with enhanced upconversion emission and suppressed rare-earth-ion leakage[J]. Chemistry A European Journal, 2012, 18(18): 5558-5564.

[61] SCHAFER H, PTACEK P, ZERZOUF O, et al. Synthesis and optical properties of KYF_4/Yb, Er nanocrystals, and their surface modification with undoped KYF_4[J]. Advanced Functional Materials, 2008, 18(19): 2913-2918.

[62] JIANG G C, PICHAANDI J, JOHNSON N J J, et al. An effective polymer cross-linking strategy to obtain stable dispersions of upconverting $NaYF_4$ nanoparticles in buffers and biological growth media for biolabeling applications[J]. Langmuir, 2012, 28(6): 3239-3247.

[63] SHEN J, CHEN G Y, OHULCHANSKYY T Y, et al. Tunable near infrared to ultraviolet upconversion luminescence enhancement in (α-$NaYF_4$:Yb,Tm)/CaF_2 core/shell nanoparticles for in situ real-time recorded biocompatible photoactivation[J]. Small, 2013, 9(19): 3213-3217.

[64] CHEN G Y, SHEN J, OHULCHANSKYY T Y, et al. (α-$NaYbF_4$:Tm^{3+})/CaF_2 core/shell nanoparticles with efficient near-infrared to near-infrared upconversion for high-contrast deep tissue bioimaging[J]. ACS Nano, 2012, 6(9): 8280-8287.

[65] DING Y D, WU F, ZHANG Y L, et al. Interplay between static and dynamic energy transfer in biofunctional upconversion nanoplatforms[J]. The Journal of Physical Chemistry Letters, 2015, 6(13): 2518-2523.

[66] PROROK K, BEDNARKIEWICZ A, CICHY B, et al. The impact of shell host ($NaYF_4$/CaF_2) and shell deposition methods on the up-conversion enhancement in Tb^{3+}, Yb^{3+} codoped colloidal a-$NaYF_4$ core-shell nanoparticles[J]. Nanoscale, 2014, 6(3): 1855-1864.

[67] HUANG P, ZHENG W, ZHOU S Y, et al. Lanthanide-doped $LiLuF_4$ upconversion nanoprobes for the detection of disease biomarkers[J]. Angewandte Chemie, 2014, 126(5): 1276 -1281.

[68] LIU H C, XU C T, LINDGREN D, et al. Balancing power density based quantum yield characterization of upconverting nanoparticles for arbitrary excitation intensities[J]. Nanoscale, 2013, 5(11): 4770-4775.

[69] XIANG G T, ZHANG J H, HAO Z D, et al. Importance of suppression of Yb^{3+} de-excitation to upconversion enhancement in β-$NaYF_4$: Yb^{3+}/Er^{3+}@β-$NaYF_4$ sandwiched structure nanocrystals[J]. Inorganic Chemistry, 2015, 54(8): 3921-3928.

[70] HU P, WU X F, HU S G, et al. Enhanced upconversion luminescence through core/shell structures and its application for detecting organic dyes in opaque fishes[J]. Photochemical & Photobiological Sciences, 2016, 15(2): 260-265.

[71] VETRONE F, NACCACHE R, MAHALINGAM V, et al. The active-core/active- shell approach: a strategy to enhance the upconversion luminescence in lanthanide-doped nanoparticles[J]. Advanced Functional Materials, 2009, 19(18): 2924-2929.

[72] WANG Y F, LIU G Y, SUN L D, et al. Nd^{3+}-sensitized upconversion nanophosphors: efficient in vivo bioimaging probes with minimized heating effect[J]. ACS Nano, 2013, 7(8): 7200-7206.

[73] CHEN G Y, DAMASCO J, QIU H L, et al. Energy-cascaded upconversion in an organic dye-sensitized core/shell fluoride nanocrystal[J]. Nano Letters, 2015, 15(11): 7400-7407.

[74] XIE X J, GAO N Y, DENG R R, et al. Mechanistic investigation of photon upconversion in Nd^{3+}-sensitized core–shell nanoparticles[J]. Journal of the American Chemical Society, 2013, 135(34): 12608-12611.

[75] ZHANG Y L, WANG F, LANG Y B, et al. $KMnF_3$:Yb^{3+},Er^{3+}@$KMnF_3$:Yb^{3+} active-core-active shell nanoparticles with enhanced red upconversion fluorescence for polymer-based waveguide amplifiers operating at 650 nm[J]. Journal of Materials Chemistry C, 2015, 3(38): 9827-9832.

[76] WANG D, XUE B, KONG X G, et al. 808 nm driven Nd^{3+}-sensitized upconversion nanostructures for photodynamic therapy and simultaneous fluorescence imaging[J]. Nanoscale, 2015, 7(1): 190-197.

[77] WANG K, CHENG W Q, ZHANG Y, et al. Synthesis of Nd^{3+}/Yb^{3+} sensitized upconversion core-shell nanocrystals with optimized hosts and doping concentrations[J]. RSC Advances, 2015, 5(77): 62899-62904.

[78] CHEN Y Y, LIU B, DENG X R, et al. Multifunctional Nd^{3+}-sensitized upconversion nanomaterials for synchronous tumor diagnosis and treatment[J]. Nanoscale, 2015, 7(18): 8574-8583.

[79] WEN H L, ZHU H, CHEN X, et al. Upconverting near-infrared light through energy management in core-shell-shell nanoparticles[J]. Angewandte Chemie International Edition, 2013, 52(50): 13419-13423.

[80] HUANG X Y, LIN J. Active-core/active-shell nanostructured design: an effective strategy to enhance Nd^{3+}/Yb^{3+} cascade sensitized upconversion luminescence in lanthanide-doped nanoparticles[J]. Journal of Materials Chemistry C, 2015, 3(29): 7652-7657.

[81] PICHAANDI J, BOYER J-C, DELANEY K R, et al. Two-photon upconversion laser (scanning and wide-field) microscopy using Ln^{3+}-doped $NaYF_4$ upconverting nanocrystals: a critical evaluation of their performance and potential in bioimaging[J]. The Journal of Physical Chemistry C, 2011, 115(39): 19054-19064.

[82] ZHANG X, TIAN G, YIN W Y, et al. Controllable generation of nitric oxide by near-infrared-sensitized upconversion nanoparticles for tumor therapy[J]. Advanced Functional Materials, 2015, 25(20): 3049-3056.

[83] QIAN H S, ZHANG Y. Synthesis of hexagonal-phase core-shell $NaYF_4$ nanocrystals with tunable upconversion fluorescence[J]. Langmuir, 2008, 24(21): 12123-12125.

[84] LIU X M, KONG X G, ZHANG Y L, et al. Breakthrough in concentration quenching threshold of upconversion luminescence via spatial separation of the emitter doping area for bio-applicationsw[J]. Chemical Communications, 2011, 47(43): 11957-11959.

[85] DING B B, PENG H Y, QIAN H S, et al. Unique upconversion core-shell nanoparticles with tunable fluorescence synthesized by a sequential growth process[J]. Advanced Materials Interfaces, 2015, 3(3): 1500649.

[86] CHEN D Q, LEI L, YANG A P, et al. Ultra-broadband near-infrared excitable upconversion core/shell nanocrystals[J]. Chemical Communications, 2012, 48(47): 5898-5900.

[87] LIU Y S, TU D T, ZHU H M, et al. A strategy to achieve efficient dual-mode luminescence of Eu^{3+} in lanthanides doped multifunctional $NaGdF_4$ nanocrystals[J]. Advanced Materials, 2010, 22(30): 3266-3271.

[88] WANG F, DENG R R, WANG J, et al. Tuning upconversion through energy migration in core-shell nanoparticles[J]. Nature Materials, 2011, 10(12): 968-973.

[89] LI X Y, LIU X W, CHEVRIER D M, et al. Energy migration upconversion in manganese(II)-doped nanoparticles[J]. Angewandte Chemie International Edition, 2015, 54(45): 13312-13317.

[90] SU Q Q, HAN S Y, XIE X J, et al. The effect of surface coating on energy migration-mediated upconversion[J]. Journal of the American Chemical Society, 2012, 134(51): 20849-20857.

[91] WANG F, DENG R R, LIU X G. Preparation of core-shell $NaGdF_4$ nanoparticles doped with luminescent lanthanide ions to be used as upconversion-based probes[J]. Nature Protocols, 2014, 9(7): 1634-1644.

[92] ZHOU B, YANG W F, HAN S Y, et al. Photon upconversion through Tb^{3+} -mediated interfacial energy transfer[J]. Advanced Materials, 2015, 27(40): 6208-6212.

[93] DENG R R, QIN F, CHEN R F, et al. Temporal full-colour tuning through non-steady-state upconversion[J]. Nature Nanotechnology, 2015, 10(3): 237-242.

[94] AI F J, JU Q, ZHANG X M, et al. A core-shell-shell nanoplatform upconverting near-infrared light at 808 nm for luminescence imaging and photodynamic therapy of cancer[J]. Scientific Reports, 2015, 5: 10785.

[95] ZHAO C Z, KONG X G, LIU X M, et al. Li^+ ion doping: an approach for improving the crystallinity and upconversion emissions of $NaYF_4$:Yb^{3+}, Tm^{3+} nanoparticles[J]. Nanoscale, 2013, 5(17): 8084-8089.

[96] CHENG Q, SUI J H, CAI W. Enhanced upconversion emission in Yb^{3+} and Er^{3+} codoped $NaGdF_4$ nanocrystals by introducing Li^+ ions[J]. Nanoscale, 2012, 4(3): 779-784.

[97] LIN H, XU D K, TENG D D, et al. Shape-controllable synthesis and enhanced upconversion luminescence of Li^+ doped β-$NaLuF_4$:Yb^{3+},Ln^{3+} (Ln = Tm, Ho) microcrystals[J]. New Journal of Chemistry, 2015, 39(8): 2565-2572.

[98] BAI Y F, YANG K, WANG Y X, et al. Enhancement of the upconversion photoluminescence intensity in Li^+ and Er^{3+} codoped Y_2O_3 nanocrystals[J]. Optics Communications, 2008, 281(10): 2930-2932.

[99] CHEN G Y, LIU H C, LIANG H J, et al. Upconversion emission enhancement in Yb^{3+}/Er^{3+}-codoped Y_2O_3 nanocrystals by tridoping with Li^+ ions[J]. The Journal of Physical Chemistry C, 2008, 112(31): 12030-12036.

[100] JIA Y T, SONG Y L, BAI Y F, et al. Upconverted photoluminescence in Ho^{3+} and Yb^{3+} codoped Gd_2O_3 nanocrystals with and without Li^+ ions[J]. Luminescence, 2011, 26(4): 259-263.

[101] CATES E L, CHO M, KIM J-H. Converting visible light into UVC: microbial inactivation by Pr^{3+}-activated upconversion materials[J]. Environmental Science & Technology, 2011, 45(8): 3680-3686.

[102] CATES E L, WILKINSON A P, KIM J-H. Delineating mechanisms of upconversion enhancement by Li^+ codoping in Y_2SiO_5:Pr^{3+}[J]. The Journal of Physical Chemistry C, 2012, 116(23): 12772-12778.

[103] WU J H, SONG Y J, HAN B N, et al. Synthesis and characterization of UV upconversion material Y_2SiO_5:Pr^{3+}, Li^+/TiO_2 with enhanced the photocatalytic properties under a xenon lamp[J]. RSC Advances, 2015, 5(61): 49356-49362.

[104] DING M Y, CHEN D Q, YIN S L, et al. Simultaneous morphology manipulation and upconversion luminescence enhancement of β-$NaYF_4$:Yb^{3+}/Er^{3+} microcrystals by simply tuning the KF dosage[J]. Scientific Reports, 2015, 5: 12738-12745.

[105] ZHENG X J, ABLET A, NG C, et al. Intensive upconversion luminescence of Na-codoped rare-earth oxides with a novel RE–Na heterometallic complex as precursor[J]. Inorganic Chemistry, 2014, 53(13): 6788-6793.

[106] RAMASAMY P, CHANDRA P, RHEE S W, et al. Enhanced upconversion luminescence in $NaGdF_4$:Yb,Er nanocrystals by Fe^{3+} doping and their application in bioimaging[J]. Nanoscale, 2013, 5(18): 8711-8717.

[107] YIN D G, WANG C C, OUYANG J, et al. Enhancing upconversion luminescence of $NaYF_4$: Yb/Er nanocrystals by Mo^{3+} doping and their application in bioimaging[J]. Dalton Transactions, 2014, 43(31): 12037-12043.

[108] CHEN Z H, WU X F, HU S G, et al. Upconversion $NaLuF_4$ fluorescent nanoprobes for jellyfish cell imaging and irritation assessment of organic dyes[J]. Journal of Materials Chemistry C, 2015, 3(23): 6067-6076.

[109] HUANG Q M, YU H, MA E, et al. Upconversion effective enhancement by producing various coordination surroundings of rare-earth ions[J]. Inorganic Chemistry, 2015, 54(6): 2643-2651.

[110] SCHIETINGER S, AICHELE T, WANG H Q, et al. Plasmon-enhanced upconversion in single $NaYF_4$:Yb^{3+}/Er^{3+} codoped nanocrystals[J]. Nano Letters, 2010, 10(1): 134-138.

[111] ZHANG H, LI Y J, IVANOV I A, et al. Plasmonic modulation of the upconversion fluorescence in $NaYF_4$:Yb/Tm hexaplate nanocrystals using gold nanoparticles or nanoshells[J]. Angewandte Chemie International Edition, 2010, 49(16): 2865.

[112] ZHANG H, XU D, HUANG Y, et al. Highly spectral dependent enhancement of upconversion emission with sputtered gold island films[J]. Chemical Communications, 2011, 47(3): 979-981.

[113] LIU N, QIN W P, QIN G S, et al. Highly plasmon-enhanced upconversion emissions from Au@β-$NaYF_4$:Yb,Tm hybrid nanostructures[J]. Chemical Communications, 2011, 47(62): 7671-7673.

[114] FUJII M, NAKANO T, IMAKITA K, et al. Upconversion luminescence of Er and Yb codoped $NaYF_4$ nanoparticles with metal shells[J]. The Journal of Physical Chemistry C, 2013, 117(2): 1113.

[115] SABOKTAKIN M, YE X, OH S J, et al. Metal-enhanced upconversion luminescence tunable through metal nanoparticle-nanophosphor separation[J]. ACS Nano, 2012, 6(10): 8758-8766.

[116] XIE X J, LIU X G. Photonics: upconversion goes broadband[J]. Nature Materials, 2012, 11(10): 842-843.

[117] ZOU W Q, VISSER C, MADURO J A, et al. Broadband dye-sensitized upconversion of near-infrared light[J]. Nature Photonics, 2012, 6(8): 560-564.

[118] WU X, LEE H, BILSEL O, et al. Tailoring dye-sensitized upconversion nanoparticle excitation bands towards excitation wavelength selective imaging[J]. Nanoscale, 2015, 7(44): 18424-18428.

[119] LEE J, YOO B, LEE H, et al. Ultra-wideband multi-dye-sensitized upconverting nanoparticles for information security application[J]. Advanced Materials, 2017, 29(1): 1603169.

[120] SHAO Q Y, LI X S, HUA P Y, et al. Enhancing the upconversion luminescence and photothermal conversion properties of similar to 800 nm excitable core/shell nanoparticles by dye molecule sensitization[J]. Journal of Colloid and Interface Science, 2017, 486: 121-127.

[121] CHEN G, DAMASCO J, QIU H, et al. Energy-cascaded upconversion in an organic dye-sensitized core/shell fluoride nanocrystal[J]. Nano Letters, 2015, 15(11): 7400-7407.

[122] XU J T, YANG P P, SUN M D, et al. Highly emissive dye-sensitized upconversion nanostructure for dual-photosensitizer photodynamic therapy and bioimaging[J]. ACS Nano, 2017, 11(4): 4133-4144.

[123] XU J T, SUN M D, KUANG Y, et al. Markedly enhanced up-conversion luminescence by combining IR-808 dye sensitization and core-shell-shell structures[J]. Dalton Transactions, 2017, 46(5): 1495-1501.

[124] YIN D G, LIU Y M, TANG J X, et al. Huge enhancement of upconversion luminescence by broadband dye sensitization of core/shell nanocrystals[J]. Dalton Transactions, 2016, 45(34): 13392-13398.

[125] CHEN G Y, SHAO W, VALIEV R R, et al. Efficient broadband upconversion of near-infrared light in dye-sensitized core/shell nanocrystals[J]. Advanced Optical Materials, 2016, 4(11): 1760-1766.

[126] SHAO W, CHEN G, KUZMIN A, et al. Tunable narrow band emissions from dye-sensitized core/shell/shell nanocrystals in the second near-infrared biological window[J]. Journal of the American Chemical Society, 2016, 138(50): 16192-16195.

[127] WEI W, CHEN G, BAEV A, et al. Alleviating luminescence concentration quenching in upconversion nanoparticles through organic dye sensitization[J]. Journal of the American Chemical Society, 2016, 138(46): 15130-15133.

[128] ISHII A, HASEGAWA M. Solar-pumping upconversion of interfacial coordination nanoparticles[J]. Scientific Reports, 2017, 7: 41446.

[129] LABODA C D, DWYER C L. Upconverting nanoparticle relays for resonance energy transfer networks[J]. Advanced Functional Materials, 2016, 26(17): 2866-2874.

[130] WANG X, VALIEV R R, OHULCHANSKYY T Y, et al. Dye-sensitized lanthanide-doped upconversion nanoparticles[J]. Chemical Society Reviews, 2017, 46(14): 4150-4167.

[131] DUPUY C G, ALLEN T L, WILLIAMS G M, et al. Visible discrimination of broadband infrared light by dye-enhanced upconversion in lanthanide-doped nanocrystals[J]. Journal of Nanotechnology, 2014, 2014: 1-13.

[132] WU X, ZHANG Y, TAKLE K, et al. Dye-Sensitized core/active shell upconversion nanoparticles for optogenetics and bioimaging applications[J]. ACS Nano, 2016, 10(1): 1060-1066.

第 4 章 稀土发光材料的软化学制备

根据前 3 章荧光性质的调控方法可知，对于镧系离子掺杂的无机材料，荧光性质很大程度上依赖于材料自身的组成、结晶度、尺寸和形状等参数，因此选择合适的材料制备方法非常重要。目前，软化学法是实现产物可控合成，即精确控制产物的尺寸及形貌最有效的方法。

周济对软化学这一术语的提出和发展进行了考证，指出[1]：

“70 年代初，德国固体化学家舍费尔（H. Schäfer）对两种制备无机固体材料的化学方法进行了对比。一种是传统上用来制备陶瓷材料的高温固相反应法，另一种是在较低温度下通过一般化学反应制备材料的方法。他指出：前一种方法在‘硬环境’中进行，所获得的材料必须是在热力学平衡态的；后一种方法则在较低温度的‘软环境’中进行，可以得到多种具有‘介稳’结构的材料体系，从而更有应用前景。为此，法国化学家创造了一个颇具想象力的术语—Chemie Douce，即‘软化学’，用以描述后一种制备方法。‘软化学’这一概念近来已为固体化学界和材料科学界普遍接受，广泛地见诸于一些学术文献，并在近一两年中成为多种文献检索系统的主题词。”

目前，普遍认为软化学是在温和的反应条件下，在缓慢的反应进程中，以可控制或迂回的步骤，一步步地进行化学反应，以制备材料的化学方法。软化学可以说是一种新材料的制备思路，在这种思路下产生了一系列新型材料的制备技术，包括沉淀法、溶胶-凝胶法、水热/溶剂热法和高温溶剂法等。软化学方法开辟出了具有节能、高效、经济、环境友好的工艺路线。软化学制备方法具有准确的化学配料比、高度的化学均匀性、低的成相温度及方便的操作和简单的工艺等优点。更重要的是，软化学方法在纳米材料制备领域展现了不可替代的优势，可以得到高纯度、颗粒大小可控、颗粒形貌和结构可调的纳米粉体。所谓纳米材料的软化学制备法，是指通过反应原料的液相混合使各金属元素离子高度分散，从而可以在较低的反应温度和较温和的化学环境下，以可控步骤进行反应制备纳米材料[2]。通过软化学法合成可以起到降低烧结温度、增加致密化程度、提高电学性能等作用。因此，研究纳米材料的软化学制备方法具有重要意义。

周济对软化学寄予厚望，早在 1995 年，他就预言[1]：

“在 20 世纪与 21 世纪交替之时，材料科学与材料技术的发展也正在进入一个转折阶段。以往对新材料的探索，常常循着美国著名科学家罗伊（Roy）教授描述的路径进行。首先，利用一定的材料合成手段（材料技术），在偶然情况下制备出具有好性能的新材料；尔后，对这种新材料的结构与性质开展研究（材料科学）。

“事实上，随着材料科学，以及与其相关的固体物理学、计算机技术的发展，已经可以从理论上预言具有特定结构与功能的材料体系。而如何去实现的问题（即构造出语言的结构，‘剪裁’出应用的性能），无疑将成为下世纪初材料科学技术发展的‘瓶颈’。‘软化学’则为突破这一‘瓶颈’提供了一个途径。

“软化学过程是一类在温和条件下实现的化学反应过程。因而，易于实现对其化学反应过程、路径和机制的控制。从而，可以根据需要控制过程的条件，对产物的组分和结构进行设计，进而达到‘剪裁’其物理性质的目的。正因为材料（产物）形成于相对较低的温度，故可使一些在高温下不稳定的组分存在于材料之中，或形成具有介稳态的结构。这样，便有可能在同一材料体系中实现不同类型组分（如无机物-有机物、陶瓷-金属、无机物-生物体）的复合，也有可能获得一些用高温固相反应与物理方法难以获得的低熵、低焓或低对称性的材料，特别是一些具有特殊结构或形态的低维材料体系。

“软化学开辟的材料制备思路正在将新材料制备的前沿技术从高温、高压、高真空、高能和高附加值的物理方法中解放出来，进入一个更宽阔的空间。显然，依赖于极端技术的方法必须有高、精、尖的设备和较大的资金投入；而软化学提供的方法依赖的则是人的知识、技能和创造力。因而可以说，软化学是一个具有智力密集型特点的研究领域。

“软化学法不仅开辟了在低温下制备各类固体材料以实现材料分子设计的途径；同时也使一些用传统制备方法无法获得的新型材料体系的产生成为可能。从而它正在成为新型材料体系的一个生长点。”

软化学法发展到今天，我们看到，周济早期预言和推测的材料组分和结构设计、不同类型材料复合、亚稳态结构制备、以及特殊结构或形态的低维材料合成均被实现。正如周济本人所说[1]：

“随心所欲的设计和剪裁材料的结构与性能，人们的这一梦想将随着软化学的崛起而成为可能。”

此外，软化学方法在各种新型功能材料尤其是纳米材料合成中发挥了重要作用，软化学方法制备纳米材料的特点是容易控制纳米材料成核、添加的微量成分和组分混合均匀、并可得到高纯度的纳米粒子。因此，软化学法在发光材料的制备领域取得了辉煌成果。过去的百余年里，利用软化学途径合成了大量的稀土荧光粉。然而，在早期的工作中，大多数样品都具有形状不规则、尺寸不均匀和形态单一等缺点。只有在过去的几十年中，软化学方法经历了突破性发展，现在已经成为制备镧系离子掺杂的无机荧光材料的最佳方法，可以实现产物形状及尺寸的精确控制。正因为如此，本章中引用的参考文献多是2000年以后的研究报道。

软化学途径制备稀土发光材料和传统固相反应法相比具有如下优点：

（1）传统固相反应的机理主要以界面扩散为特点，而软化学反应主要以液相反应为特点，不同反应机理将导致产物的差别，软化学侧重于特殊化合物与材料的制备、合成和组装，可以制得固相反应无法制得的物相或物种[3]；

（2）反应的各组分的混合是在分子、原子级别上进行的，反应能够达到分子水平上的高度均匀，适合制备高纯、超细无机材料[4]；

（3）掺杂范围广，便于准确控制掺杂量，适合制备多组分体系；

（4）合成温度显著降低，产物物相纯度高，可获得较小颗粒；

（5）软化学途径制备的产物表面通常吸附大量的有机配体，有效抑制了产品在溶剂中的团聚及沉降，利于产品在分散剂中以单一粒子的形式均匀分散；

（6）很好地控制产物的理想配比及结构形态，只需调整包括原材料种类及浓度、酸度、溶剂、添加剂、反应温度及时间等反应参数即可实现形貌的精确控制；

（7）反应温度低、设备简单、成本低、后处理方法多样化，且具有大规模生产的潜力。

正因如此，软化学方法已经成为制备镧系离子掺杂的荧光粉的最佳方法，可以实现形貌的精准调控。本章中，将选取最具有代表性的研究结果阐述包括沉淀法、溶胶-凝胶法、水热/溶剂热法、高温溶剂法、微乳液法、微波合成法和离子液体法在内的软化学途径的合成优势。图 4.1 归纳了代表性软化学法对应产品的主要特征。我们致力于发掘每种反应体系制备产物的通用准则或规律性结论，用以指导荧光材料的控制合成。

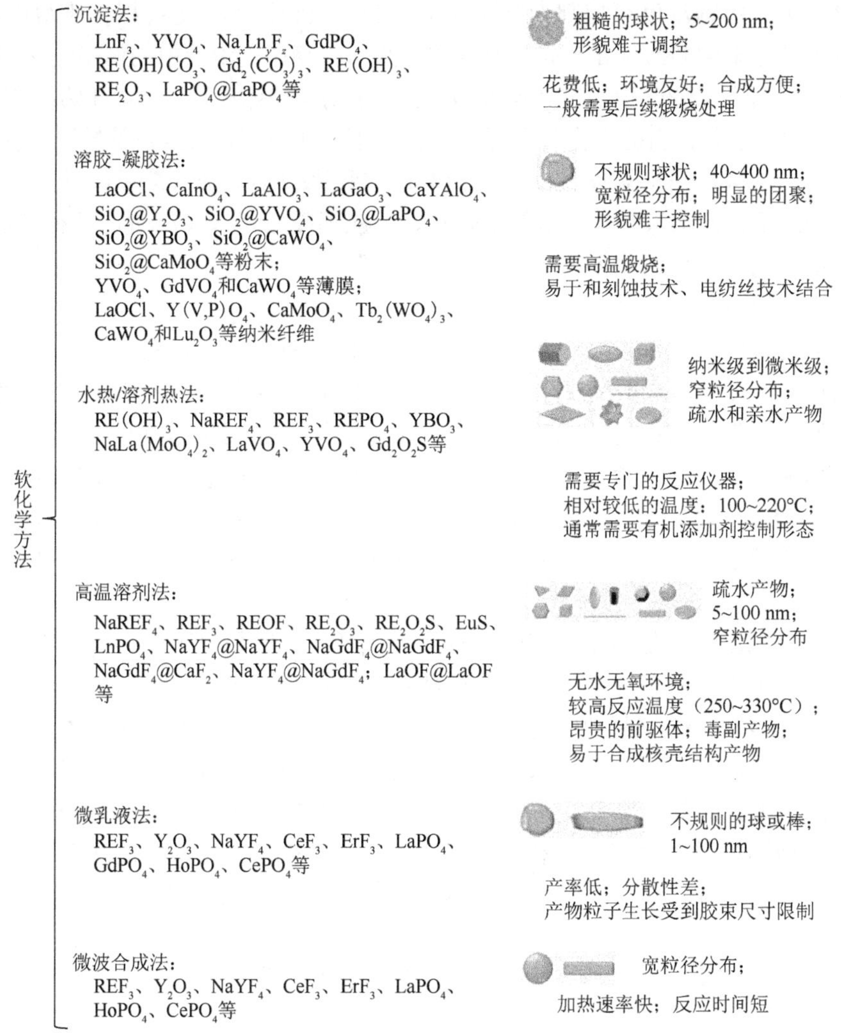

软化学方法

沉淀法：
LnF_3、YVO_4、$Na_xLn_yF_z$、$GdPO_4$、
$RE(OH)CO_3$、$Gd_2(CO_3)_3$、$RE(OH)_3$、
RE_2O_3、$LaPO_4$@$LaPO_4$等

粗糙的球状；5~200 nm；
形貌难于调控

花费低；环境友好；合成方便；
一般需要后续煅烧处理

溶胶-凝胶法：
LaOCl、$CaInO_4$、$LaAlO_3$、$LaGaO_3$、$CaYAlO_4$、
SiO_2@Y_2O_3、SiO_2@YVO_4、SiO_2@$LaPO_4$、
SiO_2@YBO_3、SiO_2@$CaWO_4$、
SiO_2@$CaMoO_4$等粉末；
YVO_4、$GdVO_4$和$CaWO_4$等薄膜；
LaOCl、$Y(V,P)O_4$、$CaMoO_4$、$Tb_2(WO_4)_3$、
$CaWO_4$和Lu_2O_3等纳米纤维

不规则球状；40~400 nm；
宽粒径分布；明显的团聚；
形貌难于控制

需要高温煅烧；
易于和刻蚀技术、电纺丝技术结合

水热/溶剂热法：
$RE(OH)_3$、$NaREF_4$、REF_3、$REPO_4$、YBO_3、
$NaLa(MoO_4)_2$、$LaVO_4$、YVO_4、Gd_2O_2S等

纳米级到微米级；
窄粒径分布；
疏水和亲水产物

需要专门的反应仪器；
相对较低的温度：100~220°C；
通常需要有机添加剂控制形态

高温溶剂法：
$NaREF_4$、REF_3、REOF、RE_2O_3、RE_2O_2S、EuS、
$LnPO_4$、$NaYF_4$@$NaYF_4$、$NaGdF_4$@$NaGdF_4$、
$NaGdF_4$@CaF_2、$NaYF_4$@$NaGdF_4$；LaOF@LaOF
等

疏水产物；
5~100 nm；
窄粒径分布

无水无氧环境；
较高反应温度（250~330°C）；
昂贵的前驱体；毒副产物；
易于合成核壳结构产物

微乳液法：
REF_3、Y_2O_3、$NaYF_4$、CeF_3、ErF_3、$LaPO_4$、
$GdPO_4$、$HoPO_4$、$CePO_4$等

不规则的球或棒；
1~100 nm

产率低；分散性差；
产物粒子生长受到胶束尺寸限制

微波合成法：
REF_3、Y_2O_3、$NaYF_4$、CeF_3、ErF_3、$LaPO_4$、
$HoPO_4$、$CePO_4$等

宽粒径分布；

加热速率快；反应时间短

图 4.1 软化学法制备的稀土微/纳米粒子种类、形貌示意图及方法优缺点小结

4.1 沉淀法

沉淀法在制备发光材料中占有重要地位。沉淀法是指在溶液状态下将构成某种化合物的离子混合，然后在混合液中加入适当的沉淀剂，当形成沉淀的离子浓度的乘积超过该条件下其溶度积时，该化合物就能由溶液中沉淀析出，从而制得相应的粉体颗粒的软化学方法。利用这种沉淀反应可以直接制备许多发光材料或它们的前驱体，前驱体再经后处理反应以及煅烧晶化，也可制备发光材料[5]。沉淀反应的理论基础是难容电解质的多相离子平衡。沉淀反应包括沉淀的生成、溶解

和转化。可以根据溶度积规则来判断新沉淀的生成和溶解，也可根据难溶电解质的溶度积常数来判断沉淀是否可以转化[4]。例如，存在于溶液中的 A 离子和 B 离子，当它们的离子浓度积超过其溶度积时，A 离子和 B 离子之间就开始结合，进而形成晶格，于是，由晶格生长和在重力作用下发生沉淀，形成沉淀物[6]。溶液较稀、溶解度较大、反应温度较高以及相对过饱和度较小，则沉淀后经过陈化的沉淀一般为晶形；而溶液较浓、溶解度较小、反应温度较低以及相对过饱和度较大，则直接沉淀的沉淀物为非晶形[4]。

根据沉淀方式的不同，沉淀法可分为以下三种[3]。

（1）直接沉淀法：仅用沉淀操作的方法，使溶液中某一金属离子直接与沉淀剂作用形成沉淀物。一般情况下，直接沉淀法制备的样品粒度分布均匀性稍差。

（2）均相沉淀法：均相沉淀法可避免由于直接添加沉淀剂而产生的局部浓度过高。均相沉淀法是向溶液中加入某种物质，使之通过溶液中的化学反应缓慢地生成沉淀剂，只要控制好沉淀剂的生成速度，就可避免浓度不均，使溶液中过饱和度控制在适当的范围内，从而控制晶核的生长速度，获得纯度高、粒度均匀的产物。

（3）共沉淀法：是指在溶液中含有两种或多种金属阳离子，它们以均相存在于溶液中，加入沉淀剂后，不同的金属离子同时沉淀析出，得到各种成分的均一的沉淀，它是制备含有两种或两种以上金属元素的复合氧化物超细粉体的重要方法，因此适合制备稀土离子掺杂的荧光粉粒子。目前，共沉淀法已被广泛应用于制备钙钛矿型、尖晶石型等发光材料。利用共沉淀法反应时，反应无需充分混合，使反应两相间扩散距离缩短，利于晶核形成，且粒径小。但共沉淀法存在以下问题：①沉淀剂作为杂质易引入；②沉淀物通常为胶状，水洗、过滤相对困难；③水洗使部分沉淀发生溶解；④沉淀过程中各种成分可能发生偏析；⑤由于某些金属不容易发生沉淀反应，这种方法的适用面相对较窄，但在稀土发光材料的制备中应用很广。

制备稀土荧光粉通常使用的是共沉淀法，产物粒度可以是亚微米级，也可以是纳米尺寸。共沉淀法是制备镧系离子掺杂的纳米/微米晶体较早也较传统的方法之一，是目前实验室和工业上运用最为广泛的合成超微粉体材料的方法。但由于反应条件温和，直接沉淀析出的化合物结晶度相对较低，对应的发光粉荧光强度低，因此沉淀产物通常需要经过后处理反应以及煅烧晶化。以下是沉淀法和共沉淀法应注意的问题[4]。

（1）对于多离子共沉淀过程制备复杂的多组分体系，要求各组分具有相同或相近的水解或沉淀条件，使不同金属离子尽可能同时生成沉淀，以保证复合/掺杂材料化学组成的均匀性。

（2）对于多离子共沉淀过程，对沉淀溶解度差异较大的物质，要特别注意沉淀剂的选择，以及 pH 的控制。pH 对沉淀过程至关重要，高 pH 可能导致某些沉淀物的再溶解，低 pH 可能导致沉淀不完全。

（3）对于多离子共沉淀过程，如果各金属离子沉淀所需碱度不同，即 pH 不同，那么很难得到混合均匀的共沉淀混合物，因此可将混合均匀的原料溶液倒入氢氧化铵中，以得到均匀的沉淀混合物。

（4）沉淀法合成粉体的粒度与温度密切相关。

（5）沉淀法合成粉体的粒度与金属离子在溶液中的浓度密切相关，稀溶液得到的粒度较小。

沉淀反应虽然看起来非常简单，但是如果想获得化学组成均一、形貌良好、粒度适当的沉淀还需要考虑许多因素的影响并加以控制：如溶液中离子的浓度、沉淀剂的选择、络合剂的选择、溶液加入及混合的方式和速度、溶液酸度的确定、沉淀陈化的时间、溶液的温度等，都必须经过实验和反应机理的考察加以选择、控制和优化[5]。

1. 制备稀土钒酸盐和磷酸盐

在早期研究中，van Veggel 课题组将稀土离子和氟离子溶解在乙醇和水的混合溶液中，置于恒温 75℃条件下，在双正十六烷氧基二硫代磷酸铵盐（ammonium di-*n*-octadecyldithiophosphate，ADDP）的辅助下稀土离子和氟离子可发生共沉淀反应生成粒径小于 10nm 的 LaF_3:Ln（Ln=Eu、Er、Nd、Ho）纳米粒子[7, 8]。实验过程中，需要注意的是，先在 75℃环境中配置好 ADDP 和氟化钠的乙醇和水溶液，再将 2mL 稀土硝酸盐溶液以滴加的方式添加到反应体系中，搅拌 2h。反应过程中，作为盖帽配体的 ADDP 不但能控制粒子生长，还能提高产物粒子在有机溶液中的稳定性和溶解性，抑制其团聚的发生。采用相似的实验方法，用 VO_4^{3-}基团代替 F^-，则可制备得到 YVO_4 纳米粒子，粒径分布在 5～10nm[9]。

共沉淀法还可用于稀土磷酸盐的制备。张洪杰课题组将稀土离子和磷酸根离子溶解于乙醇和水的混合溶液中，调节合适的 pH，置于 30～100℃环境中，两种离子直接发生沉淀反应析出 $LaPO_4$:Ln（Ln=Ce、Tb）和 $LaPO_4$:Ce,Tb@$LaPO_4$ 纳米纤维[10]。研究表明，纳米纤维的长度受反应温度、时间和溶液酸性影响严重。首先，反应温度低于 90℃时，产物均为六方晶相，且纳米纤维的长度随着反应温度的升高而增长；反应温度为 90℃时，纳米线宽约 10nm，长度分布在几百纳米到几微米范围内；而当反应温度增加到 100℃后，由于发生相转换过程，生成单斜晶相产物，最终导致纳米线变短。另外，虽然一定条件下酸性改变对产物晶相没有明显影响，但随着酸性增强，纳米纤维长度增加明显，甚至组装成花状结构。Grzyb 课题组和 Ningthoujam 课题组采用相似的方法，以水和丙三醇的混合溶液作为溶剂制备得到 $GdPO_4$:Yb,Tb 和 YPO_4:Eu,Bi 纳米棒，制备过程中聚乙二醇（polyethylene glycol，PEG）被用作合成 YPO_4:Eu,Bi 纳米棒的盖帽剂[11, 12]。此外，两课题组均证实了直接沉淀得到的产物是水合六方相纳米棒，因为表面存在大量羟基基团，对荧光产生猝灭效应，导致产物的荧光发射强度都很弱。高温（800～900℃）煅烧后，产物的晶体结构从水合六角相转变为脱水的单斜相或四方相，荧光强度得到极大提高。

2. 制备稀土氟化物

Chow 课题组对 van Veggel 提出的 ADDP 辅助的共沉淀进行了扩展和精炼，并制备得到粒径更小且更均匀的 LaF_3:Yb,Ln（Ln=Er、Tm、Ho）上转换纳米粒子，粒径为 5.4±0.9nm[13]。之后，van Veggel 课题组在 NH_4OH 中和的柠檬酸水溶液中通过共沉淀反应物离子合成了一系列 LnF_3（Ln=La、Ce、Nd、Eu、Gd）和 $Na_xLn_yF_z$（Ln=Gd、Dy～Er、Yb）纳米粒子，反应温度为 75℃[14-19]。该体系中，柠檬酸盐能够附着于纳米粒子表面，起到稳定剂的作用，促使产物在水溶液中具有良好的分散性。

衣光舜课题组率先将乙二胺四乙酸引入共沉淀法，并在这种强效螯合剂作用下于室温环境中在 Y^{3+}、Yb^{3+}、Er^{3+}和 NaF 的水溶液中成功沉淀出 α-$NaYF_4$:Yb,Er 纳米粒子[20]。当乙二胺四乙酸与稀土离子摩尔比从 0 增加到 1.5 时，产物的粒径却从 166nm 逐渐降低到 37nm。直接沉淀出的 α-$NaYF_4$:Yb,Er 纳米产物最大的不足在于荧光强度低，因此需要煅烧处理以提高产物的荧光强度。实验表明，产物在 400～600℃煅烧 5h 后，产物可从立方相转变为六方相，对应的荧光强度可增加 40 倍之多。然而煅烧将引发一定程度的团聚，而且粒子的球形形貌也有所改变。陈德朴课题组报道了相似的共沉淀合成法，最大的不同之处在于他们研究了 pH 对产物形貌的影响[21]。在 pH 为 6.8 时，得到粒径约为 28nm 的 $NaYF_4$:Yb,Tm 球形产物，不但分布均匀，而且分散性好；pH 升高到 10 时，产物粒径减小到 20nm，但纳米粒子间开始出现“粘连”现象；当 pH 进一步升高到 12 时，得到的不再是具有粒子形貌的产物，而是纤维状网络交叉结构；如果将 pH 降低到酸性条件，例如 pH 为 5 的弱酸性，产物的粒径将增大到 42nm。

3. 制备稀土氧化物

在 Matijević 课题组关于金属碱式碳酸盐报道的鼓励下，共沉淀法被广泛用于稀土氧化物前驱体的合成，主要包括碱式碳酸盐、碳酸盐、氧化物碳酸盐和氢氧化物胶体纳米/微米球[22]。其中，对于稀土的碱式碳酸盐、碳酸盐和氧化物碳酸盐胶体球的制备，尿素辅助的均匀沉淀法是最著名也最有效的一种方法。该法使用的化学试剂和实验操作均非常简单，只需将稀土离子和尿素按一定的配比溶解到水溶液中，再在水浴加热的条件下反应一定时间即可得到上述产物。尿素辅助的均匀沉淀法反应机理也甚为简单明了，以碱式碳酸盐纳米粒子的制备为例，反应机理如下。

在均匀沉淀法中，加热条件下，沉淀剂发生化学反应缓慢释放出沉淀离子，使其均匀的分布在整个溶液中，从而使沉淀均匀的生成。因此，只要控制好沉淀离子的生成速度，便可以使过饱和度控制在适当的范围内。从而达到控制粒子的生长速度的目的，并获得粒度均匀、致密、纯度高的纳米粒子。

采用尿素辅助的均匀沉淀法制备氧化物纳米/微米球的形成机理如图 4.2 所示。首先，溶解在水中的尿素加热到 60℃以上就可以分解，发生式（4.1）和式（4.2）所示化学反应，生成沉淀剂 NH^{4+}、OH^-和 CO_2，并均匀分散于水溶液中。其中，尿素水解是慢反应，是控制反应速率的一步。

尿素水解：$CO(NH_2)_2 + 3H_2O \longrightarrow 2NH_3 \cdot H_2O + CO_2\uparrow$ （4.1）

氨水电离：$NH_3 \cdot H_2O \longrightarrow NH_4^+ + OH^-$ （4.2）

沉淀反应：$RE^{3+} + 3OH^- + CO_2 \longrightarrow RE(OH)CO_3 \cdot H_2O$ （4.3）

煅烧反应：$RE(OH)CO_3 \cdot H_2O \longrightarrow RE(OH)CO_3 + H_2O$ （4.4）

$2RE(OH)CO_3 \longrightarrow RE_2O(CO_3)_2 + H_2O$ （4.5）

$RE_2O(CO_3)_2 \longrightarrow RE_2O_3 + 2CO_2\uparrow$ （4.6）

随着反应时间的延长，水溶液中 NH_4^+、OH^-和 CO_2 含量缓慢增加，直至形成介稳态过饱和溶液。当过饱和度达到碱式碳酸盐的形核浓度时，离子通过相互碰撞，瞬间聚集成微小的晶核，发生沉淀反应［式（4.3）］，该反应是瞬时反应，一次性生成大量的 $RE(OH)CO_3 \cdot H_2O$ 晶核，因此溶液过饱和度急剧下降到形核浓度以下，核的形成过程结束。晶核形成后，溶液中的构晶离子向晶核表面扩散，并在晶核上不断地沉积，形成的 $RE(OH)CO_3 \cdot H_2O$ 晶核开始缓慢长大，使晶粒不断长大形成粒径均匀的 $RE(OH)CO_3 \cdot H_2O$ 胶体球（图 4.3）。上述均匀沉淀法能够控制粒子的晶核形成和晶核长大两个过程，因此利于制备均匀的胶体球材料，包括镧系离子掺杂的 $RE(OH)CO_3$（RE=La、Gd、Lu、Y）、$GdO(CO_3)_2$ 和 $Gd_2(CO_3)_3$ 纳米粒子，通常上述产物可在 60～480nm 粒径范围内进行调变。

最后形成的碱式碳酸盐胶体球经高温煅烧进一步分解，发生式（4.4）、式（4.5）和式（4.6）所示反应，释放出水分和二氧化碳气体，最终得到稀土盐化物纳米球。值得注意的是，煅烧过程中氧化物的生成依次经历了非均匀形核和各向异性生长两过程，因此最终生成的氧化物纳米球是由大小不一的微小粒子聚集而成，如图 4.2 和图 4.3 所示。

利用氢氧化钠或氨水代替尿素作为沉淀剂加入到稀土离子的水溶液中则可获得六方相的稀土氢氧化物，例如 $RE(OH)_3$（RE=La、Pr、Nd、Sm～Gd）纳米棒和 $Gd(OH)_3$ 纳米管[24-28]。我们将在柠檬酸钠引入上述体系制备得到一系列形貌规则

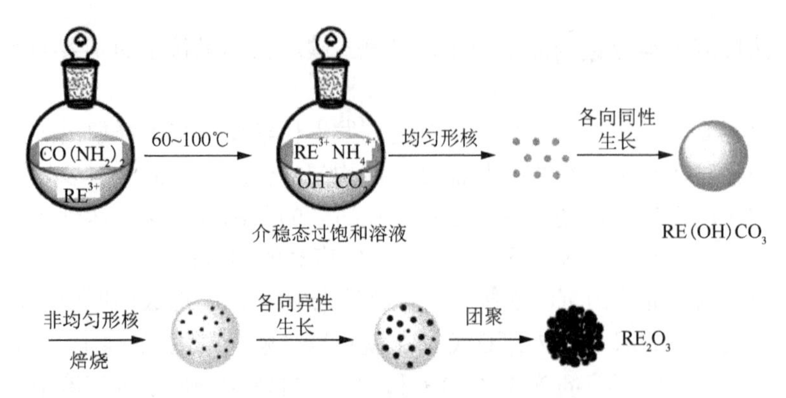

图 4.2 尿素辅助的均匀沉淀法制备稀土氧化物纳米粒子的过程示意图

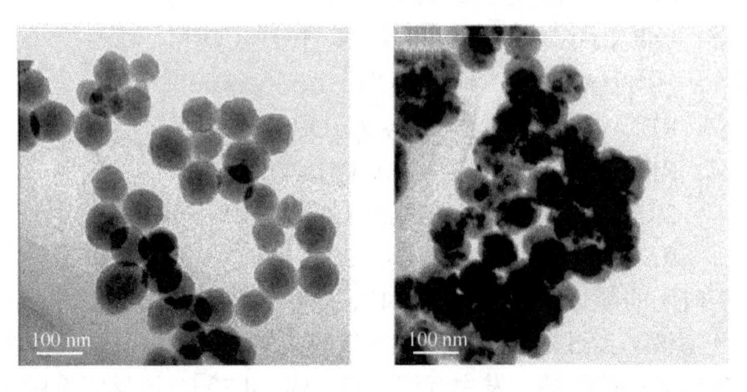

图 4.3 尿素辅助的均匀沉淀法制备的 $Gd(OH)CO_3$ 前驱体和 Gd_2O_3 纳米粒子的形貌 TEM 图[23]

且容易调变的 $Y(OH)_3$ 微米棱柱[29]。利用上述方法能够制备种类繁多的稀土离子掺杂的碱式碳酸盐、碳酸盐和氢氧化物胶体球，但都不利于产生稀土荧光，所以高温（>600℃）煅烧使其分解生成稀土氧化物是提高其荧光性能最常见且高效的方法之一。

4. 制备空心结构

共沉淀法是一种制备空心结构稀土无机材料的常用方法。首先，选取某些易于移除的纳米或微米球体作为模板，例如二氧化硅、碳球、聚苯乙烯球和三聚氰胺甲醛；然后利用共沉淀法在上述模板表面包覆一层稀土化和物；最后利用煅烧或腐蚀的方法移除模板纳米/微米球，可获得空心结构的稀土荧光材料，例如空心 LaF_3、YVO_4 和 RE_2O_3（RE=La、Gd、Lu、Y）纳米/微米球[11, 30-37]。我们以碳球为模板，制备了稀土离子掺杂的 Lu_2O_3 和 La_2O_3 空心纳米球[30, 34]。首先，在水热条件下，以葡萄糖为原材料，通过其缩合、碳化作用生成表面具有丰富有机官能团的碳纳米球，球的粒径约为 250nm 的碳球模板，碳球粒径分布均匀，在水溶液中具有非常优秀的分散性。碳球的尺寸可以通过调节水热环境的反应温度、时间和原材料用量等方式来控制。然后，配置氧化物前驱体溶液。将符合化学计量比的稀土硝酸盐混合溶液以及双蒸水混合，形成体积为 30mL 的混合溶液，再加入 3g 尿素并且充分搅拌使其溶解。随后，将 100mg 的碳模板剂加入到以上溶液中并且用超声波处理 15min 后，转移至 100mL 的圆底烧瓶中，在 90℃下机械搅拌 4h，离心分离、洗涤、干燥获得 C@La(OH)CO_3 核壳结构前驱体。最后，将此前驱体置于马弗炉中以 2℃/min 的速度升温至 700℃，持续煅烧 2h，即可获得空心 Lu_2O_3:Ln（Ln=Eu、Tb）和 La_2O_3: Yb,Ln（Ln= Er、Ho）纳米球。对于焙烧后的样品，TEM 照片展现出一种明显的空心球形结构。因为高温煅烧处理具有如下重要作用：①移除碳球模板剂。随着煅烧温度升高，碳球依次经历葡萄糖的脱水、稠化和可燃性碳的燃烧过程，最终碳球被移除，形成内部的空心结构；②稀土氧化物的形成。RE(OH)CO_3 受热分解成为高结晶度 RE_2O_3 壳层结构。在此基础上，我们还考察了 La_2O_3 空心微球的上转换发光性质。通过改变样品中 Yb^{3+} 掺杂浓度的方法获得了一种调节其发光颜色的思路。

总之，共沉淀法制备的稀土荧光粉粒子形貌单一，粒径较均匀，但表面粗糙且难于调控，最大的缺点在于产物结晶度不高，荧光强度低，因此通常需要辅助以煅烧处理。然而煅烧后粒子表面附着的盖帽剂将被碳化，降低了粒子的亲水性，也限制了其在生物医学领域的应用。但是上述缺点并未妨碍共沉淀法在工业生产中的广泛应用，也是工业或半工业制备发光材料的主要方法。因为与其他一些传统无机材料制备方法相比，沉淀法具有如下优点[3]：

（1）操作条件温和，设备与工艺较为简单，有利于工业化；

（2）在沉淀过程中，可以通过控制沉淀条件及沉淀物的煅烧工艺来控制所得粉体的纯度、颗粒大小、分散性和相组成；

（3）能使不同组分之间实现原子/分子水平的均匀混合；

（4）样品煅烧温度低，重现性好，性能稳定；

（5）原料成本低，且产率高。

4.2 溶胶-凝胶法

溶胶-凝胶法（sol-gel method）是一种典型的软化学合成方法，起源可以追溯到 19 世纪，但直到 20 世纪 80 年代，由于在制备高性能陶瓷粉体、涂层、玻璃、功能薄膜及复合材料等方面取得了成功，才开始受到人们的重视。溶胶-凝胶法涉及溶胶和凝胶两个基本概念。

溶胶（sol），是一种分散体系，它的分散相不溶于分散介质，具体是指微小的固体或大分子颗粒悬浮分散在液相中并不停地进行布朗运动的体系。分散相粒子的半径在 1～100nm 范围内，这些粒子通常带有电荷，并由于电荷作用，吸附一层溶剂分子，形成由溶剂包覆的纳米或微米粒子，即胶体粒子，这些胶体粒子由于带有电荷而相互排斥，从而能以悬浮状态存在于溶剂中，即形成溶胶。分散相粒子与分散介质之间有明显物理分界面，是高度分散的多相体系。溶胶是热力学不稳定体系。若无其他条件限制，胶粒倾向于自发凝聚变大，达到比表面积较低的状态。若上述过程为可逆，则称为絮凝；若不可逆，则称为凝胶化。溶胶放置较长一段时间后，会沉淀出来，但是短时间内具有一定稳定性。

凝胶（gel），是指胶体颗粒或高聚物分子在一定条件下相互交联，形成空间网状结构，在网状结构的孔隙中充满了作为分散介质的液体（在干凝胶中也可以是气体）的分散体系，没有流动性但内部常含有大量液体。胶体粒子由于失去电荷，或者包覆在外圈的溶剂层被破坏，胶体粒子发生聚合，溶胶发生固化即形成凝胶。并非所有的溶胶都能转变为凝胶，凝胶能否形成的关键在于胶粒间的作用力是否足够强，以致克服胶粒-溶剂间的相互作用力。由溶胶制备凝胶的常用方法如下：①使醇、水等分散介质挥发或冷却溶胶，使之成为过饱和液，而形成凝胶；②将适量的电解质加入胶粒亲水性较强的憎液型溶胶；③加入非溶剂，形成凝胶，如在果胶水溶液中加入适量酒精；④利用化学反应产生不溶物，并控制反应条件[4]。

徐叙瑢等在《发光学与发光材料》一书中对溶胶-凝胶法的定义作了仔细界定，结合最新的研究成果可阐述如下：溶胶-凝胶法一般利用含高化学活性组分的化合物作前驱体，包括金属醇盐（羟基无机含氧酸酯）、无机盐或配合物；这些原料在液相环境中均匀混合，并进行水解、聚合、缩合、胶溶、胶凝、干燥、热解等反应，在溶液中形成稳定的透明溶胶体系；之后，溶胶中的胶粒缓慢的交联并聚集成三维空间网络结构的凝胶；凝胶经过干燥、烧结固化制备出分子乃至纳米亚结构的材料[5]。

常用溶胶-凝胶法的基本过程如下：某些元素的有机醇盐（烷氧基化合物）或一些无机盐类在某些溶剂（如乙醇、丙酮）及少量酸或碱催化下与水发生反应，经水解与缩聚过程而逐渐凝胶化，再经过陈化、干燥等一系列后处理工序，最后制得所需的材料。此外，制备过程中辅助以不同的工艺手段（铸模、涂膜、快速释压、高温烧结等），就可以制备出各种形态（包括致密块体、薄膜、涂层、气溶胶、气凝胶、纤维、单晶、玻璃、陶瓷体、微粉和纳米态等）和各种功能材料、器件，以及结构材料和相应物件，例如在适当的黏度时对凝胶进行抽丝，则可得到纤维材料。许多亚微米和纳米级的发光材料也是用溶胶-凝胶法制得的。

溶胶-凝胶法与其他化学合成法相比具有许多独特的优点[3, 38]：

（1）由于溶胶-凝胶法中所用的原料首先被分散在溶剂中而形成低黏度的溶液，因此就可以在很短的时间内获得分子水平上的均匀性，在形成凝胶时，反应物之间很可能是在分子水平上被均匀地混合，产品均匀性好。

（2）可以控制发光材料的粒度，产品的颗粒均匀，硬度较低；选择合适的条件可以制备出各种新型材料。

（3）与固相反应相比，由于物料为分子等级混合，而且在煅烧前所需要的生成物已部分形成，凝胶所具有的大表面积有利于产物的生成，因此显著地降低了发光材料的煅烧温度，即可简化设备，节省能源，又可避免因烧结温度高而从反应器引来杂质。一般认为，溶胶-凝胶体系中组分的扩散是在纳米范围内，而固相反应时组分的扩散是在微米范围内，因此反应温度较低，容易进行。

（4）由于经过溶液反应步骤，因此很容易均匀定量地掺入一些痕量元素，实现分子水平上的均匀掺杂。激活离子可以均匀地分布在基质晶格中。

（5）由于不需要机械过程，且溶剂于处理过程中被除去，因而产物的纯度高。

4.2.1 溶胶-凝胶法分类

溶胶-凝胶法对原料的要求是，原料本身应该有足够的反应活性来参与凝胶形成过程，必须能够溶解在反应介质中。最典型的原料是金属醇盐，也可以用氢氧化物、配合物和某些盐类等[3]。根据使用原料的不同，溶胶-凝胶法一般分为两类：一类是醇盐溶胶-凝胶法；另一类是水溶液溶胶-凝胶法。2000 年以来，林君课题组开发了一种新型水溶液溶胶-凝胶法，称为 Pechini 型溶胶-凝胶法（Pechini-type sol-gel process）。本节以稀土发光材料的制备为例介绍溶胶-凝胶反应的主要机理及研究现状。

1. 醇盐溶胶-凝胶法

醇盐溶胶-凝胶法主要是以金属醇盐为原料的溶胶-凝胶法，最基本的反应有式（4.7）～式（4.10）所示醇盐的水解及缩聚反应，其中，M^{n+}代表阳离子，R 代表烷基，一般为甲基、乙基、丙基或丁基，$M(OR)_n$代表各种醇盐。在反应过程中，可能存在多种中间产物，由于这些反应可能同时进行，从而也就导致反应过程非常复杂，多元体系的聚合和水解则更为复杂[3]。可见，醇盐水解法是利用无水醇溶液加水后，OH^-取代 OR 基，并进一步脱水而形成 M—O—M 键，使金属氧化物发生聚合，按均相反应机理最后生成凝胶。此法没有明显的溶胶形成过程，水解反应和缩聚反应同时进行，最终导致凝胶的形成，并能获得预期的产品。常见的醇盐有 $Si(RO)_4$、$Al(RO)_3$、$Ti(RO)_4$、$Zr(RO)_4$、$B(RO)_3$、$Ge(OC_2H_5)_4$、$Y(OC_2H_5)_3$ 和 $Ca(OC_2H_5)_2$ 等。这类醇盐或者难溶于水，或者很快被水解，所以使用之前总是将它们溶于乙醇中。醇盐溶胶-凝胶法的基本工艺过程如图 4.4 所示。

水解反应：$M(OR)_n + xH_2O \longrightarrow M(OH)_x(OR)_{n-x} + xROH$ （4.7）

缩聚反应：$—M—OH + HO—M \longrightarrow M—O—M— + H_2O$ （4.8）

$$—M—OR + HO—M \longrightarrow M—O—M— + ROH \tag{4.9}$$

在较高的温度下，也可以发生如下缩聚反应：

$$—M—OR + RO—M \longrightarrow M—O—M— + R—OR \tag{4.10}$$

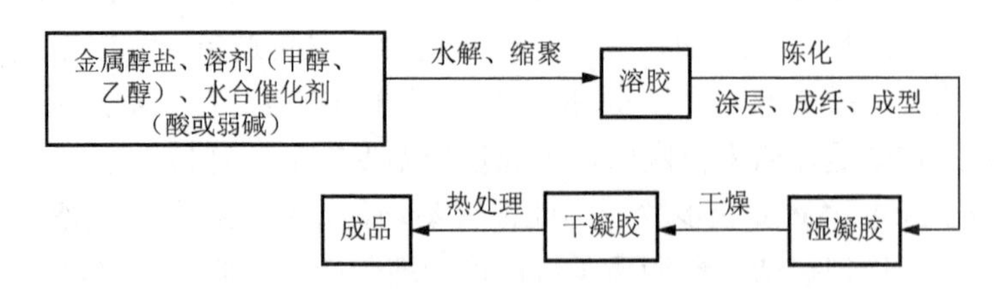

图 4.4 醇盐溶胶-凝胶法基本工艺过程示意图

以醇盐 $Si(C_2H_5O)_4$ 的水解脱醇为例，在上述方程式中 M^{n+} 为 Si^{4+}，R 为 C_2H_5，n 等于 4。缩聚分子交联程度、水解过程的快慢以及胶粒大小取决于溶液的温度和 pH，要经过实验加以确定。随着时间的延长，溶胶中胶粒逐渐交联而形成二氧化硅三维结构的网络，黏度明显增大，这就是溶胶的凝胶化过程。如果凝胶化的过程是在模具中进行，并事先在溶液中添加有干燥控制化学添加剂（drying control chemical additives，DCCA）和激活剂，最后凝胶会变成坚硬透明的固体，经过谨慎的干燥过程，避免干裂便可制得硅基荧光玻璃。如果不加任何预处理，任凝胶自行陈化和加热干燥，可得到碎块状干凝胶。如在适当的黏度时对凝胶进行抽丝，则可得到发光纤维材料。它的组成是含有大量水分和分子气孔的无定型氧化硅。如果在起始溶液中还存在有其他醇盐或金属盐时，如 $Mn(NO_3)_2$ 和 $Zn(NO_3)_2$，就会和 $Si(RO)_4$ 发生共聚合反应，生成金属硅酸盐干凝胶粉体，如 $Zn_2SiO_4:Mn^{2+}$。经过高温烧结，就可以把这种干凝胶制备成发光材料 $Zn_2SiO_4:Mn^{2+}$的粉体。这种烧结所需的温度要比固相反应的低，烧结时间也短得多，因此粉体的粒度较细，较少结团[5]。

最早采用溶胶-凝胶法制备发光材料是在 1987 年，有研究利用稀土硝酸盐 $Y(NO_3)_3$ 和正硅酸乙酯（tetraethyl orthosilicate，TEOS）为原料在石英玻璃基底上镀制了 $Y_2SiO_5:Tb^{3+}$阴极射线发光薄膜。Prasad 课题组开发了一种基于微乳液的溶胶-凝胶过程，被命名为溶胶-微乳液-凝胶法（sol-emulsion-gel method），制备了一系列 Er^{3+}掺杂的 ZrO_2、TiO_2 和 $BaTiO_3$ 纳米粒子[39-41]。以 $BaTiO_3:Er$ 上转换发光粉为例，采用乙酸钡 $Ba(CH_3COO)_2·H_2O$、乙酸铒和钛酸异丙酯作为制备溶胶的原始醇盐。该法涉及溶胶体系、微乳液体系和凝胶体系三个制备步骤：①制备溶胶体系。将钛酸异丙酯溶解在乙酸和 2-丁醇的混合溶液中，搅拌 30min；再将少量水添加到另一份乙酸和 2-丁醇的混合溶液中，并将该混合溶液滴加到处于搅拌状态的钛酸异丙酯、乙酸和 2-丁醇的混合溶液中，搅拌 1h，获得二氧化钛溶胶备用。

然后，在搅拌条件下，将乙酸钡溶解在水和乙酸的混合溶液中；提高搅拌速度，在剧烈搅拌条件下将二氧化钛溶胶缓慢加入，即可获得清澈透明的钛酸钡溶胶；再将一定量的乙酸铒添加到上述溶胶中，溶胶体系制备完成。②制备油包水（W/O）微乳液体系。采用环己烷作为油相，也是形成油包水微乳液体系的连续相；山梨醇单油酸酯作为非离子型表面活性剂，两者搅拌混合；然后，将上步制备的溶胶体系按一定体积比搅拌分散到连续相中，则溶胶液滴作为分散相均匀分散于环己烷中。③制备凝胶体系。通过控制加入碱的方式，使上步形成的溶胶液滴凝胶化。得到的凝胶颗粒离心分离、洗涤和干燥后，在 500～1000℃煅烧，制得 $BaTiO_3$:Er 纳米粒子。该法制备的纳米粒子的平均粒径均小于 100nm，且随着煅烧温度的升高，粒径逐渐增大，例如煅烧温度为 700℃、850℃和 1000℃时，$BaTiO_3$:Er 的平均粒径分别为 30nm、50nm 和高于 80nm。

醇盐溶胶-凝胶法中，凝胶的形成是一个比较困难的过程，因为醇盐水解反应的速率远大于缩聚反应的速率。这时得到的是沉淀，而不是稳定的均匀凝胶。显然，设法降低水解反应的速率是制备凝胶的关键。通过利用有机螯合剂乙酰丙酮、柠檬酸等的螯合作用，可以减慢水解速率，得到均匀透明的凝胶[38]。例如，以金属醇盐（异丙醇铝）为原料的溶胶-凝胶法制备长余辉发光材料 $SrAl_2O_4:Eu^{2+}, Dy^{3+}$[42]。通过加热使异丙醇铝溶解于 2-甲氧基乙醇，再加入特定量的四乙基氧化硅或三乙基氧化硼（助溶剂、延长余辉时间、增强余辉强度的作用），然后与化学计量比的硝酸镝、硝酸铕和硝酸锶的水溶液混合，进行水解。为了降低水解速率，采用低温水浴，同时加入乙酰丙酮螯合剂。热处理过程分为三个阶段：首先，干胶体在 500℃煅烧 10h；再于 850～1200℃煅烧 10～24h；最后在 1300℃于 H_2/N_2 还原气中煅烧 1h。$SrAl_2O_4:Eu^{2+},Dy^{3+}$样品含有较纯的结晶相，呈不规则椭圆颗粒状，粒径分布范围从数百纳米到数微米。

虽然，醇盐溶胶-凝胶法具有易水解、技术成熟、可通过调节 pH 控制反应进程等优点，然而，该法使用的金属醇盐和各种有机或无机溶剂具有价格昂贵、毒性高、效率低和醇盐水解速度快等缺点，不易大规模生产，极大限制了其发展及应用。因此，价格低廉、易产业化的水溶液溶胶-凝胶法得到快速发展。

2. 水溶液溶胶-凝胶法

水溶液溶胶-凝胶法以一般的无机盐水溶液为原料，发生如式（4.11）所示水解反应形成溶胶。多数情况下均需加碱使方程向右移动。为了避免水解反应过快并立即产生金属氢氧化物沉淀，通常需要加入络合剂并调节溶液的 pH 以控制金属离子的浓度，使水解反应缓慢发生和进行。

水解反应：$M^{n+} + nH_2O \longrightarrow M(OH)_n + nH^+$ （4.11）

水溶液溶胶-凝胶法的转化过程如下[4, 38]。

（1）溶胶的形成。可通过两种方式形成，①聚凝（condensation），即于较高温度下控制成核作用和晶体生长；②分散（dispersion），即于室温在过量碱的条件下无机盐迅速水解形成凝胶状沉淀，洗去沉淀中过量的电解质，再加强酸，在较高的温度下分散溶胶。溶胶形成的稳定因素在于表面电荷。

（2）凝胶的形成。溶胶中含有大量的水，可以通过提高溶液的 pH 或加热脱水来实现溶胶向凝胶的转化。通过减小溶胶粒子之间的排斥力可以使溶胶自动地聚集成凝胶。加热脱水时，随着水的脱除，通过增大分散层中电解质的浓度，使凝胶化的能量障碍减小；加碱增加 pH 可以减少溶胶粒子的表面正电荷，使溶胶粒子间的排斥力减小，进而减小了凝胶化的能量障碍。

（3）凝胶的干燥。湿凝胶中含有大量的水或溶剂，需干燥将其除去再进行热处理煅烧，而得到干凝胶，以便在热处理过程中尽可能减少气孔的生成。此过程中凝胶结构变化很大。大量水、液体溶剂的挥发，将引起体积收缩。一般可在烘箱中进行干燥；对于特定形态的凝胶体，可采用超临界干燥方法，或使用控制干燥的化学添加剂。

（4）干凝胶的煅烧。目的在于消除干凝胶中的气孔，以使产物的显微结构和相构成符合荧光体的应用要求。干凝胶进行热处理时，随着温度的升高会发生一系列的物理化学变化，体积收缩较大，将释放出各种气体，在非充分氧化时还可能碳化成碳质颗粒，所以升温速率不宜过快。湿凝胶经干燥、煅烧转变成固体发光材料的过程是溶胶-凝胶法的重要步骤，选择合适的热处理方案（煅烧工艺）对发光体的合成尤为重要。大量的实验结果表明，随着热处理温度升高，粒子迅速长大；尽管同一温度下粒子尺寸随热处理时间增加也能长大，但处理时间并非主要因素。

上述步骤中，凝胶的形成仍然是一个比较困难的过程，因为无机盐在水中的反应相当复杂，金属离子可与 H_2O、OH^-和 O^{2-} 形成多种配合物，如水的形式$[M—OH_2]^{z+}$、羟基形式$[M—OH]^{(z-1)+}$和络氧配体$[M═O]^{(z-2)+}$。显然，水溶液溶胶-凝胶法中，制备凝胶的关键依然是设法降低水解反应的速率。而决定水解程度的重要因素包括阳离子的电价和溶液的 pH。一方面，溶液的 pH 要适当，使水解反应缓慢发生和进行；另一方面，金属自由离子的浓度不宜太大，利用有机螯合剂柠檬酸、乙酰丙酮等的螯合作用，可以减慢水解速率，水解后的产物通过羟桥聚合作用（M—OH—M）或氧桥聚合作用（M—O—M）发生缩聚，进而聚合，形成均匀透明的凝胶。例如构成荧光体的各种金属离子与柠檬酸可形成稳定的可溶性螯合物，从而使溶液中的各种金属离子混合的均匀程度达到原子级水平[38]。

目前，采用水溶液溶胶-凝胶法制备发光材料时，一般都需要螯合剂的参与。据此，林君课题组开发了一种新型水溶液溶胶-凝胶法，称为 Pechini 型溶胶-凝胶法（Pechini-type sol-gel process），用于制备各种形态的稀土发光材料，下面另起一节着重介绍这种螯合剂辅助的水溶液溶胶-凝胶法。

3. Pechini 型溶胶-凝胶法

林君课题组利用 Pechini 型溶胶-凝胶法分别制备了不同形貌的荧光材料，包括荧光粉、核壳结构荧光粉或染料、纤维状荧光粉，以及薄膜荧光粉和图案，涉及的反应物及合成机理如下。首先，将金属无机盐（硝酸盐、氯化物和醋酸盐等）前驱体溶解到水溶液中；然后将羟基羧酸（柠檬酸或水杨酸等）和多羟基醇（聚乙二醇和乙二醇等）加入到水溶液中，羟基羧酸起到了螯合配位体的作用，与金属离子形成稳定的金属络合物。这些金属络合物与多羟基醇发生缩聚反应形成均匀的聚合物树脂凝胶，凝胶中各组分可在分子水平达到均匀混合，既降低了金属离子的分离空间又确保了组分的均匀性；最后，将凝胶置于 500～1000℃的高温环境中煅烧，则可获得纯相多组分的纳米粒子。

以柠檬酸为例说明螯合物配体在水溶液溶胶-凝胶过程中的作用。在以无机盐为原料制备溶胶的过程中，加入柠檬酸可以取代金属水合物中的配位水分子，为荧光体的制备提供组成和分布均匀的柠檬酸前驱体[38]，即

$$[M(H_2O)_n]^+ + \alpha A^{m-} \longleftrightarrow [M(H_2O)_w(A)_\alpha]^{2m-} + (n-w)\,H_2O \tag{4.12}$$

式中，A 代表柠檬酸根；$n \geqslant w$，$(n-w)=h\alpha$；h 是金属 M 形成配位键的数目。金属柠檬酸螯合物具有较高的稳定常数，可以减缓水解反应速率，而且即使在 pH 较高的条件下也能防止金属氢氧化物沉淀的形成。

林君课题组已经采用 Pechini 型溶胶-凝胶法制备了种类繁多的微/纳米发光粉，例如 LaOCl:Ln（Ln=Dy、Tm）、$CaInO_4$:Eu、$LaAlO_3$:Ln（Ln=Tm、Tb）、$LaGaO_3$:Ln（Ln=Sm、Tb）和 $CaYAlO_4$:Ln（Ln=Eu、Tb）[43-47]。在纳米粉体的制备过程中，因为涉及高温煅烧，通常制备得到的纳米粒子都会发生一定程度的团聚，一般是由粒径分布较宽且形貌不规则的纳米颗粒组成，例如 $LaAlO_3$:Ln（Ln=Tm、Tb）纳米粒子的粒径分布为 40～80nm，$CaInO_4$:Eu 微粒的粒径分布为 200～400nm。以 LaOCl:Tm 为例，首先将氧化镧和氧化铥原料按化学式的化学计量比溶解于稀盐酸中，加热搅拌，并调节 pH[44, 48]。待冷却至室温时加入一定量的柠檬酸（柠檬酸与金属离子的摩尔比为 2∶1）和聚乙二醇（分子量为 20000），搅拌 2h 得到溶胶体系。溶胶体系转入 75℃水浴中加热，直至形成均匀的凝胶体系。凝胶体系置于 100℃干燥箱中形成干凝胶，研磨后，先在 500℃的空气环境中预先煅烧 4h，再充分研磨后转入 800℃的空气环境中煅烧 4h，即可获得 LaOCl:Tm 纳米粒子，粒径分布在 100～200n，形貌如图 4.5（a）所示。XRD 结果表明，纳米粒子具有很高的结晶度，同时，没有检测到杂质物相，不但说明 Tm^{3+}以掺杂的形式进入基质晶格内

部，而且证实了产物的高纯度。光谱研究表明，LaOCl:Tm 纳米粒子，在低压激光束激发下，能够发射合适纯度、强度和色度坐标的蓝光发射，致使与一定量 Dy^{3+} 共掺杂后，获得的 LaOCl:Tm,Dy 纳米粒子则能够发射较高纯度的白光发射。可见，Pechini 型溶胶-凝胶法无毒、价钱便宜而又容易控制。

（a）$LaOCl:Tm^{3+}$纳米粒子　　（b）SiO_2@$LaPO_4$:Ce,Tb核壳结构

图 4.5　Pechini 型溶胶-凝胶法制备的发光材料的 SEM 和 TEM 形貌图[44, 49]

林君课题组还利用 Pechini 型溶胶-凝胶法制备了各种核壳结构荧光粉和染料，且方法简单，只需在壳材料对应的溶胶体系中加入核粒子，即可制备得到种类繁多的核壳结构样品。利用二氧化硅纳米粒子作为核材料，林君课题组制备得到一系列荧光粉及燃料粉末，例如 SiO_2@Y_2O_3:Eu、SiO_2@YVO_4:Eu、SiO_2@$LaPO_4$:Ce,Tb、SiO_2@YBO_3:Eu、SiO_2@$CaWO_4$:Ln（Ln=Eu、Tb）、SiO_2@$CaMoO_4$:Tb 等荧光粉，以及 SiO_2@Cr_2O_3（绿色）、SiO_2@R-Fe_2O_3（红色）、SiO_2@$MgFe_2O_4$（棕色）、SiO_2@$CoAl_2O_4$（蓝色）和 SiO_2@(Cu,Fe)CrO_4（黑色）等染料粉末[49-55]。所有的核壳结构都拥有完美的球形形貌，不但粒径分布均匀、粒子表面光滑而且粒子之间不发生团聚，即使包覆层数达到 4 层时，得到的产物仍具有上述特点。此外，核壳结构的粒径可通过调整核的大小和壳层数目在 300nm～1.2μm 范围内调变，而每层壳的厚度通常在 30～100nm。

以 SiO_2@$LaPO_4$:Ce,Tb 核壳结构发光粉为例，制备方法简介如下：①前驱体溶液的制备：将一定化学计量比的氧化镧、氧化铽和硝酸铈溶解于稀硝酸中；再与含有柠檬酸（作为螯合剂）的水和乙醇溶液混合，溶液中水和乙醇的体积比为 1∶7，柠檬酸与金属离子的物质的量之比为 2∶1；利用稀硝酸调节溶液 pH 为 1，再加入特定量的$(NH_4)_2HPO_4$；最后加入一定量的聚乙二醇（分子量为 10000）作为交联剂，搅拌 1h，即可得到透明的溶胶前驱体溶液[49]。②核壳结构的发光粉的制备：在搅拌条件下，将一定量的 SiO_2 小球加入前驱体溶液中，搅拌 3h；然后通过离心分离获得表面具有前驱体溶液的 SiO_2 小球，将所得小球放入 100℃烘箱中干燥 1h；烘干后的小球在程序控温炉中以 1℃/min 的速度预升温至 500℃，并在该温度下持续煅烧 2h，使薄膜表面的有机物完全分解；预处理后的小球再置于 H_2 和 N_2（体积比 5∶95）混合气中，升温至 700～1000℃煅烧 2h。为了增加薄膜厚度，以上过程可以重复多次。包覆两层 $LaPO_4$:Ce,Tb 荧光粉后获得的 SiO_2@$LaPO_4$:Ce,Tb 核壳结构形貌如图 4.5（b）所示，呈现球形形貌、亚微米尺寸和窄粒径分布。发光性能研究表明，核壳结构的光谱和动力学性质与同类别块体材料和纳米晶非常类似。另外，SiO_2@$LaPO_4$:Ce,Tb 核壳结构的光致发光强度可以通过调整煅烧温度和 SiO_2 粒径进行控制。

可见，溶胶-凝胶法不适合制备粒径高度均匀的纳米粒子，但却极易与其他技术结合制备特殊形态荧光材料（图 4.6）：

（1）均相溶胶经凝胶化可形成湿凝胶，湿凝胶经过蒸发除去溶剂可得到干凝胶（或气凝胶，均相溶胶直接蒸发也可获得气凝胶）；一方面，干凝胶再经过煅烧可获得致密陶瓷；另一方面，干凝胶经过研磨、煅烧等处理可以获得粉末样品；

（2）均相溶胶经沉淀、雾化等处理，也可以获得粉末样品；

（3）均相溶胶可以在不同衬底上涂膜形成凝胶薄膜，凝胶薄膜再经煅烧可获得致密薄膜；也可结合软石印法获得图案化荧光材料等；

（4）均相溶胶可以拉丝，如结合电纺丝技术，得到纤维产品；

（5）均相溶胶中加入二氧化硅纳/微米核等，可制备核壳结构纳/微米粒子。

下面就溶胶-凝胶技术在上述材料制备方面的应用做详细介绍。

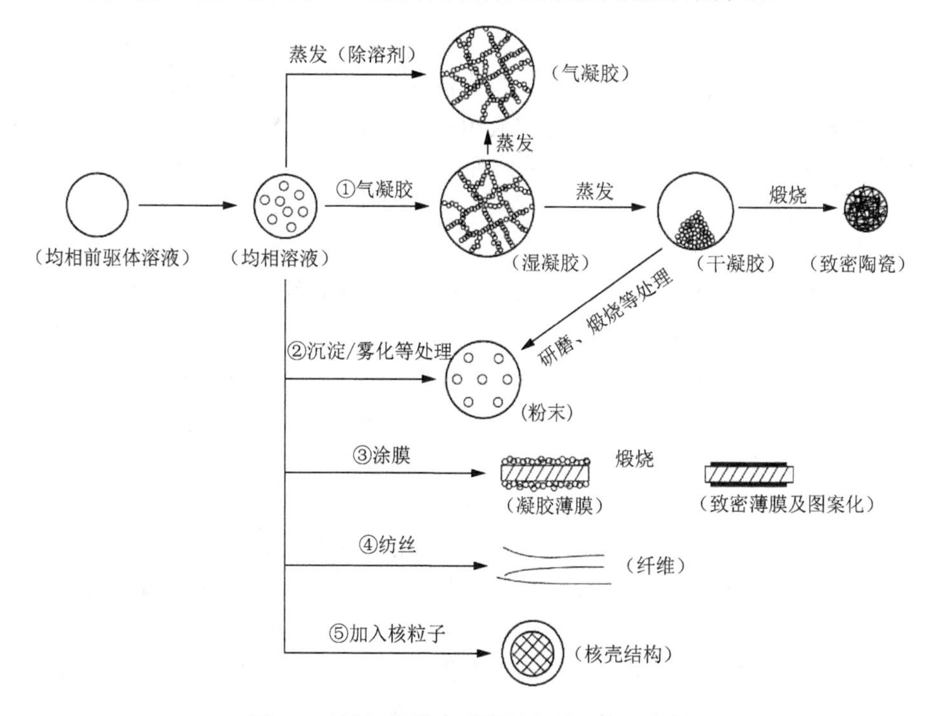

图 4.6　溶胶-凝胶全过程及产品开发示意图

4.2.2 发光薄膜及其图案化

作为功能材料，发光薄膜在诸如阴极射线管（cathode-ray tube，CRT）、平板显示器件和场发射显示器件（field emission display，FED）等显示领域均具有重要应用。同传统发光粉制成的显示屏相比，发光薄膜在分辨率、热传导、对比度、均匀性、与基底的释气速率、附着性等方面都显示出较强的优越性，因此对于材料化学家来说，制备出性能良好的发光薄膜是必要的。发光薄膜的制备方法有许多，包括喷雾热解法（spray pyrolysis）、蒸镀法（evaporation）、溅射法（sputtering）、脉冲激光沉积法（pulsed laser deposition）、原子层取向生长法（atomic layer epitaxy）、金属有机物化学气相沉积法（metallorganic chemical vapor deposition）、电子束蒸发法（electron beam evaporation）等。每种方法都有自己的优点，但也存在不可避免的局限性，如脉冲激光沉积法、化学气相沉积法等方法，虽能控制薄膜的组成及生长方向，也可降低后处理温度，但设备昂贵，成本高，不适于制备大面积的薄膜。因此，新技术的探索与开发势在必行。

在薄膜制备方面，溶胶-凝胶技术显示出其独特的优越性。能够在分子水平上达到高度的均匀性；便于准确控制掺杂量，从而控制薄膜的化学性质；能避免实验中杂质的引入，保持其纯度；膜层附着力强，易于成膜；热处理温度较低；设备简单、成本低；对衬底形状要求低等。所以薄膜产物被认为是溶胶-凝胶工艺中最重要的产物。采用溶胶-凝胶法制备发光薄膜也逐渐成为光电功能材料领域研究的热门课题。自 Robertson 课题组通过液相外延法生长 $Y_3Al_5O_{12}$:Eu/Tb/Ce/Tm 阴极射线发光薄膜以来，薄膜发光材料的研究一直是发光领域研究的热点之一[56]。而且在功能材料制备中溶胶-凝胶工艺的发展迅速，人们逐渐认识到该方法在制备发光薄膜方面的优越性和巨大潜能，使这方面的报道逐渐增多。目前，一些重要的商业化发光材料，如 Y_2O_3:Eu、Zn_2SiO_4:Mn 和 ZnS:Mn 等都已通过溶胶-凝胶法被制成发光薄膜，并且有的已在器件上获得应用。

溶胶-凝胶法制备薄膜的方法主要有浸渍法（dip-coating method）、旋涂法（spin-coating method）和层流法（laminar flow method）[57]。前两种方法较为常用，可根据衬底材料的尺寸、形状以及对所制薄膜的要求而选择不同的方法。浸渍法，是将整个洗净的基底浸入预先制备好的溶胶中，然后以精确控制的均匀速度将基底平稳地从溶胶中提拉出来，在黏度和重力作用下基板表面形成一层均匀的液膜，再迅速蒸发溶剂，使附着在基板表面的溶胶迅速凝胶化成凝胶膜。旋涂法，是基底绕一根与涂层面垂直的轴转动，将预先准备好的溶胶溶液通过滴管滴在匀速旋转的基底上，在匀胶机旋转产生的离心力作用下溶胶迅速均匀铺展在基板表面。三种方法凝胶膜的形成都是由于溶剂的快速蒸发，而不是由于缩聚反应的不断进行。最后，根据需要对凝胶膜进行适当的热处理，便可以得到所要求的薄膜材料。

为了得到高质量的发光薄膜，上述三种方法所采取的措施基本一致。以典型的溶胶-凝胶浸渍法制备薄膜为例，基本包括三个步骤：浸渍、提拉和热处理。首先必须得到稳定的溶胶，然后清洗干净的基底材料在溶胶中浸渍、提拉之后，所形成的薄膜干燥、煅烧。热处理过程的主要作用是在薄膜和基底材料之间产生化学键，即—M—O—M’，其中 M’和 M 分别代表来自基底和薄膜的金属离子。实验表明当基底和薄膜的接触表面存在许多—M’OH 和—MOH 基团时，上述化学键很容易在高温时形成，脱水过程为—MOH+ —M’OH ⟶ —M—O—M’ + H_2O。

林君课题组采用浸渍法结合 Pechini 型溶胶-凝胶技术，制备了 YVO_4:Eu、$LaPO_4$:Ce,Tb、Ga_2O_3:Li,Dy 和 $Gd_2(WO_4)_3$ 等发光薄膜[58-61]。以 YVO_4:Eu 薄膜为例，薄膜制备过程包括两步：①溶胶制备过程，将稀土氧化物按所需量用 HNO_3 加热溶解，冷却至室温后，加入所需的偏钒酸铵（NH_4VO_3）和一定量的乙醇和水的混合溶液；再加入络合剂柠檬酸和交联剂聚乙二醇，调节镀膜溶液的黏度，搅拌 1h，形成均相溶胶。②浸渍法镀膜，将清洗过的石英玻璃基底浸渍在溶胶中约 1min，然后以 0.2cm/s 的速度提起，所形成的薄膜置于 100℃烘箱中干燥 1h 后，放于程序升温炉中以 1℃/min 的升温速度烧结至所需温度（300～800℃），持续煅烧 2h。煅烧温度为 700℃时，制备的 YVO_4:Eu 透明薄膜形貌如图 4.7 所示，薄膜均匀无裂纹，由平均粒径为 90nm 的细颗粒紧密堆积而成。椭偏仪测量薄膜厚度为 150nm。另外，薄膜表面平整光滑，晶体结晶度高，表面均方根粗糙度（RMS roughness）为 4.55nm。另外，紫外光激发下，YVO_4:Eu 薄膜产生很强的红光发射。在 YVO_4:Eu 薄膜发射光谱中，可以清晰地看出晶体场使 Eu^{3+}的 $^5D_0 \rightarrow {}^7F_{1,2,4}$ 能级劈裂，进一步证明了薄膜的高结晶度。

图 4.7 YVO_4:Eu 发光薄膜的 AFM 形貌图[60]

雷明凯课题组采用浸渍法结合醇盐溶胶-凝胶技术制备了一种 Al_2O_3:Yb,Er 上转换发光薄膜，并通过添加干燥控制剂的方法，解决了凝胶膜干燥过程中的开裂问题[62]。制备溶胶时，采用异丙醇铝 $Al(OC_3H_7)_3$ 作为醇盐原料、稀土硝酸盐为掺杂组分原料、乙酰丙酮为螯合剂、异丙醇为溶剂、N,N−二甲基甲酰胺（N,N-dimethyl for mamide，DMF）作为干燥控制剂，经过适当条件的搅拌、陈化和水解，即可得到透明、稳定的 Al_2O_3:Yb,Er 溶胶。浸渍法的操作步骤如下：将清洗后的 SiO_2/Si（100）玻璃基体置于上述溶胶中浸渍 30s，以 6cm/min 的速度匀速提拉出来，在重力作用下基片表面形成一层均匀的液膜，迅速蒸发溶剂，则附着在基片表面的溶胶迅速凝胶化而形成一层凝胶膜。浸渍过程重复多次，如 40 次，直至薄膜厚度约为 1μm 后，经过 1000℃煅烧，即可成功制备 Al_2O_3:Yb,Er 上转换发光薄膜。SEM 结果表明，每次浸渍可增加膜厚度约 0.04μm。另外，添加 DMF 后，可获得均匀、光滑和无开裂的薄膜；而无 DMF 添加时，干燥过程将导致薄膜表面开裂。此外，林君课题组采用浸渍法结合醇盐溶胶-凝胶技术制备了一种 $Gd_2Ti_2O_7$:Eu^{3+}发光薄膜[63]。制备溶胶时，先将稀土氧化物溶解于稀硝酸，再加入一定量的水、乙醇、以及化学计量比的钛酸四丁酯 $Ti(OC_4O_9)_4$，搅拌数小时即得到镀膜用的前驱体溶胶。浸渍法的操作步骤与上述报道类似。椭偏仪测得单层薄膜的厚度是 120nm。原子力显微镜（Atomic force microscope，AFM）结果表明薄膜表面均匀，无开裂，由平均粒径为 70nm 的粒子紧密堆积而成。薄膜表面光滑平整，表面粗糙度为 30nm。光谱研究表明，在 800～1000℃煅烧时，Eu^{3+}的寿命及发光强度均随烧结温度的升高而增大。

郑赣鸿课题组采用旋涂法结合 Pechini 型溶胶-凝胶技术获得了 YVO_4:Eu 发光薄膜[64]。溶胶制备过程与上述方法类似。旋涂法在清洁后的玻璃基片上镀膜过程如下：以 3000r/min 的转速旋转涂敷 20s 成膜；将湿薄膜转入恒温烘箱 10min 后；冷却再次镀膜，重复镀膜 3 次；获得一定厚度的多层薄膜；最后经 500℃煅烧。研究表明，溶胶中聚乙二醇（分子量 6000）的浓度对薄膜致密性、组成颗粒大小以及发光性能均有重要影响，需要精细控制。

发光材料在实际应用时往往需要图案化处理。图案化技术对发光显示屏，尤其是场发射显示屏的分辨率有着很大的影响。因为显示的分辨率取决于发光线的宽度：线宽越窄，分辨率越高。例如一个六英寸的对角彩色超级视频图形适配器含有 800×600 条发光线，而实际要求发光线的宽度要低于 30μm。目前发光显示屏图案化的制备方法大都依赖于传统的光刻技术（photolithography technique），包括电泳沉积法、屏幕印刷法及聚乙烯醇泥浆法等，所需设备的价格昂贵，图案化的线宽也受到光源波长的限制，100nm 的线宽基本已成为其极限。近年来，非光刻的图案化技术引起了人们的广泛关注。非光刻的图案化技术通称为软石印技术（soft lithography technique），是一种利用弹性模板和印花技术来形成微米到亚微米级表面图案和三维结构的方法。软石印技术的优点是价格便宜，无需昂贵复杂的设备和技术，只需一块模板；对衬底形状要求低，可以是非平面衬底；材料选择范围广，可以是非光敏材料；图案化范围广，可以达到 30～500nm。常用的软石印技术包括微触印刷（microcontact printing，μCP）、微转移模塑（microtransfer molding，μTM）和毛细管内微模塑（micromolding in capillaries，MIMIC）等。

早在 2002 年，林君课题组就发表了 YVO_4:Ln（Ln=Eu、Dy、Sm、Er）和 $LaPO_4$:Ln（Ln=Eu、Ce、Tb）荧光粉膜图案化的报道[60, 65]。该报道首先将打印基底石英玻璃片以固定的速度浸渍于对应的溶胶中，完成荧光粉薄膜在基底表面的浸涂；再采用毛细管内微模塑技术实现荧光粉薄膜的图案化，获得个体直径 5～60μm 的直线形阵列图案。随后，它们报道了 YVO_4:Eu、$GdVO_4$:Ln（Ln=Eu、Dy、Sm）和 $CaWO_4$:Ln（Ln=Tb、Eu）荧光粉薄膜在微触印刷和微转移模塑技术处理下呈现有序方块状（个体边长约 20μm）和圆点状（个体直径约 10μm）图案阵列的研究[66-68]。如图 4.8 所示 YVO_4:Eu 图案阵列的打印为例，打印方法为微转移模塑技术。该过程中，打印“墨水”为稀土硝酸盐、偏钒酸铵、柠檬酸、聚乙二醇、水和乙醇组成的黏性 YVO_4:Eu 溶胶前驱体。首先将该“墨水”浇筑在洗净的聚二甲基硅氧烷［poly(dimethylsiloxane)，PDMS］模板具有微观图案结构的一面，随后用另外的 PDMS 薄片刮去多余的前驱体溶液，使模板上的溶液膜平整铺展且轻薄，根据实验需要上述两步过程可以反复操作。随后在匀胶机上对带有薄膜的 PDMS 模板进行匀胶甩干处理（1500r/min），理想情况下，这种旋涂过程中 PDMS 模板凸起处的前驱体溶液将被甩掉，而模板凹陷处的前驱体溶液会保留下来。旋涂过程结束后，立刻将 PDMS 模板附有 $YVO_4:Eu^{3+}$前驱体溶液薄膜的一面与清洗过的石英基黏合，并在 110℃烘箱中固化 4～10h。随后将 PDMS 模板轻轻揭下，这时带有正方形凝胶薄膜点阵的基底制成。基底上点阵的形貌完全反复制模板的微结构，尺寸、大小及点阵间距与 PDMS 模板无异。可以通过光学显微镜观察点阵的微观形貌及其尺寸大小。最终，将基底置于 700℃恒温条件下煅烧处理 3h，基底上的 YVO_4:Eu 前驱体凝胶点阵将结晶成 $YVO_4:Eu^{3+}$纳米晶点阵，稀土发光点阵薄膜制备完成。发光点阵光学显微图像［图 4.8（b）］中，得到的方形 YVO_4:Eu 晶体点阵完美地反向复制了原始 PDMS 模板的微观形貌。微转移模塑技术直接复制的操作特性，决定了形貌上不会有明显变化。但煅烧处理使方形点阵尺寸发生明显收缩，由煅烧前的 22.56±1.37μm 减小为 19.17±2.05μm。另外，煅烧后的方形点阵的个体是由平均尺寸为 179.29±32.71nm 的 YVO_4:Eu 纳米粒子组成，纳米粒子粒径均匀、形貌规整，很好保留了 Pechini 溶胶-凝胶法制备纳米荧光粉的形貌优势。点阵在紫外激发下发射红光，具有良好的光学性质。

另一种打印 YVO_4:Eu 薄膜的图案化方法由 Pechini 型溶胶-凝胶法与喷墨印刷结合，获得的 YVO_4:Eu 阵列附着于铟和锡的复合氧化物薄膜包覆的玻璃片上[69]。

这种打印技术中，通过移动水平平移台改变基质上阵列的排布类型。因此，YVO_4:Eu 阵列既能是圆点排布也可是直线型排布，点的直径和线的宽度均分布在 30～40μm 范围内。

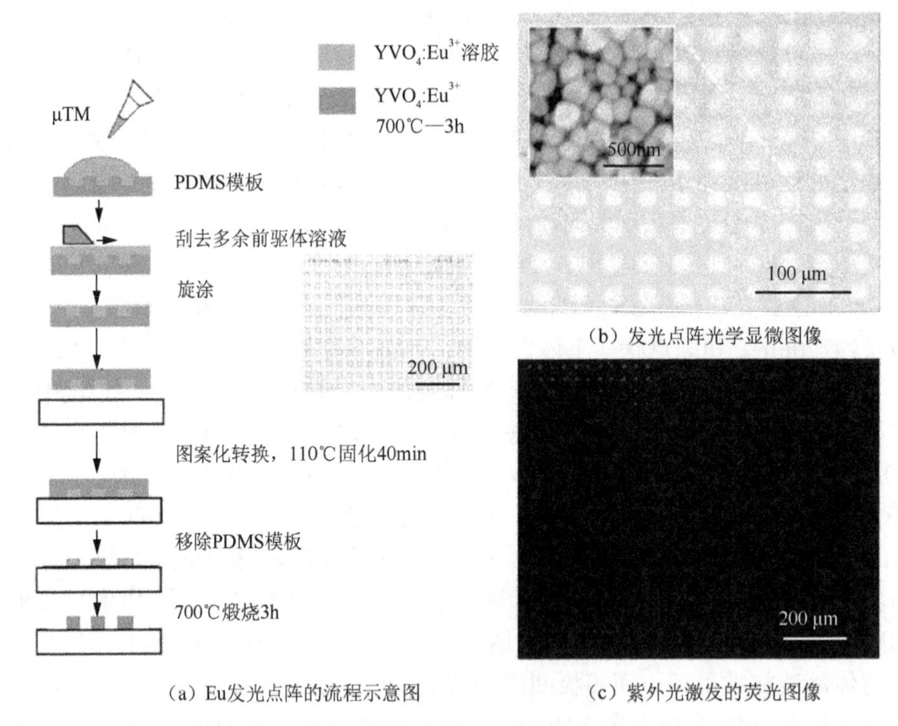

（a）Eu发光点阵的流程示意图

（b）发光点阵光学显微图像

（c）紫外光激发的荧光图像

图 4.8　微转移模塑技术制备 YVO_4

插图为组成发光点阵的 YVO_4:Eu 纳米粒子的 SEM 形貌图[66]

4.2.3　静电纺丝技术制备纤维状荧光粉

纳米纤维是纳米材料的一个重要分支，是指材料在三维空间尺度上有两维处于纳米尺度，而长度较大的管/线状材料，主要包括纳米线、纳米棒、纳米管、纳米丝、纳米带等。纳米纤维最大的特点就是比表面积大，从而导致其活性和表面能的增大，产生表面或界面效应、量子尺寸效应、小尺寸效应、宏观量子隧道效应等，在物理、化学（光、热、电磁等）性质方面表现出特异性。正因如此，一维纳米结构材料的研究已经成为前沿研究领域之一。目前，静电纺丝技术是得到连续不断纳米纤维最重要的一种基本方法。

静电纺丝技术是一种利用聚合物溶液或熔体在强电场中的喷射作用制备超细纤维的新型加工技术，是一种聚合物喷射静电拉伸纺丝的方法。侯智尧在博士论文中对纺丝原理归结如下[70]：

“使聚合物溶液或熔体在电场中带上高压静电，聚合物液滴在电场中受到两种静电作用力，分别是液滴表面电荷间的静电斥力和外部电场的库仑力，在这些静电作用下针头处的球形液滴被逐渐拉长形成带电锥体，也就是我们通常所说的 Taylor 锥。带电的聚合物液滴在电场力的作用下在毛细管的 Taylor 锥顶点被加速，当电场力足够大超过特定临界值时，聚合物液滴克服表面张力形成喷射细流。细流在喷射过程中，拉伸细化，溶剂挥发，丝条固化，最终无序状排列于收集装置上，形成类似无纺布的纤维毡。”

静电纺丝技术自 20 世纪 30 年代开发至今，已经被用于各种无机、有机及其复合物纤维的制备，纤维的直径可在几十纳米到几十微米范围内自由调控。静电纺丝技术在制备一维材料方面具有经济、简单且可以制备连续不断纤维产物的优势，另外用该方法制备出来的超细纤维更具有纤维径细、比表面大、孔隙率高、形貌均一等优点。

发展到现在，静电纺丝技术已经成为一种重要的制备纳米纤维的方法，与多种方法结合可以用于制备无机材料、有机高分子材料和有机–无机复合材料。由于纺丝溶液黏度等因素对静电纺丝技术的影响十分密切，因此过去这项技术仅仅限制于制备有机高聚物纳米纤维。而利用溶胶-凝胶法配制成的溶液作为前驱体也能很好地满足静电纺丝所要求的黏度，进而使静电纺丝法制备纯无机材料变成了可能。

侯智尧在博士论文中详细介绍了静电纺丝设备、制备无机纳米纤维的步骤及影响因素[70]。静电纺丝装置如图 4.9（a）所示，主要包括三个部分：高压静电发生器、带细小喷头的容量管和接收装置。高压静电发生器一般采用交流电源；容量管通常可由玻璃注射器或医用塑料代替，不同内径的毛细管/平头不锈钢注射针头作为细小喷头；注射泵可以用来控制容量管中纺丝溶液的供给速度；接收装置多为铝制或铜制的接地金属板。通常采用静电纺丝方法制备的纤维都排列无序且实心结构。通过对静电纺丝的装置（如接收装置和喷丝嘴）进行改进，不仅可以得到纤维内部为中空的管状和壳 / 核结构材料，而且能够实现纤维的有序排列，从而扩大了静电纺丝纤维的应用范围。

一般来讲，静电纺丝制备无机纳米纤维可以分为以下三个步骤[70]：①配制具有合适黏度的纺丝溶液。一般是在含有无机醇盐或者金属盐的水醇溶液中加入一定量的高分子聚合物（如聚乙烯吡咯烷酮 PVP、聚乙烯醇、聚醋酸乙烯和聚氧化乙烯），搅拌或浓缩若干小时，获得均匀的黏性溶液；②将配制好的纺丝溶液装入带有不锈钢针头（或毛细管）的注射器中，将注射器固定在注射泵上；再将不锈钢注射针头（或毛细管）与高压静电发生器正极相连，铝质接收装置（接地）与负极相连；调节电压、纺丝溶液的流速以及针尖到接收板的距离；然后，在设定好的实验参数下进行静电纺丝，在接收装置上接收前驱体纤维；③将前驱体纤维在所需的温度下煅烧，除去有机物得到所需的无机纳米纤维，制备的无机纤维的直径可以控制在几十到几百纳米之间。

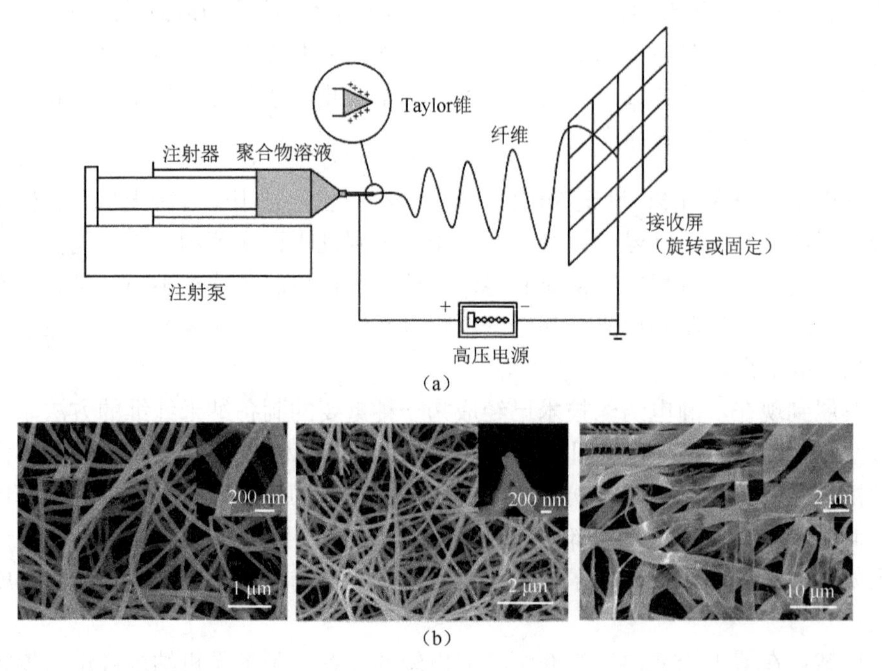

图 4.9　静电纺丝装置示意图和 LaOCl:Eu 纳米线、纳米管和微米带发光粉的 SEM 形貌图[71, 72]

静电纺丝的影响因素有很多，大致可以分为纺丝溶液的性质、纺丝工艺参数和环境参数[70]。这些影响因素和参数很多都没有进行深入细致的研究，但是通过大量的实验结果还是能够总结出其中的影响因素和参数情况。据此，林君课题组发表了一系列关于一维线状、带状和管状镧系离子掺杂的无机化合物的报道。报道中采用的制备方法是溶胶-凝胶辅助的静电纺丝技术，基本过程如下：首先，将聚合物（通常为 PVP）、柠檬酸和无机盐溶解于水和乙醇组成的混合溶液中形成黏稠状溶胶前驱体。聚合物 PVP 的主要作用是控制前驱体溶胶的黏度，同时为一维结构的形成提供模板。再将上述前驱体装入注射泵的注射器中，设定纺丝溶液的流量，然后将高压静电发生器的阳极与注射器的平头针尖相连，阴极与接地的铝制接收装置相连，施加电压使溶液带上高压静电，当电场力足够大时，溶液液滴克服表面张力形成喷射细流，带电的喷射细流不断拉伸细化、劈裂，且随着溶剂的挥发，喷丝固化，最终沉积在接收装置上形成纤维膜，收集前驱纤维样品。经过上述静电纺丝过程，含有无机材料的前驱体在聚合物基质中以连续的溶胶网络形式存在，形成无机组分与 PVP 构成的复合物纤维。最后，将收集到的前驱纤维置于程序升温电阻炉中煅烧，移除柠檬酸和 PVP 等有机组分，获得一维稀土化合物晶体产物。利用上述方法，获得了一维 LaOCl:Ln（Ln=Eu、Sm、Tb、Tm）、$Y(V,P)O_4$:Ln（Ln=Eu、Sm、Dy）、$CaMoO_4$:Ln（Ln=Eu、Tb、Dy）、$Tb_2(WO_4)_3$:Eu、$CaWO_4$:Tb 和 Lu_2O_3:Eu 等纳米线、纳米管或纳米带稀土荧光材料，图 4.9 给出了该类产品的典型形貌特征[72-77]。另外，静电纺丝法制备的一维产品形貌受实验条件的影响，如金属离子和水的摩尔比、水和乙醇的体积比、PVP 添加量、纺丝速度和电压等。

以 LaOCl:Ln（Ln=Eu、Sm、Tb、Tm）纳米纤维为例，前驱体溶液与上述溶胶-凝胶法类似[72]。静电纺丝设备如图 4.9（a）所示，具体纺丝过程及参数设置如下：将喷丝头（或称为金属针头）与接地收集器的距离固定在 15cm，高压维持在 12kV。利用注射泵控制纺丝速率为 0.5mL/h。纺丝结束后，收集器得到的 LaOCl:Ln 前驱体样品在空气中高温（300～900℃）煅烧 4h，升温速率为 1℃/min。煅烧后，一维 LaOCl:Ln 发光粉产物的形貌并不完全一致，包括纳米线、纳米管和微米带［图 4.9（b）］。SEM 形貌研究表明，纺丝后获得的 LaOCl:Eu 前驱体纤维产物十分均匀，表面光滑，直径为 300～400nm。900℃煅烧 4h 后，由于 PVP 的分解以及 LaOCl 的结晶化，使得纤维表面粗糙，同时，纤维的半径收缩至 100～200nm，但纤维状形貌依然保持良好。该研究中，形貌影响因素主要包括无机盐比例（即金属离子与水的摩尔比）、醇水体积比和纺丝参数（主要是溶液流速和外加电压）。例如，金属离子与水的摩尔比（1∶5）和醇水体积比（1∶4）均保持一致时，溶液流速从 1.0mL/h 减小为 0.75mL/h，同时外加电压从 15kV 减小为 10kV 后，形成的 LaOCl:Eu 产物形貌则从纳米管转变为微米带。利用电纺丝技术时，改变聚合物类型、聚合物分子链的构型、电导率、表面张力和操作条件可以获得具有不同横截面的纤维结构。在一定条件下可以获得管状或带状特殊形貌，如特定的无机化合物/PVP 比例、快速蒸发水分以及煅烧除去 PVP。管的形成过程与陶瓷粉末的喷雾干燥类似。随着煅烧温度的提高，PVP 变得黏稠，纤维被塑化。在 PVP 分解过程中释放出一氧化碳和其他气体。残余的溶液，如乙醇和水，也被蒸发掉，纤维上出现气泡。是否能够形成空心结构取决于纤维的组成、蒸发速率和气体扩散速率。如果纤维内的气体蒸发速率快于气体的扩散速率，同时纤维内部的压力高于外部压力，则导致空心纤维形成。而带状形貌的形成可能是由于液面的表层（源于溶液的快速蒸发）及其后续塌陷引起的。此外，较高的溶液流速通常会导致较厚的纤维形成，并且这些不完全干燥的纤维在到达收集器之前也可能变成横截面为矩形的带状结构。

综上，溶胶-凝胶法制备纳米粒子时获得的产品通常具有不规则球形形貌、较宽的尺寸分布范围和一定程度的团聚。但该法易于和软石印技术及静电纺丝技术相结合，因此适于制备特殊形态的稀土荧光材料，如薄膜、图案和纤维荧光粉。

另外，由于无机溶胶-凝胶的网络结构的包容性、化学稳定性、光学透明性、弹性，以及刚性和可塑性，还可以采用凝胶浸渍法、原位合成法和预先掺杂法等，将各种稀土配合物、稀土离子掺杂其中，构成具有光学活性的杂化聚合物材料[5]。此外，溶胶-凝胶法还存在下述问题[3]：①某些原料价格比较昂贵，甚至为有机物，对健康和环境有害；②凝胶中存在大量微孔，在干燥过程中又将除去许多有机物、气体，故干燥时产生收缩；③整个溶胶-凝胶过程所需时间很长，常需要以周、月计；④工序繁琐，不易控制。

4.3 水热/溶剂热法

20 世纪 90 年代中期，科研工作者开始利用另一种著名的软化学途径——水热/溶剂热法制备各种纳米功能材料，因为其具有合成温度低、条件温和、含氧量小、缺陷不明显、体系稳定等优点。所谓水热/溶剂热法，是指在密闭体系中，以水溶液/有机溶液（或非水溶媒）为介质，加热至一定的温度时，在溶液自身产生的压强下，体系中的物质进行化学反应，产生新的物相或新的物质[5]。基本原理如下：密封于容器中的反应物以及溶剂在加热条件下将产生一种高压环境，该环境可提高几乎所有固体反应物在溶液中的溶解度和反应活性，也可以使物质中离子之间迁移扩散速度加快，进而加快了反应速度，因此可以使常压加热条件下难以发生的反应在水热/溶剂热条件下可以进行。另外，密封的环境使得整个反应体系的温度可以达到溶剂的临界点以上，利用作为反应介质的水溶液/有机溶液在近临界、亚临界或超临界状态下的性质，突破了传统液相法中溶剂沸点的限制。而反应体系处于亚临界和超临界水热/溶剂热条件下时，反应将处于分子水平，反应性大大提高，因而水热/溶剂热反应可以替代某些高温固相反应，并能生成具有介稳态结构的材料。这些特点使得水热/溶剂热法在设计和制备高质量无机功能材料方面显得十分简单和高效。

溶剂热法与水热法的区别在于前者使用的溶剂为有机物，后者为水。水热/溶剂热法按反应温度的高低分为三类[5]。

（1）低温水热/溶剂热法：操作温度在 100℃以下。

（2）中温水热/溶剂热法：操作温度在 100～300℃，一般发生亚临界反应。

（3）高温水热/溶剂热法：操作温度可以高达 1000℃，压力高达 0.3GPa，可发生超临界反应。

目前，发光材料的制备反应多半是在低温和中温水热/溶剂热条件下进行的。这种比较缓和的化学反应特别利于制备纳米级和亚微米级纯度高、结晶度高、分散性好、形貌规整、粒度均一、含氧量低的发光材料粉体。

通常，水热/溶剂热反应是在反应釜这种特殊的反应容器中进行的，反应釜主要由聚四氟乙烯内衬、不锈钢金属外壳和不锈钢金属上盖组成的，如图 4.10 所示。这种反应釜具有密闭功能，可以为反应体系提供高压反应环境，此外还具有以下特点：①内有聚四氟乙烯衬套，双层护理，可耐酸、碱，抗腐蚀性好；②避免组分挥发，有利于提高产物的纯度；同时无有害物质溢出，减少污染，使用安全，保护环境；③升温、升压后，能快速无损失地溶解在常规条件下难以溶解的试样及具有挥发性的试样；④结构合理，操作简单，缩短分析时间，数据可靠。

图 4.10 实验室用聚四氟乙烯反应釜照片

综上，水热/溶剂热合成法有以下特点[3]：

（1）由于在水热条件下反应物活性的提高、反应性能的改变，水热/溶剂热合成方法有可能替代固相反应以及难以进行的合成反应，并产生一系列新的合成方法；

（2）由于在水热/溶剂热条件下，介稳态、中间态以及特殊物相易于生成，因此能合成与开发一系列特种凝聚态、特种介稳结构的新合成产物；

（3）能够使高蒸气压且不能在熔体中生成的物质、低熔点化合物、高温分解相在水热/溶剂热的低温条件下晶化生成；

（4）水热/溶剂热的等压、低温、溶液条件，有利于生长取向好、缺陷少、晶形完美的晶体，且合成产物结晶度高，易于控制产物晶体粒度；

（5）易于调节水热/溶剂热条件下的环境气氛，有利于中间价态、低价态与特殊价态化合物的生成，并能均匀地进行掺杂。

因为水热/溶剂热法特殊的反应环境，其应用时的限制因素相对较少，除了一些可以分解或者释放大量气体而导致密封反应釜爆炸的物质以外，可用的反应物和溶剂基本没有其他限制条件，选择范围极其广泛。制备稀土材料时，溶剂热反应体系一般包括反应物前驱体、反应溶剂及有机添加剂三大组分。

（1）反应物前驱体。

稀土前驱体主要是简单的稀土硝酸盐或者是氯化物。制备稀土氟化物的氟源通常选取 HF、NH_4F、NaF 和 $NaBF_4$。另外，Na_3PO_4/$(NH_4)_2HPO_4$/$(NH_4)H_2PO_4$、

$Na_3VO_4/(NH_4)_3VO_4$、$Na_2MoO_4/(NH_4)_2MoO_4$、Na_2WO_4 和 HBO_3 等化合物则被用来提供各种酸根离子以制备稀土磷酸盐、钒酸盐、钼酸盐、钨酸盐以及硼酸盐等。

（2）反应溶剂。

反应溶剂选取方面，最常用的是水、乙醇和乙二醇等简单亲水无机/有机溶剂。2005 年，李亚栋课题组开始将油酸、油胺等亲油有机溶剂引入溶剂热合成，开启了溶剂热法制备高质量亲油纳米晶的新路径，极大丰富了溶剂热法的选材和产物结构/表面性质[78]。因为反应溶剂的物理和化学性质影响溶解其中的反应物前驱体的反应活性、溶解度和扩散能力，所以合理地使用溶剂有益于对样品形貌和尺寸的调控。例如，乙醇中 RE^{3+}和 F^-溶解性较低，而乙二醇具有较高的黏性可以调节溶液中离子的扩散速度，均被证明可有效降低纳米粒子的成核及生长速度[79]。此外，水作为一种广泛使用的绿色清洁无机溶剂，当在溶剂热反应中被用作反应溶剂时，则是经典的水热合成法。水热法具有其他溶剂热法不具备的诸多优点，如低成本、溶剂无毒性、易于操作以及可批量生产。但是，作为反应溶剂，水较低的沸点（100℃）一定程度上限制了水热法更广泛的应用。水热/溶剂热法是合成各种稀土化合物最为简便的方法。

（3）有机添加剂。

大量文献已经证实，溶剂热合成过程中，添加合适的有机添加剂是精确调整产物形貌和尺寸最高效也最直接的方法。有机添加剂分为亲水有机添加剂和疏水有机添加剂两种。首先，对于亲水有机添加剂，加入反应体系后亲水配体将会和金属离子发生配位作用，形成络合物，影响了溶剂中实际存在的自由离子浓度，进而影响了反应物单体的浓度和生长动力学。另外，亲水/疏水配体会选择性吸附在晶核微粒的不同晶面上，能够抑制或促进该晶面的生长，进而控制产物形貌。

下面将分别对无表面活性剂辅助、亲水基配体辅助和疏水基配体辅助的溶剂热体系中样品的可控合成过程进行细致的阐述。

4.3.1 无表面活性剂辅助的水热/溶剂热合成

水热/溶剂热合成体系中最简单的一类仅需添加生成产物必须的反应物，利用体系的高压、中温环境加速反应进行，反应过程没有任何有机添加剂或模板剂参与。这种简单的反应过程非常适合制备一维纳米线、纳米棒和纳米管材料，例如一维稀土氢氧化物纳米材料的成功制备，典型方法如下：将一定量的稀土离子（RE^{3+}）与 NaOH、KOH 或 $NH_3 \cdot H_2O$ 等碱溶液混合，通过调整反应体系的 pH、反应体系温度和反应时间对一维产物的形貌进行简单调控[80-85]。反应体系中，水分子除了充当反应溶剂，它的强极性极有可能对一维结构的定向生长起到促进作用。李亚栋课题组利用 NaOH 或 KOH 作为沉淀剂在 180℃的水热环境中获得了

$RE(OH)_3$（RE=Y、La、Nd、Sm～Tm）纳米线材料；当反应温度降到 120～140℃时，$RE(OH)_3$（RE=Y、La～Yb）产物的形貌将转变为纳米管[80, 84-85]。具体制备方法如下：首先，将 0.4g 的稀土氧化物 RE_2O_3 溶解到浓硝酸溶液中，使用 10%的 NaOH 或 KOH 溶液将硝酸盐溶液的 pH 迅速调节至 6～13，可立即获得 $RE(OH)_3$ 的白色胶状混合物。搅拌 10min 后，将白色胶状混合物转入 50mL 水热釜中，添加去离子水至反应釜体积的 80%，密封反应釜后，置于一定反应温度下加热 12h。稀土氢氧化物纳米线/纳米管作为前驱体经过简单的煅烧、氟化和硫化处理可以获得更利于发光和应用的稀土氧化物、氟氧化物和硫氧化物等结晶度较高的产品，最重要的是，上述产品能够继承前驱体的一维结构和基本形貌[80]。

另外，水热/溶剂热法提供的高压环境将加快反应速度，尤其是常压下难于发生或反应速度很慢的化学反应，据此制备新型稀土纳米材料。例如，将硝酸镥和氨水稀溶液置于反应釜中加热，通过控制反应温度和时间等条件，可制备 $Lu_4(OH)_9(NO_3)$纳米线材料[86-88]。与此法类似，将另一种碱源三乙胺添加到硝酸钇溶液中，水热条件下可制备得到 $Y_4O(OH)_9NO_3$ 纳米片材料[89]。该体系额外添加乙二醇溶液，$Y_4O(OH)_9NO_3$ 纳米片将发生卷曲形成纳米管/纳米束。

无表面活性剂辅助的水热/溶剂热合成法还可制备形貌多变的其他稀土材料。例如，严纯华和 Zink 两课题组均有制备 CeO_2 纳米多面体、纳米棒和纳米管的报道，它们使用的反应物均为简单的盐和碱类，促使 Ce^{3+}和 NaOH(或 Na_3PO_4)在水热条件下发生反应[90, 91]。另外，稀土硼酸盐、磷酸盐和钼酸盐也能够利用 RE^{3+}和对应的酸根离子的水热反应获得。林君等[92]通过添加乙二醇的方式将团聚的 $LaPO_4$:Ce,Tb 纳米棒转变为 1.5μm 的微米粒子产物。研究结果表明，乙二醇溶剂能够对样品的形貌产生重大影响。这种影响对花状 $NaLa(MoO_4)_2$ 微米粒子到梭状纳米棒的转变过程也起到了决定作用[93]。无表面活性剂辅助的水热/溶剂热合成，能够调节的反应条件除了反应物浓度和溶剂外，反应温度的调控尤为重要。Gacoin 课题组在制备 $LaPO_4$ 纳米棒时，将反应物混合的起始温度设定为 0℃，降低了反应物的浓度，进而限制了初始晶粒的团聚程度，极大提高了产物的分散性[94]。林君课题组还通过 RE^{3+}和 BO_3^{3-} 先驱溶液的沉淀反应制备了 $LuBO_3$:Eu 和 $TbBO_3$:Eu 花状三维结构微米产物，粒径可在 5～50μm 范围内调变[95, 96]。

尽管上述简单的水热/溶剂热法成功制备了某些稀土纳米/微米材料，然而产物的形貌比较单调且不易实现精确控制。因此，水热转换法和多元醇法应运而生，一定程度上缓解了无表面活性剂辅助的水热/溶剂热合成法的缺点。

（1）水热转换法。

水热转换法主要利用具有均匀形貌的 $RE(OH)_3$、RE_2O_3 或 $RE(OH)CO_3$ 等微/纳米材料作为母板制备能够保持母板形貌或形成空心结构的微/纳米产物，主要依据是母板的化学转换反应。产物形成过程中，母板材料一方面为制备产物提供稀土离子，另一方面被用作物理模板为产物的形貌提供模具。因此，产物的尺寸和形貌由母板决定。例如，林君课题组使用一维 $RE(OH)_3$ 纳米线/纳米棒作为母板在 HF 和 NaF 的稀溶液中水热合成了一系列 β-$NaREF_4$（RE=Sm～Ho、Y）纳米线/纳米棒材料[97, 98]。如图 4.11（a）和（b）所示，β-$NaYF_4$ 纳米棒的制备方法分为两步。步骤一，利用水热法制备 $Y(OH)_3$ 纳米线/纳米棒：将一定量氯化钇溶解到 30mL 去离子水中形成透明水溶液；在剧烈搅拌条件下，将浓度为 10%的 NaOH 溶液滴加其中，直至溶液 pH 为 14；继续搅拌 1h，转入反应釜中密闭反应 12h，反应温度为 180℃。步骤二，以 $Y(OH)_3$ 纳米线/纳米棒为前驱体，利用水热法获得 β-$NaYF_4$ 纳米线/纳米棒：将 1mmol NaF 和 0.7mL HF（40%）溶解到 35mL 去离子水中搅拌均匀，再添加 0.32g $Y(OH)_3$ 纳米线/纳米棒前驱体，搅拌 1h 后，转入反应釜中密闭反应 12h，反应温度为 180℃，产物经离心、洗涤、干燥即可获得最终产品。合成机制为原位离子交换反应。以 $RE(OH)_3$ 母板和 HF 反应生成 β-$NaYF_4$ 为例，当 HF 扩散到 $RE(OH)_3$ 纳米线/纳米棒内部时，F^- 替换 OH^- 的同时，在热力学驱动力的影响下与 Na^+ 发生化学反应生成稳定性更高的 β-$NaREF_4$ 晶相，因此这种原位过程保证了产物能够完全保持母板形貌。与此类似，赵东元教授报道了以 $Ln(OH)_3$（Ln=Pr、Sm、Gd～Dy、Er）纳米管为母板制备 β-$NaLnF_4$ 纳米管的研究[83]。此外，还有研究利用 $Lu_4O(OH)_9(NO_3)$ 纳米线和 $Gd(OH)_3$ 纳米棒作为母板合成了形貌均匀的 $NaLuF_4$ 纳米线和 $GdVO_4$ 纳米棒产物[88, 99]。

实现上述原位离子交换反应的基本前提是母板材料与目标产物需要具备相似的晶格结构，例如六方相 $RE(OH)_3$ 和材料 β-$NaREF_4$。如果母板材料与目标产物的晶格结构不匹配，目标产物的结构将会发生巨大变化，因为此时生成目标产物的机理转变为“溶解−再结晶”机制。“溶解−再结晶”过程中，母板材料逐渐溶解到溶剂中，再与其他反应物发生化学反应生成新晶相目标产物。例如，林君课题组和张洪杰课题组使用 $RE(OH)_3$ 纳米线/纳米棒作为母板，尽管选用与上段相似的合成路线，但制备的 $REBO_3$（RE=La、Nd、Sm～Dy、Lu、Y、Sc）产物不但尺寸增大到微米级，而且形貌变为盘状/花状，如图 4.11（b）～（d）所示[88, 97, 100, 101]。此外，采用 $Y(OH)CO_3$:Eu 纳米粒子和 $Lu_4O(OH)_9(NO_3)$ 纳米线作为母板制备 $NaY(WO_4)_2$:Eu 花状微米结构和 $LuVO_4$ 八面体微米结构的报道也是“溶解−再结晶”机制的有力证明[87, 102]。

水热转换法还是制备空心/核壳纳米结构的通用方法。林君课题组设计了一种制备核壳结构 $Yb(OH)CO_3$@$YbPO_4$ 中空球的简单方法，即利用 $Yb(OH)CO_3$ 纳米球作为母板、$NH_4H_2PO_4$ 作为磷源、在水热条件下发生反应[103]。产物形貌及相组成随反应时间变化结果，如图 4.11（e）所示，这种核材料逐渐溶解、扩散到核表面后继续反应生成周边壳材料的反应过程表明核壳结构 $Yb(OH)CO_3$@$YbPO_4$ 中空球的形成机制可归结为柯肯达尔效应（Kirkendall effect）[104, 105]。发生柯肯达尔效应

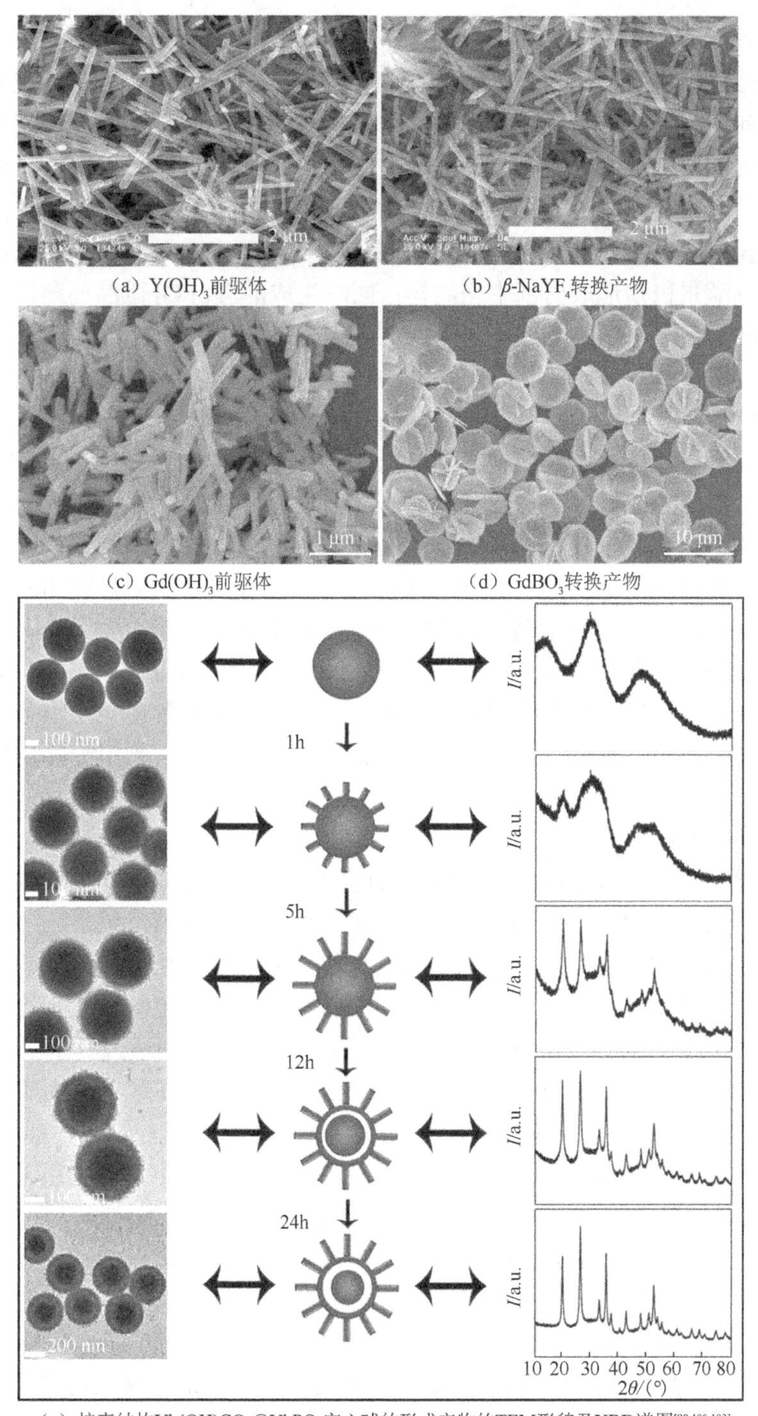

（a）$Y(OH)_3$前驱体（b）β-$NaYF_4$转换产物

（c）$Gd(OH)_3$前驱体（d）$GdBO_3$转换产物

（e）核壳结构$Yb(OH)CO_3$@$YbPO_4$空心球的形成产物的TEM形貌及XRD谱图[98,100,103]

图 4.11　水热转换法制备的稀土微/纳米粒子的 SEM 形貌和形成机制示意图

的基础是不同种类原子或离子扩散速率差异，以 $Yb(OH)CO_3@YbPO_4$ 中空球的制备为例：首先，$NH_4H_2PO_4$ 水解产生 H^+；H^+扩散到 $Yb(OH)CO_3$ 核材料表面，并与之发生中和反应 $3H^++Yb(OH)CO_3 \longleftrightarrow Yb^{3+}+2H_2O+CO_2$ 生成 Yb^{3+}；Yb^{3+}与 PO_4^{3-} 立即发生沉淀反应生成 $YbPO_4$ 薄壳沉积在 $Yb(OH)CO_3$ 核表面；因为核材料生成的 Yb^{3+}向外扩散速度比溶液中的 PO_4^{3-}向内扩散速度快，导致 $YbPO_4$ 薄壳内侧到外侧离子净流量的存在；随着离子向外扩散量的增多，薄壳表面形成辅助空位向内移动，空位逐渐累积则形成内部中空结构；同时生成的 $YbPO_4$ 微晶逐渐沉积到最初产生的 $YbPO_4$ 薄壳表面，最终获得中空结构材料，基本过程如图 4.11（e）所示。上述合成方法在利用 Y_2O_3 纳米球为母板制备 α-$NaYF_4$ 中空纳米球的报道中同样得到了证实[106, 107]。

这种前驱体或母板辅助的软化学方法，也被称为前驱体法（或初产物法）。基本思路是：首先通过精准的分子设计合成出具有预期组分、化学性质和结构的母板或前驱体；再在软环境下对前驱体或母板进行处理，进而得到预期的材料，其关键在于前驱体分子或母板的设计与制备。金属碳酸盐、氢氧化物和碱式碳酸盐等均是比较有用的前驱体或母板材料，可用于制备化学组分高度均匀的氧化物、氟化物和含氧酸盐等固溶体系。另外，因为很多金属碳酸盐都是同构的，如钙、铁、钴、镁、镉、锌、锰等均具有方解石结构，故可先制备出一定组分的复合金属碳酸盐，通过重结晶法，再经过较低温的热处理，最后得到组分均匀的复合金属氟化物、含氧酸盐、氧化物等固溶体[1]。

（2）多元醇法。

多元醇法（polyol method）是指在具有多价态及高沸点的多醇溶剂中，加热适当前驱体，而得到相应产物的方法。所谓多元醇，是指包括一缩二乙二醇（沸点246℃）、乙二醇和丙三醇等高沸点且水溶性极好的多羟基化合物。反应过程中，多元醇不但充当了反应介质，还起到了限制粒径生长和稳定粒子在水溶液中稳定性的盖帽配位体（capping ligand）作用。该法操作简单，特别适合制备粒径为 30～200nm 的球形粒子。目前，已经采用多元醇法成功制备了 α-$NaYF_4$:Yb,Er、$NH_4Y_3F_{10}$、YF_3:Yb,Er 和 CeF_3:Tb 等纳米粒子[108-111]。

2008 年，陈德朴课题组对多元醇法进行了修饰，将溶剂热处理引入制备过程中，成功获得了粒径为 10～30nm 的 α/β-$NaYF_4$:Yb,Er/Tm 纳米粒子[112]。该体系中，反应物为 RE^{3+}和 NaF/NH_4F 等简单盐类，溶剂为各种多元醇。方法简述如下：将 NaF 和一定量多元醇置于三口烧瓶中，强烈搅拌，同时三口烧瓶连接回流冷凝器。熔盐浴加热至不同温度，如乙二醇体系加热至 160℃、一缩二乙二醇体系加热至200℃、丙三醇体系加热至 260℃。将溶解有化学计量比稀土氯化物的同种多元醇溶液注入上述体系，继续搅拌 2～6h 后，离心洗涤。上述多元醇法获得的产品重新分散于多元醇，转入水热釜中，200℃反应 24～144h，得到的产物为最终产品。

陈德朴课题组发现，溶剂热处理能够操控 $NaYF_4$:Yb,Er/Tm 纳米粒子从 α 相到 β 相的转变，而且这种相变过程受多醇种类和溶剂热时间影响巨大。另外，使用一缩二乙二醇作为溶剂制备的纳米粒子粒径比使用乙二醇和丙三醇作为溶剂制备的纳米粒子小，因为吸附在纳米粒子表面的一缩二乙二醇体积较大，造成了更大的空间位阻，减少了原始晶核周围的反应物量，因此导致获得的纳米粒子粒径较小。

宋宏伟课题组对上述溶剂热辅助的多元醇法进行了改进，一方面，引入矿化剂 $NaNO_3$，利于不稳定产物到稳定晶相的转变；另一方面，简化了处理步骤，只需将稀土盐、氟源和多元醇在室温混合均匀，然后直接转入反应釜中进行溶剂热处理，180℃反应 24h 后即可获得 LaF_3 六边形纳米盘和 α-$NaYF_4$ 纳米立方体[113, 114]。

4.3.2 亲水基配体辅助的水热/溶剂热合成

尽管上述无表面活性剂辅助的水热/溶剂热合成法在某些材料的制备和形貌控制方面取得了一定的成果，但难于实现产物形貌和尺寸的精确控制。为了更精准地控制产物的形貌、尺寸和分散性，在水热/溶剂热反应过程中添加有机添加剂的方法已经得到广泛研究和普遍认可。更重要的是，亲水性有机配体能够附着于产物表面，一定程度上抑制了粒子的团聚，提高了产物在水溶液中的分散性，有些配体甚至能够担当桥梁的角色将生物应用需要的生物分子直接功能化于产物粒子表面。目前，用于控制稀土纳米粒子相和形貌的亲水性有机添加剂已经得到了细致研究，包括柠檬酸盐（citrate acid，Cit^{3-}）、乙二胺四乙酸（ethylenediaminetetraacetic acid，EDTA）、聚乙烯吡咯烷酮（polyvinyl pyrrolidone，PVP）、十六烷基三甲基溴化铵（cetyltrimethylammonuim bromide，CTAB）、聚乙烯亚胺［poly(ethylene imine)，PEI］、聚丙烯酸［poly(acrylic acid)，PAA］、次膦酸基聚丙烯酸［phosphino-polyacrylic acid，P-PAA］和乙醇胺磷酸酯（2-aminoethyl dihydrogen phosphate，AEP）等。亲水性有机添加剂参与的水热/溶剂热法制备的产物能够分散在水溶液中，且分散性较好。本节中，为了澄清亲水配体对水热/溶剂热反应的影响，我们将对添加剂种类进行简单分类，进而对其产生的亲水配体的功能进行归纳总结。

（1）螯合剂 Cit^{3-}和 EDTA。

螯合剂（chelating agent)是一种含有两个或两个以上配位体的络合剂，能够与金属离子或含有金属离子的化合物以配位键结合形成螯合物（具有环状结构的络合物）。由于螯合剂的成环作用，形成的螯合物比组成和结构相近的非螯合配位化合物的稳定性高，即螯合剂的络合能力强。在化学工业和工业生产过程中，加入络合剂使金属离子生成性质完全不同的络合物，是降低和控制金属离子浓度的主要方法。因此，螯合剂常被添加于水热/溶剂热反应体系中，用于降低粒径尺寸、阻止粒子团聚和控制产品形貌。

柠檬酸盐（citrate acid，Cit^{3-}）是一种具有强络合能力的多配位基螯合剂，拥有四个配位体，包括三个羧酸根离子和一个羟基基团。与稀土离子 RE^{3+}共同混合于水溶液中时，四个配位体中的三个与稀土离子发生螯合作用生成螯合物 RE^{3+}–Cit^{3-}，结构如图 4.12（a）所示[115, 116]。林君课题组对此进行了深入研究，它们发现利用水热/溶剂热法制备 $NaREF_4$（RE=Y、Yb、Gd、Lu）和 LnF_3（Ln=La～Lu）两类稀土荧光粉时，调整反应体系中的 Cit^{3-}添加量、pH 和氟源种类等参数能够实现对产物晶相、形状和尺寸的系统调控[117-125]。以 β-$NaYF_4$:Tb 微米棱柱的制备为例，制备方法如下：量取 9.5mL 浓度为 0.2mol/L 的氯化钇溶液和 1.0mL 浓度为 0.1mol/L 的氯化铽溶液，添加到含有 2mmol 柠檬酸钠的 20mL 水溶液中，形成稀土金属的柠檬酸盐螯合物，溶液中柠檬酸根离子和稀土离子的摩尔比为 1∶1；剧烈搅拌 30min 后，添加溶解有 1.05g 氟化钠的水溶液 30mL；获得的混合溶液转入反应釜中，置于 180℃温度下反应 24h；离心、洗涤、干燥后即可获得预期产品[119]。Cit^{3-}的螯合效应和结构导向作用对产物形貌演变起到了关键作用。如图 4.12（b）所示，随着 Cit^{3-}/RE^{3+}摩尔比的逐渐增加，棱柱产物的宽高比和尺寸随之降低。一方面，根据 LaMer 模型（LaMer's model），RE^{3+}-Cit^{3-}螯合物的形成降低了原始反应溶液中自由 RE^{3+}的浓度，在动力学角度上降低了 $NaYF_4$ 晶体的成核和生长速度[126]。另一方面，Cit^{3-}与晶体不同晶面的选择性结合作用直接影响了各晶面在各自取向上的生长速率，如图 4.12（b）所示案例中，抑制了棱柱产物沿着侧棱[0001]方向的生长。Cit^{3-}对 $NaYF_4$ 晶体形貌变化影响的确切机理可根据晶体生长过程的动力学来解释。在过去的几十年里，众多科研工作者对六角柱晶体的生长机理进行了探索。Laudise 课题组指出晶体的生长与不同晶面的相对生长速率有关，各种晶面生长速率的差异导致了不同晶体形貌的形成[127]。Mann 发现晶胞对称性决定着晶面之间的空间关系，然而沿不同晶体方向的相对生长速率决定了它们的选择性。通常，垂直于最快生长方向的晶面具有较小的表面积，因此较慢生长速率的晶面决定了产物的形貌[128]。对于 β-$NaYF_4$ 六棱柱，$\{10\bar{1}0\}$和$\{0001\}$晶面的表面能最低，而前者的面积大于后者。在棱柱生长条件下，$\{10\bar{1}0\}$晶面的表面能低于$\{0001\}$晶面，因此不同晶面的生长速率顺序如下：$v(0001) > v(10\bar{1}0) > v(000\bar{1})$[129]。不添加 Cit^{3-}时，晶体主要沿着[0001]方向生长，结果形成不规则的形貌，平均长度约 7.5μm；反应体系中加入 Cit^{3-}后，产生了均匀的六角微柱，其平均直径是 3.3μm，而高度大幅度减小到 2.2μm，最终形成六角柱结构。生成 β-$NaYF_4$ 微米棱柱时，最优 Cit^{3-}/RE^{3+}摩尔比在 1～4。由此可知，Cit^{3-}具有抑制晶体沿[0001]取向纵向生长、同时促进晶体沿$[10\bar{1}0]$取向横向生长的作用，但对前者的影响程度远大于后者。

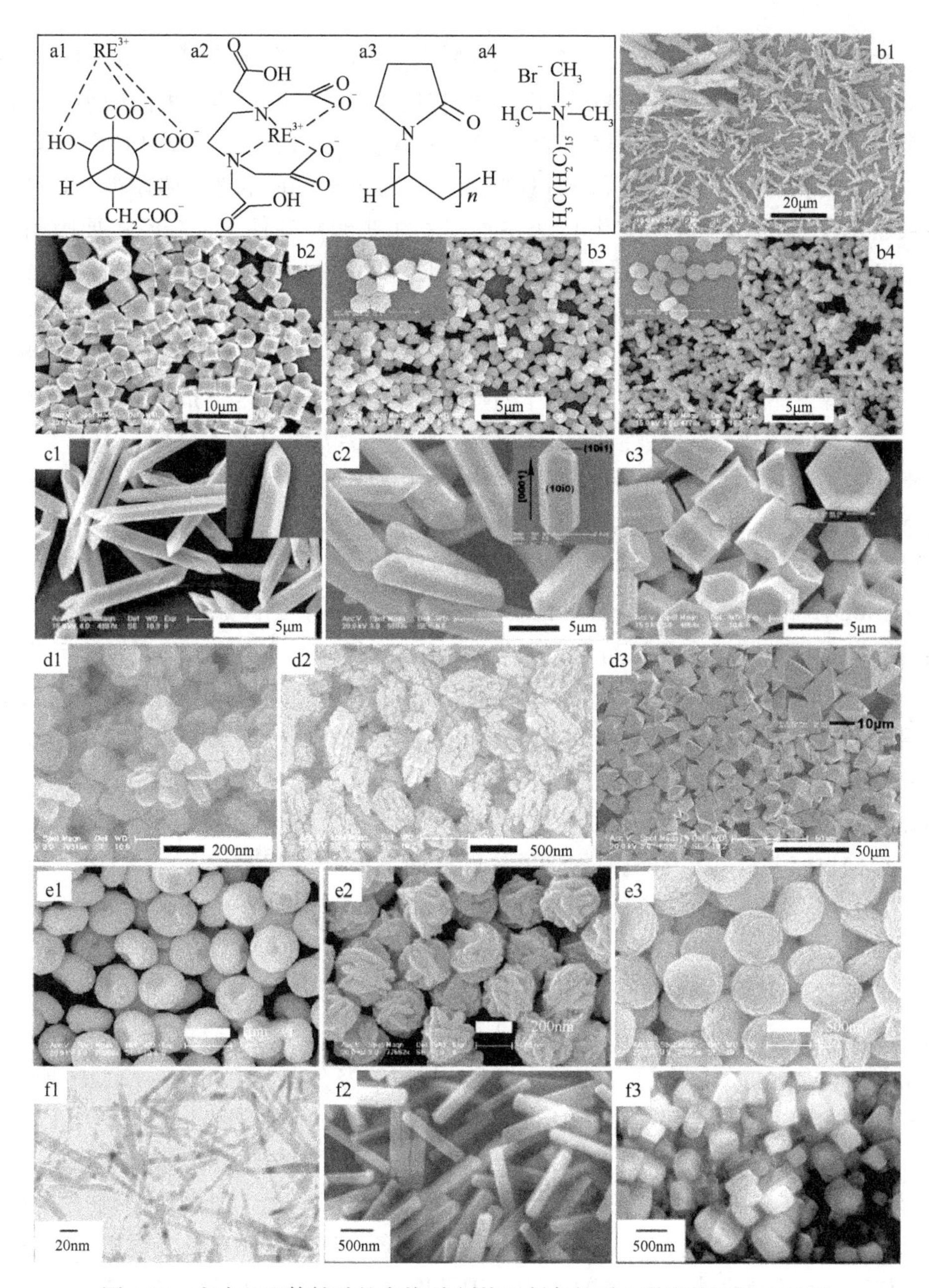

图 4.12　亲水基配体辅助的水热/溶剂热法制备的稀土微米粒子的 SEM 和 TEM 形貌和几种表面活性剂的结构示意图

（a1～a4）RE^{3+}–Cit^{3-}、RE^{3+}–EDTA、PVP、CTAB；（b1～b4）β-$NaYF_4$:Tb，Cit^{3-}/RE^{3+}摩尔比：0、1、2、4，180℃，24h；（c1～c3）$NaYF_4$，pH：3、7、10，氟源 NH_4F，180℃，24h，Cit^{3-}:Y^{3+}=1∶1；（d1～d3）强酸环境制备的 SmF_3、TbF_3、LuF_3；（e1）YVO_4，钒源 Na_3VO_4；（e2）YVO_4，钒源 NH_4VO_3；（e3）$GdVO_4$，钒源 NH_4VO_3；（f1）$CeVO_4$，180℃，EDTA/Ce=1；（f2）$CeVO_4$，180℃，EDTA/Ce=3；（f3）$CeVO_4$，220℃，EDTA/Ce=3[117, 119, 122, 131-133]

此外，反应体系的 pH 对 Cit^{3-}的结构导向作用具有重要影响[117, 130]。如图 4.12（c）所示，$NaYF_4$（或 $NaLuF_4$）微粒的宽高比和尺寸均随着 pH 的增大而减小，一方面因为反应体系中 pH 降低，增多的 H^+将会消耗更多的 Cit^{3-}结合成 H_xCit^{x-3}，降低了体系的螯合能力。另一方面，pH 影响了 Cit^{3-}在不同晶面的选择吸附能力，结果导致了沿不同晶体学方向的生长速率不同。如在碱性条件下，Cit^{3-}主要吸附在{0001}晶面，同时降低了该晶面的能量，也限制了晶体沿[0001]方向自由生长的速率，从而促进了侧面生长，最终形成 2D 六角柱形貌。

除了对 $NaREF_4$ 系列晶体的研究，林君课题组还探索了 LnF_3（Ln=La～Lu）微米晶体的制备条件，它们发现以 $NaBF_4$ 为氟源、Cit^{3-}辅助的水热/溶剂热反应体系中生成 LnF_3 的必要条件是强酸性（pH=1）环境，典型形貌如图 4.12（d）所示[120, 122, 123]。通常而言，制备镧系氟化物时，基质晶格 Ln-F 易于吸收 Na^+生成 $NaLnF_4$。然而，在强酸性环境中，$NaBF_4$ 的缓慢水解受到严重抑制，导致反应体系中 F^-的浓度非常低，因此形成 LnF_3 晶体。作为上述工作的扩展，林君等进一步合成了 YPO_4、$NaY(MoO_4)_2$ 和 $REVO_4$（RE=La～Lu、Y）晶体，并利用 Cit^{3-}添加剂的螯合效应和结构导向作用控制了产品的晶相和形状。对于 $REVO_4$ 晶体产物，如果稀土元素为 Eu～Lu 和 Y，逐渐增加 Cit^{3-}用量可将产品形貌由不规则纳米粒子调整为均匀的微米盘状产物；如果稀土元素为 La～Nd 和 Sm，产品将保持不规则纳米粒子形貌，因为竞争反应加强了形核进程[131, 133, 134]。另外，pH 和钒源对产物形貌的影响也较为显著，如图 4.12（e）所示。此外，YPO_4 纳米棒/微米棱柱和海胆状 $NaY(MoO_4)_2$ 微米结构也能够在 Cit^{3-}有机添加剂的辅助条件下制备[116, 135]。

（2）螯合剂 EDTA 和 Na_2EDTA。

EDTA 和 Na_2EDTA（乙二胺四乙酸和乙二酸四乙酸二钠）具有和添加剂 Cit^{3-}相似的螯合效应和结构导向作用，不同之处包括：①EDTA 分子拥有六个配位基团，包括四个碳酸基团和两个氮原子上的两对孤电子对；②与稀土离子发生螯合作用时，六个配位基团全部参加螯合反应，形成的螯合物结构如图 4.12（a）所示；③EDTA 和 RE^{3+}的螯合常数 lg β=18～19，Cit^{3-}和 RE^{3+}的螯合常数 lg β=8～9。EDTA 和 Cit^{3-}配位结构和螯合常数的区别导致了各自作为添加剂时产物形核速率和选择性吸附晶面的差别。因此 EDTA 和 Na_2EDTA 对产物晶相和形貌的影响与 Cit^{3-}相比具有较大差别。以 β-$NaLuF_4$ 微米晶体的制备为例，其他合成参数相同的条件下，使用 Cit^{3-}作为添加剂制备的产物形貌是均匀的六棱盘，而使用 Na_2EDTA 作为添加剂制备的产物形貌则是均匀的微米棒[124, 130]。严纯华课题组等均证实了 EDTA/Na_2EDTA 对四方相亚稳态 *t*-$REVO_4$（RE=Y、La、Ce、Gd）材料的制备极为有利，而且材料的形貌易于调控，如图 4.12（e）所示[132, 136-140]。$LnVO_4$ 系列晶体存在两种晶相，分别是四方相（*t*-）锆石结构和单斜相（*m*-）独居石结构。一般而言，直径较大镧系离子优先形成单斜相产物，因为单斜相的氧配位数较高（为 9），而四方相结构的氧配位数仅为 8。$(CH_2COO)_2N(CH_2)_2N(CH_2COO)_2^{4-}$极强的空间位阻和配位原子间的斥力恰好提供了生成 t-$LaVO_4$ 产物的必要条件，同时能够诱导稳态 m-$LaVO_4$ 到亚稳态 t-$LaVO_4$ 的多晶转变。因此，该研究中，EDTA 是一种高效的相调节剂。更有报道指出 EDTA 是指引 t-$LnPO_4$ 异向生长获得纳米棒产物的重要影响因素[141]。另外，EDTA 和 Na_2EDTA 辅助的水热/溶剂热法在制备 $BaYF_5$ 或 $BGdF_5$ 材料时同样显示了独特优势，制备过程中，RE^{3+}和 Ba^{2+}两类离子均能与 EDTA 发生螯合反应，分别生成螯合物 RE^{3+}-EDTA 和 Ba^{2+}-EDTA。Ba^{2+}能够与 EDTA 形成螯合物，因为该离子具有高达 7.86 的螯合常数；而 Na^+的螯合常数仅为 1.66，被认为是自由离子存在于溶液中[142-145]。

（3）表面活性剂 PVP 和 CTAB。

如图 4.12（a）所示，PVP 是一种两性表面活性剂。一方面，吡咯烷酮环中的氧原子和氮原子能够与镧系离子配位[146, 147]；另一方面，PVP 能够附着于产物粒子表面，促使产物粒子在水溶液和有机溶剂中均具有良好的分散性[79, 126, 148]。因此，PVP 在水热/溶剂热反应中既起到了络合剂作用，也起到了稳定剂作用。Liu 课题组在辅助的水热环境中制备了 YVO_4:Eu 和 $Y(P_{0.75}V_{0.25})O_4$ 纳米棒[148]。他们将纳米棒分散于水溶液、乙醇、二甲基甲酰胺、四氢呋喃、二氯甲烷等溶剂中，获得了一系列分散均匀的胶体溶液。可见，PVP 修饰的纳米粒子既可均匀分散在无机溶剂中，也可均匀分散在有机溶剂中。α-$NaYF_4$:Yb,Er/Tm 纳米粒子也可在 PVP 辅助的乙二醇溶剂体系中成功制备，且产物可分散在水溶液和有机溶剂中[126, 149, 150]。尤洪鹏课题组利用氮硫混合气中煅烧无定形含硫前驱体的方法获得了 Gd_2O_2S:Ln（Ln=Eu、Tb）纳米粒子。球状含硫前驱体正是在 PVP、硫脲、稀土硝酸盐、乙二醇和乙醇组成的溶剂热体系中生成[79]。制备过程中，PVP 的选择性吸附作用和配位效应决定了球形形貌的成功获得。球形前驱体在 600～800℃条件下煅烧后制备的 Gd_2O_2S:Ln 产物尺寸略有缩小，这是前驱体分解所致。此外，PVP 也被用于其他稀土化合物的溶剂热合成，例如 YF_3:Yb,Tm、GdF_3:Yb,Er、$NaRE(SO_4)_2$（RE=Y、La-Yb）和 $NaLa(WO_4)_2$ 等晶体[151-154]。

作为一种常用表面活性剂材料，CTAB 对于形貌均匀的分级晶体材料制备具有重要作用，其分子结构如图 4.12（a）所示。王元生课题组[155]报道了利用表面活性剂 CTAB 和螯合剂 EDTA 共同作用制备 YVO_4:Eu 纳米带/纳米棒的水热体系。李亚栋课题组提出在同时添加 CTAB 和 EDTA 的溶剂热体系中制备纳米棒 β-$NaYF_4$:Yb,Er 的方法，该法中溶剂的选取可以是水、乙酸或乙醇[156]。该研究中，CTAB 起到了将产物的形貌从纳米粒子调节为纳米棒的作用。随后，他们利用这种结合作用制备了 $NaYF_4$:Yb,Er/Tm、$NaGdF_4$:Eu 和 $NaCeF_4$ 纳米粒子[157-159]。此外，他们还发表了利用高浓度 CTAB 的甲醇和水混合溶液制备分枝状 $NaYF_4$ 的报道[160]。张洪杰课题组进一步提出了在 CTAB 和柠檬酸（或 Na_2EDTA）的辅助条件下制备花状 $CePO_4$（或 $TbPO_4$）的方法[161, 162]。

（4）包含—NH_2 或—COOH 基团的有机添加剂。

如上所述 Cit^{3-}、EDTA、CTAB 和 PVP 等有机添加剂辅助的水热/溶剂热法，科研工作者已经投入了大量人力物力来探索制备亲水性稀土化物的新方法。然而，上述产品难于进一步链接生物分子，因此在生物医学应用前通常需要进行表面修饰。而—NH_2 或—COOH 基团修饰的稀土化合物能够直接和生物分子结合，因此寻求制备该类化合物的新方法依旧任务艰巨。目前，PEI、PAA、P-PAA 和 AEP 等有机添加剂已经用于—NH_2 或—COOH 基团修饰的稀土化合物的制备，基本方法是一锅溶剂热法（one-pot solvothermal approach）。

PEI 是一种亲水聚合物，含有伯、仲和叔三种氨基基团，含量比为 1∶2∶1。同时，PEI 是一种具有高热稳定性的聚合物表面活性剂。上述性能促使 PEI 成为溶剂热反应中良好的有机添加剂物质，当被包覆于纳米粒子产物表面时，首先，PEI 分子含有的氨基为纳米粒子提供了良好的亲水性能；其次，氨基基团带有的正电荷为纳米粒子提供了直接结合生物分子的新平台。因此，制备纳米粒子时 PEI 的参与能够为产物提供氨基修饰的表面，为获得高生物相容性纳米粒子提供了良好的基础。张勇课题组率先开发了一种简单的一锅水热法制备 PEI 包覆的 $NaYF_4$:Yb,Er/Tm 纳米粒子，粒子平均粒径为 50nm。典型制备过程如下：浓度均为 0.2mol/L 的氯化钠、氯化钇、氯化镱和氯化铒溶液分别量取 10mL、8mL、1.8mL 和 0.2mL，添加到 20mL PEI 和 60mL 乙醇的混合溶液中，搅拌混合均匀；再加入适量氟化铵，搅拌均匀后转入反应釜中 200℃反应 24h；离心分离、洗涤后存储在水溶液中备用[163-165]。该研究证实了高分子量 PEI 能够高效地控制纳米粒子生长、稳定产物和抑制团聚，即高分子量 PEI 作为添加剂可获得粒径约为 50nm 的均匀球形产物，而低分子量 PEI 作为添加剂制备的粒子形状不规则且粒径分散不均匀。张勇课题组指出，产生这种现象的原因可归结如下：PEI 分子链中含有大量氨基团，能够与金属离子形成配合物；对于高分子量的 PEI，每个分子拥有更多的配位点，即高分子量 PEI 可以更牢固地键和到纳米粒子表面。因此控制纳米晶核生长的效率更高，稳定纳米晶核、使其不团聚的能力更强。可见，对于合成 $NaYF_4$ 纳米晶而言，高分子量 PEI 是更适合的表面活性剂分子。更重要的是，尽管有报道称游离的 PEI 分子对细胞有毒害作用，但该研究证实，PEI 以特殊形式存在时（如包覆于纳米粒子表面）与人体细胞相容性良好，且能安全用于小动物体内的成像研究。随后，该课题组将上述研究扩展到 PEI 修饰的 β-$NaGdF_4$:Ce,Ln（Ln=Tb、Eu、Sm、Dy）纳米粒子制备[166]。与此类似，J. A. Capobianco、Liu 等课题组报道了利用在乙二醇溶剂或水和乙醇的混合溶剂中添加 PEI 制备 PEI 包覆的 α/β-$NaYF_4$:Yb,Ln

（Ln=Er、Tm、Er～Ce）纳米粒子的溶剂热法[167-170]。他们还成功将生物素和肽类生物分子与 PEI 包覆的纳米粒子直接结合，结合前未对纳米粒子进行任何修饰。

严纯华课题组报道了制备 P-PAA 包覆的 YVO_4:Eu 纳米粒子的一锅水热法。制备时，先将购置的 P-PAA 原溶液稀释并中和至 pH 等于 6 备用；再将 P-PAA 稀释液与稀土硝酸盐溶液混合，室温搅拌 0.5h；然后滴加 Na_3VO_4 溶液，继续搅拌 0.5h；利用 0.1mol/L 的氢氧化钠溶液将上述混合液的 pH 调节至 12，转入反应釜于 180℃环境中反应 24h；最终溶液中稀土离子、钒酸根离子和羧基的摩尔比为 1∶1∶1.5；反应结束后，分离、洗涤后的 YVO_4:Eu 样品冷冻干燥[171]。P-PAA 分子在制备过程中具有两种作用。第一，与稀土离子形成络合物 P-PAA−RE^{3+}，使 YVO_4:Eu 粒子生长环境中的离子浓度处于一种基本恒定的状态；第二，包覆在粒子表面，使其稳定存在于各种生物缓冲液中。因此，P-PAA 分子中向外的羧基便于和 BSA 分子结合。陈学元课题组利用 PAA 和乙二醇溶剂混合的一步溶剂热法制备了—COOH 功能化的 GdF_3:Ln（Ln=Eu、Tb、Dy）纳米晶[172]。与此类似，使用 AEP 作为盖帽剂、NaCl 作为钠源，该课题组制备了—NH_2 功能化的 $NaYF_4$:Ce,Tb 纳米晶[173]。PAA 和 AEP 两种盖帽剂均赋予了纳米晶产物良好的亲水性、生物相容性和进一步结合等生物分子的能力。

4.3.3 疏水基配体辅助的水热/溶剂热合成

4.3.2 节总结了亲水基配体辅助的水热/溶剂热法制备稀土化合物的研究现状，实际上，利用油酸等疏水配体辅助溶剂热法，也可制备各种油溶性稀土化合物。最具代表性的实例是 2005 年李亚栋课题组提出的液相−固相−溶液相法（liquid-solid-solution，LSS），该法以溶剂热合成为基础，成功制备了种类繁多的疏水性金属单质和化合物纳米粒子，相关成果发表在 *Nature* 杂志上[78]。

LSS 法制备贵金属纳米粒子的基本反应涉及乙醇对贵金属离子的还原反应，反应发生在不同温度下体系存在的各个界面间，包括乙醇和油酸组成的疏水液相（liquid）、金属油酸盐构成的固相（solid）和溶解金属离子的水和乙醇混合溶液相（solution），各相的位置关系和反应机理如图 4.13 所示，其中 M 表示金属原子，M^{n+} 表示带有 n 个正电荷的金属离子，RCOOH 表示油酸分子，R 表示油酸中的烃基链 $CH_3(CH_2)_7CH=CH(CH_2)^-$。LSS 法制备贵金属单质纳米晶的反应原理如下：首先，将溶解贵金属离子的水溶液、油酸钠（或其他硬脂酸钠），以及乙醇和油酸（或其他脂肪酸）的混合物依次添加到容器中，反应体系中将存在乙醇和油酸组成的疏水液相（liquid）、油酸钠固相（solid）和溶解金属离子的水和乙醇混合溶液相（solution）三种相态的物质，并形成如图 4.13 所示相界面。各相界面形成后，水溶液中的金属离子 M^{n+} 自发地发生相转移，穿过水溶液和固相界面进入固相并与

RCOONa 中 Na^+发生离子交换反应形成金属油酸盐$(RCOO)_nM$，同时 Na^+透过界面扩散进入水溶液中。在特定温度条件下，疏水液相和水溶液中的乙醇在两类液固界面将金属离子还原为金属纳米晶产物；同时，还原过程原位产生的油酸分子将吸附在纳米晶体表面，且烷基链朝外伸展，一方面促使晶体发生外延生长（epitaxial growth）；另一方面为金属纳米晶提供了良好的疏水表面。另外，因为金属纳米晶的重量较大，且表面的疏水基团与水溶性环境不相容，因此自发的产生相分离过程将金属纳米晶沉积到反应容器底部。

这种 LSS 相转移和分离过程能够制备各种性质的纳米晶体，如半导体纳米晶、荧光纳米晶、磁性纳米晶和绝缘体纳米晶。且相转移过程几乎在所有过渡金属离子和主族金属离子中均可发生，促使相界面的化学反应灵活性较高。LSS 法制备化合物纳米晶时，反应机理略有差异。例如制备金属含氧化合物时，M^{n+}发生相转移生成$(RCOO)_nM$ 后，在设定的反应条件下，M^{n+}脱水生成金属氧化物（如 TiO_2、CuO、ZrO_2、SnO_2 和 ZnO）、金属复合氧化物（如 Fe_3O_4、$CoFe_2O_4$、$MgFe_2O_4$、$ZnFe_2O_4$ 和 $MnFe_2O_4$）或通过共沉淀反应生成金属钛酸盐（如 $BaTiO_3$ 和 $SrTiO_3$）。另外，M^{n+}也会与其他阴离子物质发生化学反应直接生成各种功能的化合物纳米晶，例如与 Na_2S 或$(NH_4)_2S$ 中的 S^{2-}反应生成 CdS、MnS、PbS、Ag_2S、CuS 或 ZnS 纳米晶；与 N_2H_4 还原 SeO_3^{2-}产生的 Se^{2-}反应生成 CdSe 或 ZnSe 纳米晶；以及与 NaF 或 NH_4F 中的 F^-反应生成 LaF_3 或 $NaYF_4$ 等氟化物纳米晶。

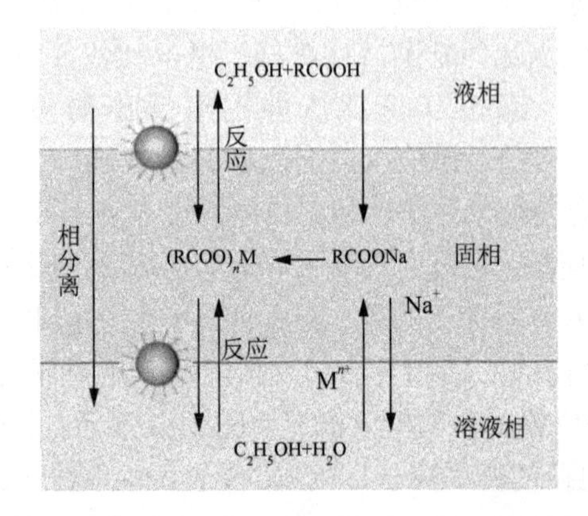

图 4.13 LSS 法制备疏水纳米粒子的反应机理示意图[78]

LSS 法能够制备形貌接近单分散的稀土氟化物纳米晶，且纳米晶产物的下转换和上转换荧光性能优秀。制备该类产物时亦可调整不同相界面的反应。例如，稀土离子发生相转移后，NaF 和$(RCOO)_nRE$ 反应生成 REF_3 纳米晶（$RE \neq Y$），对于 Y 元素而言，该反应生成的化合物为 $NaYF_4$ 纳米晶，而 NH_4F 和 Y^{3+}反应才能

制备 YF_3 纳米晶；此外，OH^-和$(RCOO)_nRE$ 反应生成 $RE(OH)_3$ 纳米晶。

利用这种 LSS 法，李亚栋课题组制备了一系列晶体结构多样、尺寸可控且形貌各异的稀土纳米晶，例如 $NaREF_4$（RE=Y、La、Ce）、REF_3（RE=Y、La～Nd、Sm～Yb）、$LnPO_4$（Ln=La～Nd、Sm～Lu）、YBO_3:Eu、$LaVO_4$、$NaLa(MoO_4)_2$ 和 BaY_2F_8:Yb,Er[78, 174-186]。下面，我们以 $NaYF_4$:Yb,Er 纳米晶[176]的制备为例，简单介绍该法的实验过程。将 1.2g 氢氧化钠、9mL 水、10mL 乙醇和 20mL 油酸混合，添加 0.6mmol 按化学计量比混合的稀土硝酸盐溶液（0.5mol/L，1.2mL），搅拌 15min；再添加 1.0mol/L 的氟化钠溶液 2.4～6mL，获得的混合液剧烈搅拌，然后转入 50mL 反应釜中，160℃反应 8h；反应结束后自然冷却至室温，离心分离，乙醇洗涤后分散到正己烷溶液中保存。该体系中，没有直接使用油酸钠作为反应物，然而体系中的氢氧化钠和油酸混合后，会形成大量油酸钠，进而形成 LSS 法的反应条件。如图 4.14（a）～（c）所示，列举了产物典型的形貌和尺寸 TEM 照片。更重要的是，他们详细研究了不同实验条件及参数对产物形貌、尺寸和晶相纯度的影响规律，并获得如下结论：①对于 $NaYF_4$:Yb,Er 纳米棒而言，较低的反应物浓度将提高产物的长径比，而反应时间过短将无法形成纳米棒产物，只能获得较小的纳米方块，如图 4.14（b）所示[174-178]。②其他参数及反应条件固定时，Eu^{3+}浓度的逐渐增加将导致 $NaYF_4$:Eu 纳米棒尺寸的降低，且纳米棒产物的基质成分将由 β-$NaYF_4$ 转变为 β-$NaEuF_4$。此外，在磷源 NaH_2PO_4 的参与下，利用 LSS 法还可制备各种形貌均匀的稀土磷酸盐 $REPO_4 \cdot xH_2O$（RE=Y、La～Nd、Sm～Lu）纳米晶产物，产物形貌包括棒状、矩形和六边形[184, 186, 187]。以 $YPO_4 \cdot xH_2O$ 纳米晶为例，产物的形貌演变规律如图 4.14（d）所示。显然，增加油酸和 NaOH 的浓度并提高 PO_4^{3-} ⁻/Y^{3+}浓度比后，产物形貌将经历纳米方块、纳米盘到纳米棒的变化。首先，增加油酸浓度将影响其在不同晶面的选择吸附特性，进而引起不同晶面生长速度的差异。其次，高浓度 PO_4^{3-} 将提高反应速率，促使反应平衡向正方向移动，进而形成较高的单体浓度，根据吉普斯–汤普森理论（Gibbs-Thompson theory），较高的单体浓度将加速一维纳米结构的生长速率，同时利于形成纳米棒结构。

采用相似的合成体系，Liu 课题组制备了一系列 $NaYF_4$:Ln 纳米粒子。该体系中，调整掺杂离子 Ln^{3+}的浓度能够实现纳米晶产物如下参数的精确调控：低至 10nm 的粒径、立方相和六方相的转换，以及上转换发光颜色（绿色到蓝色）的调变[190]。赵东元课题组将该法扩展于制备 α-$NaREF_4$（RE=Dy～Lu、Y）纳米晶和 β-$NaREF_4$（RE=Pr、Nd、Sm～Lu、Y）纳米阵列，如图 4.14（e）所示，反应机制可解释为微乳液和反胶束两模型的联合作用[188, 191]。李富友课题组开发了一种一步水热合成法，利用和二元协同配体 6–氨基己酸和油酸，制备了氨基修饰的

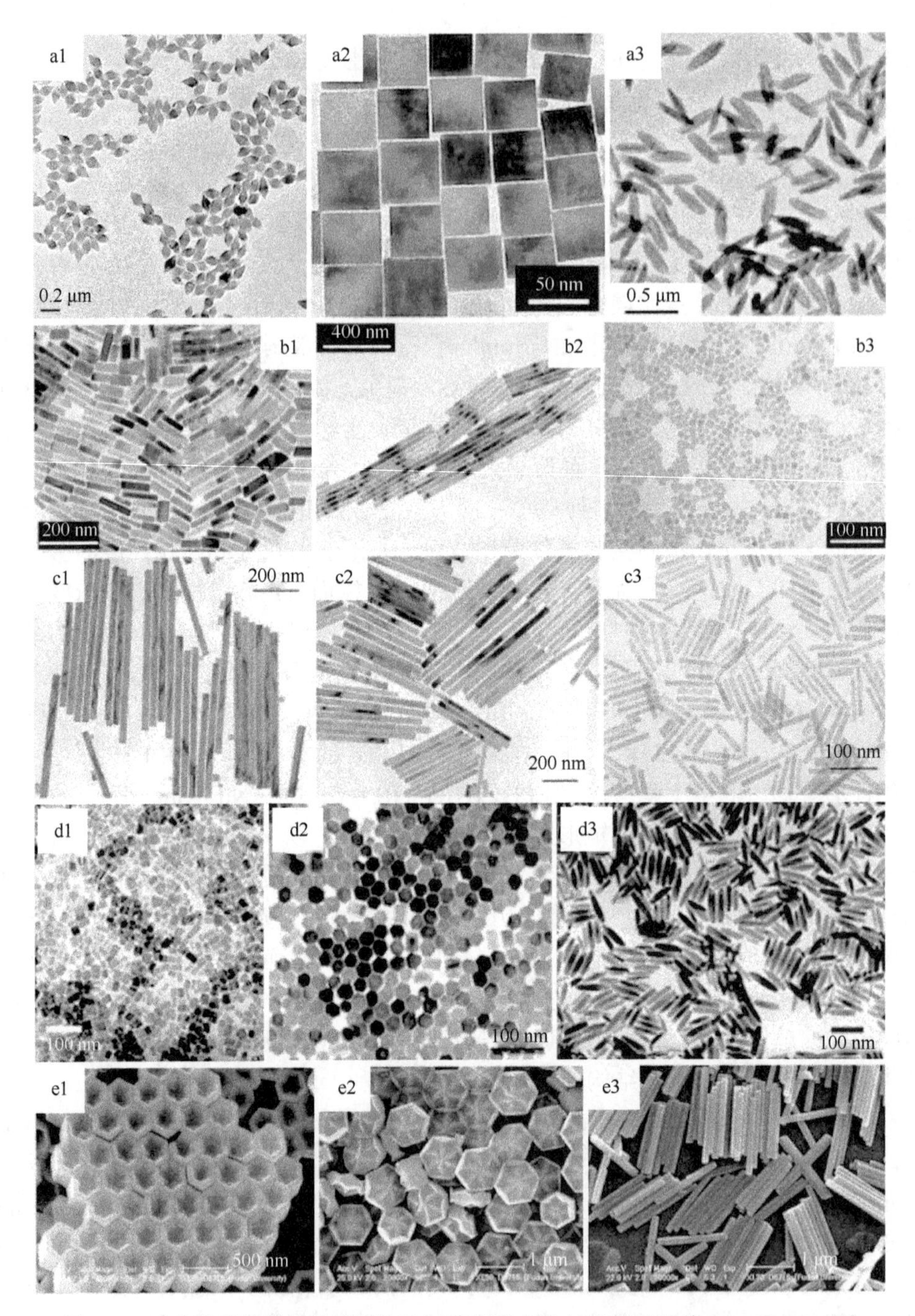

图 4.14 疏水基配体辅助的溶剂热法制备的稀土微/纳米粒子形貌 SEM 和 TEM 图

（a1～a3）$NaLa(MoO_4)_2$、$LaVO_4$、YF_3；（b1～b3）$NaYF_4$:Yb,Er，反应温度与时间：210℃-20h、180℃-20h、180℃-8h；（c1～c3）$NaYF_4$:Eu，Eu^{3+}摩尔分数：5%、28.6%、71.4%；（d1～d3）$YPO_4 \cdot xH_2O$，PO_4^{3-}/Ln^{3+}为：1、1（双倍油酸和 NaOH）、1.5（双倍油酸和 NaOH）；（e1～e3）β-$NaYF_4$ [174, 180, 185, 186, 188, 189]

LaF_3:Yb,Ho/Tm 纳米粒子[192]。产物表面的氨基基团给予其结合叶酸靶向分子的能力，为其在生物医学领域的应用打下基础。值得强调的是，该法为亲水多功能纳米粒子合成开辟了新方向，提供了新视角。

此外，在 LSS 法的启发下，陈德朴课题组发表了利用溶剂热技术制备 LaF_3:Yb,Er/Tm/Ho 纳米盘的报道。利用稀土三氟乙酸盐在油胺、水和乙醇溶液中的热解反应制备氟化镧产物[193]。另外，徐淑坤课题组使用稀土硬脂酸盐作为前驱体，在溶剂热环境中获得了 $NaYbF_4$:Er/Tm/Ho 和 $NaYF_4$:Yb,Er,Gd 纳米粒子[194-196]。余锡宾课题组采用温和的一锅溶剂热法制备了花状 Gd_2O_2S 纳米阵列，且乙二胺被选为主要溶剂，油胺被用作结构导向剂控制盘状结构的生长[197]。该过程中，乙二胺在溶解质量较大的硫磺方面起到了重要作用，因为两者可以形成硫聚阴离子（sulfur polyanion）为产生 Gd_2O_2S 提供新生的活跃 S^{2-}。

综上，溶剂热法制备稀土纳米粒子拥有如下优势[4]。

（1）采用低中温液相控制，适用性广，能耗较低。

（2）工艺简单，能够以单一反应步骤完成，无需高温煅烧和研磨处理，可直接得到粒度分布窄、结晶完好的粉体，且产物分散性良好。

（3）合成条件伸缩性较强，水热/溶剂热过程中的反应压力、温度、处理时间以及 pH、所用前驱体的种类及浓度等对生成物的晶形、反应速率、颗粒形貌和尺寸等有很大影响，可通过控制上述实验参数达到对产物性能的剪裁。

（4）原料相对廉价易得，反应在液相快速对流中进行，结晶度高、纯度高、产率高、物相均匀，适用于大规模生产。

（5）合成反应始终在封闭条件中进行，可控制气氛而形成合适的氧化还原反应条件，实现其他手段难以获取的某些物相的生成和晶化；同时，无有害气体泄漏，环保无毒。

然而，该法也存在某些固有限制，例如反应釜价格较高、反应过程不可视、反应时间较长且产品量偏少。此外，溶剂热进行过程中难于取样分析，因此难于研究形成机制。因此，仍然需要开发新技术或提出新想法以揭示反应机制。

4.4 高温溶剂法

在各种软化学途径中，高温溶剂法是制备单分散性、高结晶度、规则形貌和纯相稀土纳米晶常用的方法之一，也是目前制备粒径小于 10 nm 的高质量稀土材料最有效的方法。高温溶剂法是一种无氧有机相合成法，实验氛围通常是惰性气体保护（或真空）的无水、无氧环境，反应器如图 4.15 所示。另外，前驱体、溶剂和表面活性剂的选取也甚为讲究，一般采用有机金属化合物作为前驱体，在亲油表面活性剂的辅助作用下溶解于高沸点有机溶剂中，再利用高温使前驱体迅速分解并成核，经过生长制备得到纳米粒子。具体而言，有机相前驱体通常选取稀土有机酸盐，例如三氟乙酸盐、油酸盐和醋酸盐。沸点高达 315℃的非配位十八烯是提供高温反应环境最主要的有机溶剂，油酸和油胺均含有极性封端基团和碳氢长链是常见的配位溶剂和表面活性剂。高温溶剂法制备的纳米晶体表面覆盖着一层表面活性剂分子，如油酸、油胺和三正辛基氧膦（trioctylphosphine oxide，TOPO）等。因此极易分散于有机相溶剂中。仔细选取有机前驱体和精确调整溶剂的配位行为对于反应的成功与否至关重要。此外，合适的有机表面活性剂拥有以下两方面作用：第一，附着于生成的纳米晶体表面，既能提高其在有机溶剂中的分散能力又能阻止其团聚行为；第二，通过晶体不同晶面对表面活性剂的选择性吸附效应控制纳米粒子的生长方向。尽管高温溶剂法用于制备稀土纳米晶的历史尚未满十年，然而制备材料时前驱体、反应温度和时间对产物晶相、尺寸和形状演变的影响已经得到了较深入的研究。此外，张勇等[198-200]开发了一种甲醇辅助的有机相合成法，不但对环境及操作带来的污染和毒性作用小，而且非常适合制备尺寸较小的稀土纳米晶，尤其是核壳结构的纳米晶。

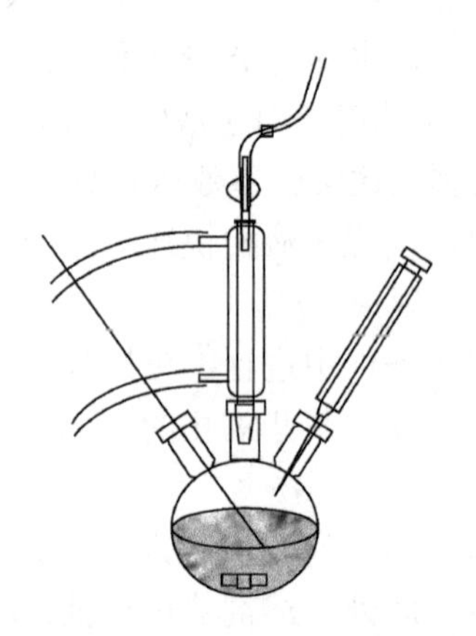

图 4.15　高温溶剂法反应装置示意图

4.4.1　三氟乙酸盐前驱体

1. 直接加热（heat-up）法

2005 年，严纯华教授率先利用高温溶剂法合成了如图 4.16（a1）所示的三角形 LaF_3 纳米盘，具体实施方式是在油酸和十八烯的混合溶剂中加热分解唯一的 $La(CF_3COO)_3$ 前驱体，得到的三角形纳米盘表面包覆着一层油酸分子，使产物易于分散在环己烷和甲苯等有机溶剂中[201]。这是一种简单的直接加热（heat-up）法，反应装置如图 4.15 所示，先将反应物（1mmol $La(CF_3COO)_3$ 前驱体）、溶剂（20mmol

十八烯）和表面活性剂（20mmol 油酸）添加到 100mL 三口瓶中，并将反应装置各部件连接好，使体系不会泄漏进入空气。采用通 Ar 气等方法排除反应装置中的水和氧气，同时开通回流水，并升温至 100℃左右，磁力搅拌使反应物混合均匀。然后，将温度以 18℃/min 的速度快速升高至 280℃，反应 1h。最后，自然冷却至室温后，停 Ar 气和冷却水，并以加入正己烷和丙酮混合液（或乙醇等）的方式使 LaF_3 纳米盘沉淀。值得强调的是，这种单源前驱体的采用更易于控制制备过程，因为多源前驱体反应体系中，往往有一种前驱体是过量的。而唯一的 $RE(CF_3COO)_3$ 前驱体可以同时提供产物所需的 RE^{3+}和氟源，所以前驱体的热解和阴阳离子的结合同时发生，避免了采用不同前驱体时阴阳离子浓度差异对产物的影响。因此，$RE(CF_3COO)_3$ 前驱体适于制备高质量稀土氟化物。

成功制备 LaF_3 纳米盘后不久，严纯华课题组将这种方法扩展到 REF_3、REOF（RE=La～Lu、Y）、LaOCl 和 EuOCl 等纳米晶的制备，利用的依然是单源前驱体，主要是 $RE(CF_3COO)_3$ 或 $RE(CCl_3COO)_3$ 两种[206-209]。图 4.16（a1）～（a4）给出了最具代表性的产物形态。严纯华等还率先开创了制备高质量 α/β-$NaREF_4$、$LiREF_4$ 和 $KREF_4$（RE=Pr～Lu、Y）纳米晶的多源前驱体共热解法，前驱体包括 $A(CF_3COO)$（A=Na、K、Li）和 $RE(CF_3COO)_3$。反应时，两种前驱体同时置于油酸、油胺和十八烯的混合溶剂中，在高温条件下同时分解得到的 A^+、RE^{3+}和氟源迅速形核再经过生长得到上述产物。图 4.16（b）的 TEM 照片展示了产物典型的形貌特征。以立方晶相 $NaREF_4$（RE=Pr～Lu、Y）纳米晶的制备为例，具体操作如下：在三口烧瓶中加入总量为 40mmol 的油酸、油胺和十八烯混合溶液，三者的用量比包括 1∶1∶2、1.8∶0.2∶2、2∶0∶2 和 1.55∶0.45∶2 等几种；室温添加一定量的三氟乙酸钠和 1mmol 的稀土三氟乙酸盐，两者用量比在 1～2.1 范围内调变；将三口瓶加热至 100℃。同时，通 Ar 气排除三口瓶中的氧气和水，快速磁力搅拌 30min 形成透明溶液；在 Ar 气保护环境下，以 20℃/min 的升温速度将三口瓶继续加热至 250～330℃，持续反应 15～45min；反应结束后，自然冷却至室温，注入过量的乙醇溶液，析出沉淀物，离心分离，乙醇洗涤数次后，干燥收集。获得纳米晶的产率为 60%～70%，极易分散于各种非极性有机溶剂中，如正己烷、甲苯和氯仿[205]。在 $NaREF_4$（RE=Pr～Lu、Y）纳米晶的制备过程中，当热解温度和 Na/RE 比都相对较低时，例如热解温度在 250～290℃，Na/RE 比为 1 时，得到的产物是立方相 α-$NaREF_4$ 纳米晶。对形貌规则的 α-$NaREF_4$ 产物而言，油胺的需求量较大，通常与油酸的量相当。当热解温度和 Na/RE 比都相对较高（例如 330℃）且 Na/RE 比为 2 时，形成的是六方相 β-$NaREF_4$ 纳米晶。值得注意的是，对于大多数 β-$NaREF_4$ 产物，不需要油胺参与反应就可以获得规则且均匀的理想形貌；然而对于 β-$NaEuF_4$、β-$NaGdF_4$ 和 β-$NaTbF_4$ 纳米晶而言，为了得到形貌规则的理想产物则需要加入少量油胺。严纯华等还证实了 $NaREF_4$ 纳米晶从立方相到六方相的转换和粒径大小密切相关。立方相产物的尺寸通常在几到十几个纳米范围内，而六方相产物的尺寸通常为几十到几百个纳米，即粒径尺寸的大幅改变常伴随着相的变化。因此，产物的形貌调整可通过控制热力学或动力学生长机制来实现。

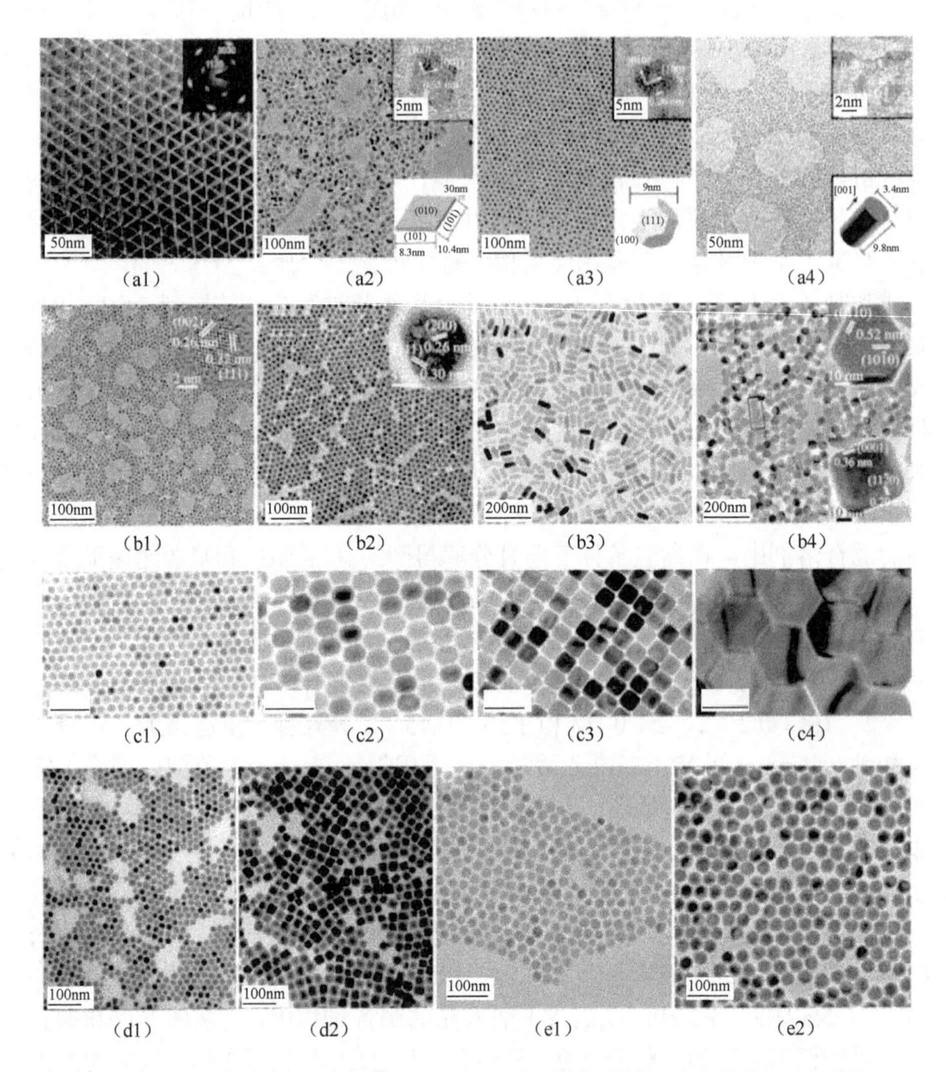

图 4.16　三氟乙酸盐为前驱体时，高温溶剂法制备的稀土纳米晶的 TEM 形貌

（a1）～（a4）LaF_3、YF_3、LuOF、GdOF；（b1）～（b4）α-$NaNdF_4$、α-$NaYbF_4$、β-$NaNdF_4$、β-$NaHoF_4$；（c1）～（c4）不同反应时间制的 β-$NaYF_4$:Yb,Tm 纳米粒子：21min、23min、28min、33min，Na/Y 摩尔比：2.27、2.16、2.16、2.45，标尺为 100nm；（d1）～（d2）$NaYbF_4$:Tm、$NaYbF_4$:Tm@CaF_2；（e1）～（e2）$NaGdF_4$:Yb,Er、$NaGdF_4$:Yb,Er@$NaGdF_4$[201-206]

Capobianco 和其他几个课题组进一步研究了三氟乙酸盐在单一的油胺溶剂或混合溶剂油酸–十八烯、油酸–油胺和油酸–油胺–十八烯中的共热解反应。其中，

镧系离子掺杂的 $NaYF_4$ 纳米晶体得到了最为细致的研究[202, 210-220]。Murray 课题组研究表明适量调整反应时间和 Na/RE 比，β-$NaYF_4$ 基纳米粒子的形貌可以经历如图 4.16（c）所示演变过程，即“纳米球→纳米棒→六面纳米棱柱→六角形纳米盘”[202]。随后，上述方法逐渐发展成为合成其他稀土基纳米晶体的常规途径，例如 $BaYF_5$、$BaGdF_5$、$LiYF_4$ 和 KY_3F_{10}[221-226]。并利用其他金属的三氟乙酸盐作为前驱体制备了 MF_2（M=Mg、Ca、Sr)、$NaMF_3$（M=Mn、Co、Ni、Mg)、$KMgF_3$ 纳米晶以及其镧系离子掺杂的纳米晶产物，种类繁多，形态各异，如纳米盘、纳米棒、纳米多面体和纳米线[227-229]。

此外，某些核壳结构也可利用上述简单的直接加热法制备，例如 α/β-$NaYF_4$:Yb,Er@α-$NaYF_4$、LaOF:Eu@LaOF、$NaYF_4$:Yb,Er@CaF_2、$NaGdF_4$:Yb,Er@CaF_2 和 $BaGdF_5$:Yb,Er@$BaGdF_5$:Yb，尺寸均低于 40nm，粒径分布均匀，形貌规则。制备方法也非常简单，只需将制备的核材料纳米晶均匀分散后，添加到生成壳材料的反应体系中，再按照上述高温溶剂过程完成反应，即可形成核壳结构纳米晶[208, 221, 230-232]。以 $NaGdF_4$:Yb,Er@CaF_2 纳米晶为例，制备过程分为独立的两步进行。第一步制备 $NaGdF_4$:Yb,Er 核材料纳米晶，典型过程如下：室温条件下在三口烧瓶中添加稀土三氟乙酸盐(共 1mmol)，添加比例为化学式的化学计量比，再加入油酸、油胺和十八烯的混合溶液，三者的摩尔比为 1∶1∶2，总量为 40mmol；三口烧瓶加热至 120℃，真空条件下磁力搅拌移除溶液中的水和氧气，形成透明溶液；在氮气保护环境下，以 15℃/min 的升温速度将混合溶液继续加热至 310℃，保持 30min；自然冷却至室温后，加入过量乙醇析出生成物 $NaGdF_4$:Yb,Er 纳米晶，离心分离并收集备用[231]。第二步在 $NaGdF_4$:Yb,Er 核材料表明包覆 CaF_2 薄层，制备核壳结构，典型过程如下：将第一步收集的 $NaGdF_4$:Yb,Er 纳米晶分散到油酸和十八烯的混合溶液中，油酸和十八烯的摩尔比为 1∶1，总量为 40mmol；再额外加入 1、2 或 4mmol 三氟乙酸钙；后续 120℃真空排除水和氧气以及氮气环境 310℃反应的过程均与核材料制备过程一致；反应结束后制备的 $NaGdF_4$:Yb,Er@CaF_2 纳米晶后处理过程也与前述过程一致，收集后分散于环己烷溶液中待用。壳层材料三氟乙酸盐用量增加，不但直接导致了核壳结构纳米晶粒径的增加，即 7.2nm（核）→10.3nm（1mmol 三氟乙酸钙）→11.1nm（2mmol 三氟乙酸钙）→13.2nm（4mmol 三氟乙酸钙），而且将核材料的上转换发光强度依次提高，最高可达 300 倍。

2. 热压注技术（hot-injection technique）

1993 年，Bawendi 课题组首次将热压注技术（hot-injection technique）引入硫化镉纳米晶的制备[233]。此后，该技术被广泛用于其他高度均匀的纳米晶体制备。通常，该技术制备的产物尺寸分布标准差 σ 约为 10%，而想要获得粒度分布低于 5%的单分散纳米粒子，则需要尺寸选择过程的辅助[234]。Capobianco 等课题组共同将热压注技术扩展到稀土纳米晶的合成，包括 β-$NaGdF_4$:Yb,Ho/Er、$NaYF_4$:Yb,Er 和 α-$NaYbF_4$:Tm 纳米晶。操作方法是将含有三氟乙酸盐前驱体的原液以恒定的速度（例如 1mL/min）缓慢注入到加热后的反应溶剂中[203, 204, 235, 236]。这种改进的热压注技术在核壳结构纳米晶的合成方面尤其成功。制备过程合二为一，方法简述如下：先将含有核材料纳米晶的反应溶液加热到反应温度，再将含有壳材料前驱体的原液缓慢、匀速注入其中，壳材料前驱体将通过高温溶剂反应逐渐在核结构表面均匀结晶，即可得到核壳结构纳米晶，例如 $NaGdF_4$:Er,Yb@$NaGdF_4$:Yb、$NaGdF_4$:Yb,Er@$NaGdF_4$、$NaGdF_4$:Ce,Tb@$NaYF_4$、α-$NaYbF_4$:Tm@CaF_2、$NaYF_4$:Yb, Ho,Tm@$NaYF_4$ 和 $NaYF_4$:Yb,Er@$NaYF_4$ 纳米晶[203, 204, 237-240]。以图 4.16（e）中 $NaGdF_4$:Yb,Er@NaGdF 核壳结构为例，简述热压注技术制备核壳结构纳米粒子的操作方法。合成是在标准的无氧条件下进行的，首先制备三种溶液备用[203]。溶液 I（用于制备 $NaGdF_4$:Yb,Er 核材料）：化学计量比的氧化钆、氧化镱和氧化铒共 0.626mmol 溶解于 5mL 浓度为 50%的三氟乙酸溶液中，溶解温度为 70℃，避光搅拌 12h 使氧化物充分溶解，过量的水和酸在 70℃真空条件下加热蒸发；再加入 1.25mmol 三氟乙酸钠、2.5mL 十八烯和 5mL 油酸，形成前驱体溶液 I。溶液 II（用于制备 $NaGdF_4$ 壳层材料）：70℃条件下，将 0.625mmol 氧化钆溶解于 5mL 浓度为 50%的三氟乙酸溶液中，避光搅拌 12h 使氧化物充分溶解，过量的水和酸在 70℃真空条件下加热蒸发；再加入 1.25mmol 三氟乙酸钠、2.5mL 十八烯和 5mL 油酸，形成前驱体溶液 II。溶液 III（主体溶剂）：将 15mL 十八烯和 10mL 油酸置于 100mL 圆底烧瓶中形成溶液 III。再将三种溶液各自在真空条件下加热到 125℃，搅拌 30min，清除残余的水和氧气。然后，在 Ar 气保护环境中，将溶液 III 加热到 310℃，并保持在此温度不变。使用注射泵，以 1mL/min 的流速，将温度为 125℃的溶液 I 滴加到溶液 III 中；滴加过程中，混合溶液温度保持在 310℃；滴加结束后，混合溶液温度降低到 305℃，依然是 Ar 气条件下保持 20min，即可获得 $NaGdF_4$:Yb,Er 核材料纳米晶。随后，再次使用注射泵，以 1mL/min 的流速，将温度为 125℃的溶液 II 滴加到上述混合溶液中；滴加过程中，混合溶液温度保持在 305℃；滴加结束后，混合溶液温度保持 305℃不变，Ar 气条件下再保持 20min 后，冷却至室温，即可完成核材料表面包覆 $NaGdF_4$ 壳层，最终获得 $NaGdF_4$:Yb,Er@NaGdF 核壳结构纳米晶，添加乙醇沉淀洗涤后，分散在正己烷等有机溶剂中保存。制备的 $NaGdF_4$:Yb,E 核与 $NaGdF_4$:Yb,Er@NaGdF 核壳结构纳米晶的粒径分别为 23±2nm 和 31±2nm。利用热压注技术制备核壳结构纳米晶具有如下优势：首先，产物尺寸一般较小，通常都在 10～32nm；其次，该技术可将壳材料均匀包覆在核结构的表面，确保制备的核壳结构纳米晶粒径均匀且形貌规则，如图 4.16（d）、（e）所示；最后，操作方法简单，易于实现多层包覆。

最近，van Veggel 课题组开发了一种外延逐层生长技术（epitaxial layer-by-layer growth technique）。首先，将较大粒径的纳米核分散于溶剂中，并将得到的混合物加热；再将分散于溶剂中的小粒径牺牲纳米晶注入到加热后的混合物中，在奥斯瓦尔德熟化机制（Ostwald ripening mechanism）作用下，较小的牺牲纳米晶将逐渐溶解并沉积到较大的纳米核结晶上，致使原来的大粒径核材料外延生长得到核壳结构[241]。例如，利用粒径约为 6.5nm 的 α-$NaYF_4$ 作为牺牲纳米晶，注入到约为 16.8nm 的 β-$NaYF_4$:Yb,Er 纳米粒子分散体系中，则可得到形态均匀的 β-$NaYF_4$:Yb,Er@β-$NaYF_4$ 核壳纳米粒子，粒子尺寸约为 20.1 nm。该法在尺寸为 20.0±0.8nm 的 $NaYF_4$:Yb,Er 纳米核表面依次包覆了四层 $NaYF_4$ 纳米壳，包覆后的核壳结构纳米粒子具有很窄的单峰粒径分布（图 4.17），材料的粒径经历了如下增长过程：20.0±0.8nm（σ=3.9%）→ 21.4±0.6nm（σ=2.8%）→ 22.6±0.6nm（σ=2.7%）→ 23.5±0.8 nm（σ=3.4%）→ 24.3±0.8 nm（σ=3.3%）。这篇报道同时系统论证了软化学途径中常利用的奥斯瓦尔德熟化机制。

除了常用的油酸和油胺两种表面活性剂，Shan 课题组将 TOPO 和三正辛基膦（triotylphosphine，TOP）作为新型配体基团引入三氟乙酸盐的高温溶剂法。制备过程及所需的无水无氧实验环境均与上述方法十分类似，一般也需要油酸和十八烯的辅助。三正辛基氧膦既可以为热解反应提供高温反应环境和流动性，还能够作为表面配体包覆在纳米粒子表面。因此可以同时作为反应溶剂和表面活性剂单独使用。Shan 课题组利用三正辛基氧膦单一溶剂制备得到粒径约为 10nm 的 β-$NaYF_4$ 纳米晶体，缺点是在有机溶剂中的溶解性较差[242]。之后，Shan 课题组又在油酸、十八烯和三正辛基膦的混合溶剂中成功合成 β-$NaYF_4$:Yb,Er 纳米粒子，且研究表明，增加溶剂中三正辛基膦/油酸体积比，产物的形貌可经历从纳米盘到纳米棱柱再到纳米棒的变化[243-247]。

尽管上述高温溶剂法发展十分迅速，但三氟乙酸盐前驱体本身的缺点也不容忽视。比如，热分解将产生氟化碳和氟氧化碳等毒性极大的副产物，也包括三氟醋酐、三氟乙酰氟、碳酰氟和四氟乙烯等其他副产物。显然，三氟乙酸盐热解过程并不环保，因此限制了其实际应用。可见，更环保和无毒的热解前驱体仍然稀缺。此外，三氟乙酸盐前驱体仅利于制备氟基化合物，由于氟元素的干扰而不适合制备氧化物、硫氧化物、磷酸盐和钒酸盐。

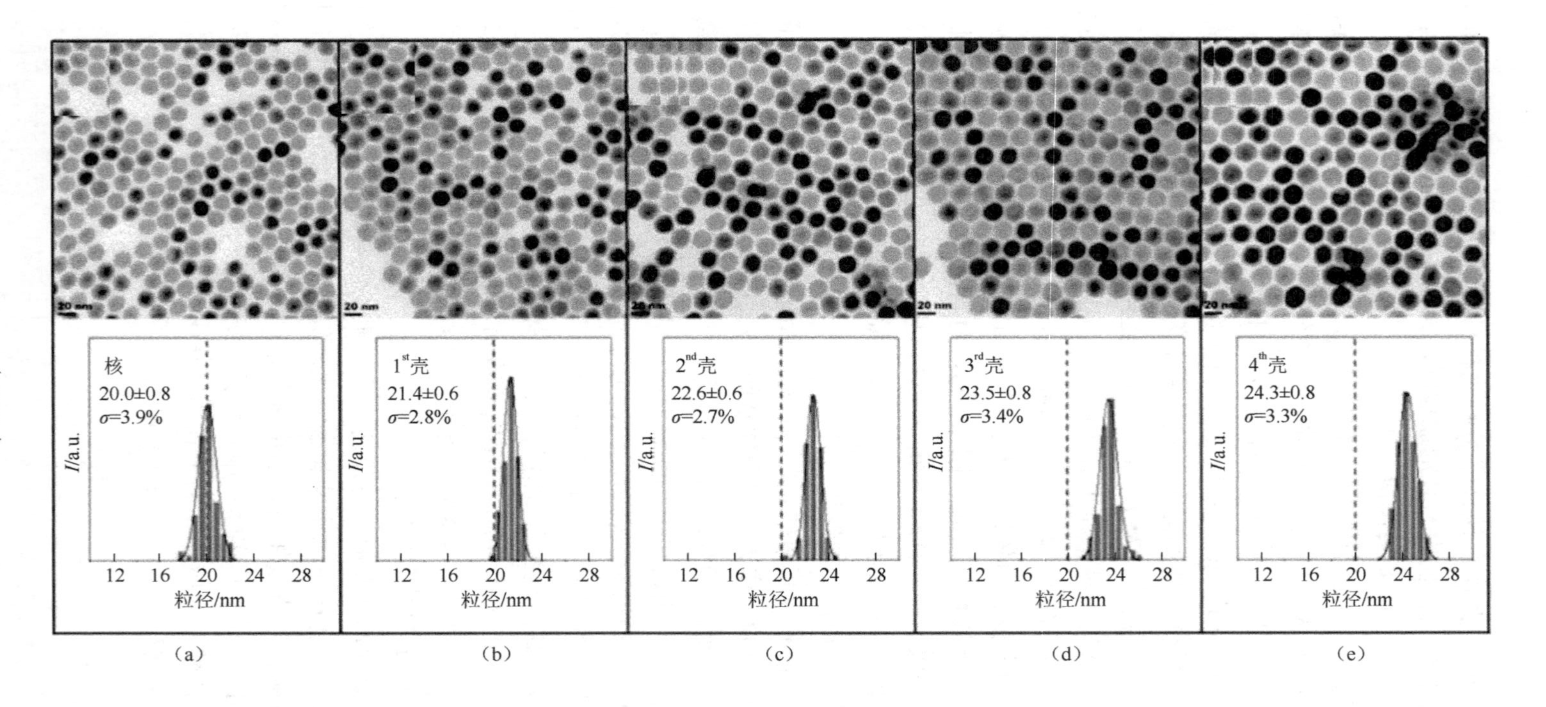

图 4.17 外延逐层生长技术制备的 β-$NaYF_4$:Yb,Er@β-$NaYF_4$ 核壳结构纳米晶的 TEM 形貌[241]

4.4.2 油酸盐、乙酰丙酮盐和醋酸盐等前驱体

1. 制备稀土氟化物

考虑到三氟乙酸盐前驱体热解产物的毒性，陈德朴课题组开发了一种无毒高温溶剂过程，以廉价的稀土油酸盐和 NaF 作为反应前驱体，在油酸和十八烯的混合溶剂中制备了镧系离子掺杂的 β-$NaYF_4$ 和 $NaGdF_4$ 纳米晶体[248-250]。以 β-$NaYF_4$:Yb,Er/Tm 纳米粒子的制备为例，方法如下：将 1mmol 稀土油酸盐、一定量的氟化钠（与稀土离子的摩尔比为 4～40）以及 20mL 体积比为 1∶1 的油酸和十八烯混合液添加到 100mL 三口烧瓶中，真空环境中加热到 100℃，剧烈搅拌 1h；然后，在 N_2 保护环境中快速升温至 320℃，保持 1.5h；反应结束后，体系自然冷却至室温，添加过量乙醇析出沉淀，离心洗涤，分散在正己烷和甲苯等非极性有机溶剂中保存[248]。结果表明，逐渐将前驱体 NaF 和稀土油酸盐的摩尔比从 20 降低到 4 时，β-$NaYF_4$:Yb,Er/Tm 纳米粒子的形状可从纳米盘（约为 410nm 宽、200nm 高）逐渐转变为粒径 18nm 左右的纳米球。另一方面，增加油酸和十八烯的体积比也可实现类似形貌演变。另外，陈德朴课题组对镧系离子掺杂 $NaGdF_4$ 纳米晶的研究表明，较高的油酸和十八烯体积比利于形成纳米棒，并能加快晶体的生长速率。

随后，我们将该法扩展到其他氟化物纳米晶的制备，包括 LnF_3（Ln=La～Pr）、$NaLnF_4$（Ln=Sm～Er）和 $Na_5Ln_9F_{32}$（Ln=Tm～Lu），产物拥有纳米立方体、椭球形纳米棒和六角形纳米盘等多种形态[251, 252]。制备过程主要分为两个步骤。

（1）制备油酸盐前驱体。将 10mmol 镧系氯化物（La～Lu）、30mmol 油酸钠、15mL 的蒸馏水、20mL 乙醇和 35mL 正己烷加入 100mL 三口烧瓶中，混合溶液加热到 70℃，并在恒温加热磁力搅拌器中持续磁力搅拌 4h；搅拌结束后冷却至室温，将混合溶液倒入分液漏斗中分离有机相，即保留上层液体，用蒸馏水洗三次，在 80℃水浴中烘干，放置在室温下三天，得到的固体蜡状物质为镧系元素的油酸盐前驱体。有研究表明，合成纳米晶的关键之一是找到合适的前驱体，而前驱体必须是一种相对简单的分子并且基团之间容易分解得到想要的活性物种，以便反应的迅速进行。镧系油酸盐前躯体在 280℃的有机溶剂中可以迅速分解，满足上述条件，利于晶核的形成。

（2）制备氟化物晶体，以 LaF_3 为例，典型的合成过程如下：将 1mmol 油酸镧、5mmol 氟化钠、15mL 十八烯和 15mL 油酸加入到三口瓶中，升温至 110℃，在氮气保护下持续搅拌 30min 后；再迅速升温至 280℃，继续搅拌 2.5h；反应后溶液冷却到室温，在室温下加入乙醇使其沉淀，所得沉淀用乙醇与环己烷交替清洗，各洗三次，最后将所制备的纳米晶保存在环己烷中。其他氟化物的制备过程与上述过程相似，只是使用的镧系元素油酸盐不同。我们认为镧系氟化物纳米晶的形成

包括成核与生长。在成核过程中，当温度达到280℃时，镧系油酸盐前驱体会迅速分解形成单体，使镧系金属离子自由分散在溶液中。此时 Na^+和 F^-也存在于溶液中，油酸促使 Ln^{3+}与 Na^+和 F^-发生反应形成 LnF_3、$NaLnF_4$或 $Na_5Ln_9F_{32}$晶核。在生长过程中，纳米晶在固-液两相接界处成长，油酸作为表面活性剂，使成核与生长过程平稳进行，形成单分散的纳米晶。与此同时，一部分油酸分子会从油酸钠中释放出来，对晶体的生长也起到一定的作用。虽然对所有镧系离子的合成参数和条件都相同，但它们的生长取向习惯不同，这可能与其自身性质有关，所以形成了三种类型的镧系氟化物纳米晶。

我们实验的目的是利用高温溶剂法建立一种稳定的反应体系来制备氟化物发光纳米晶，在相同的实验条件下，对不同的镧系元素进行了考察，获得三种类型的镧系氟化物胶状纳米晶，这些氟化物纳米晶分别属于两种不同的晶相：六方晶相和四方晶相。根据产物类型的不同，所制备的胶状氟化物纳米晶可归类为 LnF_3（Ln=La～Pr）、$NaLnF_4$（Ln=Sm～Er）和 $Na_5Ln_9F_{32}$（Ln=Tm～Lu）三种类型，纳米粒子的红外光谱图中明显可见油酸长链的羟基、羧基、亚甲基、C＝O 键以及 C—F 键的伸缩振动，可见油酸分子成功地附着在镧系氟化物纳米晶的表面，使得纳米晶在有机溶剂中表现出良好的单分散性与稳定性。

2. 制备稀土氧化物

热解稀土油酸盐前驱体是制备稀土氧化物的最佳方法之一。Tan 课题组利用稀土油酸盐前驱体在长链烷基胺（例如油胺）溶液中的热解反应制备了多种掺杂的 RE_2O_3（RE=Y、Dy、Gd）纳米点和纳米棒[253-257]。如图 4.18（a1）～（a3）所示 Y_2O_3:RE 纳米点和纳米棒，制备时只需将 0.5mmol 油酸钇溶解于 5mL 油胺中，再将混合溶液置于三口烧瓶中，在 N_2 气氛中以 5℃/min 的速度升温使之结晶[253]。在固定温度为 280℃环境下，调整反应时间为 10min、30min 和 2h，获得纳米晶和纳米棒产品。之后，反应液冷却至室温，反应终止；并用过量的乙醇沉淀产物。沉淀产物离心收集并弃去上清液，洗涤数次，并将纳米材料分散于正己烷中。结果表明，延长反应时间，在偶极-偶极相互作用下，生成的纳米点自动延着同一方向组装得到纳米棒，因此纳米棒的直径和纳米点的粒径保持一致。此外，增加反应时间和油酸钇/油胺用量比，粒径 2nm 左右的 Y_2O_3 纳米点仍可自组装为直径保持 2nm、柱长为 15～20nm 的纳米棒。反应过程中，烷基胺既是溶剂也是表面活性剂，对纳米棒的各向异性生长和稳定性至关重要。此外，稀土醋酸盐、乙酰丙酮盐和苯甲酰丙酮盐也是合成稀土氧化物和硫氧化物纳米盘的优质前驱体，得到的产物厚度非常薄，一般不超过 2nm。

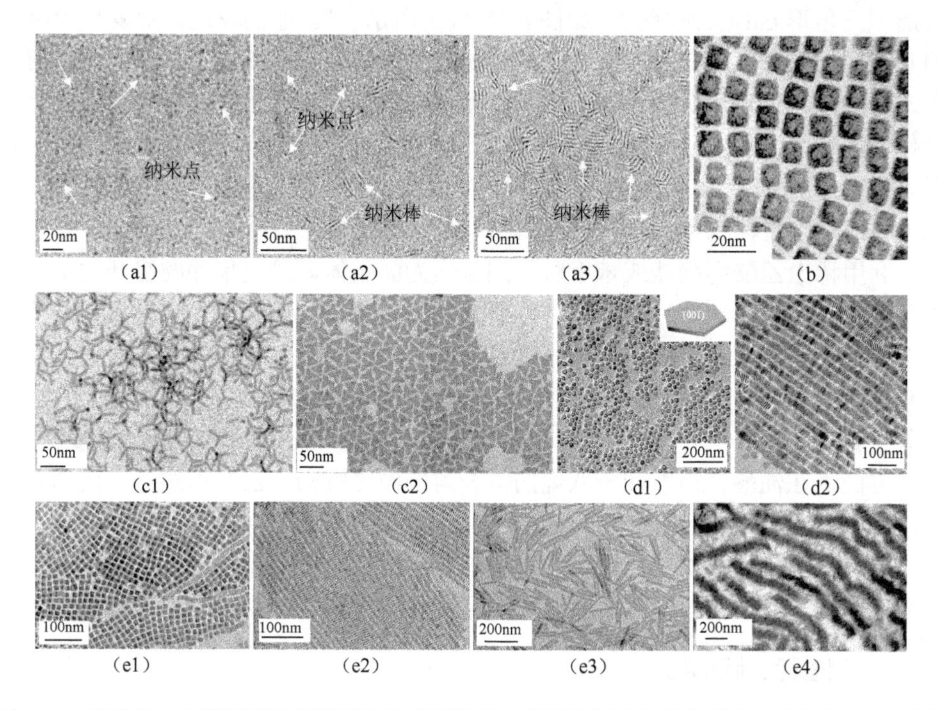

图 4.18 油酸盐、乙酰丙酮盐和醋酸盐为前驱体时，高温溶剂法制备的稀土纳米晶的 TEM 形貌

（a1）～（a3）Y_2O_3:RE，反应时间：10min、30min、2h；（b）EuS；（c1）～（c2）Gd_2O_3，反应温度：280℃、310℃；（d1）～（d2）；Na^+掺杂的 La_2O_2S 纳米阵列：[001]和[100]方向拍摄；（e1）～（e4）CeO_2 和堆叠的 CeO_2 纳米盘[253, 258-261]

需要指出，控制纳米晶的浓度或调整分散剂的极性，在纳米晶生长的合作性和自组装能力作用下，稀土氧化物或硫氧化物超薄纳米盘可以排列成“边对边（side-to-side）”或“面对面（face-to-face）”形式的纳米阵列，典型结构如图 4.18（d）～（e）所示。以 Na^+掺杂的 La_2O_2S 纳米阵列为例[259]，组成纳米阵列的 Na^+掺杂的单晶 La_2O_2S 纳米片的直径为 22.3±2.0nm，如图 4.6（d1）所示。高分辨透射电子显微镜成像表明，合成的纳米片形貌主要为六边形盘状，侧面是 6 个晶面。当纳米片以高浓度分散于环己烷中时，溶剂挥发诱导的自组装效应使纳米片以面对面方向排列，如图 4.6（d1）所示。此外，纳米片侧面的高分辨透射电子显微镜成像显示仅有三层晶胞沿 *c* 轴分布，厚度为 2.1±0.2 nm。可见，纳米晶有序排列得到一系列一维、带状超晶格。组装过程中，纳米盘表面的油酸配体提供了形成超晶格结构最主要的π-π 相互作用和范德华力。

Cao 课题组首次在油酸、油胺和十八烯的混合溶剂中热解醋酸钆前驱体成功制备厚度仅为 1.1nm 的 Gd_2O_3 正方形纳米盘[262]。在 Cao 课题组的制备体系中加入氢氧化锂作为形状导向剂，Murray 课题组合成了形状可控且厚度为 2nm 的三脚

架形和三角形 Gd_2O_3 纳米盘，如图 4.18（c）所示[260]。他们发现，随着反应温度的升高或反应时间的延长，纳米盘的形状可从三脚架形演变到三角形，而且两种形态的纳米盘均可组装为纳米纤维状超晶格。此外，使用油酸钠和二磷酸钠等物质作为矿化剂，Murray 课题组还制备了 CeO_2 正方形纳米盘和长方形纳米盘，如图 4.18（e）所示[258]。上述方法还可用于制备其他稀土氧化物纳米晶，例如 Sm_2O_3 纳米线或纳米盘、Eu_2O_3 正方形纳米盘和 Y_2O_3 纳米圆盘[263-265]。

利用稀土乙酰丙酮盐或苯甲酰丙酮盐作为前驱体，严纯华课题组开发了一种制备稀土氧化物纳米盘的热解新途径[266]。着重利用金属阳离子的自然属性和溶剂的选择性吸附效应，合成了高结晶度且高度分散的稀土氧化物纳米多面体、纳米盘和纳米片。一方面，他们在油酸和油胺的混合溶液中热解稀土苯甲酰丙酮盐，制备了 Ln_2O_3（Ln=La、Pr、Nd、Sm～Tb、Er、Yb）纳米盘和 CeO_2 纳米多面体。另一方面，在油酸、油胺和十八烯的混合溶剂中热解稀土乙酰丙酮盐，成功获得 RE_2O_3（RE=La、Pr、Nd、Sm～Lu、Y）纳米盘。制备过程由两个反应组成：首先通过油酸、稀土醋酸盐或乙酰丙酮盐和油酸的配体发生交换反应形成稀土油酸盐前驱体，然后在油胺的碱性环境中催化前驱体热分解产生稀土氧化物纳米盘[263]。

3. 制备稀土硫化物

根据软硬酸碱理论，软路易斯碱 S^{2-} 和硬路易斯酸 RE^{3+} 亲和力较弱，所以稀土硫基纳米粒子难于制备。严纯华课题组发现可以通过引入 Na^+ 这种简单的方法来调整两者的化学亲和力。当硫和乙酰丙酮钠添加到稀土乙酰丙酮盐、油酸、油胺和十八烯的混合物中时，则制备得到钠掺杂的稀土硫氧化物 Ln_2O_2S（Ln=La、Pr、Nd、Sm～Tb）纳米盘和 $NaRES_2$（RE=La～Lu、Y）纳米晶体[259, 267]。以 $NaRES_2$ 纳米晶为例，利用 N_2 气氛下的舒伦克线系统（Schlenk line system），合成方法如下：分别将 0.5mmol 稀土乙酰丙酮盐或乙酸铈、4mmol 乙酰丙酮钠、5mmol 硫单质、5mmol 油酸、17mmol 油胺和 20mmol 十八烯在室温条件下置于三口烧瓶内，混合液真空加热到 110℃，保持 20min，以除去 H_2O 和 O_2，同时形成稀土油酸盐和油酸钠的复合物。混合液随后以 20℃/min 的升温速率加热至 315℃，N_2 气氛中保持 10min。反应完成后，溶液自然冷却至室温。在溶液冷却过程中，当温度为 120℃时，剩余的油酸钠形成凝胶。因此，向溶液中加入 50mL 乙醇，回流条件下加热 15min，溶解油酸钠，同时沉淀纳米晶体。产物粒子经离心、洗涤后，重新分散在非极性有机溶剂中，如环己烷、甲苯和氯仿。细微调整钠前驱体和稀土前驱体的比例，并保持其他反应条件不变，可以形成不同大小和形貌的 $NaRES_2$ 纳米晶。实验过程中 $NaRES_2$ 纳米晶的尺寸调控方式如下：① 以 H_2S 气体为硫前驱体代替硫磺；② 使用热压注的方法。该方法中，产物的种类决定于前驱体中 Na/RE 和 S/RE 的浓度比，如果两种浓度比均较高，则获得 $NaRES_2$ 纳米晶。此外，高松课题组研究了 Eu(phen)(ddtc)$_3$ 或 Eu(bpy)(ddtc)$_3$ 单源前驱体在油胺溶剂中的热解行为，其中 phen 是邻菲罗啉（1,10-phenanthroline）的缩写；ddtc 是二乙基二硫代氨甲酸（diethyl-dithiocarbamate）的缩写；bpy 是 2,2'-联吡啶（2,2'-pyridine）的缩写[261, 268, 269]。研究结果表明，在氮气保护条件下，前驱体热解得到 EuS 纳米晶，图 4.18（b）给出了典型的产品形貌；如果撤销氮气保护，使反应体系与空气联通，油胺既为反应提供了溶剂也起到稳定剂的作用，而空气则扮演了氧化剂的角色，因此制备得到 Eu_2O_2S 纳米棒。当溶剂改为油酸、油胺和十八烯的混合液时，合成的 Eu_2O_2S 纳米盘厚度为 1.65nm[268]，该纳米盘还可以组装成超晶格纳米阵列。显然，对于纳米盘的形成而言，油酸的加入必不可少，这是由六方相 Eu_2O_2S 晶体结构的各向异性决定的，拥有高浓度 Ln^{3+}的晶面因为吸附油酸分子而容易被钝化，因此该晶面的生长受到抑制，导致纳米盘的形成。

虽然上述报道成功制备了某些稀土氧化物和硫基纳米粒子产物，但开发更易于形貌调控的新方法仍然是该研究方向的挑战之一。各种新的尝试和拓展正不断开花结果。例如，热解稀土二硫代氨基甲酸盐、碳酸盐和 $Ce(NH_4)_2(NO_3)_6$ 分别制备了 GdS:Eu 纳米立方体、Y_2O_3:Eu 纳米圆盘和 CeO_2:Yb 纳米粒子[270-272]。

4.4.3 甲醇辅助的有机相合成法

除上述公认的高温溶剂法之外，张勇课题组还开发了一种环保且简单的有机相合成法，成功制备了油酸分子包覆的 β-$NaYF_4$:Yb,Er/Tm 纳米晶，如图 4.19（a）所示[198-200]。这种方法的操作方式与典型高温溶剂法极为相似，一方面，十八烯和油酸仍然被选为溶剂和表面活性剂；另一方面，实验条件也必须是无水无氧的严格环境。不同之处在于该法设计了如下两步反应：首先，将氢氧化钠和氟化铵的甲醇溶液缓慢滴加到稀土氯化物、油酸和十八烯组成的均匀溶液中，室温搅拌即可完成产品的形核，值得注意的是氟化铵是按化学计量比甚至更低的量添加至反应体系中；甲醇蒸发完全后，将体系加热至 300℃的高温，在奥斯瓦尔德成熟机制的作用下形成的晶核将逐渐长大成为纳米粒子产物[273-275]。

以 β-$NaYF_4$:Yb,Er 纳米晶为例，制备过程如下：将 0.1562g YCl_3、0.0503g $YbCl_3$、0.0055g $ErCl_3$、3mL 油酸和 17mL 十八烯添加到三口烧瓶中，加热到 160℃形成均一溶液后再冷却至室温[198]。再将 10mL 溶解有 0.01g NaOH 和 0.148g NH_4F 的甲醇溶液缓慢加入三口烧瓶中，溶液中迅速出现固体沉淀。混合液搅拌 30min，以确保氟化物反应完全。随后，溶液缓慢加热至 100℃蒸发除去甲醇，再加热到 300℃，Ar 气保护下反应 1h。反应结束后混合液自然冷却，添加乙醇沉淀将纳米晶，离心分离、洗涤。合成球形或椭球形 $NaYF_4$:18%Yb,2%Er 纳米晶体的方案与此相似，不同之处在于油酸的添加量分别为 6mL 和 10mL。另外，改变反应物的摩尔比

（YCl_3 ： $YbCl_3$ ： $TmCl_3$=74.7 ： 25 ： 0.3 ）还可获得不同形貌的 $NaYF_4$:25%Yb,0.3%Tm 纳米晶。上述过程中使用的油酸和十八烯也可以采用其他配体或溶剂替代，例如 TOPO 和硬脂酸都可以替换油酸配体，二十烯和三辛胺也可以替换高沸点溶剂十八烯。实验选用油酸和十八烯组合主要考虑它们的价格低廉、生物相容性好且反应效率高。纳米晶体的 TEM 照片［图 4.19（a1）］所示，当 6mL 油酸加入到反应前驱体溶液中时，纳米晶体形成粒径约为 21nm 的均一尺寸多面体，可以在长程有序的网格结构表面自组装。进一步增大油酸的用量至 10mL 时，可以制备长约 22nm、宽约 17nm 的椭圆纳米晶体，如图 4.19（a2）所示。当油酸的添加量降至 3mL 时，TEM 成像显示 $NaYF_4$:Yb,Er/Tm 纳米晶体形成均一的六边形片状形貌。纳米片由平整的、边长约 30nm 的六边形上表面和 6 个面积大约为 30 nm × 45 nm 的矩形侧面构成［图 4.19（a3）］，HRTEM 照片表明纳米片具有很高的结晶度。该制备方法拥有如下优点：①实验过程中晶体的形核过程与长大过程因为两者的反应温度不同实现了高效分离，所以该法非常适合制备高度均匀的纳米晶体产物[234, 276]；②对于 β-$NaREF_4$ 的制备，该法中加入的氟化铵能够完全被消耗，避免了其他方法中过量氟化物热分解产生毒性氟化氢气体或含氟副产品的缺点，更安全环保；③前驱体是简单的无机盐。综合上述优点，甲醇辅助的有机相合成法吸引了研究者的极大关注。研究表明反应温度、时间和油酸添加量等因素对 β-$NaYF_4$ 纳米晶的形貌和尺寸影响巨大。该法已经成功制备了 $NaYF_4$、$NaGdF_4$、$NaLuF_4$、$NaDyF_4$、$NaYbF_4$ 等稀土氟化物纳米晶体[190, 277-286]。

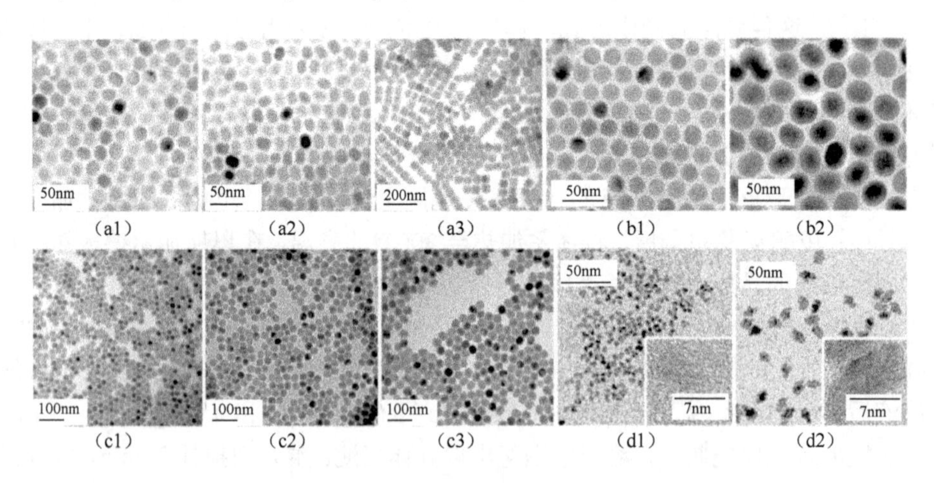

图 4.19　甲醇辅助的有机相合成法制备的稀土纳米晶的 TEM 形貌

（a1）～（a3）$NaYF_4$:Yb,Er；（b1）～（b2）$NaYF_4$:Yb,Tm、$NaYF_4$:Yb,Tm@$NaYF_4$:Yb,Er；（c1）～（c3）$NaYF_4$:Yb,Tm、$NaYF_4$:Yb,Tm@$NaYF_4$:Yb,Tm、$NaYF_4$:Yb,Tm@$NaYF_4$:Yb,Tm@$NaYF_4$；（d1）～（d2）$LaPO_4$:Eu、$LaPO_4$:Eu@$LaPO_4$[199, 200, 287, 288]

特别指出的是，该法非常适合形成核壳和核–壳–壳结构，而且产物形貌均匀，如图 4.19（b）～（c）所示。以 $NaYF_4$:Yb,Tm@$NaYF_4$:Yb,Tm@$NaYF_4$ 核–壳–壳结构为例，制备方法分为如下三步：①合成 $NaYF_4$:Yb,Tm 纳米核材料。将 2mmol 化学计量比的镧系元素乙酸盐、12mL 油酸和 34mL 十八烯加入三口烧瓶中，真空条件下加热到 120℃保持 1.5h，形成镧系元素的油酸盐[287]。再将混合溶液冷却至室温，缓慢加入约 20mL 含有 10mmol NaOH 和 8mmol NH_4F 的甲醇溶液，搅拌 1.5h。缓慢蒸发甲醇溶液后，混合物以 15℃/min 的速度升温至 300℃，在 Ar 气保护下保持 70min。随后，反应混合液再次冷却至室温，添加乙醇沉淀纳米晶后，再用乙醇洗涤 2 次，分散于 22mL 氯仿中备用。②合成 $NaYF_4$:Yb,Tm@$NaYF_4$:Yb,Tm 核壳结构纳米晶。将 2mmol 镧系元素的乙酸盐、12mL 油酸和 34mL 十八烯同时加入到三口烧瓶中，真空加热至 120℃，保持 1.5h。之后混合液冷却至 80℃，缓慢加入分散在氯仿中的纳米晶体核材料，并缓慢蒸发移除氯仿。氯仿清除干净后，混合物冷却至室温。缓慢加入含有 10mmol NaOH 和 8mmol NH_4F 的约 20mL 甲醇溶液，搅拌 1.5h。再缓慢蒸发掉甲醇，并迅速加热混合液至 300℃，加热速率 15℃/min，Ar 气保护下保持 2h。最后溶液冷却至室温，核壳结构的沉淀和洗涤过程与纳米晶体核材料的处理方法一致。③合成 $NaYF_4$:Yb,Tm@$NaYF_4$:Yb, Tm@$NaYF_4$ 核–壳–壳结构纳米晶。核–壳–壳结构纳米晶体的合成步骤与核壳结构相似，只有两点不同。一是本步骤中合成的壳材料是无掺杂的 $NaYF_4$，所以直接使用 2mmol 的乙酸钇；二是高温反应时间为 300℃反应 2.5h。

研究结果表明，制备的核材料粒径为 18±1nm，核壳结构的粒径为 23±2 nm，核–壳–壳结构的粒径分布在 28±2nm 到 30±2nm 范围内［图 4.19（c)]。核壳结构纳米晶体与核材料具有同等的胶体稳定性，因为核壳反应混合物的油酸和十八烯比率增加，纳米晶体的胶体稳定性随之增加。制备核材料时，反应温度为 300℃，反应时间为 70min，可获得接近单分散的纳米晶。制备核壳和核–壳–壳结构时，反应时间分别增加至 120min 和 150min，仍可获得高分散性纳米晶体。因为镧系掺杂纳米晶体的发光效率取决于其尺寸和基质中镧系离子的掺杂量。一般来说，一个尺寸为 18nm 的纳米晶，掺杂浓度（摩尔分数）为 2% Tm^{3+}时，约含有 950 个 Tm^{3+}。为了进一步增加 Tm^{3+}的数量，该研究将与核材料组成相同的壳层包覆在 18nm 的纳米晶核外，使发光效率增强 9 倍。鉴于有些研究指出配体与溶剂分子对上转换发光的猝灭作用，该研究采用未掺杂 $NaYF_4$ 壳包覆于核壳结构纳米晶体的表面，促使发光强度进一步提高为核壳纳米晶体的 2.5 倍，而相比于纳米晶体核来说，则增加了 24 倍。另外，上述核壳结构和核–壳–壳结构的发光强度增强因子均被低估，是由于测试过程中各纳米晶体所取的质量百分数相同的缘故。

利用甲醇辅助有机相合成法，Hyeon 课题组采用稀土油酸盐代替稀土氯化物作为稀土前驱体制备了 $NaYF_4$:Yb,Er 和 $NaYF_4$:Yb,Er@$NaGdF_4$ 纳米晶[289, 290]。Liu

和 van Veggel 课题组进一步将前驱体替换为稀土醋酸盐。他们观察到稀土醋酸盐、油酸和十八烯的混合物在真空环境中低温（例如 140℃）加热将得到稀土油酸盐中间体，该中间体进一步高温热分解制备得到多种稀土纳米晶体以及它们的核壳或核－壳－壳结构纳米粒子，例如 $NaGdF_4$:Nd/Tb、$NaYF_4$:Yb,Tm@$NaYF_4$、$NaYF_4$@$NaGdF_4$、$NaGdF_4$:Yb,Tm@$NaGdF_4$:Ln@$NaGdF_4$（Ln=Gd、Tb、Eu、Dy、Sm）和 $NaYF_4$:Yb,Tm@$NaYF_4$:Yb,Tm@$NaYF_4$[287, 291-294]。

Haase 和 Schäfer 课题组设计了一种合成 α-$NaYF_4$:Yb,Er/Tm 纳米粒子的三步法，采用 N–(2–羟乙基)乙二胺作为溶剂，反应仍然是在无氧无水条件下进行，产物粒径可在 5～30nm 范围内调变[295, 296]。前两步准备工作是在甲醇的辅助下于 N–(2–羟乙基)乙二胺溶剂中制备阳离子（Na^+和 RE^{3+}）离析物溶液和氟离析物溶液，第三步是在相对较低的温度下（185～200℃）加热两类离析物溶液制备 $NaGdF_4$、$NaEuF_4$、KYF_4 和 RbY_2F_7 等纳米粒子[297-300]。

Haase 和 Schäfer 课题组还设计了另一种无水无氧的甲醇辅助法，利用高沸点二苯醚作为溶剂，制备得到分散性良好的 $LnPO_4$（Ln=La～Nd、Sm～Lu）纳米晶，如图 4.19（d）所示[288, 301-306]。制备过程中，磷酸三丁酯和镧系氯化物金属在甲醇溶液中反应得到金属络合物，该络合物与磷酸反应制备镧系磷酸盐纳米晶。此外，附着于纳米粒子表面的叔胺用于调整产物在极性或非极性溶剂中的分散性。尽管叔胺烷基链的长度对产物粒径影响较小，但浓度的影响极大，通常浓度越高制备的纳米粒子粒径越小。该法制备的 $LnPO_4$ 纳米晶平均粒径一般为 10nm，而且能够合成 $LaPO_4$:Eu@$LaPO_4$、$CePO_4$@$TbPO_4$ 和 $CePO_4$:Tb@$LaPO_4$ 核壳结构产品。用二乙基丙酸醛或磷酸三(2–乙基己基)酯代替磷酸三丁酯形成金属络合物，甚至不添加二苯醚溶剂，$LnPO_4$ 纳米粒子的形貌基本保持不变[307-309]。

近十年高温溶剂法发展十分迅速，无论在稀土纳米晶制备方面，还是发光性能调控方面，都取得了突破性进展，并使某些理论上存在的发光现象成为现实，也拓宽了纳米上转换发光材料的性能调控方法和应用领域。目前，上述有机相合成法正在逐步发展成为制备高质量纳米晶最常用的方法，尤其是对核壳和核–壳–壳结构的制备。然而，在实际应用和操作过程中也存在某些内在缺点。第一，无水无氧的苛刻反应环境和高反应温度在操作过程中必须小心严格地控制；第二，采用的高沸点溶剂价格昂贵，而且三氟乙酸盐前驱体的副产物具有较强的毒性；第三，表面活性剂包覆的产物不溶于水溶液，限制了其在生物领域的应用，因此进一步的亲水修饰过程必不可少；第四，不适合制备稀土磷酸盐、钒酸盐和硼酸盐，唯一的 $LnPO_4$ 产物难于实现形貌调控；第五，形成机制仍然不够清楚，需要进一步地研究以实现对反应系统的精准调控。

4.5 其他软化学合成法

制备稀土荧光材料的软化学法除上述广泛使用的四种外，还有微乳液法、微波合成法和离子液体法等，这些方法特点突出，已经开始得到大众认可，研究报道逐渐增多，近年来得到了很大的发展和完善。

4.5.1 微乳液法

微乳液法是近 30 年来发展起来的新方法，具有装置简单、粒子尺寸均匀可控、操作容易、易于实现连续工业化生产等诸多优点。所谓微乳液法是利用在微乳液的液滴中的化学反应生成固体，以制得所需材料的方法。微乳液制备超细颗粒的特点在于粒子表面往往包有一层表面活性剂分子，使粒子间分散性高、不易聚结；通过选择不同的表面活性剂分子可对粒子表面进行修饰，并控制微粒的大小，还可以通过改变微乳液的各种结构参数调节其微观结构来调控纳米粒子的晶态、形貌、粒径及其粒径分布等，从而制备所需材料[3]。此外，该法可以通过控制微乳液的液滴中的水体积及各种反应物浓度来控制成核、生长，以获得各种粒径的单分散纳米粒子。洪广言课题组利用大豆卵磷脂在水中自发形成的囊泡作为模板，先制备出含有 Eu^{3+}的卵磷脂乳液，并用 NH_4F 沉淀后制得前驱体，该前驱体在 600℃煅烧，得到 EuF_3 纳米线，其直径为 10～20nm。通过对各阶段产物的荧光光谱、红外光谱、XRD 和热分析等的对比，得知在纳米粒子的制备过程中，Eu^{3+}与大豆卵磷脂的亲水头部有一定的络合作用，即形成了 Eu—O—P 键，并确认所得到的纳米线是多晶相 EuF_3[310]。

由于微乳滴中反应物浓度及液体体积可以控制，分散性好，控制生长，可控制成核，因而可获得单分散的各种粒径的纳米粒子。另外，如不除去表面活性剂，可均匀分散在多种有机溶剂中形成分散体系，以利于研究其光学特性及表面活性剂等介质的影响[3]。

所谓微乳液体系是两种互不相溶的液体形成的一种各向同性、透明/半透明、热力学稳定的均匀分散体系，一般由油相、水相、表面活性剂和助表面活性剂组成，通常是将水滴在油中（water in oil，W/O）或将油滴在水中（oil in water，O/W）形成的单分散体系，其微结构的粒径为 5～70nm，可分为正相（O/W）微乳液、反相（W/O）微乳液和双连续相微乳液三种，是表面活性剂分子在油/水界面形成的有序组合体。常用的油相有机溶剂多为 C_6～C_8 直链烃或环链烃；表面活性剂一般有阴离子表面活性剂、CTAB、二（2–乙基己基）磺基琥珀酸钠（sodiumbis （2-ethy |hexy|）sulfosu.cc.inate，AOT）、十二烷基磺酸钠、聚氧乙烯醚类（Ttiton X）非离子表面活性剂等；助表面活性剂一般为中等碳链 C_5～C_8 的脂肪醇。在用微乳液技

术制备纳米颗粒的过程中，最关键的一步是配置热力学稳定的微乳液体系。配置方法一般有两种，一种是把表面活性剂、助表面活性剂、有机溶剂混合均匀，然后向体系中加入水溶液，在一定的配比范围内体液系澄清透明，形成微乳液；另一种是把水溶液、表面活性剂、有机溶剂混合均匀，然后向体系中加入助表面活性剂，在一定的配比范围内体系澄清透明，即形成微乳液[6]。

在微乳液体系中，两种互不相溶的溶剂被表面活性剂（和助表面活性剂）的双亲分子分割成不连续的质点和连续的分散介质，且质点均匀分散于介质中。其中，连续质点被表面活性剂和助表面活性剂组成的单分子层界面所包围，组成微小的空间，形成微型反应器或纳米反应器，其大小可控制在纳米级范围，但受到胶束尺寸限制。连续质点构成的微型反应器中可增溶各种不同的化合物，是理想的反应介质。通常是将两种反应物分别溶于组成完全相同的两份微乳液中，然后在一定条件下混合。对于大多数常用的微乳液，在混合过程中就会发生传质，各种化学反应就在质点构成的微型反应器内进行，因而微粒的大小可以控制。当微反应器中的微粒长到最后尺寸，表面活性剂分子就会附着在微粒的表面，使微粒稳定并防止其进一步长大。最终得到的纳米微粒粒径受微反应器大小所控制。微乳液中反应完全后，通过超速离心或加入其他溶液的方法，使纳米粒子与微乳液分离，在利用适当溶剂清洗、干燥，即可得到纳米微粒的固体产品[6]。简单而言，这些微型反应器不断相互发生碰撞、融合、分离、重组等过程，发生物质交换，促使反应物在其内部经成核、聚结、团聚等过程生成固相粒子。

制备纳米粒子的传统微乳液法利用的是反相微乳液体系，即分散相为水相，分散介质为油相，水相质点分散在连续相油中形成的 W/O 型微乳状液体系。质点大小为 0.01～0.1μm 的水相微小液滴中能够溶解无机反应物。目前，常被用于制备纳米晶体的“水相–表面活性剂–油相”反微乳液体系有“水–CTAB–环己烷”体系、“水–CTAB–戊醇”体系、“水–CO520–环己烷”体系和“水–AOT–正庚烷”体系，其中 CO520 是 4–辛基酚乙氧基化物（polyoxyethylene(5)isooctylphenyl ether）的缩写，制备的稀土荧光粉包括镧系离子掺杂的 YF_3、α/β-$NaYF_4$、Y_2O_3、CeF_3、ErF_3 和 $LaPO_4$ 等上转换和下转换荧光纳米粒子[311-318]。然而，上述体系的产率极低，而且产物形貌有待提高。

以“水–AOT–正庚烷”体系为例，李富友课题组结合水热处理制备了氨基修饰的 $NaYF_4$:Yb,Er 上转换纳米粒子，并利用纳米粒子表面存在氨基的优势，直接功能化叶酸分子用于生物成像研究[312]。该水热辅助的微乳液法反应机制如图 4.20 所示，连续有机相为正庚烷，阴离子表面活性剂为 AOT。首先，在含有一定量 AOT 的正庚烷溶液（40mL）中添加体积为 0.6mL 的不同水相，获得微乳液 I 和 II 两种微乳液体系（水和表面活性剂的摩尔比均约为 11），其中，微乳液 I 的水相由 6–氨基己酸和稀土氯化物的水溶液组成，微乳液 II 的水相是含有 NaF 的水溶液。两种微乳液体系各自独立搅拌 1h，形成水一般清澈透明的微乳液体系。因为 AOT 亲油的烷基尾部延伸到连续相正庚烷溶剂中，而亲水的头部基团将划分开连续相获得一系列水核，形成热稳定的反相胶束。如果单独使用 AOT 作为螯合剂和表面活性剂，制备的纳米晶体必然是疏水的。为了获得具有合适功能团的亲水产物，该合成添加了另一种螯合剂，即 6–氨基己酸，不但能控制纳米晶体的生长（微乳液 I 中，6–氨基己酸的碳酸基团能够与稀土离子配位），还能为产物提供表面氨基修饰。然后，将两种微乳液搅拌混合，即可获得氟化物晶体。一般而言，水热处理可大幅提高产物的结晶度。因此，该研究将混合搅拌一定时间后的微乳液体系转入水热釜中，在 180℃环境中反应 0～10h。反应结束后，自然冷却至室温，加入丙酮使产物析出，在 12000 转的条件下离心 20min，直接获得氨基修饰的 $NaYF_4$:Yb,Er 纳米粒子。水热处理将破坏室温形成的反向胶束，进而延长反应时间可形成更大的纳米粒子。例如，没有水热处理辅助时，该微乳液法制备的 $NaYF_4$:Yb,Er 纳米粒子呈球形，因为 AOT 和 6–氨基己酸协同抑制效应的影响，产物粒径只有 1～3nm；水热处理 3h 后，纳米粒子长大至 4～8nm，主要原因可归结为晶体生长过程中常见的溶解再结晶过程；水热处理 6h 后，形成茧状纳米粒子，粒径进一步长大到 20nm 左右，茧长为 20～40nm（图 4.20b）；继续延长水热处理至 10h，可获得蠕虫状粒子，粒径基本不变，长度为 40～100nm。另外，氯甲酸–9–芴甲酯定量法检测得知纳米粒子表面的游离氨基附着量为（9.5±0.8）× 10^{-5}mol/g。

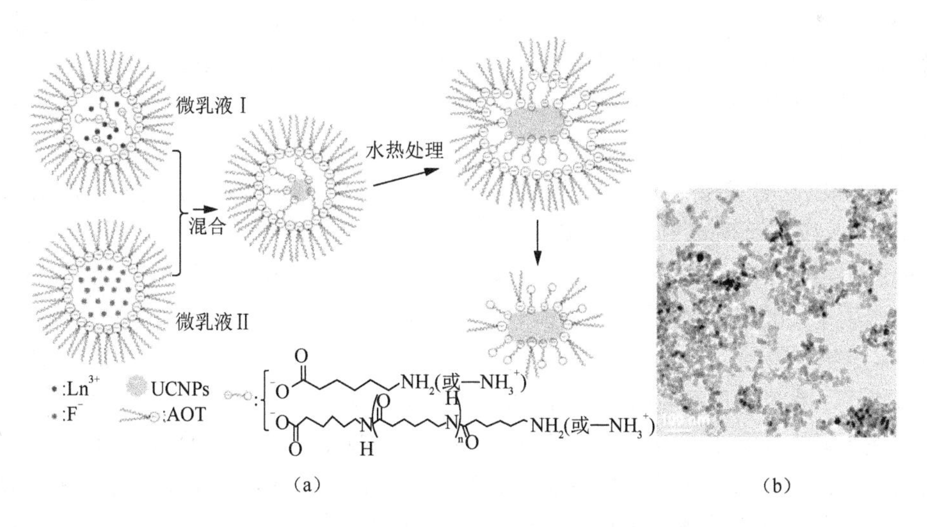

图 4.20　水热辅助的微乳液法制备 $NaYF_4$:Yb,Er 上转换纳米粒子的反应机制示意图及产物形貌 TEM 图[312]

再以“水–CO520–环己烷”体系为例，传统方法与上述微乳液过程类似，如

若制备 YF_3 纳米粒子，则先将适量表面活性剂 CO520 和分散相环己烷混合，再等分两份，分别加入氯化钇和 NH_4HF_2 的水溶液，获得两种微乳液体系，分别搅拌均匀，并超声处理 20min。然后将两者混合，即可获得 YF_3 纳米粒子。Ritcey 课题组首先利用该法制备了多种粒径的 YF_3 纳米粒子，而且发现水和表面活性剂的摩尔比从 1.2 增加到 24.4 过程中，粒子尺寸随之从 6nm 以线性趋势缓慢增加到 47nm，然而纳米粒子是非晶结构、产物表面粗糙、粒径均一性差、且结构松散[315]。随后，Ritcey 课题组对上述两种微乳液混合制备纳米粒子的方法进行了改进和简化，即使用单一微乳液体系制备纳米粒子。同样制备 YF_3 纳米粒子，只需将 0.5mL 氯化钇水溶液、2g CO520 和 15mL 环己烷均匀混合，并超声处理 20min 获得微乳液体系，再剧烈搅拌，同时加入 0.5mL NH_4HF_2 的水溶液，则可获得 YF_3 纳米粒子的悬浮液。而且调整加入的 NH_4HF_2 水溶液量，可形成均匀的六边形、四边形和少数三角形 YF_3 纳米粒子，更重要的是，粒子产物属斜方晶系晶体、单晶，且表面光滑、粒径均一度良好、结构密实。产物形貌和结晶度基本达到水热/溶剂热法制备粒子的水平。

李亚栋课题组设计了一种制备纳米粒子的 O/W 型微乳液体系，体系的连续相为水溶液[319]。他们深入研究了微乳液体系和反向微乳液体系制备纳米粒子的反应机制，发现两者差异甚大。在他们设计的“正己烷–亚油酸–水”O/W 型微乳液体系中，生成纳米粒子的化学反应不是发生在不连续质点正己烷组成的微小空间内，而是发生在油水两相的分界面上，而且生成的纳米粒子表面附着有亚油酸分子，例如粒径分布为 1.5～5nm 的 YF_3、PrF_3、NdF_3、$HoPO_4$ 和 $CePO_4$ 纳米晶。值得注意的是，与传统反相微乳液法相比，该法制备产品的产率得到极大提高，因为作为连续相的水相中能够溶解大量的反应原料。以 $HoPO_4$ 纳米晶为例，制备过程同样非常简单，先将一定量 NaOH 溶解在 10mL 水和 15mL 乙醇的混合溶液中，再加入 3.7mL 亚油酸和 2.0mL 正己烷，形成透明的 O/W 微乳液体系；然后在剧烈搅拌条件下，将 $Ho(NO_3)_3$ 和 NaH_2PO_4 两种水溶液各 2.5mL 依次添加到上述微乳液中，形成透明溶液。加入阳离子 Ho^{3+}后，带正电的 Ho^{3+}在带负电的亚油酸根离子的库仑力作用下，将被吸附到油核周围。又因为 Ho^{3+}在极性溶剂中具有极强的溶解能力，将聚集在油水分界面上，并在极性溶剂和表面活性剂分子共同作用下稳定存在。随后，继续加入的阴离子 PO_4^{3-}将会与 Ho^{3+}在油水分界面上发生化学反应，破坏上述平衡。考虑到无机化合物在上述体系中较低的溶解度，原来的阳离子将会与阴离子快速结合，在油水分界面生成微小颗粒。因为体系的连续相是水和乙醇，整个过程将会和普通水溶液中同样快速。事实上，多数反应中，沉淀将在几秒内发生。另外，界面反应的路径主要有两种：一种是阴离子与单一胶束表面附近的阳离子直接反应；另一种在两个胶束随机碰撞过程中发生，此时阴离子和源自两个界面的阳离子反应。不论哪种路径，形成的纳米粒子都带有中性电荷，导致它们不能像原来的阳离子一样稳定地存在于两相分界面。因为粒子表面吸附有表面活性剂，李亚栋等推测有相转换过程发生，即纳米粒子从油水分界面进入油核内部。随之，一定量的表面活性剂分子在水相中恢复自由，正相胶束复原，为下一轮界面反应做准备。为了确保产率，采用基于萃取的后处理方式收集产物。即反应几分钟后，加入 15mL 正己烷破坏上述均一、透明溶液，形成上下分层、边界分明的两相溶液。上层溶液为正己烷和部分乙醇的混合液，同时，生成的疏水 $HoPO_4$ 纳米晶将被萃取到上层混合液；分离上层混合液后，继续添加乙醇使沉淀析出，最后高速离心获得产物，可分散于正己烷溶液中。

综上，微乳液法制备纳米粒子的实验装置简单，能耗低，操作容易，具有以下特点：①粒子的表面包覆一层（或几层）表面活性剂，粒子间不易聚结，稳定性好；②选择不同的表面活性剂修饰微粒子表面，可获得特殊性质的纳米微粒；③粒子表层类似于“活性膜”，该层基团可被相应的有机基团所取代，从而制得特殊的纳米功能材料；④表面活性剂对纳米微粒表面的包覆改善了纳米材料的界面性质，显著地改善了其光学、催化及电流变等性质。

4.5.2 微波合成法

微波法是近二十年来迅速发展的新兴交叉学科，是新材料合成方法中最具特色的方法之一。利用该法制备纳米粒子引起了研究者的极大兴趣，因为该法性能独特，能将反应时间从十几或几十个小时缩短到几十或几分钟完成。这种极高的反应速度主要归功于微波对极性分子溶剂的瞬时加热效应。这种瞬时加热快速、高效、受热均匀，而且不需要热传导过程，具有自动平稳性能，可避免过热。

微波是频率在 300MHz～300GHz，即波长介于 100cm～1mm 范围内的电磁波。它位于电磁波谱的无线电波和红外辐射之间。微波加热是材料在电磁场中，由介电损耗而引起的体内加热，是一种依靠物体吸收微波并且能将其转换成热能，使自身整体同时升温的加热方式，完全区别于其他常规加热方式。传统加热方式是根据热传导、对流和辐射原理使热量从外部传至物料热量，热量总是由表及里传递进行加热物料，物料中不可避免地存在温度梯度，故加热的物料不均匀，致使物料出现局部过热。

微波加热技术与传统加热方式不同，它是通过被加热体内部偶极分子高频往复运动，产生“内摩擦热”而使被加热物料温度升高，不须任何热传导过程，就能使物料内外部同时加热、同时升温，加热速度快且均匀，仅需传统加热方式能耗的几分之一或几十分之一就可达到加热目的。微波加热与高频介电加热技术类似，只不过采用的工作频率为微波频段而已。微波交变电场振动一周的时间为 10^{-9}～10^{-12}s，恰好和介质中偶极子转向极化及界面极化的弛豫时间吻合，因此产生介电损耗，于是微波的电能转变为热能而发热[5]。从理论分析，物质在微波场中所产生的热量大小与物质种类及其介电特性有很大关系，即微波对物质具有选择性加热的特性。因此，利用微波加热实现化学反应不仅可有效提高反应速率、转化率和选择性，而且体现出加热质量高、热惯性小和节能环保等诸多优点，其作为实现绿色工艺的手段之一而到人们的重视[320]。

微波与物质相互作用有三种类型[5]。第一类物质是微波传导体，它们对微波是“透明的”，基本不吸收微波，例如不含过渡金属的陶瓷、多种玻璃、熔融石英、TiO_2、ZrO_2、Al_2O_3及聚四氟乙烯等材料。第二类物质是微波的反射体，例如合金和金属，如黄铜，它们可以作为微波的波导管。因此，玻璃、陶瓷、石英和某些塑料可以作为微波加热用的反应容器。第三类物质是微波吸收体，它们能吸收微波能量，很快被加热升温，有的还会被分解，例如各种单质碳、变价金属的氧化物、多种金属硫化物、铜/锌的卤化物等。总之，它们多半是具有高介电常数和高介电损耗的物质。例如，在家用微波炉（2.45GHz，1kW）中，单质 Fe 微波辐照 7min，可升温 1041K；小于一个微米的单质 C（石墨）微波辐照 1.75min，可升温 1346K；Fe_3O_4磁铁矿微波辐照 2.75min，可升温 1531K；$NaH_2PO_4·2H_2O$ 微波辐照 7min，可升温 951K。

在微波法制备发光材料的研究初期，科研工作者发现，利用一些具有吸收微波产生高温的化合物和单质，在频率 2.45GHz、功率 1kW 的家用微波炉中，可以直接快速合成某些发光材料的基质或发光材料。即使原材料反应物本身不具有吸收微波产生高温的性质，也可利用无定型碳粉和石墨粉压制成球团置于反应物中，在微波作用下产生高温，间接地加热反应物促使反应的发生；或利用石墨粉、磁铁矿等放在反应容器的外围间接加热。这样能够快速地制备许多发光材料[5]，并提高发光材料的多项性能指标。李沅英等对间接加热家用微波炉合成稀土发光材料的路线进行了实验研究，获得肯定结果。早在 1996 年，他们就在频率为 2450MHz、最大微波功率为 800W 的家用微波炉中制备了六方晶系 $Y_2O_2S:Eu^{3+}$荧光粉[321]，发光亮度较高，提升空间大。首先，他们利用盐酸溶解化学计量比的稀土氧化物，在合适的 pH 条件下加入草酸沉淀稀土离子后，洗涤、过滤、烘干。再与适量无水碳酸钠、硫磺和磷酸氢二铵混合均匀，研磨后置于小坩埚中。加盖后转移到另一个大坩埚中，夹层填充氧化铁粉末（辅助发热），置于家用微波炉中，先用 160W 预热 1min 后，继续用 720W 功率加热 28min，反应结束。冷却后沸水洗涤、过滤、干燥后，再与适量无水碳酸钠、硫磺和磷酸氢二铵混合、研磨，进行二次硫化反应，并用 720W 功率加热 17min，最后再经洗涤、干燥获得白色粉末，粉末呈晶状、颗粒细小、均匀。XRD 分析表明合成反应进行彻底，产物相组成较纯净。随后，他们对氧化铁辅助发热的微波法进行了改进，通过添加助溶剂 H_3BO_3 和 NaF 的方法，将微波反应简化为一步[322]。只需将稀土草酸盐、氧化镁和氧化铝（或稀土草酸盐、碳酸钡、碳酸镁和氧化铝）与之共同研磨均匀，800W 微波 40min，即可获得$(Ce_{0.67}Tb_{0.33})MgAl_{11}O_{19}$ 和 $BaMgAl_{10}O_{17}:Eu^{2+}$两种当时国内外普遍使用的稀土三基色灯用绿色和蓝色发光材料，两者的色坐标与国际荧光体色坐标很接近，相对发光强度分别为当时市售相应种类荧光粉的 88%和 80%。另外，材料物相组成单一，晶形发育完整，颗粒细小均匀，只有轻微烧结。而工业生产上述发光材料都是采用温度 1500℃以上的高温固相法制备，产物烧结严重，导致后期辅助的球磨粉碎严重破坏荧光体晶形，降低发光性能。

随着微波法技术优势的逐渐显现，再考虑到家用微波炉的功率低、微波功率密度小、磁控管及其原件和线路紧靠炉体等劣势，程控微波反应器随之被研发并应用到材料的合成之中。2010 年，张洪杰课题组使用意大利 Milestone 公司生产的型号为 START SYNTH 的程控微波合成仪，微波加热仅 10min 就制备了高结晶度且分散性良好的 $BaYF_5$:Ce,Tb 亲水纳米粒子，粒子尺寸仅为 12±2nm[323]。START SYNTH 型程控微波合成仪配备有内部对称石英管。石英管位于一块旋转板上，旋转板可确保整个反应处于相同的反应条件下。反应温度由内部红外探测器监控。通过程序设定控制升温时间（需优化）、目标温度、持续时间和持续温度等反应参数。典型实验的参数设置如下：微波辐射功率为 600W，升温时间 10min，目标温度 170℃，持续时间 10min，持续温度 170℃。反应过程非常简单，先将化学计量比的乙酸钡和稀土硝酸盐溶解在 20mL 乙二醇溶液中，同时将一定量氟化铵溶解在 1mL 水中，制备两种透明溶液。再将水溶液添加到乙二醇溶液中搅拌 30min，转入 START SYNTH 型程控微波合成仪反应 10min，离心、洗涤、干燥即可获得目标产物。他们指出，高沸点乙二醇溶剂在 $BaYF_5$:Ce,Tb 结晶过程中发挥了重要作用，因为溶剂的黏性高，降低了离子的扩散速度，促使均匀形核，同时利于阻止纳米晶团聚，因此可制备分散均匀的微小纳米晶。此外，有研究表明由于加热过程很快，反应溶剂中的热传递通常在几分钟甚至几秒钟之内便可完成，因而微波反应中的溶剂发挥了很大的作用。衡量溶剂在微波反应过程中传递热量的能力通常用损耗因数来表示，它与溶剂的极性及离子化程度有关。在使用微波法合成稀土离子氟化物方面，研究报道过的使用溶剂包括[Bmim][PF_6]、水、水和乙二醇混合溶液、十八烯和油酸混合溶液等。其中乙二醇具有高达 1.350 的损耗因数，是水（0.123）的十倍以上。因此使用乙二醇作为溶剂，可以有效地吸收微波热量，促进反应的发生。随后，该课题组采用相同的微波合成仪和相同的参数设定，调整反应物种类及比例，制备了粒径只有 3～5nm 的 MF_2:Ln（M=Ca、Sr、Ba；Ln=Ce、Tb、Gd）微小晶体，同时，揭示了 Ce^{3+}-Tb^{3+}共掺杂体系中的能量传递机制[324]。

施展课题组[325]在表面活性剂聚乙烯亚胺的辅助下，采用类似上面的微波操作过程，使用意大利生产的微波消解/萃取系统（ETHOS ONE），直接合成了氨基修饰的 $NaGdF_4$:Yb,Ln（Ln=Er、Tm、Ho、Tm-Ho）亲水纳米粒子，易于修饰生物分子用于医学成像和治疗探索[325]。研究发现随着原料中 Gd^{3+}/F^{-} 离子用量比的增加，产物晶相可经历从 α 到 β 的转变；α 相产物呈四方形貌，粒径约 40nm；而 β 相产物呈爆米花状形貌，粒径约 65nm（图 4.21）。另外，还有报道利用微波加热的方法制备了 $CePO_4$:Tb 纳米棒，尺寸约为 48.5×13.5nm[326]。

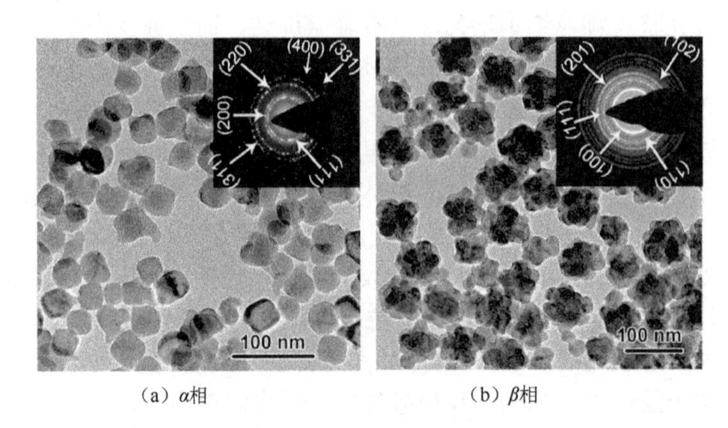

（a）α相　　（b）β相

图 4.21　$NaGdF_4$:Yb,Ln 纳米粒子的形貌 TEM 图

采用上海屹尧仪器科技发展有限公司生产的 APEX-R 微波反应系统可以制备多种 $NaYF_4$:Yb,Ln（Ln=Er、Tm、Ho）纳米/微米粒子[327]。合成方法同样非常简单，先将稀土硝酸盐、$NaNO_3$ 加入 10mL 乙二醇中，搅拌使其完全溶解。再将一定量 NaF 加入 25mL 乙二醇中，超声使完全溶解。然后将两种溶液混合搅拌 10min，转入微波反应系统中，在 100～160℃温度下反应 10～50min。最后，洗涤、干燥、收集粉末样品。结果表明，上述实验条件下可以获得 α、$\alpha+\beta$ 和 β 相 $NaYF_4$ 晶体。立方晶相产物为直径 100～200nm 的球形颗粒；六方晶相产物为碟状粒子，尺寸约 1～1.5μm；而两相混合产物中，两种形貌的颗粒共同存在；此外，随着样品中六方相产物比例增多，碟状的微米晶逐渐增多，直至全部为六方相样品时，球形小颗粒完全消失，说明产物的晶体结构决定了其形貌。通过增加氟化物用量的方法，在较低的温度及较短的反应时间条件下，利用微波回流反应，可以得到纯相 β-$NaYF_4$ 微粒。而实验过程中 Bi^{3+} 的有效掺杂，使上转换发光强度提高了 10～40 倍。

微波加热法制备发光粉体材料有方法可靠、设备简单、反应迅速、省时、操作简便、反应条件温和、环境洁净、节能高效且发光效率高，有利于降低生产成本等优点。另外，产物粒度较细小、不结团，值得重视与运用。它不同于常规高温固相反应，其合成方法最大的特点是：热源分布在反应混合物料内部，反应温度均匀，升温速度快，热效率高，加快反应速度，具有快速提高反应速度的优势。

4.5.3 离子液体法

离子液体，是指完全由阴阳离子所组成的液体，如高温下的 KCl 和 KOH，均呈液体状态，此时它们就是离子液体。在室温或室温附近温度下呈液态的由离子构成的物质，称为室温离子液体、室温熔融盐（室温离子液体常伴有氢键的存在，定义为室温熔融盐稍有勉强）、有机离子液体等。目前尚无统一的名称，但倾向于简称离子液体。

在离子化合物中，阴阳离子之间的作用力为库仑力，其大小与阴阳离子的电荷数量及半径有关，离子半径越大，它们之间的作用力越小，这种离子化合物的熔点就越低。某些离子化合物的阴阳离子体积很大，结构松散，导致它们之间的作用力较低，以至于熔点接近室温。可见离子液体具有如下优势：不挥发、不可燃、导电性强、室温下离子液体的黏度低、热容大、蒸汽压小、性质稳定，对许多无机盐和有机物具有良好的溶解性，是一种绿色环保的溶剂，在电化学、有机合成、催化、分离等领域被广泛的应用[328, 329]。

因为离子液体对许多无机盐和有机物均具有良好的溶解和稳定能力，因此在无机合成中可以被用作反应溶剂、盖帽剂或表面活性剂。最近，研究表明离子液体在无机材料合成中作为媒介展现的特殊性能尤为引人注目，尤其是在氟化物纳米粒子合成中这种优势更为明显。因为四氟硼酸盐（$[BF_4]^-$）、六氟硼酸盐（$[BF_6]^-$）和六氟磷酸盐（$[PF_6]^-$）等离子液体的抗衡离子不够稳定，在一定的反应条件下会发生热分解，并缓慢水解释放出 F^-[330]。据此。有报道将稀土硝酸盐、乙酰丙酮盐或醋酸盐溶解在 1-丁基-3-甲基咪唑四氟硼酸盐（1-n-butyl-3-methylimidazolium tetrafluoroborate，$[Bmim][BF_4]$）、1-丁基-3-甲基咪唑六氟磷酸盐（1-butyl-3-methylimidazolium hexafluorophate，$[Bmim][PF_6]$）、1-辛基-3-甲基咪唑六氟磷酸盐（1-octyl-3-methylimidazolium hexafluorophosphate，$[Omim][PF_6]$）或 1-辛基-3-甲基咪唑四氟硼酸盐（1-octyl-3-methylimidazolium tetrafluoroborate，$[Omim][BF_4]$）等离子液体中制备了 LnF_3（Ln=La-Nd、Sm、Eu、Tb、Er）纳米/微米粒子[329, 331]。上述体系中，离子液体既起到了溶剂和模板的作用，也起到了氟源的作用。Nuñez 课题组分别采用稀土乙酰丙酮、醋酸盐和硝酸盐作为前驱体，在$[Bmim][BF_4]$离子液体中制备了 YF_3 纳米晶[331]。制备过程中，首先将某种特定量的稀土前驱体搅拌溶解在乙二醇或乙醇溶液中。采用乙二醇为溶剂时，可加热至 100℃左右，以加快溶解过程；在室温条件下加入$[Bmim][BF_4]$离子液体，继续搅拌；然后将混合溶液转入已经预热至一定温度的密闭试管中，陈化 15h；最后，离心、洗涤、干燥，即可获得多种形貌规则的菱形 YF_3 纳米粒子，粒子长轴尺寸低于 350nm，短轴低于 180nm。作者指出，形成氟化物的 F^-源于$[BF_4]^-$的水解反应。虽然反应中没有添加水，但各种稀土盐均带有结晶水和微量吸附水，此时，在适当的反应条件下，$[BF_4]^-$可发生快速水解反应，反应方程式可表示为：$[BF_4]^-$（离子液体）+$H_2O \longrightarrow BF_3 \cdot H_2O$（离子液体）+$F^-$（离子液体），释放$F^-$。其他报道也明确指出，在适当的反应条件下，$[BF_4]^-$水解可形成$F^-$、$HOBF_3^-$、HF 和$H_3BO_3$等产物；$[PF_6]^-$水解可形成$F^-$、$POF_3$和 HF 等产物[329]。另外，Nuñez 等指出，反应温度低于 100℃时，没有产物生成[331]，说明该温度下离子液体不发生明显的水解；而反应温度高于 200℃时，产物严重团聚。

鉴于离子液体与传统溶剂相比，拥有的四种独特优势，包括较宽的电化学窗口、扩展的氢键作用、模板剂和盖帽剂功能，多被当作绿色、新型溶剂，与其他制备技术结合，如溶剂热法和微波加热法，以期获得新的产物、性质和形貌[332]。有报道指出离子液体在溶剂热反应体系中制备$NaYF_4$:Yb,Er/Tm 纳米粒子，体系中选用的离子液体$[Bmim][BF_4]$同时起到了溶剂、共溶剂、反应物和模板剂的作用，被命名为离子热法（ionothermal method），用于显示其与常规水热法和溶剂热法的差别[333, 334]。孔祥贵等利用这种离子热法制备了粒径约为 55nm 的六方晶相$NaYF_4$:Yb,Er/Tm 纳米粒子，合成方法非常简单，只需将稀土硝酸盐和氯化钠添加到 10mL$[Bmim][BF_4]$中，80℃搅拌 30min 后转入反应釜中，置于 160℃环境中反应 18h 即可。该过程与其他制备$NaYF_4$晶体的方法不同，$[Bmim][BF_4]$离子液体的溶剂、反应物和模板剂功能，促使反应十分利于形成粒径细小的六方晶相产物。他们将其归结为相转换机制，并进行了详细分析，着重阐述了离子液体的作用。一般而言，相转换行为可由环境因素或能垒控制。事实上，$NaYF_4$晶体立方晶相到六方晶相的转变主要由Y^{3+}占据位点的环境修正和配位数决定。分析表明，随着氟源浓度增加，Y^{3+}或其他阳离子位点便于和F^-结合，从而降低了能垒。该研究中，虽然也没有水的加入，但硝酸盐原料自带的结晶水和微量吸附水仍然促使$[BF_4]^-$水解生成F^-。在这种溶剂中的化学反应，类似于在完全充满纯氟源环境中的反应，有效降低了能垒，因此便于在相对低温条件下形成六方晶相产物。至于粒径细小晶体的生成原理，也主要归结为离子液体的影响。因为$[Bmim]^+$直接影响了离子液体中镧系粒子的溶解性和扩散性能，进而影响了晶体的形核过程。据此，孔祥贵等确信，当稀土离子溶解到$[Bmim][BF_4]$离子液体中时，稀土离子将被$[BF_4]^-$离子包围，最初的壳层被咪唑阳离子包围。同时，硝酸根离子被咪唑阳离子的坚固牢笼困住。因此，所有稀土阳离子都处于相同的化学环境中，如果持续加热，$[BF_4]^-$被分解，导致$NaYF_4$晶体微粒生成。离子液体作为配位溶液，在此中反应也类似于在完全充满纯配体的环境中反应，因此抑制了晶体的进一步生长。另外，$[Bmim][BF_4]$离子液体具有低界面张力，反而导致快速形核，因此奥斯特瓦尔德成熟机制诱发形成小粒子的概率很低。最后需要指出的是，纳米粒子表面覆盖有作为表面活性剂的离子液体，使纳米粒子具有良好的亲水性，分散在水溶液中，带有很强的正电荷，利于后续的生物医学应用。徐淑坤课题组采用类似的离子热法，在 PEI 的辅助下，同样制备了粒径约为 35nm 的六方相 $NaYF_4$:Yb,Er 粒子[333]。

近十年，针对离子液体高极性、离子本质、热稳定性及优秀的微波吸收能力，科研工作者提出了一种微波辅助的离子液体法，制备了 Fe_2O_3、CoF_2、$NaYF_4$ 和 REF_3（RE=La～Lu、Y）等纳米晶，纳米晶的形貌多样，包括盘状、团簇状和椭球形等[320, 330, 335]。该法巧妙地将微波加热和离子液体优秀的吸波性能相结合，同时具备了两种方法的优势，促使反应时间缩短至 5～20min，而产物拥有高结晶度。上述研究均强调了合适种类的离子液体对于合成稀土氟化物纳米晶的重要作用。林君课题组指出，制备 REF_3 纳米晶时，相同的微波反应条件下，如果将离子液体换成 $NaBF_4$ 或 NH_4F，则得到的纳米晶含有杂相，根本得不到预期产物[330]。另外，产物形貌也随着氟源的改变而极为不同，因为该反应中离子液体起到了软模板剂的作用。而严纯华课题组侧重于研究不同类别的离子液体，如[Bmim][BF_4]和[Bmim][PF_6]对 $NaYF_4$:Yb,Er 纳米晶形貌和上转换发光性能的影响[320]。该研究的不同之处在于采用的稀土盐和钠源为三氟乙酸盐，尽管如此，为产物提供氟源的仍然是离子液体。在[Bmim][BF_4]离子液体中可获得平均粒径为 79nm、163nm 和 302nm 的立方晶相 $NaYF_4$ 纳米团簇；而在[Bmim][PF_6]离子液体中可获得平均粒径为 12nm 的立方晶相 $NaYF_4$ 椭球形纳米粒子，粒子之间略有粘连。因为[Bmim][PF_6]离子液体中的 P—F 键能低于[Bmim][BF_4]离子液体的 B—F 键能，所以前者的热解速率比较快，因此[Bmim][PF_6]离子液体将释放出更高浓度的 F^-，从而形成 NaF。上转换发光光谱显示，$NaYF_4$:Yb,Er 纳米团簇的发光强度是纳米粒子的 8 倍左右，主要因为两种粒子的表面状态和表面缺陷各不相同，进而导致无辐射弛豫不同。

总之，离子液体法是一种绿色环保、操作简单、发展空间广阔的新兴合成方法。尤其适合与其他合成方法联用，同时利用离子液体和所选化学方法的双重优势，实现新技术的开发和新产物的制备。不足之处在于研究刚刚起步，使用的离子液体种类仅限几种，制备的产物类别也甚为有限，离子液体的优势尚未完全开发，形貌和性质调控不尽人意。

发光材料针对各种应用，可以是薄膜、晶体、纤维、粉末及液体等多种形态，但目前绝大多数应用的发光材料是粉体，例如电视用发光材料是以其荧光粉配成浆料涂覆在荧光屏上；灯用发光材料以粉体配成浆料涂覆在玻璃管的内壁。制备稀土发光材料的目的是获得特定化学组分或缺陷、良好的晶体结构、指定发光性能，以及所需颗粒形态的材料。在合成时有其不同一般的特定工艺要求[3]。

（1）使用的稀土发光材料通常为粉体，粉体应具有合适的形貌和粒度。因此，在制备过程中需根据不同粉体合成技术的产物特点，合理选择。而不同合成方法各有其优缺点，将各种合成技术综合运用可以扬长避短，互为补充，这也是目前合成发光材料的一个发展方向。例如，微乳液法制备纳米粒子时，由于反应温度低和胶束尺寸的限制，制备的发光材料有时构成疏松、结晶度低、粒径过小，而结合水热处理后完美解决了上述问题。又比如离子液体和微波法的联用，前者作为溶剂具有优秀的微波吸收能力，可进一步提高微波反应速率。

（2）通常发光材料应为淡粉色、黄色或白色等浅色粉末，若粉体颜色过深，将影响发光效率，因为深色粉体会对发光产生自吸收。

（3）发光材料的制备属于高纯物质制备的范畴，它们的共同特点是对原料纯度的要求很高。因为发光材料对杂质十分敏感，含量极低的杂质便会严重损害材料的发光性能，这类物质称为毒化剂或猝灭剂，如 Co、Ni、Fe 就是这类物质的典型代表。此外，发光材料的制备对器皿的清洁程度、操作环境和溶剂的纯度都有比较高的要求。据此，在原料选择、制备、后处理等环节应防止杂质的进入。为了尽量消除外部环境对稀土材料，尤其是纳米材料发光性能的影响，可对粉体进行包膜处理，以改善材料的耐受性[336]。

（4）特定的发光材料对激活离子价态有一定要求，为获得所需价态的发光离子，制备时需要根据实际情况选择一定的气氛。

（5）在制备过程中，不仅考虑到产业化的规模生产，也应该考虑到实验室的少量合成。

另外，徐叙瑢和苏勉特别曾指出发光材料的制备包括许多需要考虑的问题[5]：

“起始反应物的选择，反应物用量和配比，最佳反应条件的设计和确定等。而整个制备工艺又涉及许多因素，各种因素有可能在较宽范围内变化。为了获得发光性能最好的产物，往往需要进行大量的重复性的实验工作，对每一次的实验结果要做分析检测，作出判断，拟定改进的方案再做实验，即所谓反复试验、不断摸索，一直到获得最佳的结果为止。但是因为发光材料的制备是一项多因素多位级的化学反应过程，需要摸索的条件众多，要安排的实验次数很多，而且实验工作量大。为了减少试验次数，而且在有限的试验次数内概括尽可能多的实验因素和位级，得到最多的信息，而不要一个因素一个因素那样试验下去，就可以借助‘正交试验’这种数学方法来安排实验；也可以借助计算机模拟识别方法来指导和安排实验工作，以期在经过有限次数的实验，能较准确地获得最优化工艺的结果。”

参 考 文 献

[1] 周济. 软化学：材料设计与剪裁之路[J]. 科学, 1995, 47 (3): 17-20.

[2] 奇西伟, 周济. 纳米材料的软化学制备技术[J]. 电子元件与材料, 2002, 21 (7): 27-31.

[3] 洪广言.稀土发光材料：基础与应用[M]. 北京：科学出版社, 2011.

[4] 张中太, 张俊英. 无机光致发光材料及应用[M]. 北京：化学工业出版社, 2011.

[5] 徐叙瑢, 苏勉曾. 发光学与发光材料[M]. 北京：化学工业出版社, 2004.

[6] 刘光华. 稀土材料学[M]. 北京：化学工业出版社, 2007.

[7] STOUWDAM J W, VAN VEGGEL F C J M. Near-infrared emission of redispersible Er^{3+}, Nd^{3+}, and Ho^{3+}doped LaF_3 nanoparticles[J]. Nano Letters, 2002, 2 (7): 733-737.

[8] SUDARSAN V, VAN VEGGEL F C J M, HERRING R A, et al. Surface Eu^{3+} ions are different than "bulk" Eu^{3+} ions in crystalline doped LaF_3 nanoparticles[J]. Journal of Materials Chemistry Home, 2005, 15 (13): 1332-1342.

[9] STOUWDAM J W, RAUDSEPP M, VAN VEGGEL F C J M. Colloidal nanoparticles of $LaVO_4$: energy transfer to visible and near-infrared emitting lanthanide ions[J]. Langmuir, 2005, 21 (15): 7003-7008.

[10] YANG M, YOU H P, LIU K, et al. Low-temperature coprecipitation synthesis and luminescent properties of $LaPO_4$:Ln^{3+} (Ln^{3+} = Ce^{3+},Tb^{3+}) nanowires and $LaPO_4$:Ce^{3+}, Tb^{3+}/$LaPO_4$ core/shell nanowires[J]. Inorganic Chemistry, 2010, 49 (11): 4996-5002.

[11] CHEN M, XIE L, LI F Y, et al. Capillarity force induced formation of luminescent polystyrene/(rare-earth-doped nanoparticle) hybrid hollow spheres[J]. ACS Applied Materials & Interfaces, 2010, 2 (10): 2733-2737.

[12] TOMASZ G. Multifunctionality of $GdPO_4$:Yb^{3+},Tb^{3+} nanocrystals-luminescence and magnetic behaviour[J]. Journal of Materials Chemistry, 2012, 22(43): 22989-22997.

[13] DONG N-N, PEDRONI M, PICCINELLI F, et al. NIR-to-NIR two-photon excited CaF_2:Tm^{3+},Yb^{3+} nanoparticles: multifunctional nanoprobes for highly penetrating fluorescence bio-imaging[J]. ACS Nano, 2011, 5 (11): 8665-8671.

[14] EVANICS F, DIAMENTE P R, VAN VEGGEL F C J M, et al. Water-soluble GdF_3 and GdF_3/LaF_3 nanoparticless physical characterization and NMR relaxation properties[J]. Chemistry of Materials, 2006, 18(10): 2499-2505.

[15] CHEUNG E N M, ALVARES R D A, OAKDEN W, et al. Polymer-stabilized lanthanide fluoride nanoparticle aggregates as contrast agents for magnetic resonance imaging and computed tomography[J]. Chemistry of Materials, 2010, 22(16): 4728－4739.

[16] SIVAKUMAR S, VAN VEGGEL F C J M, RAUDSEPP M. Bright white light through up-conversion of a single NIR source from sol-gel-derived thin film made with Ln^{3+}-doped LaF_3 nanoparticles[J]. Journal of the American Chemical Society, 2005, 127 (36): 12464-12465.

[17] SIVAKUMAR S, VAN VEGGEL F C J M, MAY P S. Near-infrared (NIR) to red and green up-conversion emission from silica sol-gel thin films made with $La_{0.45}Yb_{0.50}Er_{0.05}F_3$ nanoparticles, hetero-looping-enhanced energy transfer (hetero-leet): a new up-conversion process[J]. Journal of the American Chemical Society, 2007, 129 (3): 620-625.

[18] DONG C H, VAN VEGGEL F C J M. Cation exchange in lanthanide fluoride nanoparticles[J]. ACS Nano, 2009, 3 (1): 123-130.

[19] DONG C H, RAUDSEPP M, VAN VEGGEL F C J M. Kinetically determined crystal structures of undoped and La^{3+}-doped LnF_3[J]. The Journal of Physical Chemistry C, 2009, 113 (1): 472-478.

[20] YI G S, LU H C, ZHAO S Y, et al. Synthesis, characterization, and biological application of size-controlled nanocrystalline $NaYF_4$:Yb,Er infrared-to-visible up-conversion phosphors[J]. Nano Letters, 2004, 4 (11): 2191-2196.

[21] WEI Y, LU F Q, ZHANG X R, et al. Synthesis and characterization of efficient near-infrared upconversion Yb and Tm codoped $NaYF_4$ nanocrystal reporter[J]. Journal of Alloys and Compounds, 2007, 427(1-2): 333–340.

[22] MATIJEVIĆ E, HSU W P. Preparation and properties of monodispersed colloidal particles of lanthanide compounds: I. gadolinium, europium, terbium, samarium, and cerium(Ⅲ)[J]. Journal of Colloid and Interface Science, 1987, 118 (2): 506-523.

[23] GAI S, YANG P P, WANG D, et al. Monodisperse Gd_2O_3:Ln (Ln=Eu^{3+}, Tb^{3+}, Dy^{3+}, Sm^{3+}, Yb^{3+}/Er^{3+}, Yb^{3+}/Tm^{3+}, and Yb^{3+}/Ho^{3+}) nanocrystals with tunable size and multicolor luminescent properties[J]. CrystEngComm, 2011, 13(17): 5840-5847.

[24] XU Z H, LI C X, YANG P P, et al. Uniform $Ln(OH)_3$ and Ln_2O_3 (Ln = Eu, Sm) submicrospindles: facile synthesis and characterization[J]. Crystal Growth & Design, 2009, 9 (9): 4127-4135.

[25] QIAN L W, GUI Y C, GUO S, et al. Controlled synthesis of light rare-earth hydroxide nanorods via a simple solution route[J]. Journal of Physics and Chemistry of Solids, 2009, 70(3-4): 688-693.

[26] JIA G, LIU K, ZHENG Y H, et al. Highly uniform $Gd(OH)_3$ and Gd_2O_3:Eu^{3+} nanotubes: facile synthesis and luminescence properties[J]. The Journal of Physical Chemistry C, 2009, 113 (15): 6050-6055.

[27] ZHENG K Z, ZHANG D S, ZHAO D, et al. Bright white upconversion emission from Yb^{3+}, Er^{3+}, and Tm^{3+}-codoped Gd_2O_3 nanotubes[J]. Physical Chemistry Chemical Physics, 2010, 12 (27): 7620-7625.

[28] LI G G, LI C X, XU Z H, et al. Facile synthesis, growth mechanism and luminescence properties of uniform $La(OH)_3$:Ho^{3+}/Yb^{3+} and La_2O_3:Ho^{3+}/Yb^{3+} nanorods[J]. CrystEngComm, 2010, 12 (12): 4208-4216.

[29] HUANG S H, XU J, ZHANG Z G, et al. Rapid, morphologically controllable, large-scale synthesis of uniform $Y(OH)_3$ and tunable luminescent properties of Y_2O_3:Yb^{3+}/Ln^{3+} (Ln=Er,Tm and Ho)[J]. Journal of Materials Chemistry, 2012, 22 (31): 16136-16144.

[30] YANG P P, GAI S L, LIU Y C, et al. Uniform hollow Lu_2O_3:Ln (Ln = Eu^{3+}, Tb^{3+}) spheres: facile synthesis and luminescent properties[J]. Inorganic Chemistry, 2011, 50 (6): 2182-2190.

[31] JIA G, YOU H P, SONG Y H, et al. Facile synthesis and luminescence of uniform Y_2O_3 hollow spheres by a sacrificial template route[J]. Inorganic Chemistry, 2010, 49(17): 7721-7725.

[32] JIA G, YANG M, SONG Y H, et al. General and facile method to prepare uniform Y_2O_3:Eu hollow microspheres[J]. Crystal Growth & Design, 2009, 9 (1): 301-307.

[33] JIA G, YOU H P, LIU K, et al. Highly uniform Gd_2O_3 hollow microspheres: template-directed synthesis and luminescence properties[J]. Langmuir, 2010, 26 (7): 5122-5128.

[34] HE F, YANG P P, WANG D, et al. Preparation and up-conversion luminescence of hollow La_2O_3:Ln (Ln = Yb/Er, Yb/Ho) microspheres[J]. Langmuir, 2011, 27 (9): 5616-5623.

[35] XU Z H, GAO Y, LIN J. General and facile method to fabricate uniform Y_2O_3:Ln^{3+} (Ln^{3+}= Eu^{3+}, Tb^{3+}) hollow microspheres using polystyrene spheres as templates[J]. Journal of Materials Chemistry, 2012, 22(40): 21695-21703.

[36] JIA G, LIU K, ZHENG Y H, et al. Facile synthesis and luminescence properties of highly uniform MF/YVO_4:Ln^{3+} (Ln=Eu, Dy, and Sm) composite microspheres[J]. Crystal Growth & Design, 2009, 9 (8): 3702-3706.

[37] ZHANG F, BRAUN G B, SHI Y F, et al. Fabrication of Ag@SiO_2@Y_2O_3:Er nanostructures for bioimaging: tuning of the upconversion fluorescence with silver nanoparticles[J]. Journal of the American Chemical Society, 2010, 132(9): 2850-2851.

[38] 李建宇. 稀土发光材料及其应用[M]. 北京：化学工业出版社, 2003.

[39] PATRA A, FRIEND C S, KAPOOR R, et al. Prasad. Effect of crystal nature on upconversion luminescence in Er^{3+}:ZrO_2 nanocrystals[J]. Applied Physics Letters, 2003, 83(2): 284-286.

[40] PATRA A, FRIEND C S, KAPOOR R, et al. Upconversion in Er^{3+}:ZrO_2 nanocrystals[J]. The Journal of Physical Chemistry B, 2002, 106 (8): 1909-1912.

[41] PATRA A, FRIEND C S, KAPOOR R, et al. Fluorescence upconversion properties of Er^{3+}-doped TiO_2 and $BaTiO_3$ nanocrystallites[J]. Chemistry of Materials, 2003, 15 (19): 3650-3655.

[42] 陈一诚，陈登铭，詹益松．杂质的添加对 $SrAl_2O_4:Eu^{2+},Dy^{3+}$余辉发光特性的改善[J]. 中国稀土学报，2001, 19 (6): 502-506.

[43] LIU X M, LIN J. $LaGaO_3:A$ (A = Sm^{3+} and/or Tb^{3+}) as promising phosphors for field emission displays[J]. Journal of Materials Chemistry, 2008, 18 (2): 221-228.

[44] LI G G, LI C X, ZHANG C M, et al. Tm^{3+} and/or Dy^{3+} doped LaOCl nanocrystalline phosphors for field emissiondisplays[J]. Journal of Materials Chemistry, 2009, 19 (47): 8936-8943.

[45] LIU X M, YAN L S, LIN J. Synthesis and luminescent properties of $LaAlO_3:Re^{3+}$ (Re = Tm, Tb) nanocrystalline phosphors via a solsgel process[J]. The Journal of Physical Chemistry C, 2009, 113 (19): 8478-8483.

[46] LIU X M, LI C X, QUAN Z W, et al. Tunable luminescence properties of $CaIn_2O_4:Eu^{3+}$ phosphors[J]. The Journal of Physical Chemistry C, 2007, 111 (44): 16601-16607.

[47] GENG D L, LI G G, SHANG M M, et al. Nanocrystalline $CaYAlO_4:Tb^{3+}/Eu^{3+}$ as promising phosphors for full-color field emission displays[J]. Dalton Transactions, 2012, 41 (10): 3078-3086.

[48] LIN J, YU M, LIN C K, et al. Multiform oxide optical materials via the versatile pechini-type sol-gel process: synthesis and characteristics[J]. The Journal of Physical Chemistry C, 2007, 111(27): 5835-5845.

[49] YU M, WANG H, LIN C K, et al. Sol-gel synthesis and photoluminescence properties of spherical SiO_2@$LaPO_4:Ce^{3+}/Tb^{3+}$particles with a core-shell structure[J]. Nanotechnology, 2006, 17 (13): 3245.

[50] WANG H, YU M, LIN C K, et al. Synthesis and luminescence properties of monodisperse spherical $Y_2O_3:Eu^{3+}$@SiO_2 particles with core-shell structure[J]. The Journal of Physical Chemistry C, 2007, 111 (30): 11223-11230.

[51] YU M, LIN J, FANG J. Silica spheres coated with $YVO_4:Eu^{3+}$ layers via sol-gel process: a simple method to obtain spherical core-shell phosphors[J]. Chemistry of Materials, 2005, 17(7): 1783-1791.

[52] LIN C K, KONG D Y, LIU X M, et al. Monodisperse and core-shell-structured SiO_2@$YBO_3:Eu^{3+}$ spherical particles: Synthesis and characterization[J]. Inorganic Chemistry, 2007, 46 (7): 2674-2681.

[53] JIA P Y, LIU X M, LI G Z, et al. Sol-gel synthesis and characterization of SiO_2@$CaWO_4$, SiO_2@$CaWO_4:Eu^{3+}/Tb^{3+}$ core-shell structured spherical particles[J]. Nanotechnology, 2006, 17 (3): 734.

[54] LI G Z, WANG Z L, QUAN Z W, et al. Growth of highly crystalline $CaMoO_4:Tb^{3+}$ phosphor layers on spherical SiO_2 particles via sol-gel process: structural characterization and luminescent properties[J]. Crystal Growth & Design, 2007, 7 (9): 1797-1802.

[55] LIN C K, LI Y Y, YU M, et al. Multiform oxide optical materials via the versatile pechini-type sol-gel process: synthesis and characteristics[J]. Advanced Functional Materials, 2017, 17 (9): 1459-1465.

[56] ROBERTSON J M, VAN TOL M T. Epitaxially grown monocrystalline garnet cathode-ray tube phosphor screens[J]. Applied Physics Letters, 1980, 37: 471.

[57] R. R, K. J C. Chemistry, spectroscopy and applications of sol-gel glasses[J]. Structure and Bonding, 1992, 77: 207.

[58] PANG M L, SHEN W Y, LIN J. Enhanced photoluminescence of $Ga_2O_3:Dy^{3+}$ phosphor films by Li^+ doping[J]. Journal of Applied Physics, 2005, 97 (3): 033511.

[59] PANG M L, LIN J, YU M. Fabrication and luminescent properties of rare earths-doped $Gd_2(WO_4)_3$ thin film phosphors by pechini sol-gel process[J]. Journal of Solid State Chemistry, 2004, 177(9): 2237-2241.

[60] YU M, LIN J, WANG Z, et al. Fabrication, patterning, and optical properties of nanocrystalline YVO_4:A (A=Eu^{3+}, Dy^{3+}, Sm^{3+}, Er^{3+}) phosphor films via sol-gel soft lithography[J]. Chemistry of Materials, 2002, 14(5): 2224-2231.

[61] JIANG X C, SUN L D, FENG W, et al. Acetate-mediated growth of drumlike $YBO_3:Eu^{3+}$ crystals[J]. Crystal Growth & Design, 2004, 4 (3): 517-529.

[62] ZHU Z H, SHA M J, LEI M K. Controllable formation of Er^{3+}-Yb^{3+} codoped Al_2O_3 films by the non-aqueous sol-gel method[J]. Thin Solid Films, 2008, 516 (15): 5075-5078.

[63] PANG M L, LIN J, FU J, et al. Luminescent properties of $Gd_2Ti_2O_7$:Eu^{3+} phosphor films prepared by sol-gel process[J]. Materials Research Bulletin, 2004, 39 (11): 1607-1614.

[64] DONG Y Q, ZHENG G H, MA Y Q, et al. Luminescent performance of YVO_4:Eu^{3+} film with PEG concentration[J]. Journal of Nanoengineering and Nanomanufacturing, 2011, 1 (2): 237-241.

[65] YU M, LIN J, FU J, et al. Sol-gel synthesis and photoluminescent properties of $LaPO_4$:A (A = Eu^{3+}, Ce^{3+}, Tb^{3+}) nanocrystalline thin films[J]. Journal of Materials Chemistry, 2003, 13 (6): 1413-1419.

[66] WANG W X, CHENG Z Y, YANG P P, et al. Patterning of YVO_4:Eu^{3+} luminescent films by soft lithography[J]. Advanced Functional Materials, 2011, 21 (3): 456-463.

[67] WANG W X, YANG P P, CHENG Z Y, et al. Patterning of red, green, and blue luminescent films based on $CaWO_4$:Eu^{3+}, $CaWO_4$:Tb^{3+}, and $CaWO_4$ phosphors via microcontact printing route[J]. ACS Applied Materials & Interfaces, 2011, 3 (10): 3921-3928.

[68] WANG D, YANG P P, CHENG Z Y, et al. Facile patterning of luminescent $GdVO_4$:Ln (Ln = Eu^{3+}, Dy^{3+}, Sm^{3+}) thin films by microcontact printing process[J]. Journal of Nanoparticle Research, 2012, 14 (1): 707.

[69] CHENG Z Y, XING R B, HOU Z Y, et al. Patterning of light-emitting YVO_4:Eu^{3+} thin films via inkjet printing[J]. The Journal of Physical Chemistry C, 2010, 114 (21): 9883-9888.

[70] 侯智尧. 几种稀土含氧酸盐发光材料的静电纺丝法制备及性能研究[D]. 哈尔滨: 哈尔滨工程大学, 2009.

[71] ZHANG N, YI R, ZHOU L, et al. Lanthanide hydroxide nanorods and their thermal decomposition to lanthanide oxide nanorods[J]. Materials Chemistry and Physics, 2009, 114(1): 160-167.

[72] LI G G, HOU Z Y, PENG C, et al. Electrospinning derived one-dimensional LaOCl:Ln^{3+} (Ln =Eu/Sm, Tb, Tm) nanofibers, nanotubes and microbelts with multicolor-tunable emission properties[J]. Advanced Functional Materials, 2010, 20 (20): 3446-3456.

[73] XUE LI, YU M, HOU Z Y, et al. Preparation and luminescence properties of Lu_2O_3:Eu^{3+} nanofibers by sol-gel/electrospinning process[J]. Journal of Colloid and Interface Science, 2010, 349 (1): 166-172.

[74] HOU Z Y, CHAI R T, ZHANG M L, et al. Fabrication and luminescence properties of one-dimensional $CaMoO_4$:Ln^{3+} (Ln = Eu, Tb, Dy) nanofibers via electrospinning process[J]. Langmuir, 2009, 25 (20): 12340-12348.

[75] HOU Z Y, YANG P P, LI C X, et al. Preparation and luminescence properties of YVO_4:Ln and Y(V,P)O_4:Ln (Ln = Eu^{3+}, Sm^{3+}, Dy^{3+}) nanofibers and microbelts by sol-gel/electrospinning process[J]. Chemistry of Materials, 2008, 20 (21): 6686-6696.

[76] HOU Z Y, CHENG Z Y, LI G G, et al. Electrospinning-derived $Tb_2(WO_4)_3$:Eu^{3+} nanowires: energy transfer and tunable luminescence properties[J]. Nanoscale, 2011, 3 (4): 1568-1574.

[77] HOU Z Y, LI C X, YANG J, et al. One-dimensional $CaWO_4$ and $CaWO_4$:Tb^{3+} nanowires and nanotubes: electrospinning preparation and luminescent properties[J]. Journal of Materials Chemistry, 2009, 19 (18): 2737-2746.

[78] WANG X, ZHUANG J, PENG Q, et al. Liquid-solid-solution synthetic strategy to nearly monodisperse nanocrystals[J]. Nature, 2005, 437: 121-124.

[79] SONG Y H, YOU H P, HUANG Y J, et al. Highly uniform and monodisperse Gd_2O_2S:Ln^{3+} (Ln = Eu, Tb) submicrospheres: solvothermal synthesis and luminescence properties[J]. Inorganic Chemistry, 2010, 49(24): 11499-11504.

[80] WANG X, LI Y D. Rare-earth-compound nanowires, nanotubes, and fullerene-like nanoparticles: synthesis, characterization, and properties[J]. Chemistry - A European Journal, 2003, 9(22): 5627- 5635.

[81] YANG J, LI C X, CHENG Z Y, et al. Size-tailored synthesis and luminescent properties of one-dimensional $Gd_2O_3:Eu^{3+}$nanorods and microrods[J]. The Journal of Physical Chemistry C, 2007, 111 (49): 18148-18154.

[82] JIA G, HUANG Y J, SONG Y H, et al. Controllable synthesis and luminescence properties of $La(OH)_3$ and $La(OH)_3:Tb^{3+}$ nanocrystals with multiform morphologies[J]. European Journal of Inorganic Chemistry, 2009, 25: 3721-3726.

[83] ZHANG F, ZHAO D Y. Synthesis of uniform rare earth fluoride ($NaMF_4$) nanotubes by in situ ion-exchange from their hydroxide[$M(OH)_3$] parents[J]. ACS Nano, 2009, 3 (1): 159-164.

[84] WANG X, LI Y D. Synthesis and characterization of lanthanide hydroxide single-crystal nanowires[J]. Angewandte Chemie International Edition, 2002, 41 (20): 4790-4793.

[85] WANG X, SUN X M, YU D P, et al. Rare earth compound nanotubes[J]. Advanced Materials, 2003, 15 (17): 1442-1445.

[86] JIA G, ZHENG Y H, LIU K, et al. Facile surfactant- and template-free synthesis and luminescent properties of one-dimensional $lu_2O_3:Eu^{3+}$ phosphors[J]. The Journal of Physical Chemistry C, 2009, 113 (1): 153-158.

[87] JIA G, YOU H P, ZHANG L H, et al. Facile synthesis of highly uniform octahedral $LuVO_4$ microcrystals by a facile chemical conversion method[J]. CrystEngComm, 2009, 11 (12): 2745-2750.

[88] JIA G, YOU H P, SONG Y H, et al. Facile chemical conversion synthesis and luminescence properties of uniform Ln^{3+} (Ln = Eu, Tb)-doped $naluf_4$ nanowires and $LuBO_3$ microdisks[J]. Inorganic Chemistry, 2009, 48(21): 10193-10201.

[89] ZHENG Y H, YOU H P, JIA G, et al. Facile synthesis of $Y_4O(OH)_9NO_3:Eu^{3+}/Y_2O_3:Eu^{3+}$ nanotubes and nanobundles from nanolamellar precursors[J]. CrystEngComm, 2010, 12 (2): 585-590.

[90] MAI H X, SUN L D, ZHANG Y W, et al. Shape-selective synthesis and oxygen storage behavior of ceria nanopolyhedra, nanorods, and nanocubes[J]. The Journal of Physical Chemistry B, 2005, 109 (51): 24380-24385.

[91] JI Z X, WANG X, ZHANG H Y, et al. Designed synthesis of CeO_2 nanorods and nanowires for studying toxicological effects of high aspect ratio nanomaterials[J]. ACS Nano, 2012, 6 (6): 5366-5380.

[92] YANG P P, QUAN Z W, LI C X, et al. Solvothermal synthesis and luminescent properties of monodisperse $LaPO_4$:Ln (Ln = Eu^{3+}, Ce^{3+}, Tb^{3+}) particles[J]. Journal of Solid State Chemistry, 2009, 182 (5): 1045-1054.

[93] YANG M, YOU H P, JIA Y C, et al. Synthesis and luminescent properties of $NaLa(MoO_4)_2:Eu^{3+}$ shuttle-like nanorods composed of nanoparticles[J]. CrystEngComm, 2011, 13(12): 4046-4052.

[94] KIM J W, DE LA COTTE A, DELONCLE R, et al. $LaPO_4$ mineral liquid crystalline suspensions with outstanding colloidal stability for electro-optical applications[J]. Advanced Functional Materials, 2012, 22 (23): 4949-4956.

[95] YANG J, LI C X, ZHANG X M, et al. Self-assembled 3D architectures of $LuBO_3:Eu^{3+}$: phase-selective synthesis, growth mechanism,and tunable luminescent properties[J]. Chemistry - A European Journal, 2008, 14 (14): 4336-4345.

[96] JUN YANG, ZHANG C M, LI C X, et al. Energy transfer and tunable luminescence properties of Eu^{3+} in $TbBO_3$ microspheres via a facile hydrothermal process[J]. Inorganic Chemistry, 2008, 47 (16): 7262-7270.

[97] XU Z H, LI C X, YANG D M, et al. Self-templated and self-assembled synthesis of nano/microstructures of Gd-based rare-earth compounds: morphology control, magnetic and luminescence properties[J]. Physical Chemistry Chemical Physics, 2010, 12 (37): 11315-11324.

[98] XU Z H, LI C X, YANG P P, et al. Rare earth fluorides nanowires/nanorods derived from hydroxides: hydrothermal synthesis and luminescence properties[J]. Crystal Growth & Design, 2009, 9 (11): 4752-4758.

[99] GU M, LIU Q, MAO S P, et al. Preparation and photoluminescence of single-crystalline $GdVO_4:Eu^{3+}$ nanorods by hydrothermal conversion of $Gd(OH)_3$ nanorods[J]. Crystal Growth & Design, 2008, 8 (4): 1422-1425.

[100] JIA G, YOU H P, YANG M, et al. Uniform lanthanide orthoborates $LnBO_3$ (Ln = Gd, Nd, Sm, Eu, Tb, and Dy) microplates: general synthesis and luminescence properties[J]. The Journal of Physical Chemistry C, 2009, 113 (38): 16638-16644.

[101] XU Z H, LI C X, CHENG Z Y, et al. Self-assembled 3D architectures of lanthanide orthoborate: hydrothermal synthesis and luminescence properties[J]. CrystEngComm, 2010, 12 (2): 549-557.

[102] HUANG S H, WANG D, WANG Y, et al. Self-assembled three-dimensional $NaY(WO_4)_2:Ln^{3+}$ architectures: hydrothermal synthesis, growth mechanism and luminescence properties[J]. Journal of Alloys and Compounds, 2012, 529 (30): 140-147.

[103] XU Z H, MA P A, LI C X, et al. Monodisperse core-shell structured up-conversion $Yb(OH)CO_3@YbPO_4:Er^{3+}$ hollow spheres as drug carriers[J]. Biomaterials, 2011, 32(17): 4161-4173.

[104] LIANG X, WANG X, ZHUANG Y, et al. Formation of CeO_2-ZrO_2 solid solution nanocages with controllable structures via kirkendall effect[J]. Journal of the American Chemical Society, 2008, 130 (9): 2736.

[105] ZHANG L H, JIA G, YOU H P, et al. Sacrificial template method for fabrication of submicrometer-sized $YPO_4:Eu^{3+}$ hierarchical hollow spheres[J]. Inorganic Chemistry, 2010, 49(7): 3305-3309.

[106] ZHANG F, BRAUN G B, PALLAORO A, et al. Mesoporous multifunctional upconversion luminescent andmagnetic “nanorattle” materials for targeted chemotherapy[J]. Nano Letters, 2012, 12 (1): 61-67.

[107] ZHANG F, SHI Y F, SUN X H, et al. Formation of hollow upconversion rare-earth fluoride nanospheres: nanoscale kirkendall effect during ion exchange[J]. Chemistry of Materials, 2009, 21: 5237-5243.

[108] ZHOU J, YAO L M, LI C Y, et al. A versatile fabrication of upconversion nanophosphors with functional-surface tunable ligands[J]. Journal of Materials Chemistry, 2010, 20(37): 8078-8085.

[109] QIN R F, SONG H W, PAN G H, et al. Polyol-mediated syntheses and characterizations of $NaYF_4$, $NH_4Y_3F_{10}$ and YF_3 nanocrystals/sub-microcrystals[J]. Materials Research Bulletin, 2008, 43 (8-9): 2130-2136.

[110] WANG Z L, QUAN Z W, JIA P Y, et al. A facile synthesis and photoluminescent properties of redispersible CeF_3, $CeF_3:Tb^{3+}$, and $CeF_3:Tb^{3+}/LaF_3$ (core/shell) nanoparticles[J]. Chemistry of Materials, 2006, 18(27): 2030-2037.

[111] WEI Y, LU F Q, ZHANG X R, et al. Polyol-mediated synthesis of water-soluble LaF_3:Yb,Er upconversion fluorescent nanocrystals.[J]. Materials Letters, 2007, 61 (6): 1337-1340.

[112] WEI Y, LU F Q, ZHANG X R, et al. Polyol-mediated synthesis and luminescence of lanthanide-doped $NaYF_4$ nanocrystal upconversion phosphors[J]. Journal of Alloys and Compounds, 2008, 455(1-2): 376-384.

[113] QIN R F, SONG H W, PAN G H, et al. Polyol-mediated synthesis of well-dispersed α-$NaYF_4$ nanocubes[J]. Journal of Crystal Growth, 2009, 311(6): 1559-1564.

[114] QIN R F, SONG H W, PAN G H, et al. Polyol-mediated synthesis of hexagonal LaF_3 nanoplates using $NaNO_3$ as a mineralizer[J]. Crystal Growth & Design, 2009, 9 (4): 1750-1756.

[115] SUN Y J, CHEN Y, TIAN L J, et al. Controlled synthesis and morphology dependent upconversion luminescence of $NaYF_4$:Yb,Er nanocrystals[J]. Nanotechnology, 2007, 18 (27): 447-447.

[116] XU Z H, LI C X, LI G G, et al. Self-assembled 3D urchin-like $NaY(MoO_4)_2$: Eu^{3+}/Tb^{3+} microarchitectures: hydrothermal synthesis and tunable emission colors[J]. The Journal of Physical Chemistry C, 2010, 114 (6): 2573-2582.

[117] LI C X, YANG J, QUAN Z W, et al. Different microstructures of β-$NaYF_4$ fabricated by hydrothermal process: effects of pH values and fluoride sources[J]. Chemistry of Materials, 2007, 19(49): 4933-4942.

[118] LI C X, ZHANG C M, HOU Z Y, et al. β-$NaYF_4$ and β-$NaYF_4$:Eu^{3+} microstructures: morphology control and tunable luminescence properties[J]. The Journal of Physical Chemistry C, 2009, 113 (6): 2332-2339.

[119] LI C X, QUAN Z W, YANG J, et al. Highly uniform and monodisperse β-$NaYF_4$:Ln^{3+} (Ln =Eu, Tb, Yb/Er, and Yb/Tm) hexagonal microprism crystals: hydrothermal synthesis and luminescent properties[J]. Inorganic Chemistry, 2007, 46 (16): 6329-6337.

[120] HE F, YANG P P, WANG D, et al. Self-assembled β-$NaGdF_4$ microcrystals: hydrothermal synthesis, morphology evolution, and luminescence properties[J]. Inorganic Chemistry, 2011, 50(9): 4116-4124.

[121] LI C X, LIU X M, YANG P P, et al. LaF_3, CeF_3, CeF_3:Tb^{3+}, and CeF_3:Tb^{3+}@LaF_3 (core-shell) nanoplates: hydrothermal synthesis and luminescence properties[J]. The Journal of Physical Chemistry C, 2008, 112 (8): 2904-2910.

[122] LI C X, YANG J, YANG P P, et al. Hydrothermal synthesis of lanthanide fluorides LnF_3 (Ln=La to Lu) nano-/microcrystals with multiform structures and morphologies[J]. Chemistry of Materials, 2008, 20 (13): 4317-4326.

[123] LI C X, QUAN Z W, YANG P P, et al. Shape controllable synthesis and upconversion properties of $NaYbF_4$/$NaYbF_4$:Er^{3+} and YbF_3/YbF_3:Er^{3+} microstructures[J]. Journal of Materials Chemistry, 2008, 18(12): 1353-1361.

[124] LI C X, YANG J, YANG P P, et al. Two-dimensional β-$NaLuF_4$ hexagonal microplates[J]. Crystal Growth & Design, 2008, 8 (3): 923-929.

[125] 李春霞. 稀土氟化物和钨酸盐纳米/微米材料的合成和发光性质研究[D]. 长春: 中国科学院长春应用化学研究所, 2008.

[126] LI Z Q, ZHANG Y. Monodisperse silica-coated polyvinyl-pyrrolidone/$NaYF_4$ nanocrystals with multicolor upconversion fluorescence emission[J]. Angewandte Chemie International Edition, 2006, 45(46): 7732 -7735.

[127] LAUDISE R A, KOLB E D, CAPORASO A J. Hydrothermal growth of large sound crystals of zinc oxide[J]. Journal of the American Ceramic Society, 1964, 47(1): 9-12.

[128] Mann S. The chemistry of form[J]. Angewandte Chemie International Edition, 2000, 39 (19): 3392-3406.

[129] JANG E S, WON J H, HWANG S J, et al. Fine tuning of the face orientation of ZnO crystals to optimize their photocatalytic activity[J]. Advanced Materials, 2006, 18 (24): 3309-3312.

[130] LI C X, QUAN Z W, YANG P P, et al. Shape-controllable synthesis and upconversion properties of lutetium fluoride (doped with Yb^{3+}/Er^{3+}) microcrystals by hydrothermal process[J]. The Journal of Physical Chemistry C, 2008, 112 (35): 13395-13404.

[131] XU Z H, KANG X J, LI C X, et al. Ln^{3+} (Ln = Eu, Dy, Sm, and Er) ion-doped YVO_4 nano/microcrystals with multiform morphologies: hydrothermal synthesis, growing mechanism, and luminescent properties[J]. Inorganic Chemistry, 2010, 49 (14): 6706-6715.

[132] LUO F, JIA C J, SONG W, et al. Chelating ligand-mediated crystal growth of cerium orthovanadate[J]. Crystal Growth & Design, 2005, 5 (1): 137-142.

[133] XU Z H, LI C X, HOU Z Y, et al. Morphological control and luminescence properties of lanthanide orthovanadate $LnVO_4$ (Ln = La To Lu) nano-/microcrystals via hydrothermal process[J]. CrystEngComm, 2011, 13 (2): 474-482.

[134] ZHAO Y, SHAO M W, LIU S S, et al. Hydrothermal synthesis of lanthanide orthovanadate: $EuVO_4$ particles and their fluorescence application[J]. CrystEngComm, 2012, 14(23): 8033-8036.

[135] LI C X, HOU Z Y, ZHANG C M, et al. Controlled synthesis of Ln^{3+} (Ln = Tb, Eu, Dy) and V^{5+} ion-doped YPO_4 nano-/microstructures with tunable luminescent colors[J]. Chemistry of Materials, 2009, 21 (19): 4598-4607.

[136] LIU J F, WANG L L, SUN X M, et al. Cerium vanadate nanorod arrays from ionic chelator-mediated self-assembly[J]. Angewandte Chemie International Edition, 2010, 49(20): 3492 -3495.

[137] JIA C J, SUN L D, YAN Z G, et al. Monazite and zircon type $LaVO_4$:Eu nanocrystals synthesis, luminescent properties, and spectroscopic identification of the Eu^{3+} sites[J]. European Journal of Inorganic Chemistry, 2010, (18): 2626-2635.

[138] JIA C J, SUN L D, YOU L P, et al. Selective synthesis of monazite-and zircon-type $LaVO_4$ nanocrystals[J]. The Journal of Physical Chemistry B, 2005, 109 (8): 3284-3290.

[139] ZHENG Y H, YOU H P, JIA G, et al. Facile hydrothermal synthesis and luminescent properties of large-scale $GdVO_4$:Eu^{3+} nanowires[J]. Crystal Growth & Design, 2009, 9 (12): 5101-5107.

[140] HE F, YANG P P, WANG D, et al. Hydrothermal synthesis, dimension evolution and luminescence properties of tetragonal $LaVO_4$:Ln (Ln = Eu^{3+}, Dy^{3+}, Sm^{3+}) nanocrystals[J]. Dalton Transactions, 2011, 40 (41): 11023-11030.

[141] YAN R X, SUN X M, WANG X, et al. Crystal structures, anisotropic growth, and optical properties: controlled synthesis of lanthanide orthophosphate one-dimensional nanomaterials[J]. Chemistry - A European Journal, 2005, 11(7): 2183-2195.

[142] QIU H L, CHEN G Y, SUN L, et al. Ethylenediaminetetraacetic acid (EDTA)-controlled synthesis of multicolor lanthanide doped $BaYF_5$ upconversion nanocrystals[J]. Journal of Materials Chemistry, 2011, 21(43): 17202-17208.

[143] HUANG Y J, YOU H P, JIA G, et al. Hydrothermal synthesis, cubic structure, and luminescence properties of $BaYF_5$:Re (Re = Eu, Ce, Tb) nanocrystals[J]. The Journal of Physical Chemistry C, 2010, 114 (42): 18051-18058.

[144] YANG D M, KANG X J, SHANG M M, et al. Size and shape controllable synthesis and luminescent properties of $BaGdF_5$:Ce^{3+}/Ln^{3+} (Ln = Sm, Dy, Eu, Tb) nano/submicrocrystals by a facile hydrothermal process[J]. Nanoscale, 2011, 3 (6): 2589-2595.

[145] NIU N, YANG P P, LIU Y C, et al. Controllable synthesis and up-conversion properties of tetragonal $BaYF_5$:Yb/Ln (Ln = Er, Tm, and Ho) nanocrystals[J]. Journal of Colloid and Interface Science, 2011, 362 (2): 389-396.

[146] GOODGAME D M L, WILLIAMS D J, WINPENNY R E P.[$\{Hg_3Co(C_4H_6NO)_6\}(NO_3)_2]_n$: a macrobicyclic bimetallic chain polymer incorporating deprotonated 2-pyrrolidone bridge[J]. Angewandte Chemie International Edition, 1988, 27(2): 261-262.

[147] LI Q, LI T, WU J G. Monodisperse silica-coated polyvinyl-pyrrolidone/$NaYF_4$ nanocrystals with multicolor upconversion fluorescence emission[J]. The Journal of Physical Chemistry B, 2001, 105(46): 12293.

[148] WANG F, XUE X J, LIU X G. Multicolor tuning of (Ln,P)-doped YVO_4 nanoparticles by single-wavelength excitation[J]. Angewandte Chemie International Edition, 2008, 47 (5): 906-909.

[149] CHEN H, ZHAI X S, LI D, et al. Water-soluble Yb^{3+}, Tm^{3+} codoped $NaYF_4$ nanoparticles: synthesis, characteristics and bioimaging[J]. Journal of Alloys and Compounds, 2012, 511 (1): 70-73.

[150] MENG F X, LIU S, WANG Y F, et al. Open-circuit voltage enhancement of inverted polymer bulk heterojunction solar cells by doping $NaYF_4$ nanoparticles/PVP composites[J]. Journal of Materials Chemistry, 2012, 22(42): 22382-22386.

[151] YIN W Y, ZHAO L N, ZHOU L J, et al. Enhanced red emission from $GdF_3:Yb^{3+},Er^{3+}$ upconversion nanocrystals by Li^+ doping and their application for bioimaging[J]. Chemistry - A European Journal, 2012, 18 (30): 9239-9245.

[152] HUANG S H, WANG D, LI C X, et al. Controllable synthesis, morphology evolution and luminescence properties of $NaLa(WO_4)_2$ microcrystals[J]. CrystEngComm, 2012, 14 (6): 2235-2244.

[153] SONG Y H, ZOU H F, SHENG Y, et al. 3D hierarchical architectures of sodium lanthanide sulfates: hydrothermal synthesis, formation mechanisms, and luminescence properties[J]. The Journal of Physical Chemistry C, 2011, 115 (40): 19463-19469.

[154] QIN W P, ZHANG D S, ZHAO D, et al. Near-infrared photocatalysis based on $YF_3:Yb^{3+},Tm^{3+}/TiO_2$ core/shell nanoparticles[J]. Chemical Communications, 2010, 46 (13): 2304-2306.

[155] HUANG P, CHEN D Q, WANG Y S. Host-sensitized multicolor tunable luminescence of lanthanide ion doped one-dimensional YVO_4 nano-crystals[J]. Journal of Alloys and Compounds, 2011, 509 (7): 3375-3381.

[156] ZENG J H, SU J, LI Z H, et al. Synthesis and upconversion luminescence of hexagonal phase $NaLuF_4:Yb^{3+}/Er^{3+}$ microcrystals[J]. Advanced Materials, 2005, 17: 2119-2123.

[157] WANG L Y, LI Y D. Green upconversion nanocrystals for DNA detection[J]. Chemical Communications, 2006, 16(24): 2557-2559.

[158] WANG L Y, YAN R X, HUO Z Y, et al. Fluorescence resonant energy transfer biosensor based on upconversion-luminescent nanoparticles[J]. Angewandte Chemie International Edition, 2005, 44(37): 6054 -6057.

[159] ZENG J H, LI Z H, SU J, et al. Synthesis of complex rare earth fluoride nanocrystal phosphors[J]. Nanotechnology, 2006, 17 (14): 3549-3555.

[160] LIANG X, WANG X, ZHUANG J, et al. Branched $NaYF_4$ nanocrystals with luminescent properties[J]. Inorganic Chemistry, 2007, 46 (15): 6050-6055.

[161] YANG M, YOU H P, ZHENG Y H, et al. Hydrothermal synthesis and luminescent properties of novel ordered sphere $CePO_4$ hierarchical architectures[J]. Inorganic Chemistry, 2009, 48 (24): 11559-11565.

[162] YANG M, YOU H P, SONG Y H, et al. Synthesis and luminescence properties of sheaflike $TbPO_4$ hierarchical architectures with different phase structures[J]. The Journal of Physical Chemistry C, 2009, 113 (47): 20173-20177.

[163] CHATTERJEEA D K, RUFAIHAHA A J, ZHANG Y. Upconversion fluorescence imaging of cells and small animals using lanthanide doped nanocrystals[J]. Biomaterials, 2008, 29: 937-943.

[164] WANG F, CHATTERJEE D K, LI Z Q, et al. Synthesis of polyethylenimine/ $NaYF_4$ nanoparticles with upconversion fluorescence[J]. Nanotechnology, 2006, 17(23): 5786-5791.

[165] LIM M E, LEE Y L, ZHANG Y, et al. Photodynamic inactivation of viruses using upconversion nanoparticles[J]. Biomaterials, 2012, 33 (6): 1912-1920.

[166] WANG F, FAN X P, WANG M Q, et al. Multicolour PEI/$NaGdF_4:Ce^{3+},Ln^{3+}$ nanocrystals by single-wavelength excitation[J]. Nanotechnology, 2007, 18(2): 025701.

[167] VETRONE F, NACCACHE R, FUENTE A J D L, et al. Intracellular imaging of hela cells by non-functionalized $NaYF_4:Er^{3+},Yb^{3+}$ upconverting nanoparticles[J]. Nanoscale, 2010, 2(4): 495-498.

[168] WANG F, LIU X G. Upconversion multicolor fine-tuning: visible to near-infrared emission from lathanide-doped $NaYF_4$ nanoparticles[J]. Journal of the American Chemical Society, 2008, 130: 5642-5643.

[169] VETRONE F, NACCACHE R, MORGAN C G, et al. Luminescence resonance energy transfer from an upconverting nanoparticle to a fluorescent phycobiliprotein[J]. Nanoscale, 2010, 2 (7): 1185-1189.

[170] YU X F, SUN Z B, LI M, et al. Neurotoxin-conjugated upconversion nanoprobes for direct visualization of tumors under near-infrared irradiation[J]. Biomaterials, 2010, 31(33): 8724-8731.

[171] SHEN J, SUN L D, ZHU J D, et al. Biocompatible bright YVO_4:Eu nanoparticles as versatile optical bioprobes[J]. Advanced Functional Materials, 2010, 20 (21): 3708-3714.

[172] JU Q, LIU Y S, TU D T, et al. Lanthanide-doped multicolor GdF_3 nanocrystals for time-resolved photoluminescent biodetection[J]. Chemistry - A European Journal, 2011, 17 (31): 8549-8554.

[173] TU D T, LIU L Q, JU Q, et al. Time-resolved fret biosensor based on amine-functionalized lanthanide-doped $NaYF_4$ nanocrystal[J]. Angewandte Chemie International Edition, 2011, 50 (28): 6306-6310.

[174] WANG L Y, LI Y D. Controlled synthesis and luminescence of lanthanide doped $NaYF_4$ nanocrystals[J]. Chemistry of Materials, 2007, 19(4): 727-734.

[175] WANG L Y, LI Y D. $Na(Y_{1.5}Na_{0.5})F_6$ single-crystal nanorods as multicolor luminescent materials[J]. Nano Letters, 2006, 6 (8): 1645-1649.

[176] LI P, PENG Q, LI Y D. Dual-mode luminescent colloidal spheres from monodisperse rare-earth fluoride nanocrystals[J]. Advanced Materials, 2009, 21(19): 1945-1948.

[177] WANG G F, PENG Q, LI Y D. Luminescence tuning of upconversion nanocrystals[J]. Chemistry-A European Journal, 2010, 16 (16): 4923-4931.

[178] LI S, XIE T, PENG Q, et al. Nucleation and growth of CeF_3 and $NaCeF_4$ nanocrystals[J]. Chemistry - A European Journal, 2009, 15(11): 2512 - 2517.

[179] WANG L Y, LI P, LI Y D. Down-and up-conversion luminescent nanorods[J]. Advanced Materials, 2007, 19(20): 3304-3307.

[180] WANG X, ZHUANG J, PENG Q, et al. Hydrothermal synthesis of rare-earth fluoride nanocrystals[J]. Inorganic Chemistry, 2006, 45 (17): 6661-6665.

[181] GUO FENG WANG, QING PENG, YA DONG LI. Synthesis and upconversion luminescence of BaY_2F_8:Yb^{3+}/Er^{3+} nanobelts[J]. Chemical Communications, 2010, 46 (40): 7528-7529.

[182] LI Z H, ZENG J H, LI Y D. Solvothermal route to synthesize well-dispersed YBO_3:Eu nanocrystals[J]. Small, 2007, 3 (3): 438-443.

[183] LIU J F, LI Y D. Synthesis and self-assembly of luminescent Ln^{3+}-doped $LaVO_4$ uniform nanocrystals[J]. Advanced Materials, 2007, 19 (8): 1118-1122.

[184] HUO Z Y, CHEN C, LI Y D. Self-assembly of uniform hexagonal yttrium phosphate nanocrystals[J]. Chemical Communications, 2006, (33): 3522-3524.

[185] BU W B, CHEN Z X, CHEN F, et al. Oleic acid/oleylamine cooperative-controlled crystallization mechanism for monodisperse tetragonal bipyramid $NaLa(MoO_4)_2$ nanocrystals[J]. The Journal of Physical Chemistry C, 2009, 113 (28): 12176-12185.

[186] HUO Z Y, CHEN C, CHU D R, et al. Systematic synthesis of lanthanide phosphate nanocrystals[J]. Chemistry-A European Journal, 2007, 13(27): 7708-7714.

[187] RUAN Y, XIAO Q B, LUO W Q, et al. Optical properties and luminescence dynamics of Eu^{3+}-doped terbium orthophosphate nanophosphors[J]. Nanotechnology, 2011, 22 (27): 275701.

[188] ZHANG F, WAN Y, YU T, et al. Uniform nanostructured arrays of sodium rare-earth fluorides for highly efficient multicolor upconversion luminescence[J]. Angewandte Chemie International Edition, 2007, 46: 7976 -7979.

[189] WANG X, PENG Q, LI Y D. Interface-mediated growth of monodispersed nanostructures[J]. Accounts of Chemical Research, 2007, 40 (8): 635-643.

[190] WANG F, HAN Y, LIM C S, et al. Simultaneous phase and size control of upconversion nanocrystals through lanthanide doping[J]. Nature, 2010, 463 (25): 1061-1065.

[191] ZHANG F, LI J, SHAN J, et al. Shape, size, and phase controlled rare-earth fluoride nanocrystals with optical upconversion properties[J]. Chemistry-A European Journal, 2009, 15(41): 11010 - 11019.

[192] CAO T Y, YANG Y, GAO Y, et al. High-quality water-soluble and surface-functionalized upconversion nanocrystals as luminescent probes for bioimaging[J]. Biomaterials, 2011, 32 (11): 2959-2968.

[193] LIU C H, CHEN D. Controlled synthesis of hexagon shaped lanthanide-doped LaF_3 nanoplates with multicolor upconversion fluorescence[J]. Journal of Materials Chemistry, 2007, 17(37): 3875-3880.

[194] ZHANG J P, MI C C, WU H Y, et al. Synthesis of $NaYF_4$:Yb/Er/Gd up-conversion luminescent nanoparticles and luminescence resonance energy transfer-based protein detection[J]. Analytical Biochemistry, 2012, 421 (2): 673-679.

[195] WANG M, MI C C, WEN X W, et al. Immunolabeling and NIR-excited fluorescent imaging of HeLa cells by using $NaYF_4$:Yb,Er upconversion nanoparticles[J]. ACS Nano, 2009, 3 (6): 1580-1586.

[196] WANG M, MI C C, ZHANG Y X, et al. NIR-responsive silica-coated $NaYbF_4$:Er/Tm/Ho upconversion fluorescent nanoparticles with tunable emission colors and their applications in immunolabeling and fluorescent imaging of cancer cells[J]. The Journal of Physical Chemistry C, 2009, 113(44): 19021-19027.

[197] LIU J, LUO H D, LIU P J, et al. One-pot solvothermal synthesis of uniform layer-by-layer self-assembled ultrathin hexagonal Gd_2O_2S nanoplates and luminescent properties from single doped Eu^{3+} and codoped Er^{3+},Yb^{3+}[J]. Dalton Transactions, 2012, 41(48): 13984-13988.

[198] LI Z Q, ZHANG Y. An efficient and user-friendly method for the synthesis of hexagonal-phase $NaYF_4$:Yb,Er/Tm nanocrystals with controllable shape and upconversion fluorescence[J]. Nanotechnology, 2008, 19(34): 345606.

[199] QIAN H S, ZHANG Y. Synthesis of hexagonal-phase core-shell $NaYF_4$ nanocrystals with tunable upconversion fluorescence[J]. Langmuir, 2008, 24 (21): 12123-12125.

[200] LI Z Q, ZHANG Y, JIANG S. Multi-color core-shell structured upconversion fluorescent nanoparticles[J]. Advanced Materials, 2008, 20: 4765-4769.

[201] ZHANG Y W, SUN X, SI R, et al. Single-crystalline and monodisperse LaF_3 triangular nanoplates from a single-source precursor[J]. Journal of the American Chemical Society, 2005, 127(10): 3260-3261.

[202] YE X C, COLLINS J E, KANG Y J, et al. Morphologically controlled synthesis of colloidal upconversion nanophosphors and their shape-directed self-assembly[J]. Proceedings of the National Academy of Sciences of the United States of America, 2010, 107 (52): 22430-22435.

[203] PARK Y I, KIM J H, LEE K T, et al. Non-blinking and non-bleaching upconverting nanoparticles as optical imaging nanoprobe and T_1 MRI contrast agent[J]. Advanced Materials, 2009, 21(44): 4467-4471.

[204] CHEN G Y, SHEN J, OHULCHANSKYY T Y, et al. (α-$NaYbF_4$:Tm^{3+})/CaF_2 core/shell nanoparticles with efficient near-infrared to near-infrared upconversion for high-contrast deep tissue bioimaging[J]. ACS Nano, 2012, 6 (9): 8280-8287.

[205] MAI H X, ZHANG Y W, SI R, et al. High-quality sodium rare-earth fluoride nanocrystals: controlled synthesis and optical properties[J]. Journal of the American Chemical Society, 2006, 128 (19): 6426-6436.

[206] SUN X, ZHANG Y W, DU Y P, et al. From trifluoroacetate complex precursors to monodisperse rare-earth fluoride and oxyfluoride nanocrystals with diverse shapes via controlled fluorination in solution phase[J]. Chemistry - A European Journal, 2007, 13 (8): 2320-2332.

[207] DU Y P, ZHANG Y W, YAN Z G, et al. Highly luminescent self-organized sub-2-nm EuOF nanowires[J]. Journal of the American Chemical Society, 2009, 131 (45): 16364.

[208] DU Y P, ZHANG Y W, SUN L D, et al. Luminescent monodisperse nanocrystals of lanthanide oxyfluorides synthesized from trifluoroacetate precursors in high- boiling solvents[J]. The Journal of Physical Chemistry C, 2008, 112 (2): 405-415.

[209] DU Y P, ZHANG Y W, SUN L D, et al. Atomically efficient synthesis of self-assembled monodisperse and ultrathin lanthanide oxychloride nanoplates[J]. Journal of the American Chemical Society, 2009, 131 (9): 3162-3163.

[210] BOYER J-C, CUCCIA L A, CAPOBIANCO J A. Synthesis of colloidal upconverting $NaYF_4:Er^{3+}/Yb^{3+}$ and Tm^{3+}/Yb^{3+} monodisperse nanocrystals[J]. Nano Letters, 2007, 7 (3): 847-852.

[211] YI G S, CHOW G M. Water-soluble $NaYF_4$:Yb,Er(Tm)/$NaYF_4$/polymer core/shell/shell nanoparticles with significant enhancement of upconversion fluorescence[J]. Chemistry of Materials, 2007, 19(3): 341-343.

[212] YI G S, CHOW G M. Synthesis of hexagonal-phase $NaYF_4$:Yb,Er and $NaYF_4$:Yb,Tm nanocrystals with efficient up-conversion fluorescence[J]. Advanced Functional Materials, 2006, 16(18): 2324-2329.

[213] CHAI R T, LIAN H Z, HOU Z Y, et al. Preparation and characterization of upconversion luminescent $NaYF_4:Yb^{3+},Er^{3+}(Tm^{3+})$/pmma bulk transparent nanocomposites through in situ photopolymerization[J]. The Journal of Physical Chemistry C, 2010, 114 (1): 610-616.

[214] BOYER J-C, VETRONE F, CUCCIA L A, et al. Synthesis of colloidal upconverting $NaYF_4$ nanocrystals doped with Er^{3+},Yb^{3+} and Tm^{3+},Yb^{3+} via thermal decomposition of lanthanide trifluoroacetate precursors[J]. Journal of the American Chemical Society, 2006, 128(37): 7444-7445.

[215] CHEN G Y, OHULCHANSKYY T Y, KUMAR R, et al. Ultrasmall monodisperse $NaYF_4:Yb^{3+}/Tm^{3+}$ nanocrystals with enhancednear-infrared tonear-infrared upconversion photoluminescence[J]. ACS Nano, 2010, 4 (6): 3163-3168.

[216] WANG H Q, NANN T. Monodisperse upconverting nanocrystals by microwave-assisted synthesis[J]. ACS Nano, 2009, 3 (11): 3804-3808.

[217] NYK M, KUMAR R, OHULCHANSKYY T Y, et al. High contrast in vitro and in vivo photoluminescence bioimaging using near infrared to near infrared up-conversion in Tm^{3+} and Yb^{3+} doped fluoride nanophosphors[J]. Nano Letters, 2008, 8 (11): 3834-3838.

[218] BOGDAN N, VETRONE F, OZIN G A, et al. Synthesis of ligand-free colloidally stable water dispersible brightly luminescent lanthanide-doped upconverting nanoparticles[J]. Nano Letters, 2011, 11 (2): 835-840.

[219] WANG H Q, TILLEY R D, NANN T. Size and shape evolution of upconverting nanoparticles using microwave assisted synthesis[J]. CrystEngComm, 2010, 12 (7): 1993-1996.

[220] YANG D M, DAI Y L, MA P A, et al. Synthesis of $Li_{1-x}Na_xYF_4:Yb^{3+}/Ln^{3+}$ ($0 \leqslant x \leqslant 0.3$, Ln = Er, Tm, Ho) nanocrystals with multicolor up-conversion luminescence properties for in vitro cell imaging[J]. Journal of Materials Chemistry, 2012, 22: 20618-20625.

[221] YANG D M, LI C X, LI G G, et al. Colloidal synthesis and remarkable enhancement of the upconversion luminescence of $BaGdF_5:Yb^{3+}/Er^{3+}$ nanoparticles by active-shell modification[J]. Journal of Materials Chemistry, 2011, 21(16): 5923-5927.

[222] VETRONE F, MAHALINGAM V, CAPOBIANCO J A. Near-infrared-to-blue upconversion in colloidal $BaYF_5:Tm^{3+},Yb^{3+}$ nanocrystals[J]. Chemistry of Materials, 2009, 21(9): 1847-1851.

[223] MAHALINGAM V, VETRONE F, NACCACHE R, et al. Structural and optical investigation of colloidal Ln^{3+}/Yb^{3+} co-doped KY_3F_{10} nanocrystals[J]. Journal of Materials Chemistry, 2009, 19 (20): 3149-3152.

[224] MAHALINGAM V, VETRONE F, NACCACHE R, et al. Colloidal Tm^{3+}/Yb^{3+}- doped $LiYF_4$ nanocrystals: multiple luminescence spanning the UV to NIR regions via low-energy excitation[J]. Advanced Materials, 2009, 21 (40): 4025.

[225] MAHALINGAM V, NACCACHE R, VETRONE F, et al. Sensitized Ce^{3+} and Gd^{3+} ultraviolet emissions by Tm^{3+} in colloidal $LiYF_4$ nanocrystals[J]. Chemistry - A European Journal, 2009, 15 (38): 9660-9663.

[226] CHEN G Y, OHULCHANSKYY T Y, KACHYNSKI A, et al. Intense visible and near-infrared upconversion photoluminescence in colloidal $LiYF_4:Er^{3+}$ nanocrystals under laser excitation of 1490 nm[J]. ACS Nano, 2011, 5 (6): 4981-4986.

[227] DU Y P, SUN X, YA WEN ZHANG, et al. Uniform alkaline earth fluoride nanocrystals with diverse shapes grown from thermolysis of metal trifluoroacetates in hot surfactant solutions[J]. Crystal Growth & Design, 2009, 9 (4): 2013-2019.

[228] DU Y P, ZHANG Y W, YAN Z G, et al. Single-crystalline and near- monodispersed $NaMF_3$ (M = Mn, Co, Ni, Mg) and $LiMAlF_6$ (M = Ca, Sr) nanocrystals from cothermolysis of multiple trifluoroacetates in solution[J]. Chemistry-An Asian Journal, 2007, 2(8): 965 - 974.

[229] QUAN Z W, YANG P P, LI C X, et al. Shape and phase-controlled synthesis of $KMgF_3$ colloidal nanocrystals via microwave irradiation[J]. The Journal of Physical Chemistry C, 2009, 113(10): 4018-4025.

[230] MAI H X, ZHANG Y W, SUN L D, et al. Highly efficient multicolor up-conversion emissions and their mechanisms of monodisperse $NaYF_4$:Yb,Er core and core/shell-structured nanocrystals[J]. The Journal of Physical Chemistry C, 2007, 111 (37): 13721-13729.

[231] WANG Y F, SUN L D, XIAO J W, et al. Rare-earth nanoparticles with enhanced upconversion emission and suppressed rare-earth-ion leakage[J]. Chemistry - A European Journal, 2012, 18 (18): 5558-5564.

[232] QIAO X F, ZHOU J C, XIAO J W, et al. Triple-functional core-shell structured upconversion luminescent nanoparticles covalently grafted by photosensitizer for luminescent, magnetic resonance imaging and photodynamic therapy in vitro[J]. Nanoscale, 2012, 4(15): 4611-4623.

[233] MURRAY C B, NOMS D J, BAWENDI M G. Synthesis and characterization of nearly monodisperse CdE (E = S, Se, Te) semiconductor nanocrystallites[J]. Journal of the American Chemical Society, 1993, 115(19): 8706-8715.

[234] PARK J, JOO J, KWON S G, et al. Synthesis of monodisperse spherical nanocrystals[J]. Angewandte Chemie International Edition, 2007, 46(25): 4630 - 4660.

[235] NACCACHE R, VETRONE F, MAHALINGAM V, et al. Controlled synthesis and water dispersibility of hexagonal phase $NaGdF_4:Ho^{3+}/Yb^{3+}$ nanoparticles[J]. Chemistry of Materials, 2009, 21(4): 717-723.

[236] BOGDAN N, VETRONE F, ROY R, et al. Carbohydrate-coated lanthanide-doped upconverting nanoparticles for lectin recognition[J]. Journal of Materials Chemistry, 2010, 20 (35): 7543-7550.

[237] ZHANG F, SHI Q H, ZHANG Y C, et al. Fluorescence upconversion microbarcodes for multiplexed biological detection: nucleic acid encoding[J]. Advanced Materials, 2011, 23(33): 3775-3779.

[238] WANG Y, TU L P, ZHAO J W, et al. Upconversion luminescence of β-$NaYF_4$:Yb^{3+},Er^{3+}@β-$NaYF_4$ core/shell nanoparticles: excitation power density and surface dependence[J]. The Journal of Physical Chemistry C, 2009, 113 (17): 7164-7169.

[239] BOYER J-C, GAGNON J, CUCCIA L A, et al. Synthesis, characterization, and spectroscopy of $NaGdF_4$:Ce^{3+},Tb^{3+}/$NaYF_4$ core/shell nanoparticles[J]. Chemistry of Materials, 2007, 19(14): 3358-3360.

[240] VETRONE F, NACCACHE R, MAHALINGAM V, et al. The active-core/ active-shell approach: a strategy to enhance the upconversion luminescence in lanthanide-doped nanoparticles[J]. Advanced Functional Materials, 2009, 19: 2924-2929.

[241] JOHNSON N J J, KORINEK A, DONG C, et al. Self-focusing by Ostwald ripening: a strategy for layer-by-layer epitaxial growth on upconverting nanocrystals[J]. Journal of the American Chemical Society, 2012, 134 (27): 11068-11071.

[242] SHAN J N, QIN X, YAO N, et al. Synthesis of monodisperse hexagonal $NaYF_4$:Yb,Ln (Ln = Er, Ho and Tm) upconversion nanocrystals in TOPO[J]. Nanotechnology, 2007, 18(5): 445607.

[243] SHAN J N, JU Y G. A single-step synthesis and the kinetic mechanism for monodisperse and hexagonal-phase $NaYF_4$:Yb,Er upconversion nanophosphors[J]. Nanotechnology, 2009, 20(27): 275603.

[244] BUDIJONO S J, SHAN J N, YAO N, et al. Synthesis of stable block-copolymer-protected $NaYF_4$:Yb^{3+},Er^{3+} up-converting phosphor nanoparticles[J]. Chemistry of Materials, 2010, 22(2): 311-318.

[245] SHAN J N, UDDI M, WEI R, et al. The hidden effects of particle shape and criteria for evaluating the upconversion luminescence of the lanthanides doped nanophosphors[J]. The Journal of Physical Chemistry C, 2010, 114(6): 2452-2461.

[246] SHAN J N, UDDI M, YAO N, et al. Anomalous raman scattering of colloidal Yb^{3+}, Er^{3+} codoped $NaYF_4$ nanophosphors and dynamic probing of the upconversion luminescence[J]. Advanced Functional Materials, 2010, 20: 3530-3537.

[247] SHAN J N, BUDIJONO S J, HU G, et al. PEGylated composite nanoparticles containing upconverting phosphors and meso meso-tetraphenyl porphine (TPP) for photodynamic therapy[J]. Advanced Functional Materials, 2011, 21 (13): 2488-2495.

[248] LIU C H, WANG H, LI X, et al. Monodisperse, size-tunable and highly efficient β-$NaYF_4$:Yb,Er (Tm) up-conversion luminescent nanospheres: controllable synthesis and their surface modifications[J]. Journal of Materials Chemistry, 2009, 19: 3546-3553.

[249] WEI Y, LU F Q, ZHANG X R, et al. Synthesis of oil-dispersible hexagonal-phase and hexagonal-shaped $NaYF_4$:Yb,Er nanoplates[J]. Advanced Materials, 2006, 18(8): 5733-5737.

[250] LIU C H, WANG H, ZHANG X R, et al. Morphology- and phase-controlled synthesis of monodisperse lanthanide-doped $NaGdF_4$ nanocrystals with multicolor photoluminescence[J]. Journal of Materials Chemistry, 2009, 19(4): 489-496.

[251] GAI S L, YANG P P, LI X B, et al. Monodisperse CeF_3, CeF_3:Tb^{3+}, and CeF_3:Tb^{3+}@LaF_3 core/shell nanocrystals: synthesis and luminescent properties[J]. Journal of Materials Chemistry, 2011, 21 (38): 14610-14615.

[252] XING BO LI, GAI S L, LI C X, et al. Monodisperse lanthanide fluoride nanocrystals: synthesis and luminescent properties[J]. Inorganic Chemistry, 2012, 51 (7): 3963-3971.

[253] DAS G K, TAN T T Y. Rare-earth-doped and codoped Y_2O_3 nanomaterials as potential bioimaging probes[J]. The Journal of Physical Chemistry C, 2008, 112 (30): 11211-11217.

[254] ZHANG Y X, GUO J, WHITE T, et al. Y_2O_3:Tb nanocrystals self-assembly into nanorods by oriented attachment mechanism[J]. The Journal of Physical Chemistry C, 2007, 111(22): 7893-7897.

[255] DAS G K, ZHANG Y, D'SILVA L, et al. Single-phase Dy_2O_3:Tb^{3+} nanocrystals as dual-modal contrast agent for high field magnetic resonance and optical imaging[J]. Chemistry of Materials, 2011, 23 (9): 2439-2446.

[256] DAS G K, HENG B C, NG S-C, et al. Gadolinium oxide ultranarrow nanorods as multimodal contrast agents for optical and magnetic resonance imaging[J]. Langmuir, 2010, 26 (11): 8959-8965.

[257] HENG B C, DAS G K, ZHAO X X, et al. Comparative cytotoxicity evaluation of lanthanide nanomaterials on mouse and human cell lines with metabolic and DNA-quantification assays[J]. Biointerphases, 2010, 5 (3): FA88-FA97.

[258] WANG D Y, KANG Y J, DOAN-NGUYEN V, et al. Synthesis and oxygen storage capacity of two-dimensional ceria nanocrystals[J]. Angewandte Chemie International Edition, 2011, 50(19): 4378 -4381.

[259] DING Y, GU J, KE J, et al. Sodium doping controlled synthesis of monodisperse lanthanide oxysulfide ultrathin nanoplates guided by density functional calculations[J]. Angewandte Chemie International Edition, 2011, 50: 12330-12334.

[260] PAIK T, GORDON T R, PRANTNER A M, et al. Designing tripodal and triangular gadolinium oxide nanoplates and self-assembled nanofibrils as potential multimodal bioimaging probes[J]. ACS Nano, 2013, 7 (3): 2850-2859.

[261] ZHAO F, SUN H L, SU G, et al. Synthesis and size-dependent magnetic properties of monodisperse EuS nanocrystals[J]. Small, 2006, 2 (2): 244-248.

[262] CAO Y C. Synthesis of square gadolinium-oxide nanoplates[J]. Journal of the American Chemical Society, 2004, 126 (24): 7456-7457.

[263] SI R, ZHANG Y W, ZHOU H P, et al. Controlled-synthesis, self-assembly behavior and surface-dependent optical properties of high-quality rare-earth oxide nanocrystals[J]. Chemistry of Materials, 2007, 19(1): 18-27.

[264] HUO Z Y, TSUNG C K, HUANG W Y, et al. Self-organized ultrathin oxide nanocrystals[J]. Nano Letters, 2009, 9 (3): 1260-1264.

[265] YU T, JOO J, PARK Y I, et al. Single unit cell thick samaria nanowires and nanoplates[J]. Journal of the American Chemical Society, 2006, 128 (6): 1786-1787.

[266] SI R, ZHANG Y W, YOU L P, et al. Rare-earth oxide nanopolyhedra, nanoplates, and nanodisks[J]. Angewandte Chemie International Edition, 2005, 44 (21): 3256-3260.

[267] DING Y, GU J, ZHANG T, et al. Chemoaffinity-mediated synthesis of $nares_2$-based nanocrystals as versatile nano-building blocks and durable nano-pigments[J]. Journal of the American Chemical Society, 2012, 134 (6): 3255-3264.

[268] ZHAO F, YUAN M, ZHANG W, et al. Monodisperse lanthanide oxysulfide nanocrystals[J]. Journal of the American Chemical Society, 2006, 128(36): 11758-11759.

[269] ZHAO F, SUN H L, GAO S, et al. Magnetic properties of EuS nanoparticles synthesized by thermal decomposition of molecular precursors[J]. Journal of Materials Chemistry, 2005, 15 (39): 4209-4214.

[270] QIU H L, CHEN G Y, FAN R W, et al. Tuning the size and shape of colloidal cerium oxide nanocrystals through lanthanide doping[J]. Chemical Communications, 2011, 47(34): 9648-9650.

[271] WANG H Z, UEHARA M, NAKAMURA H, et al. Synthesis of well-dispersed Y_2O_3:Eu nanocrystals and self-assembled nanodisks using a simple non- hydrolytic route[J]. Advanced Materials, 2005, 17(20): 2506.

[272] KAR S, BONCHER W L, OLSZEWSKI D, et al. Gadolinium doped europium sulfide[J]. Journal of the American Chemical Society, 2010, 130(40): 13960-13962.

[273] LIU Y S, TU D T, ZHU H M, et al. A strategy to achieve efficient dual-mode luminescence of Eu^{3+} in lanthanides doped multifunctional $NaGdF_4$ nanocrystals[J]. Advanced Materials, 2010, 22(30): 3266-3271.

[274] WANG F, WANG J, LIU X G. Direct evidence of a surface quenching effect on size-dependent luminescence of upconversion nanoparticles[J]. Angewandte Chemie International Edition, 2010, 49 (41): 7456-7460.

[275] CHEN D Q, LEI L, AN PING YANG, et al. Ultra-broadband near-infrared excitable upconversion core/shell nanocrystals[J]. Chemical Communications, 2012, 48 (47): 5898-5900.

[276] ZHUANG Z B, PENG Q, LI Y D. Controlled synthesis of semiconductor nanostructures in the liquid phase[J]. Chemical Society Reviews, 2011, 40(11): 5492-5513.

[277] SHI F, WANG J S, ZHANG D S, et al. Great enhanced size-tunable ultraviolet upconversion luminescence of monodisperse β -$NaYF_4$:Yb/Tm nanocrystals[J]. Journal of Materials Chemistry, 2011, 21: 13413-13421.

[278] XIONG L Q, YANG T S, YANG Y, et al. Long-term in vivo biodistribution imaging and toxicity of polyacrylic acid-coated upconversion nanophosphors[J]. Biomaterials, 2010, 31 (27): 7078-7085.

[279] JING Z, YU M X, SUN Y, et al. Fluorine-18-labeled Gd^{3+}/Yb^{3+}/Er^{3+} co-doped $NaYF_4$ nanophosphors for multimodality PET/MR/UCL imaging[J]. Biomaterials, 2011, 32 (4): 1148-1156.

[280] BOYER J C, JOHNSON N J J, VAN VEGGEL F C J M. Upconverting lanthanide-doped $NaYF_4$-pmma polymer composites prepared by in situ polymerization[J]. Chemistry of Materials, 2009, 21 (10): 2010-2012.

[281] CHEN G Y, OHULCHANSKYY T Y, LIU S, et al. Core/shell $NaGdF_4$: Nd^{3+}/$NaGdF_4$ nanocrystals with efficient near-infrared to near-infrared downconversion photoluminescence for bioimaging applications [J]. ACS Nano, 2012, 6 (4): 2969-2977.

[282] SHI F, WANG J S, ZHAI X S, et al. Facile synthesis of β -$NaLuF_4$:Yb/Tm hexagonal nanoplates with intense ultraviolet upconversion luminescence[J]. CrystEngComm, 2011, 13(11): 3782-3787.

[283] XIA A, CHEN M, GAO Y, et al. Gd^{3+} complex-modified $NaLuF_4$-based upconversion nanophosphors for trimodality imaging of NIR-to-NIR upconversion luminescence, computed tomography and magnetic resonance[J]. Biomaterials, 2012, 33 (21): 5394-5405.

[284] DAS G K, JOHNSON N J J, CRAMEN J, et al. $NaDyF_4$ nanoparticles as T_2 contrast agents for ultrahigh field magnetic resonance imaging[J]. Journal of Physical Chemistry Letters, 2012, 3 (4): 524-529.

[285] CHEN G Y, OHULCHANSKYY T Y, LAW W C, et al. Monodisperse $NaYbF_4$:Tm^{3+}/$NaGdF_4$ core/shell nanocrystals with near-infrared to near-infrared upconversion photoluminescence and magnetic resonance properties[J]. Nanoscale, 2011, 3 (5): 2003-2008.

[286] XING H Y, BU W B, REN Q G, et al. A $NaYbF_4$:Tm^{3+} nanoprobe for CT and NIR-to-NIR fluorescent bimodal imaging[J]. Biomaterials, 2012, 33 (21): 5384-5393.

[287] PICHAANDI J, BOYER J-C, DELANEY K R, et al. Two-photon upconversion laser (scanning and wide-field) microscopy using Ln^{3+}-doped $NaYF_4$ upconverting nanocrystals: a critical evaluation of their performance and potential in bioimaging[J]. The Journal of Physical Chemistry C, 2011, 115 (39): 19054-19064.

[288] LEHMANN O, KOMPE K, HAASE M. Synthesis of Eu^{3+}-doped core and core/shell nanoparticles and direct spectroscopic identification of dopant sites at the surface and in the interior of the particles[J]. Journal of the American Chemical Society, 2004, 126 (45): 14935-14942.

[289] NAM S H, BAE Y M, PARK Y I, et al. Long-term real-time tracking of lanthanide ion doped upconverting nanoparticles in living cells[J]. Angewandte Chemie International Edition, 2011, 50 (27): 6093-6097.

[290] PARK Y I, KIM H M, KIM J H, et al. Theranostic probe based on lanthanide-doped nanoparticles for simultaneous in vivo dual-modal imaging and photodynamic therapy[J]. Advanced Materials, 2012, 24 (42): 5755-5761.

[291] ABEL K A, BOYER J-C, VAN VEGGEL F C J M. Hard proof of the $NaYF_4$/$NaGdF_4$ nanocrystal core/shell structure[J]. Journal of the American Chemical Society, 2009, 131(41): 14644-14645.

[292] DENG R R, XIE X J, VENDRELL M, et al. Intracellular glutathione detection using MnO_2-nanosheet-modified upconversion nanoparticles[J]. Journal of the American Chemical Society, 2011, 133 (50): 20168-20171.

[293] FENG W, DENG R R, WANG J, et al. Tuning upconversion through energy migration in core-shell nanoparticles[J]. Nature Materials, 2011, 10 (12): 968-973.

[294] DONG C H, PICHAANDI J, REGIER T, et al. Nonstatistical dopant distribution of Ln^{3+}-doped $NaGdF_4$ nanoparticles[J]. The Journal of Physical Chemistry C, 2011, 115 (32): 15950-15958.

[295] SCHAFER H, PTACEK P, KOMPE K, et al. Lanthanide-doped $NaYF_4$ nanocrystals in aqueous solution displaying strong up-conversion emission[J]. Chemistry of Materials, 2007, 19(6): 1396-1400.

[296] HEER S, KOMPE K, GUDEL H U, et al. Highly efficent multicolour upconversion emission in transparent colloids of lanthanide-doped $NaYF_4$ nanocrystals[J]. Advanced Materials, 2004, 16: 2102-2105.

[297] PTACEK P, SCH FER H, K MPE K, et al. Crystal phase control of luminescing $NaGdF_4$:Eu^{3+} nanocrystals[J]. Advanced Functional Materials, 2007, 17(18): 3843-3848.

[298] PTACEK P, SCHAFER H, ZERZOUF O, et al. Crystal phase control of $NaGdF_4$:Eu^{3+} nanocrystals: influence of the fluoride concentration and molar ratio between NaF and GdF_3[J]. Crystal Growth & Design, 2010, 10 (5): 2434-2438.

[299] SCHAFER H, PTACEK P, VOSS B, et al. Synthesis and characterization of upconversion fluorescent Yb^{3+}, Er^{3+} doped RbY_2F_7 nano- and microcrystals[J]. Crystal Growth & Design, 2010, 10 (5): 2202-2208.

[300] SCHAFER H, PTACEK P, ZERZOUF O, et al. Synthesis and optical properties of KYF_4/Yb,Er nanocrystals, and their surface modification with undoped KYF_4[J]. Advanced Functional Materials, 2008, 18(19): 2913-2918.

[301] KOMPE K, BORCHERT H, STORZ J, et al. Green-emitting $CePO_4$:Tb/$LaPO_4$ core-shell nanoparticles with 70% photoluminescence quantum yield[J]. Angewandte Chemie International Edition, 2003, 42 (44): 5513-5516.

[302] HICKMANN K, KOEMPE K, HEPP A, et al. The role of amines in the growth of terbium(Ⅲ)-doped cerium phosphate nanoparticles[J]. Small, 2008, 4 (12): 2136-2139.

[303] HEER S, LEHMANN O, HAASE M, et al. Blue, green, and red upconversion emission from lanthanide-doped $LuPO_4$ and $YbPO_4$ nanocrystals in a transparent colloidal solution[J]. Angewandte Chemie International Edition, 2003, 42 (27): 3179-3182.

[304] KOEMPE K, LEHMANN O, HAASE M. Spectroscopic distinction of surface and volume ions in cerium(Ⅲ)- and terbium(Ⅲ)-containing core and core/shell nanoparticles[J]. Chemistry of Materials, 2006, 18 (18): 4442-4446.

[305] HICKMANN K, JOHN V, OERTEL A, et al. Investigation of the early stages of growth of monazite-type lanthanide phosphate nanoparticles[J]. The Journal of Physical Chemistry C, 2009, 113 (12): 4763-4767.

[306] LEHMANN O, MEYSSAMY H, KO1MPE K, et al. Synthesis, growth, and Er^{3+} luminescence of lanthanide phosphate nanoparticles[J]. The Journal of Physical Chemistry B, 2003, 107(45): 7449-7453.

[307] OERTEL A, LENGLER C, WALTHER T, et al. Photonic properties of inverse opals fabricated from lanthanide-doped $LaPO_4$ nanocrystals[J]. Chemistry of Materials, 2009, 21 (16): 3883-3888.

[308] RIWOTZKI K, MEYSSAMY H, SCHNABLEGGER H, et al. Liquid-phase synthesis of colloids and redispersible powders of strongly luminescing $LaPO_4$:Ce,Tb nanocrystals[J]. Angewandte Chemie International Edition, 2001, 40 (3): 573-676.

[309] RIWOTZKI K, MEYSSAMY H, KORNOWSKI A, et al. Liquid-phase synthesis of doped nanoparticles: colloids of luminescing $LaPO_4$:Eu and $CePO_4$:Tb particles with a narrow particle size distribution[J]. The Journal of Physical Chemistry B, 2000, 104 (13): 2824-2828.

[310] 洪广言, 张吉林, 高倩. 在卵磷脂体系中合成 EuF_3 纳米线[J]. 物理化学学报, 2010, 26 (3): 695-700.

[311] GHOSH P, PATRA A. Tuning of crystal phase and luminescence properties of Eu^{3+} doped sodium yttrium fluoride nanocrystals[J]. The Journal of Physical Chemistry C, 2008, 112(9): 3223-3231.

[312] XIONG L Q, CHEN Z G, YU M X, et al. Synthesis, characterization, and in vivo targeted imaging of amine-functionalized rare-earth up-converting nanophosphors[J]. Biomaterials, 2009, 30(29): 5592-5600.

[313] HUANG H, XU G Q, CHIN W S, et al. Synthesis and characterization of Eu:Y_2O_3 nanoparticles[J]. Nanotechnology, 2002, 13(3): 318-323.

[314] CHAI R T, LIAN H Z, LI C X, et al. In situ preparation and luminescent properties of CeF_3 and CeF_3:Tb^{3+} nanoparticles and transparent CeF_3:Tb^{3+}/PMMA nanocomposites in the visible spectral range[J]. The Journal of Physical Chemistry C, 2009, 113 (19): 8070-8076.

[315] LEMYRE J-L, RITCEY A M. Synthesis of lanthanide fluoride nanoparticles of varying shape and size[J]. Chemistry of Materials, 2005, 17(11): 3040-3043.

[316] DARBANDI M, NANN T. One-pot synthesis of YF_3@silica core/shell nanoparticles[J]. Chemical Communications, 2006, 7: 776-778.

[317] WANG G F, QIN W P, ZHANG J S, et al. Synthesis, growth mechanism, and tunable upconversion luminescence of Yb^{3+}/Tm^{3+}-codoped YF_3 nanobundles[J]. The Journal of Physical Chemistry C, 2008, 112 (32): 12161-12167.

[318] GHOSH P, OLIVA J, ROSA E D L, et al. Enhancement of upconversion emission of $LaPO_4$:Er@Yb core/shell nanoparticles/nanorods[J]. The Journal of Physical Chemistry C, 2008, 112 (26): 9650-9658.

[319] GE J P, CHEN W, LIU L P, et al. Formation of disperse nanoparticles at the oil/water interface in normal microemulsions[J]. Chemistry - A European Journal, 2006, 12 (25): 6552-6558.

[320] CHEN C, SUN L D, LI Z X, et al. Ionic liquid-based route to spherical $NaYF_4$ nanoclusters with the assistance of microwave radiation and their multicolor upconversion luminescence[J]. Langmuir, 2010, 26 (11): 8797-8803.

[321] 李沅英，戴德昌，蔡少华. Y_2O_2S:Eu^{3+}荧光体的微波热效应合成和发光性能[J]. 中国稀土学报, 1996, 14 (1): 16-19.

[322] 戴德昌，李沅英，蔡少华，等. $(Ce_{0.67}Tb_{0.33})MgAl_{11}O_{19}$和 $BaMgAl_{10}O_{17}$:Eu^{2+}荧光体的微波辐射合成及其发光性能[J]. 中国稀土学报, 1998, 16 (3): 284-287.

[323] LEI Y Q, PANG M, FAN W Q, et al. Microwave-assisted synthesis of hydrophilic $BaYF_5$:Tb/Ce,Tb green florescence colloid nanocrystal[J]. Dalton Transactions, 2011, 40(1): 142-145.

[324] PANG M, LIU D P, LEI Y Q, et al. Rare-earth-doped bifunctional alkaline-earth metal fluoride nanocrystals via a facile microwave-assisted process[J]. Inorganic Chemistry, 2011, 50 (12): 5327-5329.

[325] LI F F, LI C G, LIU X M, et al. Hydrophilic, upconversion, multicolor, lanthanide-doped $NaGdF_4$ nanocrystals as potential multifunctional bioprobes[J]. Chemistry-A European Journal, 2012, 18 (37): 11641-11646.

[326] KOMBAN R, BECKMANN R, RODE S, et al. Surface modification of luminescent lanthanide phosphate nanorods with cationic "quat-primer" polymers[J]. Langmuir, 2011, 27 (16): 10174-10183.

[327] NIU N, HE F, GAI S L, et al. Rapid microwave reflux process for the synthesis ofpure hexagonal $NaYF_4:Yb^{3+},Ln^{3+},Bi^{3+}$ ($Ln^{3+}= Er^{3+}, Tm^{3+}, Ho^{3+}$) and its enhanced uc luminescence[J]. Journal of Materials Chemistry, 2012, 22(40): 21613-21623.

[328] LI C X, LIN J. Rare earth fluoride nano-/microcrystals: synthesis, surface modification and application[J]. Journal of Materials Chemistry, 2010, 20(33): 6831-6847.

[329] ZHANG C, CHEN J, ZHOU Y C, et al. Ionic liquid-based "all-in-one" synthesis and photoluminescence properties of lanthanide Fluorides[J]. The Journal of Physical Chemistry C, 2008, 112 (27): 10083-10088.

[330] LI C X, MA P A, YANG P P, et al. Fine structural and morphological control of rare earth fluorides REF_3 (RE = La-Lu, Y) nano/microcrystals: microwave- assisted ionic liquid synthesis, magnetic and luminescent properties[J]. CrystEngComm, 2011, 13 (3): 1003-1013.

[331] NUÑEZ N O, OCANA M. An ionic liquid based synthesis method for uniform luminescent lanthanide fluoride nanoparticles[J]. Nanotechnology, 2007, 18(45): 455606.

[332] MI C C, TIAN Z H, CAO C, et al. Novel microwave-assisted solvothermal synthesis of $NaYF_4$:Yb,Er upconversion nanoparticles and their application in cancer cell imaging[J].Langmuir, 2011, 27 (23): 14632-14637.

[333] CHEN J, GUO C R, WANG M, et al. Controllable synthesis of $NaYF_4$:Yb,Er upconversion nanophosphors and their application toin vivo imaging of caenorhabditis elegans[J]. Journal of Materials Chemistry, 2011, 21(10): 2632-2638.

[334] LIU X M, ZHAO J W, SUN Y J, et al. Ionothermal synthesis of hexagonal-phase $NaYF_4:Yb^{3+},Er^{3+}/Tm^{3+}$ upconversion nanophosphors[J]. Chemical Communications, 2009, (43): 6628-6630.

[335] JACOB D S, BITTON L, GRINBLAT J, et al. Are ionic liquids really a boon for the synthesis of inorganic materials? A general method for the fabrication of nanosized metal fluorides[J]. Chemistry of Materials, 2006, 18 (13): 3162-3168.

[336] 张希艳, 卢利平, 柏朝晖, 等. 稀土发光材料[M]. 北京：国防工业出版社, 2005.

第 5 章 稀土上转换荧光纳米材料在生物医学领域内的应用

多年来，相关领域的科研人员在开发新型荧光成像技术和荧光探针方面做出了坚持不懈的努力，以获得更高的信噪比和灵敏度。由于特殊的反斯托克斯荧光性质，稀土上转换荧光纳米材料在荧光成像技术领域具有特殊的应用价值。这种可以被近红外光激发的荧光机制能够完全消除生物自荧光所产生的信号干扰。到目前为止，稀土上转换荧光纳米材料已经在细胞和小动物水平上成功实现了多种生物成像效果。

5.1 稀土上转换荧光纳米材料用于细胞成像

目前，为了实现上转换荧光成像技术，包括动物活体成像以及三维成像技术在内的多种荧光显微镜技术已经被开发出来，并且成功实现了可视化的活体细胞以及小动物成像。其中，李富友课题组设计了一套激光扫描上转换荧光共聚焦显微镜，如图 5.1 所示。这种显微镜利用双向色镜及共聚焦针孔技术避免了光散焦的情况发生。这种装置是基于倒置显微镜和一个共聚焦扫描单元构建的。980nm 的激光则是通过检流反射镜和物镜实现在样品上的聚焦。样品的激发信号光则被检流反射镜引导向二向色镜，在过滤掉激发光后先后通过共聚焦针孔和光栅，最后被光电倍增管收集。该课题组随后又开发出可调节激发光波长的上转换荧光共聚焦显微镜。这种显微镜与之前所述的显微镜的整体构造基本相同，差别在于其能够根据不同稀土离子掺杂所需的激发光来调节激发器的发射波长，具有更广泛的应用性[1]。

有了上转换荧光成像设备，利用上转换荧光进行生物标记就具备了先决条件。然而，稀土上转换荧光纳米材料是无法直接应用于生物应用之中的。这是因为其本身以及表面有机基团具有一定的生物毒性。并且在制备过程中，往往需要使用

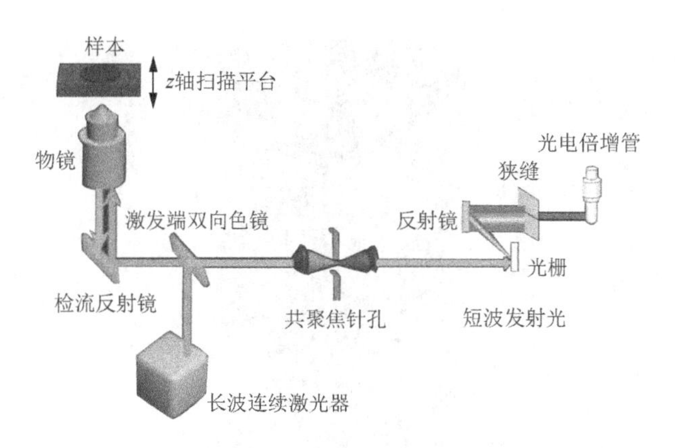

图 5.1 激光扫描上转换荧光共聚焦显微镜光路示意图[1]

一些疏水溶剂，也使得其亲水性较差。因此，在应用于生物领域之前，还需要对材料的表面进行一定的生物修饰。据报道，用二氧化硅、小分子和聚合物等修饰物包覆的稀土上转换荧光纳米材料可用于活细胞的生物成像。小分子修饰的稀土上转换荧光纳米材料作为生物模拟探针是很有前景的。迄今为止，所用的小分子包括 6-氨基己酸、壬二酸、柠檬酸、3-巯基丙酸、α-环糊精、谷氨酸、β-环糊精、二亚乙基三胺五乙酸等。例如，纽约州立大学布法罗分校 Prasad 课题组证明了具有 800～980nm 的上转换荧光发射的 $NaYF_4$:Yb,Tm 可用于细胞标记。其中，上转换纳米颗粒利用 3-巯基丙酸进行了表面的功能化[2]。复旦大学李富友课题组报道了一种带有聚乙二醇单甲醚（mPEG-OH）的两亲性 LaF_3:Yb,Ho 纳米粒子（约 15nm），通过激光共聚焦显微镜可以确定其很容易渗入细胞膜。二氧化硅壳层可以提供无毒的屏障，其结果是可以将 SiO_2 包覆的稀土上转换荧光纳米材料用于活细胞成像[3]。另外，用聚合物如聚乙二醇（PEG）(图 5.2)[4, 5]、聚醚酰亚胺（PEI）[6, 7]、聚丙烯酸（PAA）[8]和聚乙烯吡洛烷酮（PVP）[9]包覆的稀土上转换荧光纳米材料也可用作细胞成像标记。

与细胞、组织及器官的相互作用方式是稀土上转换荧光纳米材料在生物成像应用之前所需考察的重要内容。最近，韩国化学技术研究所 Suh 课题组以 20 帧的速度连续 6h 不间断地考察了单核细胞与 PEG-磷脂修饰的 $NaYF_4$:Yb,Er 纳米颗粒（约 30nm）。结果表明，$NaYF_4$:Yb,Er 纳米粒子的运输动力学是由单一轨迹内的多个通道组成的。这些通道是以包括动力蛋白和驱动蛋白等运动蛋白为主的运输渠道[10]。通过单个 HeLa 细胞与 PFG-磷脂包被的 $NaYF_4$:Yb,Er 之间的相互作用，可以研究其细胞内吞作用。可以发现，活性转运和胞吐过程是组成材料细胞内吞过程的全部途径[11]。调整表面电荷将显著改变活细胞对上转换纳米颗粒的吞噬作用。香港理工大学 Wong 课题组研究了哺乳动物细胞与带各种电荷的 $NaYF_4$:Yb,Er 纳米颗粒［PVP（中性电荷）、PEI（正电荷）或 PAA（负电荷）作为表面配体］的相

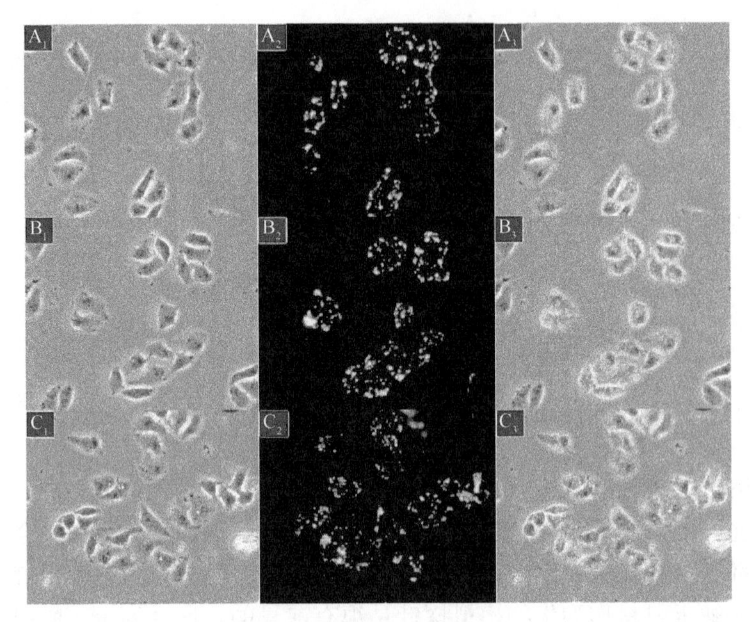

图 5.2　上转换荧光成像技术用于细胞成像[5]（见书后彩图）

互作用。多光子显微镜成像结果指出，带正电荷的 PEI 分子修饰的 $NaYF_4$:Yb,Er 纳米颗粒可以被细胞通过网格蛋白内吞机制内吞，与中性或带负电荷的样品相比，显示出显著增强的细胞内吞作用[12]。由于不会产生生物组织的自发荧光，即使在单粒子水平，也可以实现活细胞的上转换发光生物成像[13]。加州福尼亚理工学院 Cohen 课题组报道了单个颗粒的 $NaYF_4$:Yb,Er 纳米晶体（约 27nm）被细胞吞噬后表现出强烈的上转换荧光发射，并且大大减少了生物荧光[14]。加州大学洛杉矶分校段镶锋课题组使用激光共聚焦显微镜来研究单个 $NaYF_4$:Yb,Tm 六面体晶体（约 180nm）的上转换荧光发射[15]。此外，他们还报道了将 AB12 小鼠间皮瘤细胞与 $NaYF_4$:Yb,Er@SiO_2（约 100nm）和 PAA 分子修饰的 $NaYF_4$:Yb,Er 纳米粒子（约 100nm）一起培养，发现了单个颗粒的可见荧光发射[16]。

5.2　稀土上转换荧光纳米材料用于动物活体成像

小动物活体上转换荧光成像系统也是由李富友课题组首先提出并且报道的。这个系统是利用两个功率可调的 980nm 激光器作为激发光源，用光纤引导激发 Yb^{3+}敏化的上转换纳米颗粒来实现成像，如图 5.3 所示。在这个系统中，利用了光束扩展器来让激发光束均匀地照射在整个动物的身体。同时，上转换荧光信号的收集是利用一种电子耦合放大装置（charge coupled device，CCD）来实现的，这种装置能够收集较为微弱的光信号。在此之前，激发光的信号会通过一种低通滤光片过滤掉，同时，通过调节滤光片的种类也可以实现不同荧光通道内信号的采集。这种利用近红外光作为激发光的成像机制能够在外部辐照光存在的情况下正常运行而不受到明显干扰。这有益于未来在成像指导手术治疗的实际应用中，成像效果不会因为手术中必要的照明光而减弱[17]。荧光扩散光层析成像（fluorescence diffuse optical tomography，FDOT）是一种 3D 可视化方法，通过使用多尺度源检测器来获取边界注量来重建高散射材料的内部荧光团分布。将光学断层摄影系统与 CCD 照相机相结合重建上转换发射图像，可以在 980nm 的激发下拍摄每个扫描位置的图像。由于其超低的自发荧光背景引起的优异信噪比（signal to noise ratio，SNR），在这种测试条件下，来自稀土上转换荧光纳米材料的图像质量高于常规有机染料。

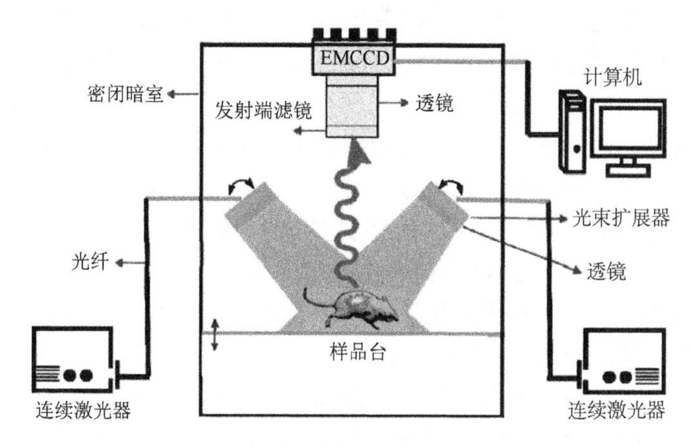

图 5.3 小动物上转换荧光成像仪的装置图[17]

秀丽隐杆线虫结构简单，其已经发展成为生物医学研究的重要模型。近日，清华大学严纯华课题组报道了用 PEI 分子修饰的 $NaYF_4$:Yb,Er 纳米颗粒包被大肠杆菌（escherichia coli）（约 30nm）喂养秀丽隐杆线虫，在肠道中表现出近红外发射（图 5.4）[18]。吉林大学徐淑坤课题组还进一步报道了约 35nm PEI 修饰的 $NaYF_4$:Yb,Er 纳米颗粒用于线虫体内上转换成像。较高浓度的颗粒，较小的颗粒尺寸和较长的培养时间可以使体内上转换发光更加明亮并且持续时间更长[19]。普林斯顿大学 Lim 课题组也报道了使用 150nm 的 $NaYF_4$:Yb,Er 纳米颗粒进行线虫的上转换成像[20]。

为了获得体内解剖和生理细节，研究人员已经成功地研究了不同小动物（包括裸鼠、老鼠表皮、黑鼠和兔子）的上转换生物成像[21-23]。例如，Prasad 课题组报道了 20nm $NaYF_4$:Yb,Tm 纳米颗粒作为探针在小鼠体内的 NIR-NIR 上转换成像[2]。另外，通过在静脉注射 $NaGdF_4$:Yb,Er,Tm 或 $NaLuF_4$:Yb,Tm，在具有丰富毛皮的昆明小鼠上也成功地实现了上转换荧光成像[24, 25]。相比之下，在全身成像中，对于具有毛皮的小鼠，传统的荧光成像方法已经被证实成像较差。主要是因为毛皮在

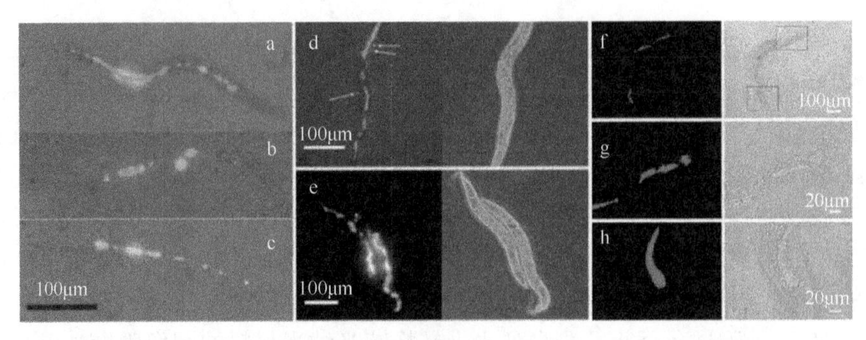

图 5.4　上转换纳米材料在线虫体内的荧光成像效果（见书后彩图）

多种紫外及近红外光照射下也会发射荧光信号，产生了很强的干扰信号。使用 Tm^{3+} 掺杂的稀土上转换发光材料作为生物探针的 NIR-NIR 上转换成像对生物具有更深的组织穿透力。同时，不存在自发荧光和较小的光散射等特征使得通过这种方式能够实现高信噪比光学成像。具有丰富黑色毛皮的老鼠将显著吸收可见光，这种小鼠从未用于常规荧光体内生物成像。然而，李富友课题组报道了整个黑鼠的上转换成像。他们的方法是皮下注射明亮的上转换 β-$NaLuF_4$:Yb,Tm 纳米颗粒（sub 10nm）。结果表明，可以从黑色小鼠中成功获得穿透深度约为 2cm 的高对比度上转换图像[26]。此外，该课题组还实现了 $NaLuF_4$:Yb,Tm 纳米粒子（sub 20nm）在兔子体内上转换成像的高信噪比成像[25]。

血管成像是提供有关血管数量、间距和功能异常信息的一种可视化工具。哈佛大学 Hilderbrand 课题组通过尾静脉注射 10mg 羰花青染色的 Y_2O_3:Yb,Er 纳米颗粒（101nm），实现了小鼠血管上转换成像[27]。在 980nm 的激发光激发下（功率密度为 550mW/cm^2），获得小鼠耳朵血管的上转换图像，维多利亚大学 van Veggel 课题组报道了体内双光子上转换宽视野显微镜成像技术，对颅骨变薄后小鼠脑血管进行 800nm 上转换发射。观察到光学切片的深度为 100μm。淋巴结是癌症细胞的补给站，高信噪比的上转换发光成像适用于追踪小而复杂结构的淋巴系统的位置[28]。美国国家癌症研究院 Kobayashi 课题组使用约 20nm $NaYF_4$:Yb,Tm 纳米粒子实现了淋巴结的体内成像。相比之下，在手术中只有使用 $NaYF_4$:Yb,Er 纳米粒子对原位淋巴结进行成像。这可能是因为绿色发射光穿透组织能力差[29]。李富友课题组进一步发展了两亲性的 LaF_3:Yb,Tm 纳米粒子（约 31nm 大小），以 800nm 的近红外上转换发射作为输出信号捕获淋巴图像。由于无需复杂的后处理，使得利用镧系元素掺杂的稀土上转换发光材料作为发光探针成为了一种简便的方法来捕获淋巴图像[30]。无创可视化方法是通过追踪细胞来提供治疗的一种有效方法。张勇课题组报道了 $NaYF_4$:Yb,Er@SiO_2 纳米粒子（约 40nm）用于动态追踪小鼠后肢成肌细胞的上转换成像，4h 后，在小鼠后肢肌肉中检测到 $NaYF_4$:Yb,Er@SiO_2 纳米粒子上转换荧光发射信号，揭示了这些细胞微弱的迁移活性[31]。苏州大学刘庄课题组通过小鼠皮下注射 30nm $NaYF_4$:Yb,Er/Tm 纳米粒子成功标记了肿瘤[23]。该课题组同时证实，间充质干细胞与精氨酸修饰的 30nm $NaYF_4$:Yb,Er 纳米粒子在静脉注射后，最初积累在肝脏中，然后转移到肺部[32]。

肿瘤靶向成像在肿瘤诊断和治疗方面已经引起越来越多的关注。在配体-受体和抗原-抗体相互作用的基础上，已经成功开发了与叶酸、抗体或肽缀合的镧系元素掺杂的稀土上转换发光材料以实现靶向成像[33]。抗原-抗体的相互作用也可通过稀土上转换发光材料的生物探针功能实现。与抗 Her 2 抗体缀合的 $NaYF_4$:Yb,Er@SiO_2 纳米粒子已被用于靶向标记 SK-BR-3 细胞的 Her 2 受体，并且使用荧光显微镜实现了对细胞的成像[34]。用抗粘蛋白-4 和抗间皮素改性的 25～30nm $NaYF_4$:Yb,Er,Gd 纳米粒子显示出具有体外靶向标记癌细胞的功能[35]。此外，与兔 CEA8 抗体缀合的 $NaYF_4$:Yb,Er@SiO_2[34]和 $NaYbF_4$:Yb,Tm,Ho@SiO_2[36]纳米粒子也表现出对 HeLa 细胞表面的特异性亲和力，在 980nm 的激发光激发下产生明亮的细胞内上转换荧光发射。尽管已经出现了许多关于抗体用于体外肿瘤细胞的靶向成像的研究成果，但迄今为止尚未报道抗体缀合的稀土上转换发光材料用于体内肿瘤靶向成像的实例。基于 $\alpha_v\beta_3$ 整联蛋白受体对精氨酸-甘氨酸-天冬氨酸三肽的高亲和力，李富友课题组实现了 PEG 键的环肽 c(RGDFK)-共轭 $NaYF_4$:Yb,Er,Tm 颗粒和 c(RGDFK) 结合的 $NaYF_4$:Yb,Er,Tm 纳米颗粒用于 $\alpha_v\beta_3$ 过表达 U87MG 肿瘤的小鼠体内靶向成像。体内上转换图像显示 c（RGDFK）-共轭 $NaYF_4$:Yb,Er,Tm 纳米颗粒的胶质瘤 U87MG 肿瘤的结合时间是在注射后 4h～24h。特别值得注意的是，通过使用 800 nm 的上转换荧光发射作为检测信号，可以实现约 24 倍的高信噪比。该结果与生物发光成像的结果相当[17]。此外，武汉大学李文新课题组发现，氯毒素肽修饰的 $NaYF_4$:Yb,Er/Ce 纳米粒子（25nm×55nm）可以靶向标记肿瘤。实现了基于高度特异性肿瘤结合的活体肿瘤的可视化[37]。最近，Capobianco 课题组报道了用 20nm $NaGdF_4$:Yb,Er 纳米粒子对功能化的肝素和碱性成纤维细胞生长因子进行细胞靶向成像[38]。施剑林课题组则开发了双靶向 angiopep-2（TFFYGGSRGKRNNFKTEEY）功能化的 $NaYF_4$:Yb,Tm,Gd@$NaGdF_4$（约 50nm）纳米粒子，以穿过血脑屏障并对胶质细胞瘤进行靶向成像[39]。

5.3 上转换荧光成像的特点

上转换生物成像不提供生物样品的自发荧光[1]。因为生物样品在连续近红外激光的激发下不显示上转换荧光特性。该特征意味着镧系元素掺杂的上转换纳米粒子（upconversion nanoparticles，UCNPs）可以用作上转换生物成像中的探针。因此，上转换成像能够消除来自生物组织或标记物自身的背景荧光。例如，对于使用有机染料 1,1'-二十八烷基-3,3,3',3'-四甲基吲哚羰花青高氯酸盐（Dil）和低浓度

$NaYF_4$:Yb,Er 标记的 HeLa 细胞。在 980nm 的激光器激发下，没有发现来自 Dil 的信号或细胞本身的自发荧光。

低光漂白是掺杂镧系元素的上转换纳米粒子作为发光探针的显著特征。复旦大学李富友课题组给出了直接的实验数据来证明这一点。用 4',6-二脒基-2-苯基吲哚（4,6-diamidino-2phenylindole，DAPI），Dil 和 $NaYF_4$:Yb,Eb 共同标记的 HeLa 细胞，在 1.6μW（405nm）、0.13μW（633nm）和 19mW（980nm）的功率照射下，只有 $NaYF_4$:Yb,Er 的发光能够被保留下来。掺杂镧系元素的上转换纳米粒子的高光稳定性主要来自于无机宿主晶格的性质。

在以掺杂镧系元素的上转换纳米粒子作为标记物的体内生物成像的报道中，通过 Tm^{3+}掺杂获得的上转换发射主要经常被用作检测信号。因为上转换过程的激发和发射波长均位于生物组织的“光学窗口”内，使得上转换荧光体内生物成像具有较高的穿透深度。例如，马萨诸塞大学韩刚课题组指出，可以在 3.2cm 的猪肉组织内获得 $NaYbF_4$:Yb,Tm@CaF_2 的核壳结构纳米粒子（27nm）悬浮液的上转换图像[40]。李富友课题组证实，使用六方晶项的 $NaLuF_4$:Yb,Tm（7.8nm）作为探针可以实现整个黑色小鼠的高对比度上转换成像，穿透深度约为 2cm[26]。应该注意的是，在这些报告中，上转换体内成像的实际效果，也同时取决于实验条件。

在活体中通过上转换荧光成像检测到细胞的最小数量是评估体内成像技术灵敏度的重要参数。李富友课题组证实，当在人口腔皮样癌小鼠皮下或静脉内注射 10nm β-$NaLuF_4$:Yb,Tm 纳米颗粒时，对体内全身生物成像的检测限达到 50 和 1000 个，且具有上转换发射信号的纳米颗粒数分别>3 和>10[26]。刘庄课题组报道，可以通过体内成像检测大约 10 个标记有 $NaYF_4$:Yb,Er 纳米颗粒的间质干细胞[32]。掺杂镧系元素的上转换纳米粒子能表现出尖锐的发射峰（半峰全宽<12nm），上转换发光可通过改变掺杂激活剂离子的种类和浓度覆盖紫外、蓝、绿、红和 NIR 光谱范围。因此，可以实现生物成像中的多重上转换荧光信号检测。例如，刘庄课题组[23]使用三种不同类型的具有多波长发射的上转换纳米颗粒，实现了三组淋巴结多发性淋巴管造影。上转换纳米颗粒的优点还包括优异的光稳定性，生物样品的自发荧光，良好的组织穿透深度以及在成像期间对组织的损伤较少等，都使其成为一种理想的生物成像探针。

5.4 稀土上转换纳米颗粒用于多模态生物成像

多功能纳米探针是通过将多功能组分引入稀土上转换纳米颗粒的晶格或表面上，或者简单地通过在混合纳米系统中将它们组合在一起来制备的。

5.4.1 用于 X 射线计算机断层扫描成像

X射线衰减系数取决于CT试剂的原子数和电子密度：原子数和电子密度越高，衰减系数越高。镧系元素具有比碘更高的原子数，据报道，镧系元素稀土上转换纳米颗粒（La[41]、Gd[42, 43]、Yb[44]、Lu[45-47]等）具有优异的 X 射线衰减能力，可作为 CT 造影剂。崔大祥课题组制备了用于 X 射线 CT 体内成像的 $NaGdF_4$:Yb,Er（约 5nm，Hounsfield 单位（HU）=138，10mg/mL）纳米晶体[42]。逯乐慧课题组制备出的纳米颗粒（52nm，HU≈600，10mg Yb mL^{-1}）具有良好的 CT 对比效果[48]。在镧系元素中，Lu 具有最高的原子序数。李富友课题组已将以 $NaLuF_4$ 作为基质材料的稀土上转换纳米颗粒应用于 X 射线 CT 成像。例如，具有优异 X 射线衰减能力的 $NaLuF_4$:Yb,Er/Tm（80～100nm）纳米颗粒（HU≈350，14.6mg/mL）已成功应用于淋巴结 CT 成像[49]。

X 射线 CT 成像中，另一种制备镧系元素稀土上转换纳米颗粒探针的方法是将 CT 造影剂负载到稀土上转换纳米颗粒上。含有 I、Au 或 TaO_x 纳米颗粒的小分子是合适的造影剂[50, 51]。逯乐慧课题组证明，当 I 浓度从 0.018mM 升至 0.969mM 时，共价负载 5-氨基-2,4,6-三碘邻苯二甲酸（s-amino-2,4,6-triiodois ophthalic acid，AIPA）部分的 $NaYF_4$:Yb,Er@SiO_2 纳米粒子显示出了明显 CT 成像性质[52]。因为放射性可被定量测得，因此可以通过探针的实际浓度得到部分的实时核成像，包括 PET 和单光子发射计算机断层扫描（single photon emission computed tomography，SPECT）成像。^{18}F（110min 的半衰期）是临床 PET 成像中最常用的放射性核素。基于镧系元素离子与氟离子之间的高亲和力，李富友课题组开发了一种将放射性 ^{18}F 引入氟化物、氧化物和氢氧化物等稀土纳米颗粒表面的简单合成方法。室温下，^{18}F-Iabeling 工艺在纯水中可以 5min 内完成，其中 ^{18}F-Labeling 产率大于 90%。随后，通过 PET 成像研究，用 ^{18}F 标记的 $NaYF_4$:Yb,Tm 纳米粒子在生物体内的分布（1h），并对体内前哨淋巴结进行成像。通过这种方法，可以通过放射性 ^{18}F 标记另外两种镧系元素掺杂的稀土上转换纳米颗粒（柠檬酸盐修饰的 $NaYF_4$:Gd,Er[53]和 α-CD 修饰的 $NaYF_4$:Yb,Tm[54]），并进一步应用于小动物的 PET 成像。但放射性 ^{18}F 的半衰期相对较短，不能长期监测 ^{18}F 标记的稀土上转换纳米颗粒的分布。

^{153}Sm（46.3h 的半衰期）是 γ 发射体，已被归于临床前和临床应用中的 SPECT 成像探针中。目前，为了研究镧系元素稀土上转换纳米颗粒在体内的药代动力学，复旦大学李富友课题组已经开发了两种利用放射性核素 ^{153}Sm 标记的方法。第一种方法是基于阳离子交换的标记法[55]。通过在室温和大气压下将稀土上转换纳米颗粒和 $^{153}Sm^{3+}$在水溶液中混合 1min，^{153}Sm 会以高产率（>99%）和优异的稳定性（>99%，72h）标记在胎牛血清中的 $NaLuF_4$ 纳米颗粒上。这种放射性 ^{153}Sm 的标记

法也适用于其他种类的稀土纳米粒子，如氧化物、氟化物和磷酸盐。第二种方法是在合成过程中掺杂放射性镧系纳米荧光体。最近，李富友课题组通过一步水热法[56]和热分解法[57]制备了 Yb^{3+}、Tm^{3+}和 $^{153}Sm^{3+}$共掺杂的 $NaLuF_4$ 纳米颗粒。使用 SPECT 成像在体内准确地追踪放射性 ^{153}Sm 标记的 $NaLuF_4$:Yb,Tm 纳米粒子。此外，李富友课题组已经研发出放射性/上转换 $NaLuF_4$:^{153}Sm,Yb,Tm 纳米颗粒作为血液池成像探针，用于体内 SPECT 成像[58]。

5.4.2 用于磁共振成像

磁共振成像（magnetic resonance imaging，MRI）目前分为两种，即 T_1 MRI 和 T_2 MRI。Gd^{3+}是常用的 T_1 MRI 造影剂。因为在基态它具有七个不成对的电子，能够产生一个大的顺磁矩，使得其在 T_1 MRI 成像方面具有很大的应用价值。掺杂 Gd^{3+}的稀土上转换纳米粒子可以作为有效的 T_1 MRI 造影剂[59]。

使用 $NaGdF_4$ 作为基质材料是获得磁/上转换荧光纳米探针的主要方法[61-63]。例如，汉城国立大学的 Hyeon 课题组报道了使用 20nm $NaGdF_4$:Yb,Er 纳米粒子对 SKBR-3 细胞的 T_1 MRI 成像标记结果。计算 $NaGdF_4$:Yb,Er 纳米颗粒的纵向弛豫度（r_1）高达 $1.40s^{-1}mM^{-1}$[64]。据报道，一些其他基质材料，如 Gd_2O_3[65]、$KGdF_4$[66]、$GdPO_4$[67]和 $GdVO_4$[68]等，通过与 Yb^{3+}和 Er^{3+}（或 Tm^{3+}）的混合掺杂，也可以实现 T_1 MRI/上转换荧光的多功能成像效果。还有一种方法是使用 Gd^{3+}作为稀土上转换纳米颗粒中的共掺物进行双重态 T_1-MRI 和上转换成像[69]。Prasad 课题组报道了具有磁性（$r_1 = 0.14s^{-1}mM^{-1}$）的 Gd^{3+}、Yb^{3+}和 Er^{3+}共掺杂的 $NaYF_4$ 纳米颗粒在该领域内的应用结果[35]。李富友课题组报道了 Gd^{3+}和 Er^{3+}共掺杂的 $NaYF_4$ 纳米荧光粉（其中 Gd^{3+}浓度达到 60%）应用于昆明小鼠的 MRI 成像当中，其中样品的 r_1 值为 $0.41s^{-1}mM^{-1}$[53]。一些其他稀土上转换纳米颗粒，如 $NaLuF_4$:Gd,Yb,Tm 和 BaF_2:Yb,Tm@SrF_2:Nd,Gd 纳米颗粒[70]，也被应用于该方向的成像之中。

实现 T_1 MRI 的另一种有效方法是在稀土上转换纳米颗粒的表面上掺杂 Gd^{3+}。镧系离子对 Huoride 离子具有高亲和力，这使得 Gd^{3+}掺杂到基于氟化物的稀土上转换纳米颗粒表面上，以提供高的弛豫常数。李富友课题组开发了一种阳离子交换方法，通过将 Gd^{3+}掺杂到具有 T_1 磁性的 $NaYF_4$:Yb,Er 纳米颗粒的表面上，从而制备出纳米颗粒。这些纳米颗粒的 r_1 值达到 $28.39s^{-1}mg^{-1}$（约 $5.8s^{-1}mM^{-1}$），将制备出的 Gd^{3+}掺杂的稀土上转换纳米颗粒应用于活体小鼠的体内 MRI[71]。增强 T_1 MRI 的另一种有效方法是在稀土上转换纳米颗粒的表面用钆（Gd-DTPA）进行修饰。李富友课题组已经证明，用钆酸改性制备出的 $NaLuF_4$:Yb,Tm@SiO_2 纳米颗粒，其 r_1 值为 $6.35s^{-1}mM^{-1}$，可用于体内多模态 MRI/上转换/CT 成像[45]。

通过稀土上转换纳米颗粒和超顺磁性 Fe_3O_4 纳米颗粒的组合，可以赋予纳米结

构 T_2 MRI 成像能力[72,73]。施剑林等通过包覆二氧化硅形成颈状结构的方法，制备出由 Fe_3O_4 和 $NaYF_4$:Yb,Er 纳米荧光粉组成的复合纳米粒子。所得到的 SiO_2 包覆的复合纳米颗粒（<250nm）的饱和磁化强度为 89.8 emu/g（1emu/g=1A·m^2/kg）。在 3.0T 的磁场中，测得复合纳米颗粒的横向弛豫度（r_2）为 211.7s^{-1}mM^{-1}。复合纳米材料已经成功应用于小型动物的双重模态 T_2 MRI 和上转换成像当中[74]。此外，刘庄课题组通过一种静电吸附方法，制备出了以六方晶系 $NaYF_4$:Yb,Er 纳米荧光粉为核心的多功能纳米颗粒，其外层为顺磁性 Fe_3O_4 纳米颗粒（总大小约 230nm），测得的饱和磁化强度约为 50emu/g 和 r_2 值测量为 352.8s^{-1}mM^{-1}（7.0 T）。在动物实验中已经成功地进行了淋巴和肿瘤靶向的 MRI 和上转换体内成像[75]。最近，李富友课题组合成了粒径为 30nm 的磁/上转换 Fe_xO_y 核壳纳米晶体，并将其应用于动物淋巴结的 T_2 MRI 和 NIR-NIR 上转换双模态成像[75]。

在最近的研究中，含 Gd^{3+}的稀土上转换纳米颗粒显示出了 T_1 和 T_2 双重核磁成像性[76]。施剑林课题组发现，由于 Gd^{3+}深埋在晶格内（>4 nm），其弛豫几乎完全消失。他们称这种现象为“负格栅屏蔽效应”，这种效应取决于壳厚度。当 $NaGdF_4$ 的壳厚度为 0.2nm 时，纳米颗粒的 r_1 值最高达到 6.18s^{-1}mM^{-1}。在 Waker-256 肿瘤小鼠的瘤内注射中，纳米颗粒作为 MRI 纳米探针，有效地实现了 T_1-MRI 和上转换成像[77]。此外，利用核壳结构 Gd^{3+}掺杂的稀土上转换纳米颗粒模型可以优化 r_1 和 r_2 的值[69]。T_1 和 T_2 MRI/上转换多模式成像的另一种实现方法是结合基于 Fe_3O_4 和 Gd^{3+}的稀土上转换纳米颗粒。林君课题组[78]制备了具有 T_1 和 T_2 磁性的核心多壳 Fe_3O_4@$NaGdF_4$:Yb,Er@$NaGdF_4$:Yb,Er 纳米复合材料，并测得该纳米复合材料的饱和磁化强度值为 1.1emu/g。

5.4.3 用于多模态生物成像

常规的诊断成像技术，比如 MRI、CT 和光学成像，都有其优点和缺点。MRI 和 CT 的优点是体内成像、3D 断层扫描以及无创性，包括 PET 和 SPECT 在内的核成像在体内表现出超高的灵敏度。然而，MRI 受到其低灵敏度的限制。此外，CT 和核成像分别给患者带来 X 射线辐射和放射性的危害。上转换成像在亚细胞尺度上具有相对较好的灵敏度，但具有组织穿透深度（厘米级）较低的缺点。多模态成像可以弥补单个成像模式的缺陷，并给出更准确、更广泛的信息。许多研究已经将常规诊断成像技术与上转换成像组合，以实现这种多功能成像。迄今为止，双模态生物成像上转换/MRI、上转换/CT 和上转换/PET，多模态生物成像上转换/MRI/PET、上转换/MRI/CT、上转换/CT/SPECT 和上转换/MRI/CT/SPECT 成像系统均已报道。例如，董文飞课题组利用上转换纳米颗粒包覆的 Fe_3O_4 复合材料成功实现了上转换荧光成像与核磁共振成像的共同响应，并且在小鼠体内进行了应用，如图 5.5 所示[79]。南开大学严秀平课题组[49]制备了核-多壳 $NaYF_4$:Yb,Tm@$NaLuF_4$@$NaYF_4$@$NaGdF_4$纳米探针，用于上转换发光、CT 和 MRI 三体成像。李富友课题组研发了多功能 $NaLuF_4$:Yb,Tm@$NaGdF_4$:^{153}Sm 纳米复合材料，并有效地应用于上转换发光/CT/MRI/SPECT 四模态生物成像。所得探针可用于探测肿瘤血管的生成[58]。

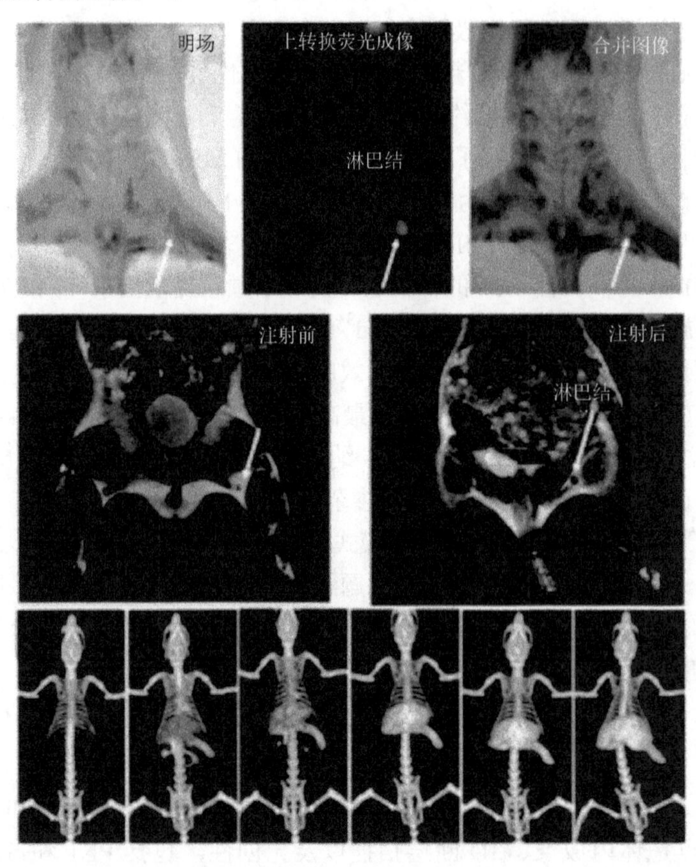

图 5.5　利用上转换纳米颗粒实现的小鼠体内上转换/ MRI 双模态成像[79]

5.5　稀土上转换荧光纳米材料在癌症治疗方面的应用

一些纳米复合材料，比如稀土上转换纳米材料已经用于医疗研究，包括光动力疗法、光热疗法、控制药物释放和基因靶向等多种癌症治疗手段。稀土上转换纳米材料之所以被引入到治疗剂是因为其能在近红外光激发下的生物体中发挥效用。目前，稀土上转换纳米材料的作用主要分为两种。一种是利用稀土上转换纳米材料的波长转换能力，把治疗剂的作用范围从紫外或可见光区扩展到近红外区。这种上转换纳米复合材料经常被用来设计光动力疗法或带有光触发的药物载体和光致异构化过程。另一种是把稀土上转换纳米材料作为荧光探针监控药物的分布和代谢。如果在稀土上转换发光材料和药物分子之间存在有效的能量转换，稀土上转换纳米材料的上转换发射还可以用来监控已释放药物的量。这种纳米复合材料已被设计用在光热疗法和化学疗法的药物释放上。应用于医疗领域的稀土上转换纳米材料的详细机理和应用实例如下述。

5.5.1 用于化疗

化疗仍然是临床上主要的肿瘤治疗方法。稀土上转换纳米材料应用于化疗能够实现对药物释放程度的可视化监控。现今，包括包覆聚合物 TWEEN 或水凝胶的上转换发光纳米材料及其多孔或中空的纳米复合材料已经在化疗中用于载送药物和控制释放。其中通过 SiO_2 或介孔 SiO_2 修饰的稀土上转换纳米材料带有多孔结构，这成为运送药物的良好系统[80]。我们课题组把布洛芬（ibu profen，IBU）载入到 Fe_3O_4@SiO_2@mSiO_2@$NaYF_4$:Yb,Er 纳米复合材料的核壳结构来构造修饰载药系统。运载的 IBU 分子（质量分数为 6.2%）全部从纳米复合材料中释放。在溶液中通过上转换发射强度来监控被控制药物的释放[81]。此外，我们还制备出 $NaYF_4$:Yb,Er@SiO_2 纳米纤维来运载药物，实现了药物的缓控释放[82]。叶晨圣课题组报道了阿霉素能被巯基化到 $NaYF_4$:Yb,Tm@SiO_2 表面形成复合药物系统[83]。

有双链 RNA 的 siRNA 在治疗服从基因表达水平的序列特异性沉默的基因和人类疾病方面具有极大潜力。上转换成像为监控 siRNA 运送到特定细胞并探测其在细胞内的活动提供了理想途径[84]。张勇课题组证明 Her2 抗体偶联的 $NaYF_4$:Yb,Er@SiO_2 纳米微粒可以应用于 Her2 受体 SK-BR-3 细胞的特异性成像和对 siRNA 的靶向输送。外源荧光素酶基因表达测定表明一个荧光素酶基因的沉默性效应的 45.5%归功于由纳米微粒输送的 siRNA[85]。

光触发可以定义为光响应功能组，可吸收特定波长的光然后释放共价结合的分子。一般的光触发都基于紫外光。然而这只能造成细胞的损伤，并不能深入组织。由于稀土上转换纳米材料能完成从近红外区到紫外区的上转换发射，关于利用稀土上转换纳米材料调整活质分子或药物已进行了大量研究。西蒙弗雷泽大学赵越课题组报道了胶束聚（环氧乙烷）-嵌段-聚（甲基丙烯酸 4,5-二甲氧基-2-硝基苄酯）包覆的 $NaYF_4$:Yb,Tm 纳米颗粒的使用。980nm 的光照射使胶束分解，装载的疏水药剂被释放。这些光响应聚合系统在生物医学上有潜在应用价值[86]。南洋理工大学邢本刚课题组研究了上转换光触发系统的生物发光成像。他们报道了 D-荧光素缀合的 $NaYF_4$:Yb,Tm@$NaYF_4$@SiO_2 在近红外光照射下有受控的光触发并释放 D-荧光素[87]。他们还在 $NaYF_4$:Yb,Tm@SiO_2 纳米颗粒上掺杂了特定光敏铂药物前体和细胞凋亡检测肽[88]。经过近红外光照射，抗癌铂药物前体的释放被选择性触发，同时它还能实时监控活化细胞毒性引起的细胞凋亡。中国科学院长春应用化学研究所曲晓刚课题组将紫外可光解 4-(羟甲基)-3-硝基苯甲酸通过共价键加载到 $NaYF_4$:Yb,Tm@SiO_2 表面上。近红外光局部变为紫外光，通过光笼裂解实现细胞内的按需释放[89]。

张勇课题组用近红外区到紫外区激发实现了深层组织中活质分子的远距离激活。他们先把光笼质粒 DNA/siRNA 加载到 $NaYF_4$:Yb,Er/Tm@mSiO_2 的纳米孔中，以 4,5-二甲氧基-2-硝基苯乙酮（4-methoxy-2-nitroace to phenone，DMNPE）作为光触发，如图 5.6 所示。鼠类黑素瘤 B16-F0 细胞用加载有绿色荧光蛋白的稀土上转换发光材料染色，在聚二甲基硅氧烷装置中培养，之后植入 Balb/c 小鼠皮下。PDMS 装置在近红外光照射 48h 后移植[90]。离体共焦荧光显微镜成像结果表明光笼网核酸在组织深层被成功活化。我们课题组研究了上转换光扳机系统的动物癌症治疗模型。蛋黄壳结构的核心是由一个 50 nm 的 $NaYF_4$:Yb,Tm@$NaLuF_4$ 纳米颗粒，能装载锁在疏水 7-氨基香豆素衍生物中的抗癌药物苯丁酸氮芥。在 980 nm 光照射下，$NaYF_4$:Yb,Tm 将近红外光转变为紫外光以打破氨基香豆素的化学键。未锁的抗癌药物苯丁酸氮芥从蛋黄壳纳米结构中释放。这种纳米系统可以把药物传送到肿瘤，随后通过近红外光的激发释放药物。更重要的是，近红外光触发释放的苯丁酸氮芥能抑制小鼠体内高度恶性的 S180 肉瘤[91]。

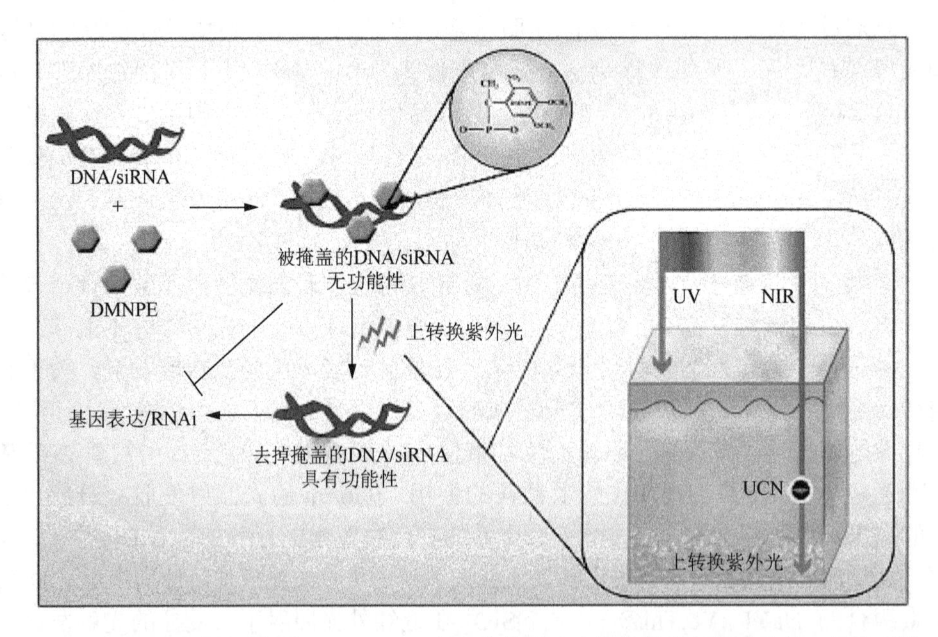

图 5.6 DMNPE 质粒及笼状 DNA/siRNA 复合物被稀土上转换纳米材料激发的工作机理[90]

稀土上转换纳米材料的上转换发射能导致偶氮苯的顺式光异构化。最近，施剑林课题组[92]报道了上转换荧光诱导释放抗癌药物 DOX。用偶氮苯修饰二氧化硅层的细孔可以使 $NaYF_4$:Yb,Tm@$NaYF_4$@mSiO_2 纳米复合材料载送药物。附在外表面的穿膜肽（transcriptional activator protein，TAT）能穿透细胞，可加强细胞的吸收。可重复的偶氮苯光致异构化可用紫外线光和上转换发光纳米材料的可见光发射来调整。偶氮苯分子提供了药物从二氧化硅释放的驱动力。细胞毒性测定表明治疗功效和近红外光照射时间以及抗癌药物的剂量十分相关。

5.5.2 用于光热治疗

光热治疗通过吸收光来产生热量以损伤癌细胞。光热治疗和上转换发光成像结合是很有效的治疗方法。由于金和银的表面等离子体共振吸收，金、银纳米颗粒结合近红外照射可用作光热治疗的药剂。因此金、银纳米颗粒结合稀土上转换纳米材料成为有效的光热治疗方法。刘庄课题组合成了 PEG 修饰的 $NaYF_4$:Yb,Er@Fe_3O_4@Au 纳米复合材料（约 195nm），可对患癌小鼠做靶向光热治疗。二氧化硅层也可以使金纳米颗粒附着到稀土上转换发光材料[93]。新加坡国立大学周经武课题组报道了 $NaYF_4$:Yb,Er@$NaYF_4$@SiO_2@Au 纳米复合材料的装配，并能用于光热治疗[94]。人类神经母细胞肿瘤 BE(2)-C 细胞和这些纳米复合材料一同培养后能被有效杀灭。最近，有显著光热效应的有机染料和稀土上转换纳米材料结合后也可用于上转换发光成像和光热治疗[95]。

5.5.3 用于光动力治疗

与化学疗法、放射疗法和外科手术不同，光动力疗法是一种通过光敏剂发射的高能光产生有细胞毒性的活性氧（ROS）来杀灭病变细胞的癌症治疗技术[96]。常用的光敏剂包括锌酞菁（ZnPc）、部花菁 540、四苯基卟啉（tetraphenylporphyrin，TPP）、三联吡啶钌（III）、四取代羟基铝酞菁（AlC_4Pc）、卟啉、血卟啉、二羟基酚菁硅、亚甲蓝（methylene blue，MB）、玫瑰红（rose-bengal，RB）和二氢卟吩 e6（Ce6）。用于光动力疗法的以稀土上转换纳米材料为基底构建的杂化纳米发光材料已经被广泛地应用于研究当中[97]。纯的稀土上转换纳米材料不能用于载送药物。把二氧化硅包覆在稀土上转换纳米材料表面形成异构核壳的纳米结构是创建载体层的一种典型方法。新墨西哥科技大学张鹏课题组报道了用掺有部花菁 540 的二氧化硅层装配核壳 $NaYF_4$:Yb,Er@SiO_2 纳米复合材料。经过 45min 974nm 的光照射，这些纳米颗粒对癌细胞显现出明显的光动力疗法效果。其他掺有三联吡啶钌（III）的核壳 $NaYF_4$:Yb,Tm@SiO_2 颗粒和载有亚甲基蓝的 $NaYF_4$:Gd,Yb,Er@SiO_2 颗粒也被报道能够产生活性氧[98-100]。

为了增强光敏剂的运载能力，研究人员将光敏材料 ZnPc 掺杂在 NaYF4:Yb, Er@mSiO$_2$[101]NaYF4:Yb,Er@SiO$_2$@mSiO$_2$[102]的介孔二氧化硅壳层中。经过 5min 980nm 光照，产生的活性氧开始从介孔二氧化硅层中释放。2012 年，张勇课题组利用在单 980nm 光激发下 NaYF$_4$:Yb,Er@mSiO$_2$ 的多波长发射能力来同时激发两种光敏剂（MC540 和 ZnPc）以增强光动力疗法疗效[103]。用聚合物包覆是另一种构建光动力疗法系统的方法。Chatterjee 和张勇用聚乙烯亚胺（PEI）包覆 NaYF$_4$:Yb,Er 纳米颗粒使其能够物理吸附光敏剂 ZnPc，并能和叶酸联结[104]。所得到的纳米微粒能与癌细胞靶向结合，在 980nm 光激发 5min 后对细胞产生显著杀灭效果。在疏水性上转换发光纳米材料表面包覆两亲性聚合物可以产生疏水夹层来装载选定的光敏剂[105]。刘庄课题组报道了用聚乙二醇化的两亲性聚合物加载到已包覆油酸层的 NaYF$_4$:Yb,Er 纳米微粒表面来装配纳米载体。这种疏水区域可以在光动力疗法中装载 Ce6。向 Balb/c 小鼠瘤内注射 40～50μL 的载有 Ce6 的上转换纳米复合材料（20mg/mL 稀土上转换发光材料，约 1.5mg/mL Ce6），再用 980nm 的光（0.5W/cm^2）隔一分钟照射一分钟（共 30min），可以取得极好的抗癌效果[106]。在疏水性物质相互作用的基础上，中国药科大学顾月清课题组证明了两亲性 N-琥珀酰基-N’-辛基壳聚糖修饰的油酸包覆的 NaYF$_4$:Yb,Er 纳米微粒可以装载 ZnPc 并用于光动力治疗。14 天后肿瘤体积显著减小，肿瘤抑制率近 76%。另一种方法是通过共价键将光敏剂装载到稀土上转换纳米材料表面[107]。郑南峰课题组报道了 NaGdF$_4$:Yb, Er@NaGdF$_4$@SiO$_2$ 纳米复合材料的合成，通过共价键将 AIC$_4$Pc 装载到二氧化硅壳层内表面。MEAR 细胞和这些纳米复合材料(100mg/mL)混合培养 12h 后，用 980nm 激光（0.5W/cm^2）照射 5min，近 40%的细胞被杀灭[108]。此外，NaGdF$_4$:Yb,Er@CaF$_2$@mSiO$_2$ 共价键承载光敏剂（血卟啉，硅酞菁二氢氧化物）[109]、NaYF$_4$:Yb,Er 共价键承载 RB[110]也已经用于体外的光动力治疗。

5.6 稀土上转换荧光纳米材料的生物安全性

稀土上转换荧光纳米材料已经在多个生物医药领域，诸如生物检测、肿瘤成像、血管生成成像、淋巴成像、多模式成像、药物载体和光动力治疗等方面开始了基础应用研究[111, 112]。随着研究的深入，稀土上转换荧光纳米材料未知的体内扩散性质及其与人体组织间的相互作用开始变得重要起来。但是，目前还没有关于稀土上转换荧光纳米材料的体内、体外的分散、排泄、毒性、稳定性、表面负载和剂量等方面的系统性生物安全方面的评价。这些研究工作是关于稀土上转换荧光纳米材料在体内、体外的分配、排泄和毒性，这关系到它们的化学稳定性，纳米微粒的大小，表面负载和剂量，对其进一步的实际应用具有重要意义。

5.6.1 细胞内吞作用

细胞内吞和细胞中纳米材料的分布位点决定了暴露给材料的细胞器，从而影响材料对细胞和动物的毒性作用。因此，细胞内吞情况的考察和稀土上转换荧光纳米材料在细胞中的分布对于生物安全评估而言非常重要。等离子薄膜是一种选择透过性膜，它限定了边界并维持了细胞内必要的环境稳定。与小分子不同，纳米材料不能依靠自身通过离子薄膜，它们通过胞吞作用被内吞。这些内吞纳米材料被限制于内吞溶酶体之中而且不能够抵达细胞溶质。目前的研究成果已经表明纳米材料通常通过胞饮而被内吞到细胞中去，这是一种至少包含四种基本机制的内吞作用，其具体包含：大胞饮（＞1nm）、网格蛋白-调停内吞作用、小凹-调停内吞作用，以及网格蛋白和小凹-独立内吞作用。

尽管有许多关于稀土上转换荧光纳米材料通过内吞进入细胞的报道，但对于肿瘤细胞和正常细胞而言，并非所有稀土上转换荧光纳米材料都可以进入细胞之中。细胞摄取稀土上转换荧光纳米材料的动力学和机制取决于许多因素，如纳米颗粒的大小，纳米颗粒表面配体的性质和培养条件等。最常见的相互作用，如静电相互作用，在带正电荷的稀土上转换荧光纳米材料和细胞的带负电的等离子体薄膜都将在很大程度上影响了材料的细胞毒性，以及细胞对材料的摄取效率。例如，王怀山课题组证明了稀土上转换荧光纳米材料的表面电荷很大程度上决定了它们的细胞摄取效率，经过带有正电荷 PEI 分子修饰的 $NaYF_4$:Yb,Er 纳米材料可以更多地在共培养的细胞内观察到[12]。与此相反，中性的 PVP 改进后的 $NaYF_4$:Yb,Er 纳米颗粒和负电荷的聚丙烯酸物改进的 $NaYF_4$:Yb,Er 纳米颗粒，在同样的培养和影像获取条件之下，在细胞中发现只有一小部分带着微弱光亮的斑点。电感耦合等离子体质谱（ICP-MS）数据的进一步量化表明，在相同尺寸（20nm）的含钇稀土上转换荧光纳米材料与细胞共培养 24h 之后，细胞摄取 PEI 修饰的纳米材料的量是 PVP 修饰纳米材料的 5 倍。带有负电荷的 PAA 修饰稀土上转换荧光纳米材料细胞具有更大的细胞摄入量，明显高于其中性和阴性对应物。多个研究结果表明，带负电荷的纳米粒子能够更容易地被吸收到细胞之中。例如，李富友课题组发现经过带−18.1mV 电荷的柠檬酸分子修饰时，$NaYF_4$:Yb,Er 纳米颗粒可以在与 HeLa 细胞共养 7h 之后，更快地被细胞内吞[46]。应该注意的是，小鼠体外或体内血清蛋白质会显著影响纳米颗粒的水合粒径和表面电荷。值得注意的是，增加细胞共培养的稀土上转换荧光纳米材料的浓度会显著提高内吞率[113]。王怀山课题组进一步证实了以 PEI、PVP 和 PAA 作为表面配体的 $NaYF_4$:Yb,Er 纳米粒子（50nm），其 ζ 电位值分别为 51.1mV、10.2mV 和−22.6mV。在 24h 的培养之后，这些 ζ 电位值不同的稀土上转换荧光纳米材料在 HeLa 细胞和 U87MG 细胞系中均表现出依赖于材料浓度的细胞摄取行为。然而，更高的浓度引发了更高的毒性风险，因此培养浓度应该根据其需要而进行优化。在一个典型的研究案例中，Hyeon 课题组发现很多两亲性分子 PEG-磷脂-包覆的 $NaYF_4$:Yb,Er 纳米颗粒（30nm）在细胞中的聚集表现出随机的空间分布，表明囊泡包封的纳米颗粒通过内吞作用实现细胞内转运。细胞中纳米材料的轨迹由具有不同运输速度的多个动态相组成，由细胞内微管或肌动蛋白丝上运动蛋白的主动运输。微管结合的运动蛋白如动力蛋白和驱动蛋白起到更多的运输功能[114]。

进一步的研究结果表明，PEG-磷脂包覆的 $NaYF_4$:Yb,Er 纳米颗粒（35nm）的向内分布位移是由微管依赖的运动蛋白质运动的粒子运输所导致的。在早期阶段，动力蛋白比其他蛋白更占优势。尽管许多团队已经报道了活细胞可以搭载稀土上转换荧光纳米材料，但是对 UCNPs 的内吞过程的详细调查还依然缺乏。王怀山课题组构建了红色荧光蛋白标记的网格蛋白（RFP-网格蛋白）和穴状病毒（RFP-caveoLae）质粒，并在 HeLa 细胞中独立表达每个质粒。与 HeLa 细胞孵育后，聚醚酰亚胺（PEI）修饰的 $NaYF_4$:Yb,Er 纳米颗粒（PEI-UCNPs，50nm，51.1mV）在所有时间点可以与 RFP-网格蛋白共定位，而不是 RFP-穴状花序。但并非所有的网格蛋白泡和 PEG-UCNPs 一起从细胞表面移动至细胞核外裹物的边缘。这表明，PEG-UCNPs 主要通过网格蛋白的内吞作用进入细胞[12]。目前，对细胞中稀土上转换荧光纳米材料分布位点研究的报道很少。稀土上转换荧光纳米材料的潜在分布位点包括质膜、溶酶体和细胞质，而在细胞核、内质网或线粒体分布位点却很少。据悉，稀土上转换荧光纳米材料的内吞过程很慢。Hyeon 课题组发现 20nm $NaGdF_4$:Yb, Er 纳米颗粒与 SK-BR-3 细胞共培养 2h 后，几乎没有被内吞进入细胞。其明显的上转换荧光信号出现在 4h 共培养之后[64]。研究人员还通过 $NaYF_4$:Yb,Er 纳米颗粒在细胞中发光强度研究了其 HeLa 细胞的内吞过程[11]。结果表明，当培养时长为 5h 时，PEG-UCNPs 内吞达到最高水平。在 6h 的培养之后，内吞稀土上转换荧光纳米材料会发生胞吐作用。

5.6.2 在生物体内的分布情况

秀丽隐杆线虫是具有完整器官如肠、肌肉、皮下组织、性腺和神经系统的较简单的多细胞真核生物之一。斑马鱼是一种热带淡水鱼，已被用作科学研究中重要的脊椎动物模型生物[115]。秀丽隐杆线虫和斑马鱼作为光学成像中的模型动物的优点是它们具有优异透光性的透明躯体。严纯华院士课题组报道了培养基和 PEI 修饰的 $NaYF_4$:Yb,Tm 纳米颗粒（PEI-UCNPs，42nm）的混合物喂养 2h、6h、12h 后，在秀丽隐杆线虫的肠道中发现大部分 PEI-UCNPs。有趣的是，PEI-UCNPs 仅存在于肠中，而不存在于其他体细胞中，表明 PEI-UCNPs 不能穿透肠细胞膜并被吸收到体内[18]。此外，研究表明，在雌雄同体和雄性的秀丽隐杆线虫之间没有观察到 PEI-UCNPs 摄入后的显著差异。其他课题组[19, 21]也有类似的研究结果。对于上转换纳米颗粒应用在斑马鱼体内的应用，崔大祥课题组将 2μL 的 LaF_3:Yb,Er@SiO_2（核尺寸：7～10nm，二氧化硅壳：3nm）溶液（UCNPs@SiO_2，1mg/mL）注入胸鳍。在注射后 24h，在斑马鱼肠中可以观察到 UCNPs@SiO_2 的积累量显著提高。此外，在斑马鱼细胞中未测量到显著量的 UCNPs@SiO_2[116]。

活体小鼠的 UCNPs 给药途径与其体内的生物分布相关。目前，大多数研究都聚焦于 UCNPs 静脉注射后的体内分布情况。除一些超小型纳米颗粒之外，不管 UCNPs 的大小和表面配体如何，最终的沉积部位主要是肝脏和脾脏。这归因于作为免疫系统的一部分，肝脏和脾脏内单核吞噬细胞系统（mononuclear phagocyte system，MPS）对材料的捕获作用。这种系统主要由位于网状结缔组织中的吞噬细胞组成。然而，这些器官的分布情况与注射剂量比例是相关的，还取决于 UCNPs 注射后的大小、形状、表面配体和时间。表面性质是体内 UCNPs 积累的决定因素之一。例如，聚乙二醇分子是影响体内纳米粒子的药代动力学的最有效的表面配体。美国食品和药物管理局（Food and Drug Administration，FDA）批准了具有低度免疫原性和抗原性的线性聚醚二醇在临床医学上的应用。经此类聚乙二醇分子修饰后的纳米颗粒可以在血液中获得更长的循环时间[117]。聚乙二醇分子的高度柔性聚合物链倾向于在纳米颗粒周围产生“构象云”，其具有大量适合的构象。“构象云”可以防止与血液成分以及蛋白质的相互作用，如酶降解或调理作用，阻止了材料被 MPS 捕获[118]。从一个构象到另一个构象的转换率越高，聚合物在统计学上越存在“构象云”。迄今为止，PEG 已被用于延长 UCNPs 的体内循环时间[27]。李富友课题组采用伽玛反应分析技术研究了通过尾静脉注射到小鼠体内的 PEG 修饰过的 $NaYF_4$:Yb,Er,^{153}Sm 纳米颗粒（PEG-UCNPs（^{153}Sm），5±2.2nm）的血液停留时间。注射后 5min，血液的放射性值为 16.5%±0.6% ID/g，然后在 0.5h 后逐渐降低至 10.34%±0.70% ID/g，并在注射 1h 后逐渐降低至 6.84%±1.0% ID/g。PEG-UCNPs（^{153}Sm）的血液循环遵循典型的两室双指数模型[57]。在生物分布的第一相半衰期为 0.4±0.1h 的快速衰减后，血液循环中的 PEG-UCNPs（^{153}Sm）的第二半衰期为 4.3±0.6h。此外，我们发现作为表面配体的乙二胺四亚甲基膦酸（ethylenediamine tetramethylenephosphonic acid，EDTMP）不仅可以显著提高 $NaLuF_4$:Yb,Tm 纳米颗粒（EDTMP-UCNPs）的分散性，而且可以延长 UCNPs 在血液中的循环时间，因此可用于血液成像[59]。

SiO_2 修饰是改变 UCNPs 表面性质的另一个重要方法。例如，张勇课题组[119]研究了核心直径为 21±0.5nm，壳厚度约为 8±1.5nm 的二氧化硅包覆的 $NaYF_4$:Yb, Er 纳米粒子（UCNPs@SiO_2）的体内生物分布。静脉注射 UCNPs@$SiO_2$10min 和 30min 后，钇在肺部的发现比例含量最高，分别为 29.2mg/(L·g)和 18.6mg/(L·g)。在注射 10min 和 30min 后，发现比例第二高的位置在心脏，浓度分别为 18.0mg/(L·g)和 10.9mg/(L·g)。在肺和心脏中 UCNPs@SiO_2 的浓度分别在注射后 24h 显著降低至

0.45mg/(L·g)和 0.04mg/(L·g)。在注射后 24h，肾脏中 $UCNPs@SiO_2$ 的浓度基本相同，为 7.7mg/(L·g)。在脾脏中，注射后 30min 时最高的纳米晶体浓度为 6.3mg/(L·g)，而在血液和肝脏中，浓度始终保持较低水平。靶向技术可以改变体内生物分布位点和静脉内注射的 UCNPs 的比例，特别是肿瘤中的累积比例。李富友课题组报告了基于叶酸及其受体的高亲和力的原理，并且利用叶酸修饰的 UCNPs 作为探针的活体小鼠靶向上转换荧光（upconversion luminescence，UCL）成像的研究[120]。迄今为止，存在一系列用于降低非特异性分布的靶向分子，例如三肽精氨酸-甘氨酸-天冬氨酸、氯毒素、肝素、碱性成纤维细胞生长因子、抗 Her2 抗体、claudin-4 抗间皮素和兔 CEA8 抗体[34, 35]。UCNPs 在器官中的生物分布不是静态的，器官中 UCNPs 的比例在注射后不同时间会发生改变。在以前的研究报道中，通过尾静脉将 148MBq ^{153}Sm 标记和柠檬酸盐修饰的 UCNPs（$NaLuF_4$:Yb,Tm,^{153}Sm，22.1±2.2nm）注射到小鼠体内，并通过 SPECT 成像进行定量来跟踪在体内生物分布的动态变化[121]。注射后 60min，在小鼠肝脏和脾脏能够检测到 ^{153}Sm 信号。来自肝脏的信号在 238min 达到峰值，并保持最大值到 508min。脾脏中的信号强度在 238min 后快速增长，并在 508min 时达到峰值。508min 后，肝脏和脾脏的信号同时降低。

作为给药的替代途径，动脉输注（i.a）已经被研究了很长时间并且已经应用于临床医学。目前，仅有一个利用动脉内注射手段使 UCNPs 进入小鼠体内的案例。将经 PEG 修饰的 $NaYF_4$:Yb,Tm@SiO_2 纳米复合材料（核心尺寸：约 20nm；壳厚度：约 8nm）注射入小鼠体内后，PEG-UCNPs@SiO_2 纳米复合材料也主要沉积在肝脏和脾脏中。有趣的是，对于 MCF-7 荷瘤小鼠，动脉（i.a）内注射后肿瘤中 PEG-UCNPs@SiO_2 的摄取量比静脉（i.v.）内注射时几乎高三倍。虽然动脉内注射目前不是临床试验中的一种新技术，但是这种用于注射 UCNPs 的技术将为提高肿瘤治疗效率提供机会。皮下注射的 UCNPs 与静脉注射的 UCNPs 的表现非常不同，因为皮下注射的纳米颗粒能够进入淋巴系统[122]。例如，将 50μL 柠檬酸盐修饰的 $NaLuF_4$:Yb,Tm 纳米颗粒（Cit-UCNPs，17nm，2mg/mL）皮下注射到小鼠的右后肢，注射后 30min，通过 X 线显微镜检查记录淋巴管图像，并清楚地描绘了淋巴引流。这表明注射的 Cit-UCNPs 在几分钟内快速进入淋巴引流，然后进入注射部位周围的淋巴管。这种结果可以通过 UCL 成像进一步加以证实。由于 Cit-UCNPs 的尺寸相对较大，纳米颗粒具有较小的扩散系数，没有扩散到正常组织。此外，与小分子试剂相比，纳米颗粒在淋巴管中的流速相对缓慢。同一研究中的 UCL 成像显示注射后数小时内皮内或皮下注射的 Cit-UCNPs 不倾向于分布到小鼠的主要器官中。在以前的工作和其他研究中也观察到类似的结果。

5.6.3 在生物体内的排泄行为

美国食品和药物管理局要求注射到人体内的化学剂应该在一段合理的时间内完全清除，尤其是诊断类的化学剂更该及时清除[123]。众所周知，大多数药物排出体内主要是通过肝脏和肾脏管道。肝细胞，但并非巨噬细胞（即肝星形细胞），是通过吞噬作用清除外来的物质和纳米颗粒的一个重要场所。因此，所有通过胆道系统排出的纳米颗粒都是通过肝细胞分解代谢。但是，肝星形细胞会在肝细胞之前遇到静脉注射的纳米颗粒并且表现出更高的吞噬容量。除此之外，与所有单核吞噬细胞系统细胞相同，没有被细胞内吞过程破坏的纳米颗粒将会被保持在细胞内，也因此会在体内停留较长的一段时间[124]。上转换发光纳米粒子通过胆道的排出过程被李富友课题组利用上转换荧光成像检测技术记录了下来。对于生物体内分布的研究，他们对无胸腺的裸鼠通过尾静脉注射了 15mg/kg 的 PAA 修饰的 11.5nm 的 $NaYF_4$:Yb,Tm 纳米粒子（PAA-UCNPs）。注射了 7 天后，通过上转换发光信号，仅在肠道能够检测到材料的存在。第 21 天到第 90 天中，依然仅能够在肠道检测到材料的荧光信号。注射后的第 115 天，小鼠中几乎没有观察到上转换发光信号，表明大部分的 PAA-UCNPs 粒子被排出小鼠体外[125]。研究人员还可以利用 γ 计数器定量的检测柠檬酸盐修饰的 $NaLuF_4$:Yb,Tm 纳米粒子（Cit-UCNPs:^{153}Sm，60nm）在小鼠体内的排泄过程[121]，检测结果显示，在静脉注射后的 300min，在小鼠的尿液中可以检测到一个较低的 6% ID/g 的 Cit-UCNPs:^{153}Sm 应答信号，说明 60nm 的 Cit-UCNPs:^{153}Sm 纳米粒子可以通过小鼠的肾脏进行微量排泄。然而，这种信号也是相对较弱的，证明这种排泄作用也是较弱的，在另一个研究工作中，PEG 修饰的 $NaYbF_4$:Tm 纳米粒子（直径为 56.9nm）也被证明可以通过胆道排出。该工作中对离子的检测是通过 ICP-MS 技术实现的。有趣的是，与注射前的纳米颗粒相比，通过胆道被排出的纳米颗粒并没有明显的改变[48]。

通过肾脏清除纳米颗粒是一种理想的途径，因为通过这种排出方法，纳米颗粒没有被细胞吸收，也没有参与细胞的分解代谢作用。因此，纳米粒子滞留和产生细胞毒性的可能性能够显著降低。纳米粒子的尺寸通常是决定其排出路径的一个重要因素[124]，通过肾脏排泄的过程中，肾小球毛细血管壁中可容纳的最小纳米颗粒的直径约 43 nm。但是考虑到肾小球毛细血管层存在的联合效应，毛细血管功能空隙或生理空隙的直径需要减少到 4.5～5nm[126]。注射 UCNPs:^{153}Sm 粒子 1h 后也在肠部检测到 0.21%±0.04% ID/g 的信号，这两个信号的检测结果表明，UCNPs 的尺寸会影响其排出途径，也同时说明了 PEG-UCNPs 小颗粒能同时通过膀胱和肠道两种生理途径排泄。但直径不是决定纳米粒子是否从肾脏排泄的唯一条件。例如，通过对小鼠体内纳米粒子的检测，观察到直径较小的 3.3nm 的 SiO_2 包覆的 Gd_2O_3 微粒并没有很快就从小鼠体内排出，而是在肝脏和肺部发生了沉积。但是，对小鼠注射 PEG 修饰的纳米粒子 1h 后，在小鼠膀胱检测到了纳米粒子的信号，这也证明了通过肾脏排泄纳米粒子的过程是非常迅速的。

排泄时间决定了 UCNPs 在器官和组织中的暴露时间以及毒性。目前，关于 UCNPs 排泄时间的研究工作相对较少。直径小的纳米粒子通过肾脏排出的速度很快，通常只需要花费几小时到几天的时间。大尺寸的纳米粒子从胆道排出就需要很长时间，可能需要花费几个星期、几个月甚至几年。刘庄课题组将 PAA 或 PEG 修饰的 $NaYF_4$:Yb,Er 纳米粒子（约 30nm）注射到小鼠体内后，观察到纳米粒子在小鼠体内停留了 90 天，期间只排出了少部分粒子。另外，UCNP 从体内排泄的半衰期也与粒子的尺寸相关[127]。

在排出纳米粒子的过程中，肺部清除纳米颗粒速度总是比肝和脾清除的速度快。李富友课题组的研究中，将柠檬酸盐修饰的 UCNPs（$NaLuF_4$:Yb,Tm，22.1±2.2nm）通过静脉注射到小鼠体内，利用 SPECT 成像和 γ 计数器检测体内的纳米粒子信号，检测信号显示注射 3669min 后，肝和脾内的纳米颗粒数量与沉积最多时的数量相比各损失了 34%和 49%。信号检测还显示，静脉注射后的 120h 中，单核吞噬细胞系统对 UCNPs:^{153}Sm 的清除作用似乎一直没有间断。实际上在相同时间内，肺部对纳米颗粒清除率（82.2%）明显比肝的清除率（69.9%）和脾的清除率（40%）高很多，即肺部对纳米颗粒的清除速率大于肝脏和脾的清除速率[121]。Fortin 课题组将柠檬酸盐包覆的 NaY(Gd)F_4:Yb,Tm 纳米粒子（23.0±1.7nm）注射到小鼠体内，并报道了注射后 8 天内的清除过程。其中，所监测到的肝脏和脾脏纳米粒子信号显示，8 天后纳米粒子的数量在肝脏有 33%的损失。同时，在脾脏有 43%的增加，可以看出肝脾清除纳米颗粒的速度缓慢。对肺部的检测信号显示，肺部沉积的纳米颗粒数量在 8 天后损失了 57%，与肝脏和脾脏部位的数据对比说明肺部清除纳米颗粒的速度更快[128]。高明远课题组进行了 $NaGdF_4$:Yb,Er 纳米粒子（18.5±1.3nm）排泄时间的研究，利用 ICP-AES 技术对纳米粒子的清除过程进行检测，检测结果显示，$NaGdF_4$:Yb,Er 纳米粒子在小鼠体内完全清除需要 30 天[129]。

但由于 UCNP 清除过程的复杂性，决定 UCNPs 粒子从体内清除所需时间的因素有很多，包括 UCNPs 粒子的尺寸、电荷和其表面修饰的配体。张勇课题组将 UCNPs（PEI 修饰，SiO_2 包覆的 $NaYF_4$:Yb,Er 纳米粒子，直径为 50nm）注射到小鼠体内，并对纳米颗粒的清除过程进行检测，结果显示完全清除需要 7 天，是目前所报道的最短清除时间[119]。除此之外，施剑林课题组报道了他们的研究中，UCNPs 完全从小鼠体内清除所需时间为 30 天[48]。

5.6.4 在细胞内的毒性研究

许多学者对 UCNPs 在细胞中的毒性效应也进行了研究和报道。线粒体新陈代谢的活性通常作为研究 UCNPs 纳米粒子对细胞（包括正常细胞和肿瘤细胞）存活能力影响程度的指标。目前，研究人员通过比色法，对培养液中 UCNPs 浓度范围为 0.05～20000μg/mL 的细胞，以及与 UCNPs 培养时间为 1～336h 的细胞都进行了研究。实验结果发现，超过 75%的细胞在大多数情况下都能存活，表明在这些条件下 UCNPs 对细胞存活力的毒性效应很弱。2008 年，复旦大学黄春辉课题组对不同浓度下 mPEG-LaF_3:Yb,Ho（15nm）对人口腔表皮癌细胞的细胞毒性深度进行了研究。结果显示，即使在培养液中 mPEG-LaF_3:Yb,Ho 纳米粒子浓度高达 500μg/mL 并培养了 12h 的情况下，约 80%的人口腔表皮癌细胞都存活了下来。将 UCNPs 与细胞培养后，细胞的存活率主要取决于培养时间和培养浓度[130]。Jalil 等用 $NaYF_4$:Yb, Er@SiO_2（约 30nm）纳米材料与骨骼成肌细胞和骨髓干细胞共同培养，控制培养液中纳米材料浓度从 1μg/mL 到 100μg/mL 逐渐增加。结果显示，随着浓度的提高，骨骼成肌细胞和骨髓干细胞的存活率降低，在浓度为 100μg/mL 的培养液中，这些细胞大约只有 63%能够存活[119]。

目前，UCNPs 已经被成功地用作荧光探针来追踪正常细胞和肿瘤细胞行为，并且已经通过检测证明了 UCNPs 对细胞行为只存在较低的毒性。张勇课题组的一项研究中，将 SiO_2 包裹的 $NaYF_4$:Yb,Er 纳米粒子（UCNPs@SiO_2，50nm）作为荧光探针，利用共焦显微镜追踪体外活成肌细胞和在低温下后肢受损的活体小鼠体内的成肌细胞中的纳米粒子信号。UCNPs@SiO_2 标记的 UCL 信号表明小鼠肌肉细胞具有高度的迁移活性，即 UCNPs 对细胞行为具有低毒性效应[31]。刘庄课题组将被寡糖-精氨酸-PEG 修饰的 $NaYF_4$:Yb,Er 纳米粒子（30nm）标记活体中间充质干细胞（mMSCs），并研究其细胞行为，结果显示 UCNPs 对活体中 mMSCs 的细胞没有影响。同时，该课题组还对 UCNPs 的体外 mMSCs 的繁殖和分化也进行了系统的测试。测试结果显示，UCNPs 的标记对 mMSCs 的繁殖和分化没有明显的影响，寡糖-精氨酸-PEG-UCNPs 标记以后，细胞仍能够维持干细胞效力[32]。同样，韩刚课题组将 PEI 共价结合的 α-$NaYbF_4$:Tm@CaF_2 用来标记的骨髓间充质干细胞，并对标记的细胞进行观察。结果发现，标记后的细胞也能够发生体外诱导的成骨和产脂的分化作用，说明 UCNPs 对细胞行为的影响较低。然而，要让细胞行为不受 UCNPs 标记的影响，需要在某个具体的培养浓度条件下，例如在 400μg/mL 的浓度条件下，柠檬酸盐修饰的 $NaLuF_4$:Yb,Tm 纳米粒子（约 20nm）对 JEG-3 细胞的存活率存在较低的影响。然而，这个浓度下 UCNPs 对 JEG-3 细胞变形能力有明显的抑制作用。控制肿瘤细胞的变形能力与繁殖能力能够用不同的信号渠道实现，意味着要抑制细胞的变形能力就不必再跟抑制细胞繁殖联合作用[113]。

细胞的自我吞噬能力在哺乳动物细胞的生理学和病理学扮演着重要角色[131]。一项关于细胞自我吞噬行为的研究显示，在细胞受压的情况下，细胞自我吞噬行为和因受诱导而发生的自我吞噬行为会增加。文龙平课题组将 HeLa 细胞培养在浓度为 100μg/mL 无包覆的 $NaYF_4$:Yb,Er 纳米粒子（+22.6mV，92nm）的培养液中。观察结果显示培养 24h 后，GFP-LC3（融合蛋白介于绿色荧光蛋白（GFP）和微管相连的灯链 3（LC3）蛋白）仍然稳定表达，培养液中的细胞表现出明显的 GFP-LC3 点形貌，说明细胞内存在着自我吞噬。除此之外，培养液中有着镧系化合物纳米粒子如 Y_2O_3、CeO_2、Yb_2O_3 和 Nd_2O_3 的细胞，同样可以观察到细胞的自我吞噬行为。这些结果表明了细胞自我吞噬的决定因素是培养液纳米粒子的浓度和粒子尺寸大小[131]。

5.6.5 在活体内的毒性作用

由于镧系元素不是任何生物分子自然形成的组成部分，因此稀土上转换纳米发光材料的生物毒性是其作为治疗诊断应用的最重要的一个问题。迄今为止，亲水修饰的稀土上转换纳米发光材料的活体毒性已经在小鼠、线虫、斑马鱼胚胎开展了系统的研究。

几乎所有静脉注射的稀土上转换纳米发光材料都能被生物器官的单核吞噬细胞系统在肝、脾、肺、肾中所捕获。生物体内长时间暴露的稀土上转换纳米发光材料会增加体内毒性的可能性。直到现在，几乎所有的研究都表明稀土上转换纳米发光材料用于成像的剂量是安全的。张勇课题组的研究结果表明，注射剂量为 10mg/kg SiO_2 包覆的 $NaYF_4$:Yb,Er 纳米颗粒（约 30nm）的小鼠与对照组比较体重量没有明显变化。通过这个研究，可以观察到小鼠的健康状况和所有动物行为都是正常的[132]。此外，所有注射纳米颗粒的小鼠器官的重量在不同处置组以及四个不同的采样时间点（10min、30min、24h 和 7 天）都是一致的。

2010 年，李富友课题组[125]通过考察小鼠的行为、体重量、组织、血液、血清等的生物化学指标，系统地进行了聚丙烯酸（PAA）包覆的 $NaYF_4$:Yb,Er 纳米颗粒（PAA-UCNPs，11.5nm，15mg/kg）静脉注射后对小鼠的长期毒性研究。需要指出的是，在 115 天内，这种体重上的差异是很小的。和对照组比较，用 PAA-UCNPs 注射过的小鼠依然保有正常的饮食行为、毛色、探索性行为、活动和神经功能状况。剂量为 15mg/kg 的 PAA-UCNPs 也没有引起心、肺、脾、肝、肾等器官中组织的异常。心脏的心肌组织样本没有显示出组织的退化。肝脏中的肝细胞样本表现正常并且没有炎性浸润。肺组织样本中没有观察到肺纤维化。血管小球构造是清晰的并且没有在任何组织中发现有坏疽。然而，用 PAA-UCNPs 样品注射后的小鼠脾脏是有变化的，在动脉周围的淋巴鞘发现有轻微的增生。血液学和血清学研究中，注射 PAA-UCNPs 的小鼠红细胞、血小板和白细胞数量和形状上是正常的。注射 PAA-UCNPs 和未注射样品的小鼠丙氨酸氨基转移酶、天门冬氨酸氨基转移酶、总胆红素也是相似的。另外，李富友课题组还对三个不同体系的 UCNPs 的小鼠体内毒性进行了细致的考察，包括 $NaGdF_4$:Yb,Er,Tm（26～60nm，1.5mg/kg，30 天监测）[24]，DTPA-$NaLuF_4$:Gd,Yb,Er/Tm（80～100nm，30μg 每只小鼠，30min 监测）[46] 和 6-氨基乙酸修饰的 NaLuF:Sm,Yb,Tm（约 30nm，20mg/kg，7 天监测）[133]。

同样，刘庄课题组发现静脉注射 PAA-UCNPs（约 35nm）和 PEG-UCNPs（约 30nm），通过测量丙氨酸氨基转移酶、天门冬氨酸氨基转移酶、碱性磷酸酶、血清蛋白、球蛋白和总蛋白，没有发现明显的肝毒性。所有的这些血液学指标在用 UCNPs 处理的几个时间点注射后都是正常的。注射过的小鼠血尿素水平也是正常的[127]。另外，最近研究结果表明，UCNPs 静脉注射后的小鼠，在 7～40 天仍保持健康和正常的行为。这样的 UCNPs 包括缩氨酸修饰的 $NaYF_4$:Yb,Er,Ce 纳米棒（平均直径约 55nm，长度约 25nm，200μg 每只小鼠，7 天）[37]、$BaGdF_5$:Yb,Tm（约 10nm，10mg/kg，40 天）、GdF_4:Yb,Er@$NaGdF_4$@SiO_2（约 150nm，1PM、30 天）[134]、透明质酸修饰的 $NaYF_4$:Yb,Gd,Tm（约 25nm，7 天）[135]、ANG/PEG-UCNPs（约 19.3nm，15mg Y/kg）[39]。例如，严修平课题组分别将剂量为 0.5mg/kg（裸鼠体重）和 2.5mg/kg（昆明小鼠体重）的透明质酸修饰的 $NaYF_4$:Yb,Gd,Tm（约 25nm，−27.4mV）注射进入裸鼠和昆明小鼠体内。7 天后，观察到实验组和对照组在体重量和组织学分析中没有明显差异[135]。施剑林课题组通过静脉注射途径研究 ANG/PEG-UCNPs 对大脑的毒性。与对照组比较，昆明小鼠的组织学分析显示没有明显的组织损伤或是其他任何对小鼠大脑的皮质、海马和纹状体的损伤[39]。

值得注意的是静脉注射 UCNPs 的小鼠没有出现异常行为和死亡的报告，即使是 3 个月后注射 15mg/kg 的高剂量。尽管前期的研究结果表明了稀土上转换纳米发光材料的生物适应性，但仍需要更多的证据来证明 UCNPs 的安全性。最近的研究成果表明，过量的静脉注射柠檬酸钠修饰的 $NaLuF_4$:Yb,Tm 纳米荧光粉（17nm）引起明显的毒性作用而在低剂量组没有观察到（如 4mg/kg）。有趣的是，在注射 90 天后，纳米荧光粉的毒性作用完全消失了，并且机体功能恢复正常。文龙平课题组发现静脉注射剂量 15mg/kg 的 UCNPs（$NaYF_4$:Yb,Er，+22.6mV，92nm）24h 后，在肝脏中发现了吞噬细胞增多的现象[131]。

线虫是一种适用于生物安全性评估研究的一种线虫类生物，具有相对较短的生命周期，恒定的细胞数和复杂的组织，完整的基因序列等。目前已经出现几篇关于使用线虫来研究 UCNPs 生物安全性的报告[18]。例如，用 PEI 修饰 $NaYF_4$:Yb,Tm 纳米颗粒（PEI-UCNPs，42nm，100μg）后，这些 PEI-UCNPs 在饲养过程中并没有被线虫体所排除但可以被机体排除。线虫在孵化过程中对含有 $NaYF_4$:Yb,Tm 纳米晶体的食物依然保持了正常的采食行为。用培养基和 $NaYF_4$:Yb,Tm 纳米晶粒的混合饲料饲养的线虫，其蛋白质的表达、生命周期、卵产量、卵的存活和生长率与对照组有几乎同样的速率。采食了 PEI-UCNPs 后没有观察到雌雄同体和雌性之间明显的差异。注射组和未注射组的幼虫生命周期、产卵量、产卵的活性和生长率没有明显差异。

因为斑马鱼有很小的体积、快速的繁衍率和短的生命周期，所以使用斑马鱼也可以对 UCNPs 的毒性进行评估。利用心肌球蛋白轻链基因的斑马鱼模型作为动物模型，李琨一课题组开展了 β-$NaYF_4$:Ce,Tb 纳米颗粒（16.7±0.9nm）与量子点（quantum dots，QDs）相对毒性研究。用 500PM 的纳米荧光粉处理单分散的心脏组织与对照组进行比较。值得注意的是，500PM 量子点注射组斑马鱼的心脏体积明显更小，并显示在胚胎中没有循环，这表明心脏发育迟缓。稀土纳米荧光粉的毒性只有在更高的浓度才能发现，当其药物浓度达到量子点材料的 10 倍，才引起相似的毒性反应[115]。

最近，崔大祥课题组证明了微量注射上转换 LaF_3:Yb,Er@SiO_2 荧光材料（约 10nm）后生长的斑马鱼的毒性作用。他们发现微量注射 UCNPs 在 5～400μg/mL 范围内，对受精 24h 后的尾部回旋空间自发运动有很小的影响。注射 UCNPs 会使幼虫体的长度略有缩短并且具有微小的致畸性[116]。然而，几乎所有的研究都发现，高浓度的 UCNPs 注射会产生明显的胚胎发育形态学异常。发育异常包括畸形的卵黄和脊柱、尾巴和鳍的畸形、心包或卵黄形成、延迟孵化、短小的身形或眼睛的生长和身体腔水肿、回心囊或是卵黄囊区等。同时，还能够观察到暴露组对比低剂量组在 200～400μg/ml 增加了胚胎水肿。另外，基因序列的表达在暴露组有明显的下降。其中一个产生毒性的原因可能是直接微量注射如此高的剂量（400μg/mL，10nl）的 UCNPs 进入了受精卵细胞。高剂量 UCNPs 所导致的生物毒性表明，稀土上转换纳米发光材料的生物安全性应该受到更多的关注。

镧系元素原子不同的 4f 电子结构为其掺杂的纳米颗粒提供了丰富的光学、磁性、放射性和 X 射线衰减特性等特殊的物理性质。到目前为止，UCL 成像、磁共振成像（MRI）、X 射线计算机断层扫描（CT）、单光子发射计算机断层成像术（SPECT）、正电子发射断层摄影术（PET）成像技术和电感耦合等离子体原子发射光谱法（ICP-AES）技术等生物成像技术的发展，又成为 UCNPs 安全性研究的技术手段，帮助人们了解 UCNPs 的准确位置和数量。特别是，诸如 PET 和 SPECT 等放射性成像技术的引进，对 UCNPs 生物分布研究将会进一步加速，因为这些技术为生物体提供快速的定量信息。几乎所有经过测试的细胞，包括肿瘤细胞和正常的细胞，都可以通过适当的表面配体来内化 UCNPs。大多数的纳米颗粒都通过内吞作用被困在内吞泡内。除非与一种膜干扰剂共同内化时，它们会被困在多聚体囊泡中。UCNPs 的表面化学性质与细胞的相互作用起着至关重要的作用。一般来说，带正电的纳米颗粒可以有效穿过细胞膜屏障，并在细胞质中进行定位。不同大小的颗粒有不同的进入细胞的途径，因此，考虑颗粒聚集的影响是很自然的。在细胞培养条件下，纳米颗粒可以聚集成不同的大小，这可能影响纳米材料的结果和效率。几乎所有的研究都表明，UCNPs 在 MPS 的作用有限。有趣的是，不同器官的 UCNPs 积累的比率可能会因表面化学技术而显著改变。例如，UCNPs 表面修饰了聚乙二醇分子之后，能够改变其表面电荷，并且令纳米颗粒定向聚集在器官当中。目前所开发出的材料表面修饰方法还可以延长其体内的循环时间，提高肿瘤对 UCNPs 的吸收。此外，还可以观察到不同注射途径下的 UCNPs 的行为有显著差异。现有的研究成果发现，UCNPs 的体内消除时间可以从几周到几个月，这导致其在肝脏、肺和肾脏等主要功能器官的暴露时间增加。一般来说，更小的尺寸可以减少 UCNPs 的体内消除时间。然而超小的尺寸（如小于 5nm）的 UCNPs 由于晶格缺陷而导致的 UCL 信号不佳，因此缩小尺寸以实现快速和完全消除肾脏途径是不明智的。当 UCNPs 用作多模态成像探针时如 MRI 和 SPECT 探针，建议纳米颗粒的尺寸应该减小以便于成功地彻底消除和降低毒性的风险。大的 UCNPs 不能通过肾脏途径消除，消除主要通过胆汁途径。UCNPs 主要通过胆汁途径消除，并且其过程经常是很缓慢的，范围从几天到几个月不等。尽管没有可信和有效的方法报道，但快速消除 UCNPs 的最佳表面性质是通过胆汁途径来实现。

UCNPs 的毒性非常复杂，基于线粒体代谢活动的细胞毒性评估有其局限性。这些代谢试验的一个潜在的缺陷是正在分裂的细胞和静止细胞之间没有区别。另外不同阶段的细胞有不同程度的线粒体代谢活动。因此，基于线粒体活性评估细胞毒性不是很灵敏，用于生物安全性进一步仔细精确的研究工具必需要突出小的细微上的变化。在生物体内 UCNPs 毒性研究显示成像剂量没有明显的改变动物体重、行为、组织病理和血液生化指标。然而过高剂量的 UCNPs 可以引起严重的毒性作用，表明 UCNPs 的毒性作用有剂量依赖性，因此其使用剂量应该尽可能的减少。因此，量子产率应该进一步优化。主要影响上转换效率的因素是镧系离子无辐射衰变和小激发截面，因此上转换效率可以通过增大范围来提升，改变晶体场的对称性和激光退火。此外，主体的晶格结构、掺杂浓度和表界面也对 UCNPs 的上转换效率有影响。因此，在生物环境的量子产率可以提高[136-138]。

5.7 稀土上转换纳米颗粒应用于分析检测

新型分析检测技术以及设备的开发，对科研和生产都具有重要意义。人类对世界的改造行为往往是基于对其深层次的认识基础上开始的。在生命科学以及医学领域，分析测试技术的进步更是直接推动了科学技术的发展和进步。其中，基于荧光光谱的分析技术已经成为生命科学领域内重要的一种分析手段。而稀土上转换荧光材料具有独特的荧光性质，在生物分析测试领域具有重要的应用价值。首先，稀土上转换荧光材料在不同颜色光区都具有丰富的荧光发射，十分利于不同物理及化学条件下的荧光检测。此外，稀土上转换荧光材料在多数的酸碱条件下以及较宽的温度范围内都可以保持化学稳定，基本不会构成对目标分析物以及检测环境的污染，这是分析测试的一个重要前提条件。更为重要的是，稀土上转换荧光材料的荧光发射需要在近红外光的激发才能够产生。相比于紫外及可见光，近红外光更容易避免生物物质的自荧光现象。目前，无论是以液体还是固体薄膜的形式出现，稀土上转换荧光材料在分析检测方面的应用研究已经初具规模。利用其独特的上转换荧光作为输出信号，这种材料可以成为金属离子、阴离子、中性分子、DNA、蛋白质等物质的荧光探针材料。同时，这种材料还被用来作为温度传感材料在多个领域内完成了初步的应用探索。

5.7.1 作为纳米温度传感器

宏观意义上的温度传感器在实际应用中已经十分普遍。在生命科学领域，目前更需要的是能够实现对生物物质的无侵入式的温度传感。稀土离子的一些4f电子具有独特的温度敏感性，这种特性在荧光材料里是十分罕见的。基于这种特殊的温度敏感的荧光性质，稀土上转换纳米颗粒开始在纳米温度传感方面取得了一定的应用。例如，张宏课题组首先发现了 $ZnO:Er^{3+}$纳米晶体（尺寸分别为48nm、65nm 及 80nm）在 $0.0062K^{-1}$ 具有温度敏感的荧光性质[139]。相似的，Capobianco课题组开发出了一种液相及细胞温度探针。在PEI包覆的 $NaYF_4:Yb,Er$ 晶体中（颗粒尺寸大约为18nm），Er^{3+}的两个荧光中心525nm（$^2H_{11/2}\rightarrow I_{15/2}$）和545nm（$^2S_{3/2}\rightarrow{}^4I_{15/2}$）的发光强度之比可以在对HeLa细胞的热疗（45℃）实验中作为一种温度的感应值来实现对细胞温度的直接测量[140]。另外，Tm^{3+}的两个发光中心 $^3H_4\rightarrow{}^3H_6$（800nm）和 $^1G_4\rightarrow{}^3H_6$（480nm）的相对发光强度也可以形成对温度的敏感变化。除此之外，还有一些论文报道了关于稀土荧光纳米温度探针的相关研究，例如 $NaYF_4:Yb,Er$、$CaF_2:Yb,Tm$、$Yb_2Ti_2O_7:Mo,Er$ 和 $Y_2O_3:Yb,Tm$ 等。尽管稀土上转换纳米颗粒在作为纳米温度传感器方面具有很高的敏感性和稳定性，但是目前关于其在生物活体内应用方面的报道还很少。此外，利用 $LaF_3:Nd^{3+}$纳米晶体内 Nd^{3+}在近红外光区的两个相对荧光发射强度与温度之间的响应机制，还可以获取小鼠体内的温度数据。值得注意的是，在小鼠体内实验中，为了提高灵敏度和准确度，荧光信号的收集是通过光纤探头来实现的。

5.7.2 作为pH指示剂

直接利用上转换荧光光谱所能够获得的分析功能是十分有限的。目前，更为广泛应用的做法是将稀土上转换纳米颗粒与各种化学、荧光指示剂相结合，并且利用荧光能量共振传递效应，获得分析数据。Wolfbeis课题组通过引入功能性基团，实现了基于内部过滤效应的上转换荧光检测，获得了很大的成功。这种内部过滤效应就是基于荧光能量共振传递来实现的[141]。为了实现分析检测效果，一些特定条件必须要首先满足：①必须与一些分析标记物共同作用才能实现荧光检测，例如超分子识别物或者某些特征性化学反应；②这些分析标记物或者化学反应产物必须在上转换荧光发射区域具有很强的吸收能力；③这种相互作用必须能够导致标记物在吸收能级方面有明显的变化（上升、下降或者偏移）。同时，这种变化还能够导致上转换荧光发射方面的显著变化。目前，一些有机染料以及金纳米颗粒已经与上转换纳米颗粒结合，并且通过内部过滤机制实现了荧光检测方面的应用。

基于内部过滤机制，Wolfbeis 课题组首先设计了一种基于聚氨酯水凝胶、$NaYF_4$:Yb,Er 纳米棒（长度大约为 950nm，宽度大约为 50nm）及溴麝香草酚蓝（一种 pH 指示剂）的 pH 指示薄膜。溴麝香草酚蓝能够对 pH 的变化产生光谱偏移，并且其对光的吸收峰位置也与上转换纳米颗粒的绿光及红光发射峰相重合[142]。由于内部过滤机制，在 980nm 激光的激发下，利用绿光和红光的荧光强度相对变化可以对 6～10 范围内的 pH 变化进行检测。类似的，通过将 $NaYF_4$:Yb,Er 纳米棒（长度大约为 1μm，宽度大约为 200nm）与 ETH-5418 16 号发色团相结合，通过疏水聚合物制备成一种薄膜，并且实现了 pH 变化的光学检测[143]。

金纳米颗粒也被发现具有特殊的内部过滤特性。利用半胱氨酸包围的金纳米颗粒与 $NaYF_4$:Yb,Er 纳米晶体相结合并且将其应用于 pH 检测方面。pH 的变化能够改变半胱氨酸的静电性质并且进一步影响金纳米颗粒的自组装行为。在溶液 pH 为 3 时，金纳米颗粒开始自组装，并且使其吸收位置红移至 619nm，从而导致上转换所发出的红色荧光强度下降。当 pH 上升至 11 时，金纳米颗粒的自组装行为失效，其吸收峰会回归至 523nm，并且使上转换荧光强度上升。这个过程能够有效地重复三个循环。Vinogradov 课题组利用一种卟啉衍生物（P-Glu）与 $NaYF_4$:Yb,Er 纳米颗粒结合制备出一种 pH 指示剂。利用这个纳米材料体系，可以通过表征上转换荧光在红光区、绿光区的荧光强度比值来标定溶液的 pH[144]。

5.7.3 对气体浓度的检测

内部过滤机制被进一步的应用于对气体的检测应用方面，例如酸性的 CO_2 气体以及碱性的氨气。通常情况下，这种检测是在一种气通性聚合物基底上实现。这种聚合物基底可以防止质子穿透所带来的 pH 检测失准。Wolfbeis 课题组利用 $NaYF_4$:Yb,Er 纳米晶体和溴麝香草酚蓝电子对在聚苯乙烯薄膜上实现了对 CO_2 的光学检测。正常情况下，溴麝香草酚蓝的光吸收范围能够包含上转换纳米颗粒的荧光发射峰位置。当 CO_2 的浓度上升时，溴麝香草酚蓝从蓝色变为黄色，同时其光吸收范围也相应改变，减少了其与上转换荧光发射峰的重合度，从而使得相应的荧光强度变强。当空气中 CO_2 高于 0.11%，均可以通过此种方法进行检测[145]。

该课题组还开展了一些类似的研究工作。他们用 $NaYF_4$:Yb,Er 纳米晶体（60～90nm）与苯酚红在聚苯乙烯基底上制备出一种氨气指示探针。溶解的氨气会使溶液的 pH 上升，同时令苯酚红的光吸收范围发生改变，从而导致上转换纳米颗粒在 980nm 激光激发下的荧光强度发生改变。这种检测方法适用于浓度高于 400μM（$1M=1\ mol/dm^3$）的氨气检测。

5.7.4 用作离子探针

与荧光内部过滤机制相比，荧光能量传递机制是一种可以对分子与纳米晶体之间相互作用过程进行研究的波谱学方法。例如纳米尺度上的距离变化以及结合行为等[146]。稀土上转换纳米晶体独特的荧光性质使得其在通过上转换-荧光能量传递机制对 DNA、蛋白质、金属离子等小分子进行检测方面具有很好的应用前景。这种上转换-荧光能量传递机制是基于上转换纳米颗粒与能量受体之间距离变化而导致的能量传递效率变化的原理。作为能量给体的上转换纳米颗粒与能量受体之间的光谱重合度以及距离是决定上转换-荧光能量传递效率的两大因素。目前，这个检测方法存在两个基本的思路。一种是能量受体可以在目标检测物存在并且发生变化的情况下在光吸收特性上发生相应改变（上升、下降或者偏移），从而获得检测功能。近年来，多种具有检测功能同时具备变色特性的化学指示剂被研发出来[147]。这些化学指示剂的出现为上转换纳米颗粒在荧光能量传递检测方面的应用提供了便捷的思路。另一种检测思路是通过能量给体和受体间的距离变化从而产生的荧光能量传递效率的变化。其中，给体和受体间经常利用一些连接物进行连接。这些连接物可以对目标检测物进行定量的响应。基于这两种检测思路，研究人员们开发出了多种具有极高测量敏感度的探针标记物。

基于相似的荧光内部过滤检测机制，任劲松课题组设计并制备出基于颗粒尺寸为 60nm 的 $NaYF_4$:Yb,Er 纳米晶体和二苯卡巴肼的二元复合材料，并且实现了对水溶液中 Cr^{6+}的检测。Cr^{6+}可以与二苯卡巴肼发生定量反应，并且生成一种粉色的复合物，从而改变染料本身的光吸收位置，进而改变上转换纳米荧光强度。这种检测方法可以对浓度高于 2.4×10^{-8}M 的 Cr^{3+}进行检测[148]。

氰离子是一种剧毒化合物。李富友课题组利用三价铱离子配合物（Ir-9）包覆的 $NaYF_4$:Yb,Er,Tm 纳米颗粒（颗粒尺寸约为 20nm）实现了对氰离子的检测。这种检测是基于上转换纳米颗粒与能量受体 Ir-9 之间的上转换荧光能量传递来实现的[149]。为了提高反应速率，疏水性的油酸分子被修饰在上转换纳米颗粒表面。当溶液中加入氰离子时，会生成一种不饱和羟基化合物。这种化合物会使得 Ir(III) 吸收光谱发生变化，从而影响上转换荧光强度，使得其位于 540nm 和 800nm 的荧光相对强度发生有序变化，以达到检测的目的。在体积比为 9∶1 的 DMF 和水的混合溶液中，这种方法可以实现对浓度为 0.18μM 以上的氰离子进行检测。此外，这种方法还成功地应用在了细胞内氰离子的检测上。该课题组还设计并合成了由 $NaYF_4$:Yb,Ho 纳米颗粒、两亲性聚乙二醇及一种铱离子配合物 Ir-10 所组成的纳米复合材料，并且成功实现了在纯水体系下对氰离子的检测。此种情况下，可以实现对浓度高于 37.6μM 的氰离子的检测[150]。

众所周知，亚硝酸根离子对多种生物反应都会产生影响。将一种合成染料（4-((4-（2-aminoethy lamino）naphthalen-l-yl）diazenyl）benzenesulfonic acid dihydrochloride，ANDBS）作为荧光能量受体，与 $NaYF_4$:Yb,Er 纳米颗粒结合，可以制备出一种可以对亚硝酸根离子进行标定的荧光探针。在格里斯条件下，亚硝酸根离子可以定量的生成 ANDBS，从而导致上转换荧光强度的改变。这种检测方法可以对浓度大于 0.0046μg/mL 的亚硝酸根离子进行标定。

人体内 Cu^{2+}的含量变化会导致多种疾病。因此，对 Cu^{2+}的检测显得尤为重要。最近，有文章报道 $NaYF_4$:Yb,Er 纳米颗粒可以同罗丹明和两个 Cu^{2+}配合物之间发生上转换荧光能量传递作用。当 Cu^{2+}出现时，罗丹明分子衍生物会从一种非荧光物质转换成一种荧光物质并且同时令上转换荧光中绿光对红光的比例下降。这两种罗丹明分子修饰的稀土上转换纳米材料对 Cu^{2+}具有很强的选择性以及敏感性[151]。

汞离子是一种最常见的环境污染，可以对人体健康造成很大的危害。李富友课题组利用 $NaYF_4$:Yb,Er,Tm 纳米颗粒与一种二价钌离子配合物（N719）进行自组装形成了一种上转换荧光能量传递系统，通过这个系统可以实现对细胞内汞离子的检测。当汞离子浓度上升时，N719 的吸收光谱会发生明显的蓝移（吸收峰从 541nm 蓝移至 485nm）。这种情况下，会使得其吸收光谱与上转换发射光谱之间的重合区域发生变化，从而引起上转换发射光在 541nm 处的显著提升。溶液中汞离子在 1.95 以上的情况均可利用这种方法进行标定[152]。该工作直接证明了通过上转换荧光能量传递的检测方法可以对活细胞内汞离子含量以及分布进行标定。最近，该课题组还进一步利用 hCy7 染料与 $MeHg^+$之间相互作用导致的吸收光谱变化的特性，使其与上转换纳米颗粒组成一种可以在生物体内检测 $MeHg^+$的标记手段。他们利用聚乙二醇对上转换纳米颗粒进行表面修饰，同时担载 hCy7 分子，最终制备出这一纳米荧光检测体系。当 $MeHg^+$含量较高时，会使得 hCy7 染料的吸收光谱从 670nm 红移至 800nm，这种变化会导致上转换纳米颗粒中 Tm^{3+}在 800nm 处发生明显下降。同时，使得 Er^{3+}在 670nm 处的发射光强度显著上升。在近红外光的激发下，这种荧光检测体系可以对小鼠模型体内的 $MeHg^+$浓度进行检测[111]。

5.7.5 在生物分析领域内的进一步应用

氧含量对细胞内的多种生理过程都会产生影响。Wolfbeis 课题组[153]在乙基纤维素基底上利用$NaYF_4$:Yb,Tm 纳米颗粒与 Ir-11 染料制备出一种可以对氧含量进行标定的荧光检测体系。在 980nm 激光照射下，Ir-11 染料可以被上转换蓝光区的发射光二次激发而发射绿光。这种情况下，这种上转换荧光能量传递所激发的绿色荧光会受到溶液中氧含量的影响。这种影响对氧含量具有较为敏感的指示性以及反复响应特性，因而可以被用来对溶液中氧含量进行标定。该方法可以对溶液中浓度范围在 0～20%的溶解氧进行标定，其响应时间是 10～12s。利用荧光内部过滤检测机制以及多金属氧酸盐修饰的 $NaYF_4$:Yb,Er@SiO_2 纳米颗粒，还可以实现对胎牛血清中多种抗氧化成分的检测。其中对谷胱甘肽和葡萄糖的检测下限可以分别达到 0.02μM 和 0.01mM。

谷胱甘肽是一种细胞内的重要的抗氧化成分。它可以使细胞组织免于活性氧的破坏。Liu 课题组利用 MnO_2 纳米片与上转换纳米颗粒 $NaYF_4$:Yb,Tm 相结合，制备一种可以检测谷胱甘肽含量的纳米探针。生长于上转换纳米颗粒表面的 MnO_2 纳米片是一种高效的上转换荧光猝灭剂。当接触谷胱甘肽时，上转换荧光会因为 MnO_2 纳米片被还原成没有猝灭功能的 Mn^{2+}而增强。这种检测方法可以对浓度为 0.9μM 的谷胱甘肽进行检测，并且具有在细胞内应用的潜力[154]。

上转换荧光能量转移机制作用的关键是能量受体要具有较宽的光吸收范围。截至目前，诸如有机染料、金属纳米颗粒、碳材料等多种材料均被用来作为上转换荧光的能量受体。此外，为了获得可调节的能量传递效率，人们开始对添加目标分析物所带来的能量受体与上转换纳米颗粒表面有机基团之间的相互作用进行研究。通过这种思路，人们利用 DNA–DNA、抗原–抗体、配体–受体之间的相互作用，实现了 DNA、蛋白质、ATP、葡萄糖等多种物质的检测。

一种典型的用于检测 DNA/RNA 的方法是将两种 DNA 派生物以及目标 DNA 检测物通过一种三明治结构进行组装。这两种 DNA 派生物分别与上转换纳米颗粒以及荧光能量受体相结合。这种三明治结构一般会包含两个特定序列的低聚核苷酸链和一个较长的目标核苷酸链。李富友课题组及 Wheeler 课题组均报道过关于此类上转换纳米材料作为 DNA 检测方面的研究成果。这两个课题组均采用羧基四甲基罗丹明（TAMRA）作为荧光能量受体。不同的是，其分别使用 SiO_2 和链霉亲和素/维生素为 DNA 和上转换纳米颗粒之间的连接物。TAMRA 的吸收光谱与上转换荧光纳米颗粒 $NaYF_4$:Yb,Er 的发射峰具有明显的重叠。当目标 DNA 出现时，会使得 TAMRA 与上转换纳米颗粒的距离变近，从而令上转换荧光能量传递发生。这种检测方法的灵敏度可以达到 $nmol^{-1}$ 级别[155, 156]。

另外，Kumar 课题组还利用相似的检测系统实现了对贫血症中基因点突变的检测[157]。此外，一种针对氧西林金黄色葡萄球菌 DNA 的检测也是该课题组利用这一思路实现的。他们利用柠檬酸修饰的上转换纳米颗粒 $NaYF_4$:Yb,Er 与低聚核苷酸进行共价结合。这种极薄的柠檬酸层不仅对目标检测物具有响应性，还会使得 TAMRA 与上转换纳米颗粒有机会进行直接接触从而发生上转换荧光能量传递。这种检测方法的灵敏度能够达到 0.18nM[158]。最近，刘庄课题组也利用上转换纳米颗粒与荧光能量受体之间距离与能量传递效率之间的响应机制制备出了 DNA 以及凝血酶的检测探针[159]。

与以上的单通道上转换检测系统不同，Rantanen 课题组设计出了一种双通道的均相三明治复合结构。他们将低聚核酸修饰的上转换颗粒（颗粒尺寸为 2.3～6μm）作为能量给体，将两种荧光素（Alexa Fluor 546 和 Alexa Fluor 700）标记的低聚核苷酸作为能量受体，并且在上转换荧光激发下发射峰值分别位于 600nm 和 740nm 处的二次荧光。在此情况下，上转换荧光可以在目标反应物的影响下产生荧光变化。这种方法可以对浓度范围在 0.03～0.4pmol 之间的目标低聚核苷酸进行检测[160]。这种多通道检测方式不仅能够更准确地对一种物质进行标定，还可以实现对多个物质的同时标定。赵东元课题组通过上转换纳米荧光材料实现了对核酸的多重检测。他们利用三种上转换纳米晶体（$NaYF_4$:Yb,Tm、$NaYF_4$:Yb,Ho 和 $NaYF_4$:Yb,Ho,Tm）与低聚糖标记物进行复合，实现了以上功能。免疫分析需要具有较高的灵敏度和特异性[161]。指示反应被用来检测抗体-抗原是因为它能够将产物放大并且提高检测灵敏度。Kuningas 课题组利用 Oyster-556 染料作为能量受体，与 La_2O_2S:Yb,Er（晶体颗粒尺寸为 210～350nm）相结合，利用上转换荧光在 600nm 处的发射实现了缓冲溶液和血浆中的 17β-estradiol 均相免疫分析。其中，能量受体和给体之间是通过一种重组抗体（17β-estradiol-specific）连接的。利用这种方法，可以实现对 0.53ng/L 的目标物的检测。利用金纳米颗粒作为能量受体，实现了上转换荧光对山羊抗人免疫球蛋白（IgG）的检测。其中山羊抗人免疫球蛋白能够分别连接金纳米颗粒上的人类免疫球蛋白以及稀土上转换纳米颗粒上的兔抗羊免疫球蛋白，从而实现上转换荧光能量向金纳米颗粒传递[162]。最终利用上转换荧光红、绿发射光之间的相对强度变化实现对山羊抗人免疫球蛋白的荧光分析，如图 5.7 所示。

基于这种特异性的配合基-接收物之间的作用，稀土上转换纳米颗粒可以与各种金属纳米颗粒以及有机染料等能量受体相结合，以实现对葡萄糖、抗生物素蛋白、植物血凝素等生物物质的检测。首先，利用抗生物素蛋白与生物素之间的特异性结合作用，可以实现上转换荧光对抗生物素蛋白的检测。例如，将上转换纳米颗粒与生物素修饰的金纳米颗粒相结合，即可以实现对抗生物素蛋白的荧光检测。当溶液体系中抗生物素蛋白的含量上升时，可以使这种蛋白修饰的上转换纳米颗粒与生物素修饰的金纳米颗粒相结合，从而激活能量传递。由于上转换纳米颗粒与金纳米颗粒之间存在荧光发射与光吸收重合的情况，因此当能量传递被激活时，上转换荧光将发生猝灭。

酶几乎存在于各种细胞生化反应过程之中，并且起着非常重要的作用。利用上转换纳米颗粒与碳纳米颗粒之间的能量传递作用可以实现酶活性的检测。这种凝血酶配体修饰的上转换纳米颗粒可以通过键合作用与碳纳米颗粒相结合。当凝血酶浓度上升时，这种键合作用会被减弱，从而降低荧光能量传递效应，从而实现荧光检测。值得一提的是，这种方法可以分别实现在缓冲溶液和人体血浆中凝血酶活性的检测。相似的材料设计策略还被应用到 ATP 和 Hg^{2+}的检测当中。所应用的均为目标检测物对上转换纳米颗粒与能量受体间接触-分离过程的量化影响机制。

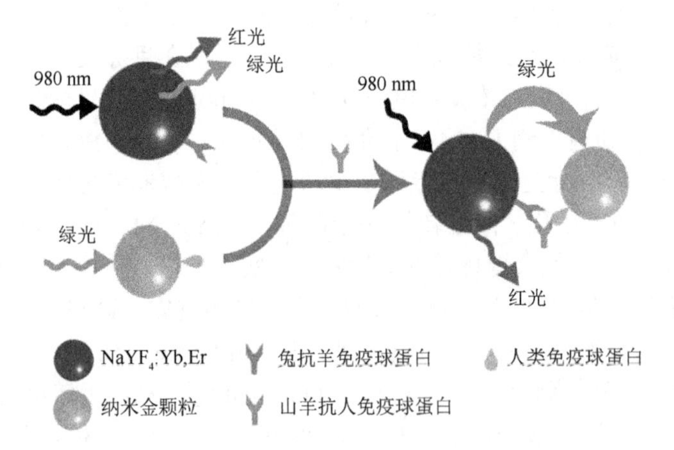

图 5.7 利用抗体-抗原的相互作用实现上转换荧光对山羊抗人免疫球蛋白的检测分析[163]

目前，从稀土上转换纳米颗粒在分析领域内的应用情况来看，上转换荧光的绝对强度变化以及不同荧光发射峰之间相对强度之间的比值变化是常用的两种荧光指示方法。由于荧光测试过程中测试条件对测试结果具有较大的影响。因此，荧光发射峰之间相对强度的比值变化更具有可靠性和普遍适应性。此外，利用一种对目标检测物敏感的化学标记物或者荧光标记物与稀土上转换纳米颗粒和能量受体共同组成检测体系是目前较为普遍的材料设计策略。

参 考 文 献

[1] YU M X, LI F Y, CHEN Z G, et al. Laser scanning up-conversion luminescence microscopy for imaging cells labeled with rare-earth nanophosphors[J]. Analytical Chemistry, 2009, 81 (3): 930-935.

[2] NYK M, KUMAR R, OHULCHANSKYY T Y, et al. High contrast in vitro and in vivo photoluminescence bioimaging using near infrared to near infrared up-conversion in Tm^{3+} and Yb^{3+} doped fluoride nanophosphors[J]. Nano Letters, 2008, 8 (11): 3834-3838.

[3] HU H, YU M X, LI F Y, et al. Facile epoxidation strategy for producing amphiphilic up-converting rare-earth nanophosphors as biological labels[J]. Chemistry of Materials, 2008, 20 (22): 7003-7009.

[4] BOYER J-C, MANSEAU M-P, MURRAY J I, et al. Surface modification of upconverting $NaYF_4$ nanoparticles with PEG-phosphate ligands for NIR (800 nm) biolabeling within the biological window[J]. Langmuir, 2010, 26 (2): 1157-1164.

[5] HE F, YANG G X, YANG P P, et al. A new single 808 nm NIR light-induced imaging-guided multifunctional cancer therapy platform[J]. Advanced Functional Materials, 2015, 25 (25): 3966-3976.

[6] VETRONE F, NACCACHE R, JUARRANZ DE LA FUENTE A, et al. Intracellular imaging of hela cells by non-functionalized $NaYF_4$:Er^{3+},Yb^{3+} upconverting nanoparticles[J]. Nanoscale, 2010, 2 (4): 495-498.

[7] ZHAO L, KUTIKOV A, SHEN J, et al. Stem cell labeling using polyethylenimine conjugated (alpha-$NaYbF_4$:Tm^{3+})/CaF_2 upconversion nanoparticles[J]. Theranostics, 2013, 3 (4): 249-257.

[8] NACCACHE R, VETRONE F, MAHALINGAM V, et al. Controlled synthesis and water dispersibility of hexagonal phase $NaGdF_4$:Ho^{3+}/Yb^{3+} nanoparticles[J]. Chemistry of Materials, 2009, 21 (4): 717-723.

[9] ZENG S J, TSANG M K, CHAN C F, et al. Dual-modal fluorescent/magnetic bioprobes based on small sized upconversion nanoparticles of amine-functionalized $BaGdF_5$:Yb/Er[J]. Nanoscale, 2012, 4 (16): 5118-5124.

[10] LEE K T, NAM S H, BAE Y M, et al. Real-time tracking of lanthanide ion doped upconverting nanoparticles in living cells[J]. Biophysical Journal, 2012, 102 (3): 200A-200A.

[11] BAE Y M, PARK Y I, NAM S H, et al. Endocytosis, intracellular transport, and exocytosis of lanthanide-doped upconverting nanoparticles in single living cells[J]. Biomaterials, 2012, 33 (35): 9080-9086.

[12] JIN J F, GU Y J, MAN C W-Y, et al. Polymer-coated $NaYF_4$:Yb^{3+}, Er^{3+} upconversion nanoparticles for charge-dependent cellular imaging[J]. Acs Nano, 2011, 5 (10): 7838-7847.

[13] ZHAN Q Q, HE S L, QIAN J, et al. Optimization of optical excitation of upconversion nanoparticles for rapid microscopy and deeper tissue imaging with higher quantum yield[J]. Theranostics, 2013, 3 (5): 306-316.

[14] OSTROWSKI A D, CHAN E M, GARGAS D J, et al. Controlled synthesis and single-particle imaging of bright, sub-10 nm lanthanide-doped upconverting nanocrystals[J]. ACS Nano, 2012, 6 (3): 2686-2692.

[15] ZHANG H, LI Y J, LIN Y C, et al. Composition tuning the upconversion emission in $NaYF_4$:Yb/Tm hexaplate nanocrystals[J]. Nanoscale, 2011, 3 (3): 963-966.

[16] SHAN J N, CHEN J B, MENG J, et al. Biofunctionalization, cytotoxicity, and cell uptake of lanthanide doped hydrophobically ligated NaYF(4) upconversion nanophosphors[J]. Journal of Applied Physics, 2008, 104: 094308.

[17] XIONG L Q, CHEN Z G, TIAN Q W, et al. High contrast upconversion luminescence targeted imaging in vivo using peptide-labeled nanophosphors[J]. Analytical Chemistry, 2009, 81 (21): 8687-8694.

[18] ZHOU J-C, YANG Z-L, DONG W, et al. Bioimaging and toxicity assessments of near-infrared upconversion luminescent $NaYF_4$:Yb,Tm nanocrystals[J]. Biomaterials, 2011, 32 (34): 9059-9067.

[19] CHEN J, GUO C R, WANG M, et al. Controllable synthesis of $NaYF_4$: Yb,Er upconversion nanophosphors and their application to in vivo imaging of caenorhabditis elegans[J]. Journal of Materials Chemistry, 2011, 21 (8): 2632-2638.

[20] LIM S F, RIEHN R, RYU W S, et al. In vivo and scanning electron microscopy imaging of upconverting nanophosphors in caenorhabditis elegans[J]. Nano Letters, 2006, 6 (2): 169-174.

[21] DONG B, CAO B S, HE Y Y, et al. Temperature sensing and in vivo imaging by molybdenum sensitized visible upconversion luminescence of rare-earth oxides[J]. Advanced Materials, 2012, 24 (15): 1987-1993.

[22] WANG Z-L, HAO J, CHAN H L W, et al. Simultaneous synthesis and functionalization of water-soluble up-conversion nanoparticles for in-vitro cell and nude mouse imaging[J]. Nanoscale, 2011, 3 (5): 2175-2181.

[23] CHENG L, YANG K, ZHANG S, et al. Highly-sensitive multiplexed in vivo imaging using PEGylated upconversion nanoparticles[J]. Nano Research, 2010, 3 (10): 722-732.

[24] ZHOU J, SUN Y, DU X X, et al. Dual-modality in vivo imaging using rare-earth nanocrystals with near-infrared to near-infrared (NIR-to-NIR) upconversion luminescence and magnetic resonance properties[J]. Biomaterials, 2010, 31 (12): 3287-3295.

[25] YANG T S, SUN Y, LIU Q, et al. Cubic sub-20 nm $NaLuF_4$-based upconversion nanophosphors for high-contrast bioimaging in different animal species[J]. Biomaterials, 2012, 33 (14): 3733-3742.

[26] LIU Q, SUN Y, YANG T S, et al. Sub-10 nm hexagonal lanthanide-doped $NaLuF_4$ upconversion nanocrystals for sensitive bioimaging in vivo[J]. Journal of the American Chemical Society, 2011, 133 (43): 17122-17125.

[27] HILDERBRAND S A, SHAO F, SALTHOUSE C, et al. Upconverting luminescent nanomaterials: Application to in vivo bioimaging[J]. Chemical Communications, 2009, (28): 4188-4190.

[28] PICHAANDI J, BOYER J-C, DELANEY K R, et al. Two-photon upconversion laser (scanning and wide-field) microscopy using Ln(3+)-doped $NaYF_4$ upconverting nanocrystals: A critical evaluation of their performance and potential in bioimaging[J]. Journal of Physical Chemistry C, 2011, 115 (39): 19054-19064.

[29] KOBAYASHI H, KOSAKA N, OGAWA M, et al. In vivo multiple color lymphatic imaging using upconverting nanocrystals[J]. Journal of Materials Chemistry, 2009, 19 (36): 6481-6484.

[30] CAO T Y, YANG Y, GAO Y, et al. High-quality water-soluble and surface- functionalized upconversion nanocrystals as luminescent probes for bioimaging[J]. Biomaterials, 2011, 32 (11): 2959-2968.

[31] IDRIS N M, LI Z, YE L, et al. Tracking transplanted cells in live animal using upconversion fluorescent nanoparticles[J]. Biomaterials, 2009, 30 (28): 5104- 5113.

[32] WANG C, CHENG L, XU H, et al. Towards whole-body imaging at the single cell level using ultra-sensitive stem cell labeling with oligo-arginine modified upconversion nanoparticles[J]. Biomaterials, 2012, 33 (19): 4872-4881.

[33] ZHANG W J, PENG B, TIAN F, et al. Facile preparation of well-defined hydrophilic core-shell upconversion nanoparticles for selective cell membrane glycan labeling and cancer cell imaging[J]. Analytical Chemistry, 2014, 86 (1): 482-489.

[34] WANG M, MI C-C, WANG W-X, et al. Immunolabeling and NIR-excited fluorescent imaging of hela cells by using $NaYF_4$:Yb,Er upconversion nanoparticles[J]. ACS Nano, 2009, 3 (6): 1580-1586.

[35] KUMAR R, NYK M, OHULCHANSKYY T Y, et al. Combined optical and mr bioimaging using rare earth ion doped $NaYF_4$ nanocrystals[J]. Advanced Functional Materials, 2009, 19 (6): 853-859.

[36] WANG M, MI C C, ZHANG Y X, et al. NIR-responsive silica-coated $NaYbF_4$:Er/Tm/Ho upconversion fluorescent nanoparticles with tunable emission colors and their applications in immunolabeling and fluorescent imaging of cancer cells[J]. Journal Of Physical Chemistry C, 2009, 113 (44): 19021-19027.

[37] YU X F, SUN Z B, LI M, et al. Neurotoxin-conjugated upconversion nanoprobes for direct visualization of tumors under near-infrared irradiation[J]. Biomaterials, 2010, 31 (33): 8724-8731.

[38] BOGDAN N, RODRIGUEZ E M, SANZ-RODRIGUEZ F, et al. Bio-functionalization of ligand-free upconverting lanthanide doped nanoparticles for bio-imaging and cell targeting[J]. Nanoscale, 2012, 4 (12): 3647-3650.

[39] NI D L, ZHANG J W, BU W B, et al. Dual-targeting upconversion nanoprobes across the blood-brain barrier for magnetic resonance/fluorescence imaging of intracranial glioblastoma[J]. ACS Nano, 2014, 8 (2): 1231-1242.

[40] CHEN G Y, SHEN J, OHULCHANSKYY T Y, et al. (alpha-$NaYbF_4$:Tm^{3+})/CaF_2 core/shell nanoparticles with efficient near-infrared to near-infrared upconversion for high-contrast deep tissue bioimaging[J]. ACS Nano, 2012, 6 (9): 8280-8287.

[41] MA J B, HUANG P, HE M, et al. Folic acid-conjugated LaF_3:Yb,Tm@SiO_2 nanoprobes for targeting dual-modality imaging of upconversion luminescence and X-ray computed tomography[J]. Journal of Physical Chemistry B, 2012, 116 (48): 14062-14070.

[42] HE M, HUANG P, ZHANG C L, et al. Dual phase-controlled synthesis of uniform lanthanide-doped $NaGdF_4$ upconversion nanocrystals via an OA/ionic liquid two-phase system for in vivo dual-modality imaging[J]. Advanced Functional Materials, 2011, 21 (23): 4470-4477.

[43] LIU Z, PU F, HUANG S, et al. Long-circulating Gd_2O_3:Yb^{3+}, Er^{3+} up-conversion nanoprobes as high-performance contrast agents for multi-modality imaging[J]. Biomaterials, 2013, 34 (6): 1712-1721.

[44] ZENG S J, TSANG M K, CHAN C F, et al. Peg modified $BaGdF_5$:Yb/Er nanoprobes for multi-modal upconversion fluorescent, in vivo X-ray computed tomography and biomagnetic imaging[J]. Biomaterials, 2012, 33 (36): 9232-9238.

[45] XIA A, CHEN M, GAO Y, et al. Gd^{3+} complex-modified $NaLuF_4$-based upconversion nanophosphors for trimodality imaging of NIR-to-NIR upconversion luminescence, X-ray computed tomography and magnetic resonance[J]. Biomaterials, 2012, 33 (21): 5394-5405.

[46] ZHOU J, ZHU X J, CHEN M, et al. Water-stable $NaLuF_4$-based upconversion nanophosphors with long-term validity for multimodal lymphatic imaging[J]. Biomaterials, 2012, 33 (26): 6201-6210.

[47] ZHU X J, ZHOU J, CHEN M, et al. Core-shell Fe_3O_4@$NaLuF_4$:Yb,Er/Tm nanostructure for MRI, CT and upconversion luminescence tri-modality imaging[J]. Biomaterials, 2012, 33 (18): 4618-4627.

[48] XING H Y, BU W B, REN Q G, et al. A $NaYbF_4$:Tm^{3+} nanoprobe for CT and NIR-to-NIR fluorescent bimodal imaging[J]. Biomaterials, 2012, 33 (21): 5384-5393.

[49] SHEN J W, YANG C X, DONG L X, et al. Incorporation of computed tomography and magnetic resonance imaging function into $NaYF_4$:Yb/Tm upconversion nanoparticles for in vivo trimodal bioimaging[J]. Analytical Chemistry, 2013, 85 (24): 12166-12172.

[50] XING H Y, BU W B, ZHANG S J, et al. Multifunctional nanoprobes for upconversion fluorescence, MR and CT trimodal imaging[J]. Biomaterials, 2012, 33 (4): 1079-1089.

[51] XIAO Q F, BU W B, REN Q G, et al. Radiopaque fluorescence-transparent taox decorated upconversion nanophosphors for in vivo CT/MR/UCL trimodal imaging[J]. Biomaterials, 2012, 33 (30): 7530-7539.

[52] ZHANG G, LIU Y L, YUAN Q H, et al. Dual modal in vivo imaging using upconversion luminescence and enhanced computed tomography properties[J]. Nanoscale, 2011, 3 (10): 4365-4371.

[53] ZHOU J, YU M X, SUN Y, et al. Fluorine-18-labeled Gd^{3+}/Yb^{3+}/Er^{3+} co-doped $NaYF_4$ nanophosphors for multimodality PET/MR/UCL imaging[J]. Biomaterials, 2011, 32 (4): 1148-1156.

[54] LIU Q, CHEN M, SUN Y, et al. Multifunctional rare-earth self-assembled nanosystem for tri-modal upconversion luminescence/fluorescence/positron emission tomography imaging[J]. Biomaterials, 2011, 32 (32): 8243-8253.

[55] WANG L Y, LI P, LI Y D. Down- and up-conversion luminescent nanorods[J]. Advanced Materials, 2007, 19 (20): 3304.

[56] CAO T Y, YANG Y, SUN Y, et al. Biodistribution of sub-10 nm PEG-modified radioactive/upconversion nanoparticles[J]. Biomaterials, 2013, 34 (29): 7127- 7134.

[57] SUN Y, ZHU X J, PENG J J, et al. Core-shell lanthanide upconversion nanophosphors as four-modal probes for tumor angiogenesis imaging[J]. ACS Nano, 2013, 7 (12): 11290-11300.

[58] PENG J J, SUN Y, ZHAO L Z, et al. Polyphosphoric acid capping radioactive/upconverting $NaLuF_4$:Yb,Tm,Sm-153 nanoparticles for blood pool imaging in vivo[J]. Biomaterials, 2013, 34 (37): 9535-9544.

[59] AIME S, CASTELLI D D, CRICH S G, et al. Pushing the sensitivity envelope of lanthanide-based magnetic resonance imaging (MRI) contrast agents for molecular imaging applications[J]. Accounts of Chemical Research, 2009, 42 (7): 822-831.

[60] JOHNSON N J J, OAKDEN W, STANISZ G J, et al. Size-tunable, ultrasmall $NaGdF_4$ nanoparticles: Insights into their T-1 MRI contrast enhancement[J]. Chemistry of Materials, 2011, 23 (16): 3714-3722.

[61] CHEN G Y, OHULCHANSKYY T Y, LAW W C, et al. Monodisperse $NaYbF_4$: Tm^{3+}/$NaGdF_4$ core/shell nanocrystals with near-infrared to near-infrared upconversion photoluminescence and magnetic resonance properties[J]. Nanoscale, 2011, 3 (5): 2003-2008.

[62] GUO H, LI Z Q, QIAN H S, et al. Seed-mediated synthesis of $NaYF_4$:Yb, Er/$NaGdF_4$ nanocrystals with improved upconversion fluorescence and mr relaxivity[J]. Nanotechnology, 2010, 21: 12.

[63] PARK Y I, KIM J H, LEE K T, et al. Nonblinking and nonbleaching upconverting nanoparticles as an optical imaging nanoprobe and T1 magnetic resonance imaging contrast agent[J]. Advanced Materials, 2009, 21 (44): 4467-4471.

[64] DAS G K, HENG B C, NG S-C, et al. Gadolinium oxide ultranarrow nanorods as multimodal contrast agents for optical and magnetic resonance imaging[J]. Langmuir, 2010, 26 (11): 8959-8965.

[65] ZHOU L J, GU Z J, LIU X X, et al. Size-tunable synthesis of lanthanide-doped Gd_2O_3 nanoparticles and their applications for optical and magnetic resonance imaging[J]. Journal of Materials Chemistry, 2012, 22 (3): 966-974.

[66] WONG H-T, VETRONE F, NACCACHE R, et al. Water dispersible ultra-small multifunctional $KGdF_4$:Tm^{3+}, Yb^{3+} nanoparticles with near-infrared to near-infrared upconversion[J]. Journal of Materials Chemistry, 2011, 21 (41): 16589-16596.

[67] DEBASU M L, ANANIAS D, PINHO S L C, et al. (Gd,Yb,Tb)PO_4 up-conversion nanocrystals for bimodal luminescence-mr imaging[J]. Nanoscale, 2012, 4 (16): 5154-5162.

[68] YIN W Y, ZHOU L J, GU Z J, et al. Lanthanide-doped $GdVO_4$ upconversion nanophosphors with tunable emissions and their applications for biomedical imaging[J]. Journal of Materials Chemistry, 2012, 22 (14): 6974-6981.

[69] CHEN F, BU W B, ZHANG S J, et al. Gd^{3+}-ion-doped upconversion nanoprobes: relaxivity mechanism probing and sensitivity optimization[J]. Advanced Functional Materials, 2013, 23 (3): 298-307.

[70] ZENG S J, XIAO J J, YANG Q B, et al. Bi-functional $NaLuF_4$:Gd^{3+}/Yb^{3+}/Tm^{3+} nanocrystals: structure controlled synthesis, near-infrared upconversion emission and tunable magnetic properties[J]. Journal of Materials Chemistry, 2012, 22 (19): 9870-9874.

[71] LIU Q, SUN Y, LI C, et al. F-18-labeled magnetic-upconversion nanophosphors via rare-earth cation-assisted ligand assembly[J]. ACS Nano, 2011, 5 (4): 3146-3157.

[72] HU D, CHEN M, GAO Y, et al. A facile method to synthesize superparamagnetic and up-conversion luminescent $NaYF_4$:Yb, Er/Tm@SiO_2@Fe_3O_4 nanocomposite particles and their bioapplication[J]. Journal of Materials Chemistry, 2011, 21 (30): 11276-11282.

[73] CHEN F, ZHANG S J, BU W B, et al. A “neck-formation” strategy for an antiquenching magnetic/upconversion fluorescent bimodal cancer probe[J]. Chemistry-A European Journal, 2010, 16 (37): 11254-11260.

[74] CHENG L, YANG K, LI Y G, et al. Facile preparation of multifunctional upconversion nanoprobes for multimodal imaging and dual-targeted photothermal therapy[J]. Angewandte Chemie-International Edition, 2011, 50 (32): 7385-7390.

[75] XIA A, GAO Y, ZHOU J, et al. Core-shell $NaYF_4$:Yb^{3+},Tm^{3+}@Fe_xO_y nanocrystals for dual-modality T_2-enhanced magnetic resonance and NIR-to-NIR upconversion luminescent imaging of small-animal lymphatic node[J]. Biomaterials, 2011, 32 (29): 7200-7208.

[76] HUANG C-C, HUANG W, SU C-H, et al. A general approach to silicate nanoshells: Gadolinium silicate and gadolinium silicate: Europium nanoshells for dual-modality optical and MR imaging[J]. Chemical Communications, 2009, 23: 3360-3362.

[77] CHEN F, BU W B, ZHANG S J, et al. Positive and negative lattice shielding effects co-existing in Gd (III) ion doped bifunctional upconversion nanoprobes[J]. Advanced Functional Materials, 2011, 21 (22): 4285-4294.

[78] ZHONG C N, YANG P, LI X B, et al. Monodisperse bifunctional Fe_3O_4@$NaGdF_4$:Yb/Er@$NaGdF_4$:Yb/Er core-shell nanoparticles[J]. RSC Advances, 2012, 2 (8): 3194-3197.

[79] ZHANG L, WANG Y S, YANG Y, et al. Magnetic/upconversion luminescent mesoparticles of Fe_3O_4@LaF_3:Yb^{3+}, Er^{3+} for dual-modal bioimaging[J]. Chemical Communications, 2012, 48 (91): 11238-11240.

[80] SHEN J, ZHAO L, HAN G. Lanthanide-doped upconverting luminescent nanoparticle platforms for optical imaging-guided drug delivery and therapy[J]. Advanced Drug Delivery Reviews, 2013, 65 (5): 744-755.

[81] GAI S L, YANG P P, LI C X, et al. Synthesis of magnetic, up-conversion luminescent, and mesoporous core-shell-structured nanocomposites as drug carriers[J]. Advanced Functional Materials, 2010, 20 (7): 1166-1172.

[82] HOU Z Y, LI C X, MA P A, et al. Up-conversion luminescent and porous $NaYF_4$:Yb^{3+}, Er^{3+}@SiO_2 nanocomposite fibers for anti-cancer drug delivery and cell imaging[J]. Advanced Functional Materials, 2012, 22 (13): 2713-2722.

[83] CHIEN Y H, CHOU Y L, WANG S W, et al. Near-infrared light photocontrolled targeting, bioimaging, and chemotherapy with caged upconversion nanoparticles in vitro and in vivo[J]. ACS Nano, 2013, 7 (10): 8516-8528.

[84] JIANG S, ZHANG Y. Upconversion nanoparticle-based fret system for study of siRNA in live cells[J]. Langmuir, 2010, 26 (9): 6689-6694.

[85] JIANG S, ZHANG Y, LIM K M, et al. NIR-to-visible upconversion nanoparticles for fluorescent labeling and targeted delivery of siRNA[J]. Nanotechnology, 2009, 20 (15): 155101.

[86] YAN B, BOYER J-C, BRANDA N R, et al. Near-infrared light-triggered dissociation of block copolymer micelles using upconverting nanoparticles[J]. Journal of the American Chemical Society, 2011, 133 (49): 19714-19717.

[87] YANG Y M, SHAO Q, DENG R R, et al. In vitro and in vivo uncaging and bioluminescence imaging by using photocaged upconversion nanoparticles[J]. Angewandte Chemie-International Edition, 2012, 51 (13): 3125-3129.

[88] MIN Y Z, LI J M, LIU F, et al. Near-infrared light-mediated photoactivation of a platinum antitumor prodrug and simultaneous cellular apoptosis imaging by upconversion-luminescent nanoparticles[J]. Angewandte Chemie-International Edition, 2014, 53 (4): 1012-1016.

[89] LI W, WANG J S, REN J S, et al. Near-infrared upconversion controls photocaged cell adhesion[J]. Journal of the American Chemical Society, 2014, 136 (6): 2248-2251.

[90] JAYAKUMAR M K G, IDRIS N M, ZHANG Y. Remote activation of biomolecules in deep tissues using near-infrared-to-uv upconversion nanotransducers[J]. Proceedings of the National Academy of Sciences of the United States of America, 2012, 109 (22): 8483-8488.

[91] ZHAO L Z, PENG J J, HUANG Q, et al. Near-infrared photoregulated drug release in living tumor tissue via yolk-shell upconversion nanocages[J]. Advanced Functional Materials, 2014, 24 (3): 363-371.

[92] LIU J N, BU W B, PAN L M, et al. NIR-triggered anticancer drug delivery by upconverting nanoparticles with integrated azobenzene-modified mesoporous silica[J]. Angewandte Chemie-International Edition, 2013, 52 (16): 4375-4379.

[93] CHENG L, YANG K, LI Y G, et al. Multifunctional nanoparticles for upconversion luminescence/MR multimodal imaging and magnetically targeted photothermal therapy[J]. Biomaterials, 2012, 33 (7): 2215-2222.

[94] QIAN L P, ZHOU L H, TOO H P, et al. Gold decorated $NaYF_4$:Yb,Er/$NaYF_4$/silica (core/shell/shell) upconversion nanoparticles for photothermal destruction of BE(2)-C neuroblastoma cells[J]. Journal of Nanoparticle Research, 2011, 13 (2): 499-510.

[95] SHAN G, WEISSLEDER R, HILDERBRAND S A. Upconverting organic dye doped core-shell nano-composites for dual-modality NIR imaging and photo- thermal therapy[J]. Theranostics, 2013, 3 (4): 267-274.

[96] CHATTERJEE D K, FONG L S, ZHANG Y. Nanoparticles in photodynamic therapy: an emerging paradigm[J]. Advanced Drug Delivery Reviews, 2008, 60 (15): 1627-1637.

[97] WANG C, CHENG L, LIU Z. Upconversion nanoparticles for photodynamic therapy and other cancer therapeutics[J]. Theranostics, 2013, 3 (5): 317-330.

[98] ZHANG P, STEELANT W, KUMAR M, et al. Versatile photosensitizers for photodynamic therapy at infrared excitation[J]. Journal of the American Chemical Society, 2007, 129 (15): 4526-4527.

[99] GUO Y Y, KUMAR M, ZHANG P. Nanoparticle-based photosensitizers under CW infrared excitation[J]. Chemistry of Materials, 2007, 19 (25): 6071-6072.

[100] CHEN F, ZHANG S J, BU W B, et al. A uniform sub-50 nm-sized magnetic/upconversion fluorescent bimodal imaging agent capable of generating singlet oxygen by using a 980 nm laser[J]. Chemistry-A European Journal, 2012, 18 (23): 7082-7090.

[101] GUO H C, QIAN H S, IDRIS N M, et al. Singlet oxygen-induced apoptosis of cancer cells using upconversion fluorescent nanoparticles as a carrier of photosensitizer[J]. Nanomedicine-Nanotechnology Biology and Medicine, 2010, 6 (3): 486-495.

[102] QIAN H S, GUO H C, HO P C-L, et al. Mesoporous-silica-coated up-conversion fluorescent nanoparticles for photodynamic therapy[J]. Small, 2009, 5 (20): 2285-2290.

[103] LIM M E, LEE Y-L, ZHANG Y, et al. Photodynamic inactivation of viruses using upconversion nanoparticles[J]. Biomaterials, 2012, 33 (6): 1912-1920.

[104] CHATTERJEE D K, YONG Z. Upconverting nanoparticles as nanotransducers for photodynamic therapy in cancer cells[J]. Nanomedicine, 2008, 3 (1): 73-82.

[105] UNGUN B, PRUD'HOMME R K, BUDIJONO S J, et al. Nanofabricated upconversion nanoparticles for photodynamic therapy[J]. Optics Express, 2009, 17 (1): 80-86.

[106] CHEN D Q, YU Y L, HUANG F, et al. Monodisperse upconversion Er^{3+}/Yb^{3+}:MFCl (M = Ca, Sr, Ba) nanocrystals synthesized via a seed-based chlorination route[J]. Chemical Communications, 2011, 47 (39): 11083-11085.

[107] CUI S S, CHEN H Y, ZHU H Y, et al. Amphiphilic chitosan modified upconversion nanoparticles for in vivo photodynamic therapy induced by near-infrared light[J]. Journal of Materials Chemistry, 2012, 22 (11): 4861-4873.

[108] ZHAO Z X, HAN Y N, LIN C H, et al. Multifunctional core-shell upconverting nanoparticles for imaging and photodynamic therapy of liver cancer cells[J]. Chemistry-An Asian Journal, 2012, 7 (4): 830-837.

[109] QIAO X-F, ZHOU J-C, XIAO J-W, et al. Triple-functional core-shell structured upconversion luminescent nanoparticles covalently grafted with photosensitizer for luminescent, magnetic resonance imaging and photodynamic therapy in vitro[J]. Nanoscale, 2012, 4 (15): 4611-4623.

[110] LIU K, LIU X M, ZENG Q H, et al. Covalently assembled nir nanoplatform for simultaneous fluorescence imaging and photodynamic therapy of cancer cells[J]. ACS Nano, 2012, 6 (5): 4054-4062.

[111] LIU Y, CHEN M, CAO T Y, et al. A cyanine-modified nanosystem for in vivo upconversion luminescence bioimaging of methylmercury[J]. Journal of the American Chemical Society, 2013, 135 (26): 9869-9876.

[112] GORRIS H H, ALI R, SALEH S M, et al. Tuning the dual emission of photon-upconverting nanoparticles for ratiometric multiplexed encoding[J]. Advanced Materials, 2011, 23 (14): 1652.

[113] ASATI A, SANTRA S, KAITTANIS C, et al. Surface-charge-dependent cell localization and cytotoxicity of cerium oxide nanoparticles[J]. ACS Nano, 2010, 4 (9): 5321-5331.

[114] NAM S H, BAE Y M, PARK Y I, et al. Long-term real-time tracking of lanthanide ion doped upconverting nanoparticles in living cells[J]. Angewandte Chemie-International Edition, 2011, 50 (27): 6093-6097.

[115] JANG G H, HWANG M P, KIM S Y, et al. A systematic in-vivo toxicity evaluation of nanophosphor particles via zebrafish models[J]. Biomaterials, 2014, 35 (1): 440-449.

[116] WANG K, MA J B, HE M, et al. Toxicity assessments of near-infrared upconversion luminescent LaF_3:Yb,Er in early development of zebrafish embryos[J]. Theranostics, 2013, 3 (4): 258-266.

[117] MOGHIMI S M, HUNTER A C, MURRAY J C. Long-circulating and target-specific nanoparticles: theory to practice[J]. Pharmacological Reviews, 2001, 53 (2): 283-318.

[118] KNOP K, HOOGENBOOM R, FISCHER D, et al. Poly(ethylene glycol) in drug delivery: pros and cons as well as potential alternatives[J]. Angewandte Chemie-International Edition, 2010, 49 (36): 6288-6308.

[119] JALIL R A, ZHANG Y. Biocompatibility of silica coated $NaYF_4$ upconversion fluorescent nanocrystals[J]. Biomaterials, 2008, 29 (30): 4122-4128.

[120] XIONG L-Q, CHEN Z-G, YU M-X, et al. Synthesis, characterization, and in vivo targeted imaging of amine-functionalized rare-earth up-converting nanophosphors[J]. Biomaterials, 2009, 30 (29): 5592-5600.

[121] SUN Y, LIU Q, PENG J J, et al. Radioisotope post-labeling upconversion nanophosphors for in vivo quantitative tracking[J]. Biomaterials, 2013, 34 (9): 2289-2295.

[122] ZHU X J, DA SILVA B, ZOU X M, et al. Intra-arterial infusion of PEG-ylated upconversion nanophosphors to improve the initial uptake by tumors in vivo[J]. RSC Advances, 2014, 4 (45): 23580-23584.

[123] CHOI H S, LIU W, MISRA P, et al. Renal clearance of quantum dots[J]. Nature Biotechnology, 2007, 25 (10): 1165-1170.

[124] LONGMIRE M, CHOYKE P L, KOBAYASHI H. Clearance properties of nano-sized particles and molecules as imaging agents: considerations and caveats[J]. Nanomedicine, 2008, 3 (5): 703-717.

[125] XIONG L Q, YANG T S, YANG Y, et al. Long-term in vivo biodistribution imaging and toxicity of polyacrylic acid-coated upconversion nanophosphors[J]. Biomaterials, 2010, 31 (27): 7078-7085.

[126] OHLSON M, SORENSSON J, HARALDSSON B. A gel-membrane model of glomerular charge and size selectivity in series[J]. American Journal of Physiology-Renal Physiology, 2001, 280 (3): F396-F405.

[127] CHENG L, YANG K, SHAO M W, et al. In vivo pharmacokinetics, long-term biodistribution and toxicology study of functionalized upconversion nanoparticles in mice[J]. Nanomedicine, 2011, 6 (8): 1327-1340.

[128] NACCACHE R, CHEVALLIER P, LAGUEUX J, et al. High relaxivities and strong vascular signal enhancement for NaGdF4 nanoparticles designed for dual mr/optical imaging[J]. Advanced Healthcare Materials, 2013, 2 (11): 1478-1488.

[129] LIU C, GAO Z, ZENG J, et al. Magnetic/upconversion fluorescent $NaGdF_4$:Yb,Er nanoparticle-based dual-modal molecular probes for imaging tiny tumors in vivo[J]. ACS Nano, 2013, 7 (8): 7227-7240.

[130] RYU J, PARK H-Y, KIM K, et al. Facile synthesis of ultrasmall and hexagonal $NaGdF_4$:Yb^{3+},Er^{3+} nanoparticles with magnetic and upconversion imaging properties[J]. Journal Of Physical Chemistry C, 2010, 114 (49): 21077-21082.

[131] PAN T H, KONDO S, LE W D, et al. The role of autophagy-lysosome pathway in neurodegeneration associated with parkinson's disease[J]. Brain, 2008, 131: 1969-1978.

[132] ZHANG Y J, ZHENG F, YANG T L, et al. Tuning the autophagy-inducing activity of lanthanide-based nanocrystals through specific surface-coating peptides[J]. Nature Materials, 2012, 11 (9): 817-826.

[133] YANG Y, SUN Y, CAO T Y, et al. Hydrothermal synthesis of $NaLuF_4$:Sm-153,Yb,Tm nanoparticles and their application in dual-modality upconversion luminescence and SPECT bioimaging[J]. Biomaterials, 2013, 34 (3): 774-783.

[134] LIU F Y, HE X X, LIU L, et al. Conjugation of $NaGdF_4$ upconverting nanoparticles on silica nanospheres as contrast agents for multi-modality imaging[J]. Biomaterials, 2013, 34 (21): 5218-5225.

[135] WANG X, CHEN J T, ZHU H M, et al. One-step solvothermal synthesis of targetable optomagnetic upconversion nanoparticles for in vivo bimodal imaging[J]. Analytical Chemistry, 2013, 85 (21): 10225-10231.

[136] WANG F, WANG J, LIU X G. Direct evidence of a surface quenching effect on size-dependent luminescence of upconversion nanoparticles[J]. Angewandte Chemie-International Edition, 2010, 49 (41): 7456-7460.

[137] CHUNG J H, RYU J H, EUN J W, et al. High enhancement of green upconversion luminescence of Li^+/Er^{3+}/Yb^{3+} tri-doped $CaMoO_4$[J]. Materials Chemistry and Physics, 2012, 134 (2-3): 695-699.

[138] TAN M C, AL-BAROUDI L, RIMAN R E. Surfactant effects on efficiency enhancement of infrared-to-visible upconversion emissions of $NaYF_4$:Yb-Er[J]. ACS Applied Materials & Interfaces, 2011, 3 (10): 3910-3915.

[139] WANG X, KONG X G, YU Y, et al. Effect of annealing on upconversion luminescence of ZnO : Er^{3+} nanocrystals and high thermal sensitivity[J]. Journal of Physical Chemistry C, 2007, 111 (41): 15119-15124.

[140] VETRONE F, NACCACHE R, ZAMARRON A, et al. Temperature sensing using fluorescent nanothermometers[J]. ACS Nano, 2010, 4 (6): 3254-3258.

[141] GORRIS H H, WOLFBEIS O S. Photon-upconverting nanoparticles for optical encoding and multiplexing of cells, biomolecules, and microspheres[J]. Angewandte Chemie-International Edition, 2013, 52 (13): 3584-3600.

[142] SUN L-N, PENG H S, STICH M I J, et al. pH sensor based on upconverting luminescent lanthanide nanorods[J]. Chemical Communications, 2009, (33): 5000-5002.

[143] XIE L X, QIN Y, CHEN H Y. Polymeric optodes based on upconverting nanorods for fluorescent measurements of pH and metal ions in blood samples[J]. Analytical Chemistry, 2012, 84 (4): 1969-1974.

[144] ESIPOVA T V, YE X, COLLINS J E, et al. Dendritic upconverting nanoparticles enable in vivo multiphoton microscopy with low-power continuous wave sources[J]. Proceedings of the National Academy of Sciences of the United States of America, 2012, 109 (51): 20826-20831.

[145] ALI R, SALEH S M, MEIER R J, et al. Upconverting nanoparticle based optical sensor for carbon dioxide[J]. Sensors And Actuators B-Chemical, 2010, 150 (1): 126-131.

[146] LIU Y S, TU D T, ZHU H M, et al. Lanthanide-doped luminescent nanoprobes: controlled synthesis, optical spectroscopy, and bioapplications[J]. Chemical Society Reviews, 2013, 42 (16): 6924-6958.

[147] YANG Y M, ZHAO Q, FENG W, et al. Luminescent chemodosimeters for bioimaging[J]. Chemical Reviews, 2013, 113 (1): 192-270.

[148] CHEN H Q, REN J C. Sensitive determination of chromium (vi) based on the inner filter effect of upconversion luminescent nanoparticles ($NaYF_4$:Yb^{3+}, Er^{3+})[J]. Talanta, 2012, 99: 404-408.

[149] LIU J L, LIU Y, LIU Q, et al. Iridium(iii) complex-coated nanosystem for ratiometric upconversion luminescence bioimaging of cyanide anions[J]. Journal of the American Chemical Society, 2011, 133 (39): 15276-15279.

[150] YAO L M, ZHOU J, LIU J L, et al. Iridium-complex-modified upconversion nanophosphors for effective LRET detection of cyanide anions in pure water[J]. Advanced Functional Materials, 2012, 22 (13): 2667-2672.

[151] ZHANG J, LI B, ZHANG L M, et al. An optical sensor for Cu(Ⅱ) detection with upconverting luminescent nanoparticles as an excitation source[J]. Chemical Communications, 2012, 48 (40): 4860-4862.

[152] LIU Q, PENG J J, SUN L N, et al. High-efficiency upconversion luminescent sensing and bioimaging of Hg(ii) by chromophoric ruthenium complex-assembled nanophosphors[J]. ACS Nano, 2011, 5 (10): 8040-8048.

[153] ACHATZ D E, MEIER R J, FISCHER L H, et al. Luminescent sensing of oxygen using a quenchable probe and upconverting nanoparticles[J]. Angewandte Chemie-International Edition, 2011, 50 (1): 260-263.

[154] DENG R R, XIE X J, VENDRELL M, et al. Intracellular glutathione detection using MnO_2-nanosheet-modified upconversion nanoparticles[J]. Journal of the American Chemical Society, 2011, 133 (50): 20168-20171.

[155] ZHANG P, ROGELJ S, NGUYEN K, et al. Design of a highly sensitive and specific nucleotide sensor based on photon upconverting particles[J]. Journal of the American Chemical Society, 2006, 128 (38): 12410-12411.

[156] CHEN Z G, CHEN H L, HU H, et al. Versatile synthesis strategy for carboxylic acid-functionalized upconverting nanophosphors as biological labels[J]. Journal of the American Chemical Society, 2008, 130 (10): 3023-3029.

[157] KUMAR M, GUO Y, ZHANG P. Highly sensitive and selective oligonucleotide sensor for sickle cell disease gene using photon upconverting nanoparticles[J]. Biosensors & Bioelectronics, 2009, 24 (5): 1522-1526.

[158] LIU J L, CHENG J T, ZHANG Y. Upconversion nanoparticle based LRET system for sensitive detection of MRSA DNA sequence[J]. Biosensors & Bioelectronics, 2013, 43: 252-256.

[159] YUAN Y N, LIU Z H. An effective approach to enhanced energy-transfer efficiency from up-converting phosphors and increased assay sensitivity[J]. Chemical Communications, 2012, 48 (60): 7510-7512.

[160] RANTANEN T, JARVENPAA M-L, VUOJOLA J, et al. Upconverting phosphors in a dual-parameter LRET-based hybridization assay[J]. Analyst, 2009, 134 (8): 1713-1716.

[161] ZHANG F, SHI Q H, ZHANG Y C, et al. Fluorescence upconversion microbarcodes for multiplexed biological detection: nucleic acid encoding[J]. Advanced Materials, 2011, 23 (33): 3775.

[162] KUNINGAS K, UKONAHO T, PAKKILA H, et al. Upconversion fluorescence resonance energy transfer in a homogeneous immunoassay for estradiol[J]. Analytical Chemistry, 2006, 78 (13): 4690-4696.

[163] WANG M, HOU W, MI C C, et al. Immunoassay of goat antihuman immunoglobulin G antibody based on luminescence resonance energy transfer between near-infrared responsive $NaYF_4$:Yb, Er upconversion fluorescent nanoparticles and gold nanoparticles[J]. Analytical Chemistry, 2009, 81 (21): 8783-8789.